GYÖRGY L. SZENDY · WÖRTERBUCH DES PATENTWESENS IN FÜNF SPRACHEN

GYÖRGY L. SZENDY · WÖRTERBUCH DES PATENTWESENS IN FÜNF SPRACHEN

WÖRTERBUCH DES PATENTWESENS IN FÜNF SPRACHEN

DEUTSCH · ENGLISCH · FRANZÖSISCH · SPANISCH · RUSSISCH

Dipl.-Ing. GYÖRGY L. SZENDY

PATENTANWALT

ZWEITE, NEUBEARBEITETE UND ERWEITERTE AUFLAGE

VDI-Verlag GmbH

Verlag des Vereins Deutscher Ingenieure · Düsseldorf

Mitarbeiter:

József Menyhárt, Dipl.-Übersetzer und Dolmetscher

Die terminologische Äquivalenz zwischen den verschiedenen Sprachen über-
prüfte Dr. *Tivadar Palágyi*, Generalsekretär der ungarischen Landesgruppe der
Internationalen Vereinigung für gewerblichen Rechtsschutz (AIPPI), auf ihre
Richtigkeit.

Titelaufnahme für eine Schrifttumkartei:

DK 801.316.4:608.3 (038)

Szendy, György L.
Wörterbuch des Patentwesens in fünf Sprachen
DEUTSCH · ENGLISCH · FRANZÖSISCH · SPANISCH · RUSSISCH

Düsseldorf: VDI-Verl. 1985, XL, 908 S.

CIP-Kurztitelaufnahme der Deutschen Bibliothek

Szendy, György L.:
Wörterbuch des Patentwesens in fünf Sprachen: dt., engl., franz., span., russ.
/György L. Szendy. [Mitarb.: József Menyhárt]. — 2., neubearb. u. erw. Aufl. —
Düsseldorf: VDI-Verlag, 1985.
ISBN 3-18-400591-7
NE: HST

Printed in Hungary

Satz und Druck: Akadémiai Nyomda, Budapest

ISBN 3-18-40-0591-7

Inhalt

Vorwort zur zweiten Auflage

Die allgemein günstige Aufnahme der ersten Auflage bekräftigte meine Überzeugung hinsichtlich der Nützlichkeit des gewählten Weges. Der mehrsprachige Vergleich authentischer Termini und Satzteile zwecks Erläuterung der gemeinsamen besonderen Bedeutung von in lexikalem Sinne oft abweichenden Ausdrücken wurde nicht nur in zahlreichen diesbezüglichen Äußerungen gutgeheißen, sondern für diesen Zweck danach auch von anderen Herausgebern angewandt (siehe z. B. das von der Weltorganisation für Geistiges Eigentum 1979 erarbeitete viersprachige Vokabular). Auch die zum Vergleich des Instanzenweges verschiedener Länder angeführten Tabellen — obzwar in Wörterbüchern nicht üblich — fanden Anklang, und solche wurden in einem neuen Patentwörterbuch von anderen Autoren seitdem ebenfalls angewandt. Als eine neue Auflage fällig wurde, bestand kein Grund, von der ursprünglichen Struktur und Methodik abzuweichen, bzw. wesentliche Änderungen im Manuskript vorzunehmen.

Es war aber notwendig, dem Wortschatz einige Stichwörter hinzuzufügen, die in kürzlich abgeschlossenen internationalen Vereinbarungen vorkommen, anderseits einige veraltete nationale Ausdrücke durch solche zu ersetzen, die in nationale Gesetzgebungen seit Abschluß des ersten Manuskriptes Eingang fanden. Ich war bestrebt Mängel und Fehler so weit wie möglich auszumerzen und möchte allen Korrespondenten meinen Dank aussprechen, die sich die Mühe nahmen, mich auf gefundene Mängel aufmerksam zu machen. Einigen Vorschlägen, weitere Ausdrücke in das Wörterbuch aufzunehmen, konnte leider nicht nachgekommen werden, da eine bedeutende Eeweiterung des Umfanges die Handlichkeit des Wörterbuches beeinträchtigen würde.

Budapest, Januar 1985

György L. Szendy

Vorwort zur ersten Auflage

Dieses Fachwörterbuch soll das üblicherweise in Wörterbüchern gebotene Wortgut ergänzen, so daß die am gewerblichen Rechtsschutz und insbesondere am Patentwesen interessierten Leser im Stande sind, beim Sprechen und Schreiben sowie beim Studium des einschlägigen Schrifttums möglichst alle besonderen, diesem Fachgebiet eigenen Ausdrücke rasch und mühelos zu finden und in eine andere der fünf Sprachen (Deutsch, Englisch, Französisch, Spanisch, Russisch) zu übersetzen. Da für das Patentwesen nur wenige Spezialwörterbücher zur Verfügung stehen, wurde dieses Fachwörterbuch auf eine breite Basis gestellt, und es wurden Begriffe des gewerblichen Rechtsschutzes, des Patent-, Muster- und Warenzeichenrechts, des Wettbewerbs- und Kartellrechts, des Sortenschutzes, der Verwaltungsorganisation und Gerichtsverfassung, der internationalen Abkommen und Organisationen usw. aufgenommen.

Als Grundlage für jeden Patentfachmann dienen die jeweilige Landesgesetzgebung und die im betreffenden Land geltenden internationalen Abkommen. Die in offiziellen Texten enthaltenen Ausdrücke sind so übersetzt, wie sie im entsprechenden Fall in offiziellen Texten der anderen Sprachen oder in den offiziellen beziehungsweise üblichen Übersetzungen der ursprünglichen Texte vorkommen. Für das vorliegende Wörterbuch wurden überwiegend solche offiziellen Texte als Quellen herangezogen. Um die terminologische Äquivalenz des in ihm enthaltenen fünfsprachigen Wortschatzes zu gewährleisten, wurden auch Satzteile in authentischer Fassung zitiert, die den mehrsprachigen Versionen internationaler Übereinkünfte oder den entsprechenden Landesgesetzen und anderen nationalen Rechtsvorschriften wörtlich entlehnt wurden. Diese quellenmäßige Untermauerung erhöht die Zuverlässigkeit des Wörterbuches.

An erster Stelle wurden die offiziellen französischen und englischen Urtexte sowie die offiziellen deutschen und spanischen Übersetzungen der verschiedenen Fassungen der Verbandsübereinkünfte (Pariser Verbandsübereinkunft, Madrider Markenabkommen, Übereinkunft über die Weltorganisation für geistiges Eigentum usw.) als Basis gewählt; ferner wurden die zur Verfügung stehenden, zwar inoffiziellen, jedoch zuverlässigen — von den Vereinigten Büros (BIRPI) beziehungsweise dem Sowjetischen Zentralwissenschaftlichen Institut für Patentinformation angefertigten — russischen Übersetzungen dieser Texte aufgenommen. Darüber hinaus wurden Ausdrücke von Gesetzen und Verordnungen einiger Unionsländer (Budensrepublik Deutschland, Deutsche Demokratische Republik, Österreich, Schweiz, Großbritannien, Vereinigte Staaten von Amerika, Spanien, Argentinien) entnommen.

Diese Ausdrücke sind entweder mit sinnverwandten Begriffen in der Landesgesetzgebung anderer Länder verglichen, oder es wurden die inoffiziellen Übersetzungen der Rechtsregeln zugrunde gelegt, die im Journal »Industrial Property«, »La Propriété industrielle« erschienen sind. Die Übersetzungen und selbst die Urtexte der Quellen sind in ihrer Ausdrucksweise nicht immer konsequent, und die in den verschiedenen Sprachen zueninander gehörenden Ausdrücke entsprechen nicht immer dem lexikalischen Sinn. So steht z. B. für »Anmelder« im Englischen »applicant«, im Französischen und Spanischen einmal »déposant« bzw. »depositante« (PVÜ, Artikel 4/F), einmal »demandeur« bzw. »solicitante« (PVÜ, Artikel 4/G/1). Man vergleiche in diesem Zusammenhang auch die traditionsbedingte, inkonsequente Ausdrucksweise für »Ware« und »Erzeugnis« selbst in den französisch-englischen Urtexten. Die Abweichungen sind zwar nicht immer von inhaltlicher Bedeutung, können aber manchmal zu Mißverständnissen führen. Da gerade diese Urtexte als Rechtsquellen gelten, soll der Benutzer des Wörterbuches wissen, daß diese Ausdrücke in einem besonderen Zusammenhang zueinander stehen.

Da die unterschiedlichen Verwaltungsstrukturen und Gerichtsverfassungen die strenge Beiordnung gleicher Instanzen nicht ermöglichen, wurde der Instanzenweg in den verschiedenen Ländern im Teil III dargestellt. Die unterschiedliche Ausdrucksweise in gleichsprachigen Ländern ist, wo es notwendig erschien, durch Abkürzungen gekennzeichnet, z. B. *BRD, DDR, Ö, CH, Li, GB, US* usw. (s. Liste der Abkürzungen).

Bei einem Fachwörterbuch, das einen allgemeinen Wortschatz mit einem Mindestmaß an Fachausdrücken ergänzen soll, bleibt die Auslese notwendigerweise stets subjektiv. Ich war bemüht, das für diesen Benutzerkreis Wichtigste zusammenzustellen und dabei die Inkonsequenzen in den Übersetzungen zu vermindern, ohne eigenmächtig vorzugehen. Das gesetzte Ziel der Vollständigkeit dieses Fachwörterbuches konnte daher nur zum Teil erreicht werden, und die Benutzer werden gebeten, alle Mängel und Beanstandungen sowie Ergänzungsvorschläge dem Verlag mitzuteilen, um zur Vervollkommnung des Werkes beizutragen, wofür im voraus gedankt sei.

Bei der Sammlung der Quellen und der Überprüfung der Übersetzungen halfen mir staatliche und gesellschaftliche Institutionen (wie z. B. das Landeserfindungsamt der Ungarischen Volksrepublik, die verschiedenen Landesgruppen der Internationalen Vereinigung für gewerblichen Rechtsschutz, ein Institut der Ungarischen Akademie der Wissenschaften usw.) und auch Privatpersonen sowie Patentanwaltbüros aus Europa und Übersee. Es ist nicht möglich, hier alle meine Helfer zu nennen; es sei allen aber an dieser Stelle herzlich gedankt. Namentlich ist die hervorragende Tätigkeit der Herren *József Menyhárt* und Dr. *Tivadar Palágyi* zu erwähnen, die bei der Deutung und mehrfachen Überprüfung des Wortschatzes einen unschätzbaren Beitrag geleistet haben; ferner sei für die außerordentlich genaue sprachliche Durchsicht des deutschen Textes durch die VDI-Verlag GmbH und des russischen Textes durch Herrn *B. P. Mjasnikow* gedankt. Besonderer Dank gebührt der Wörterbuchredaktion des Akadémiai Kiadó, Verlag der Ungarischen Akademie der Wissenschaften, in Budapest. Auch der Druckerei sei für die sorgfältige Ausführung gedankt.

Budapest, September 1974

György L. Szendy
Patentanwalt,
Mitglied der Internationalen
Vereinigung für gewerblichen
Rechtsschutz

Hinweise für die Benutzung des Wörterbuches

Das Wörterbuch besteht aus drei Teilen.

Teil I enthält den gesamten fünfsprachigen Wortschatz in alphabetischer Reihenfolge der deutschen Ausdrücke. Hier ist das deutsche Stichwort das Suchwort. Schlägt man es auf, so findet man unter dem deutschen Ausdruck die entsprechenden terminologischen Äquivalenzen in der Reihenfolge *E* Englisch, *F* Französisch, *S* Spanisch, *R* Russisch.

Vor dem deutschen Stichwort steht die Leitzahl, je Anfangsbuchstabe eine laufende Nummer, die das Stichwort zusammen mit dem Anfangsbuchstaben eindeutig festlegt, z. B. E 65 Eingriff, P 12 Patent.

Nach dem Stichwort werden oft auch Wortverbindungen, zusammengesetzte Ausdrücke, Satzteile genannt, die das Stichwort enthalten; für diese steht eine eigene Leitzahl. Das entsprechende Stichwort wird aber nicht immer wiederholt, sondern durch eine Tilde (~) ersetzt, z. B.

A 6 Abbildung *f Pr*

. . . . . .

A 7 (Abbildung) *Wr*

. . . . . .

A 8 (Abbildung); verwechslungsfähige ~ einer Marke.

Teil II enthält gesondert den englischen, französischen, spanischen und russischen Wortschatz in je einem Wörterverzeichnis in der entsprechenden alphabetischen Reihenfolge. Bei diesen vier Wörterverzeichnissen ist also immer der entsprechende englische, französische, spanische, beziehungsweise russische Ausdruck das Suchwort. Schlägt man es auf, so findet man daneben die dem Suchwort entsprechenden Anfangsbuchstaben mit der dazugehörigen Leitzahl des ersten Teils. Im russischen Wörterverzeichnist steht z. B. правило **R 168.**

Kommt das Suchwort auch in anderen Wortverbindungen im Teil I vor, so sind im Wörterverzeichnis für diese Stellen die entsprechenden Buchstaben und die dazugehörigen Leitzahlen des Teils I neben dem Suchwort angegeben. Im französischen Wörterverzeichnis steht z. B. contrefaçon **E 65, N 14, P 109, R 72.**

Schlägt man nun die neben dem Suchwort gefundene Leitzahl im Teil I auf, so findet man an der· Stelle die fünfsprachige Übersetzung des gesuchten Stichwortes. Dieses System ermöglicht es, ohne Umwege über andere Sprachen unmittelbar die Übersetzung von der einen in die andere Sprache zu finden.

Benötigt man z. B. den spanischen Ausdruck für das englische Wort »infringement«, so schlägt man zunächst im englischen Wörterverzeichnis das englische Suchwort auf und findet: infringement **E 65**. Bei **E 65** im Teil I findet man unter S: ataque *m,* usurpación *f,* falsificación *f,* abuso *m LA*.

Ist das Stichwort ein Hauptwort, so wird das Geschlecht angegeben: *m* masculinum, *f* femininum, *n* neutrum.

Kommt das Stichwort nur in der Mehrzahl vor, steht *pl* pluralis. Synonyma werden durch einen Schrägstrich (/) getrennt und können gleichwertig verwendet werden. Das Verweissystem besteht aus einem waagerechten Pfeil (→), der auf die an anderer Stelle schon angegebene Übersetzung hinweist und darauf aufmerksam macht, daß noch ein sinnverwandter Ausdruck existiert.

Die substantivischen Adjektive, die im Deutschen auch im Nominativ verschiedene Endungen haben (z. B. der Angestellte, ein Angestellter), wurden in ihrer grammatikalisch schwachen Form aufgenommen, was an der Geschlechtsbezeichnung *m/f* zu erkennen ist.

Teil III stellt den Instanzenweg in den verschiedenen Ländern dar.

Preface to the second edition

The generally favourable reception accorded to the first edition of this dictionary confirmed my belief in the usefulness of the approach chosen. The multilingual comparison of authentic terms and passages in order to show a common specific meaning of lexically often different expressions proved to be a success. This approach was not only commended in a number of statements on the topic but was also followed by others (see, for example, the four-language glossary issued by WIPO in 1979). The comparative tables showing the competent authorities of the various countries, unusual as they may be in dictionaries, also met with approval and such tables were later on used by others in a novel patent dictionary. There was no reason to deviate either in method or in form from the practice of the first edition or to make substantial changes in the manuscript when the need for a new edition arose.

It was, however, necessary to add to the word stock terms appearing in recently concluded international agreements and to replace some national terms formerly in use by ones used in recent national legislation. I have tried to correct mistakes and errors as far as possible and thanks are due to all those correspondents who took the trouble to draw my attention to such shortcomings. Some suggestions for the inclusion of further terms in the dictionary could to my great regret not be complied with since a considerable increase in its size would have made the dictionary too cumbersome to use.

Budapest, January 1985

György L. Szendy

Preface to the first edition

This dictionary has been designed as a reference work to supplement in a relatively concise form the user's knowledge of languages and the vocabulary available in general dictionaries. It is intended to enable persons interested in the legal protection of industrial property, especially in patent law, to identify the special terms of this field as they appear in both verbal and written communication, and in the respective literature, and to translate them accurately into other laguages commonly used in international correspondence. Although this field is particularly characterized by its international relations, there are but few special dictionaries available. Therefore the field has been considered in a broader sense, including: legal protection of industrial property in general, patent, design and trademark legislation, competition and cartel law, plant variety protection, rules of practice in administration and jurisprudence, international agreements and organizations, etc.

In every country, patent experts have to rely upon the domestic law and the international conventions applicable to the respective country. It is most important that a term appearing in such an official instrument be rendered into another language by using the very term which appears in the other language in the same sense in the respective official instruments, or in official or current translations of the original text. The sources examined to collect the terms for the present dictionary consist mainly in such official wordings. To ensure the equivalence within the terminology throughout five languages (German, English, French, Spanish, Russian), synonymous text parallels and fragments in authentic wording have been taken from the official mutilingual version of international conventions or from relevant national laws and other national statutory provisions. The bolstering up with such authoritative sources lends a special value and reliability to the renderings of the dictionary.

The basic sources were the official French and English wordings, the official German and Spanish translations, and the unofficial but reliable Russian translations (the latter made by the United International Bureau for the Protection of Intellectual Property (BIRPI) and by the Soviet research institute on patent information (ЦНИИПИ), resp. of the international Arrangements (Convention of Paris, World International Property Organization, etc.) according to their different revisions. Terms appearing in the domestic legislation of some countries parties to the Union were also included. These were either compared with the corresponding terms in the other languages within the respective domestic law, or the unofficial translations of the particular passages as published in the organ "Industrial Property", "La Propriété industrielle" have been adopted. The cited translations and international conventions are not always consistent as for their terminology, and sometimes a lack of consistence can be found even in the authentic wording of one and the same official instrument. The terms rendered to each other in five languages do not always correspond lexically. Thus, e.g., the equivalent terms "Anmelder" — "applicant" are rendered in French-Spanish versions as "déposant" — "dépositante" (Paris Convention Article 4 F) and "demandeur" — "solicitante" (ibid. Article 4 G/1) by turns (See also the traditionally inconsistent expressions meaning "Ware" and "Erzeugnis", respectively, even in the French-English originals.) The divergences are not always of considerable significance, in other instances, however, they may lead to misinterpretations. And since just these wordings serve as legal sources, the user must be aware that in a certain context these expressions belong together.

Due to the differences between the various national administrative and legal systems, a strict co-ordination of the terms for possible instances in the respective countries has not been feasible, thus, for the benefit of the user, the structure of the bodies in different countries can also be found in tabular form in Part III. Different terminology in countries of the same official languages has been indicated, if necessary, by abbreviations such as *BRD, DDR, Ö, CH, Li, GB, US,* etc. (see the list of abbreviations).

If a dictionary is intended to add to the general vocabulary the least possible number of special terms, a subjective character of the selection seems to be inevitable. The aim was to compile the fundaments of this special field. In rendering interprelations and definitions, inconsistencies were endeavoured to be minimized, however, without resorting to arbitrary means. Thus, obviously, our aim could only be partly achieved, and users can considerably contribute to produce a more complete work. They are therefore requested to send their remarks to the Publishers; the notification of insufficiencies or errors as well as suggestions for improving and supplementing this dictionary will all be received with thanks.

In collecting sources and supervising interpretations we received valuable assistance both from state and social institutions (e.g. the Patent Office of the Hungarian People's Republic, the various national groups of IAPIP, an institute of the Hungarian Academy of Sciences, etc.) as well as from individuals and patent agencies in Europe and from overseas. It is impossible to specify in this place all who have helped in the co-operative project of preparing this work; this is where I wish to express my thanks to each and all. I am especially grateful to Mr. *József Menyhárt* and to Dr. *Tivadar Palágyi* for their arduous activity; on the field of interpretation and multiple revision of the material included in the dictionary they have rendered an invaluable contribution. I also wish to express my appreciation for the thorough and careful supervision of the manuscript to the staff of VDI-Verlag, and to Mr. *B. P. Miasnikov* (Russian text) as well as to the Dictionary staff of Akadémiai Kiadó (Publishing House of the Hungarian Academy of Sciences, Budapest). Thanks are also due to the members of the Press for their careful work.

Budapest, September 1974

György L. Szendy
Patent attorney,
member of the International
Association for the Protection
of Industrial Property

Explanatory notes

The dictionary consists of three main parts:

Part I contains the entire vocabulary in five languages arranged in the alphabetical order of the German terms. Thus, in this Part under the German entry all other interpretations can be found in the following sequence: *E* = English, *F* = French, *S* = Spanish, *R* = Russian.

Each German entry word is preceded by reference marks (i.e. the combination of a letter and a number). The numbers run from 1 continuously within each letter of the alphabet. The letters always indicate the particular letter of the alphabet, e.g. **E 65** Eingriff, **P 12** Patent.

The entry word is often followed by a combination of words, illustrative sentences or phrases containing the entry word. Such phrase entries have been given special reference marks, but the entry word itself is often represented by a tilde (~). See e.g.

A 6 Abbildung *f Pr*

. . . . . .

A 7 (Abbildung) *Wr*

. . . . . .

A 8 (Abbildung); verwechslungsfähige ~ einer Marke.

Part II contains separately the English, French, Spanish, and Russian vocabulary in the form of indexes for each of these languages, arranged according to their own alphabets. In these four indexes the English, French, Spanish, or Russian terms are followed by the reference marks corresponding with the entries in Part I. For example, in the Russian index the reader will find:

правило **R 168.**

The reference mark **R 168** of the Russian entry will correspond to the reference mark in the dictionary proper (i.e. Part I).

Should the word appear in Part I under more than one entries (e.g. within illustrative sentences or phrases), reference marks will stand after the entry word in the particular word index referring the reader to such entries in Part I. Thus, for example, in the French index the reader will find:

contrefaçon **E 65, N 14, P 109, R 72.**

If now the reader turns to the reference marks preceding the entry word in Part I, the interpretations will there be found in all the five languages. Thus, from one language it is possible to pass over to any of the other languages directly.

To find, for example, the Spanish equivalent of the English word "infringement", the reader should look up first the English index (infringement **E 65**). Then, turning Part I, under reference marks **E 65**—among the equivalents in other languages—he will find the desired Spanish term or terms marked *S:* ataque *m*, usurpación *f*, falsificación *f*, abuso *m LA*.

If the entry word is a noun, the gender is indicated by the abbreviations: *m* = masculine, *f* = feminine, *n* = neuter. When the entry word in peculiar usage occurs only in the plural, it is designated by the abbreviation *pl*.

In illustrative sentences or phrases the synonymous or alternative words are separated by the word "or" or by an oblique stroke (/) also meaning "or".

In this dictionary cross-references are made by use of a horizontal arrow (→) which refers either to an interpretation already given in another part, or is meant to furnish the reader with some additional information within a wider sense. Cross-references are also used to call the reader's attention to synonyms or related senses.

Substantival adjectives which in German differ in their endings in the nominative (e.g. Angestellte, ein Angestellter), appear in their weak forms. This is generally shown by the abbreviation *m/f*.

Part III contains tables showing the Stages of Appeal in the respective countries.

Avant-propos à la seconde édition

L'accucil qui a été réservé à la première édition était, en général, favorable et il m'a confirmé dans mon opinion que la voie que j'avais choisie était juste. La confrontation multilingue des termes et passages puisés dans des textes authentiques pour mettre en évidence la signification commune spécifique des expressions qui diffèrent souvent dans leur sens lexical a porté ses fruits. La méthode a été non seulement approuvée dans bien des déclarations sur ce sujet, mais elle a été suivie dans d'autres publications ultérieures (voir par exemple le glossaire multilingue publié par l'OMPI en 1979). Les tableaux comparatifs des autorités compétentes de divers pays — inaccoutumés qu'ils fussent dans un dictionnaire — avaient trouvé également un accueil favorable et étaient appliqués plus tard aussi par d'autres dans un nouveau dictionnaire des brevets. Dans la préparation d'une nouvelle édition ne s'imposait donc ni la modification de la structure ou de la méthode, ni celle qui aurait porté sur le lexique admis.

Toutefois, il s'est avéré nécessaire d'ajouter au vocabulaire quelques termes figurant dans des conventions internationales récemment conclues et, en tenant compte des changements qui s'étaient opérés tout dernièrement dans la terminologie des législations nationales, de substituer ces nouveaux termes à ceux tombés en désuétude. J'ai pris à tâche d'éliminer, autant que possible, les défauts et erreurs de la première édition et je prie tous ceux qui ne m'ont pas refusé leur bienveillant concours pour me signaler les incorrections et défauts relevés de trouver ici l'expression de ma gratitude pour leur obligeante coopération. Je dois constater néanmoins, avec regret, qu'il ne m'était pas possible d'accéder à tous les souhaits formulés pour compléter le vocabulaire admis, une telle augmentation, par ailleurs considérable, du volume aurait compromis la maniabilité du dictionnaire.

Budapest, Janvier 1985

György L. Szendy

2*

Avant-propos à la première édition

Le présent dictionnaire a été conçu dans l'intention d'enrichir le vocabulaire du lecteur et de compléter le lexique des dictionnaires généraux pour servir d'instrument de travail, et cela dans une forme relativement concise, à tous ceux qui s'intéressent à la protection légale de la propriété industrielle et, en particulier, au droit de brevets. Il est destiné à faciliter l'identification des termes propres à cette spécialité et la traduction rapide de ceux-ci dans chacune des cinq langues couramment utilisée dans les communications aussi bien écrites que verbales de même que l'étude de la littérature spéciale. Bien que, par ses incidences internationales, cette spécialité ait acquis une importance toute particulière, on trouve peu de dictionnaires spéciaux consacrés à la terminologie de cette branche. Voilà pourquoi le domaine de notre spécialité a été pris par extension et s'étend à la protection légale de la propriété industrielle en général, aux lois sur les brevets, les dessins et les marques, aux lois sur la compétition et les ententes, à la protection des obtentions végétales, aux lois organiques de l'administration et de la justice, aux conventions et organisations internationales etc.

Dans leur travail, les experts en matière de brevets doivent s'appuyer dans chaque pays sur la loi nationale d'une part et, d'autre part, sur les conventions internationales en vigueur dans ce pays. En effet, les termes employés dans les textes officiels doivent être rendus dans une autre langue tels qu'ils figurent dans les textes officiels respectifs ou dans les traductions officielles ou courantes du texte original. Le vocabulaire que ce dictionnaire offre est tiré dans la plupart de telles sources.

Un soin tout particulier a été apporté aux problèmes de l'équivalence de la terminologie incorporée dans le dictionnaire en cinq langues (allemand, anglais, français, espagnol, russe); pour illustrer la correspondance des significations nous avons choisi des textes parallèles, des passages authentiques puisés dans les conventions internationales rédigées en plusieurs langues ou dans les lois nationales respectives, ou bien dans d'autres disposition légales. Grâce à ce travail de réunion fondé sur des sources authentiques, les interprétations du dictionnaire sont d'une grande valeur et d'une grande fidélité.

Les textes officiels originaux (français et anglais) ont servi de source principale, de même que les traductions officielles (allemand et espagnol) et les traductions russes, bien que non-officielles, mais ayant une valeur documentaire établies par les Bureaux internationaux réunis pour la protection de la propriété intellectuelle (BIRPI) ou le centre d'investigation de l'information sur les brevets (ЦНИИПИ) des textes des Conventions internationales (Convention de Paris, Organisation Mondiale de la Propriété Intellectuelle, etc.). La terminologie a été complétée par des termes des lois nationales de certains pays de l'Union. Ces derniers ont été comparés aux termes synonymes relevés de la législation des autres pays, ou bien puisés dans des traductions non-officielles, tels qui'ils avaient été publiés dans le périodique «La Propriété industrielle», «Industrial Property». Cependant la terminologie, employée dans ces traductions n'est pas toujours conséquente et même dans les textes officiels originaux on trouve parfois des inconséquences. Les termes qui figurent dans les langues respectives ne se correspondent pas toujours au sens lexicographique rigoureux. On trouve p.ex. dans les textes français et espagnol pour «Anmelder» — «applicant» une fois «déposant» — «depositante» (C. de P. Article 4 F), d'autres fois «demandeur» — «solicitante» (C. de P. Article 4 G/1). (Conf. aussi l'interprétation inconséquente — qui, par tradition, a acquis déjà droit de cité — des expressions des textes originaux français et anglais rendues par «Ware» et «Erzeugnis».)

Bien que ces divergences ne modifient pas toujours la valeur des significations, elle peuvent, pourtant, être la source d'interprétations erronées. Et comme ces textes ont valeur de source légale, le lecteur doit être avisé que, dans un contexte donné, ces expressions vont ensemble.

Les régimes légal et administratif des pays diffèrent à un tel degré que tout effort de coordination rigoureuse des instances de ces pays semble être à l'avance compromis; nous avons donc jugé plus utile de faire figurer le système structural de celles-ci sous forme de tableaux dans une partie séparée (Part III). Les différences de la terminologie usuelle des pays de la même langue administrative ont été indiquées, le cas échéant, par des sigles p. e. *BRD, DDR, Ö, CH, Li, GB, US* (v. la liste des abréviations).

Pour un dictionnaire qui a été rédigé avec la seule intention de suppléer au lexique des dictionnaires généraux un nombre de termes spéciaux réunis par un choix optimal, la sélection reste toujours soumise aux lois du hasard. Nous nous sommes proposé de réunir les termes les plus importants de cette spécialité et d'admettre le moins d'inconséquences possibles sans compromettre la fidélité par des mesures arbitraires. Nous sommes, hélas, bien conscients de ce que nous n'avons pas toujours réussi à cerner les mots et termes techniques dans leur acception juste et que le travail de les polir serait un peu le travail de tous ceux qui consulteront le dictionnaire. Toute remarque et suggestion communiquées à la maison d'édition indiquant les imperfections et erreurs éventuelles à corriger et les lacunes à combler seront donc reçues avec gratitude.

Dans le travail de réunion des sources et de vérification des interprétations, nous avons bénéficié de la collaboration très précieuse tant d'institutions publiques et sociales (p. ex. de l'Office National d'Inventions de la République Populaire Hongroise, des groupes nationaux de l'AIPPI, d'un Institut de l'Académie des Sciences de Hongrie, etc.) que des personnes privées et d'agences de brevets de l'Europe et de l'Outre-mer. Le peu de place qui nous est disponible ne nous permet pas de remercier séparément tous ceux qui nous ont assisté dans ce travail et dont la coopération était très appréciée. Nous sommes tout particulièrement reconnaissants à MM. *József Menyhárt* et *Tivadar Palágyi*, docteur ès sciences techniques, pour leur contribution dans le travail difficile de l'interprétation et de la révision multiple du lexique admis au dictionnaire. Nous prions aussi la rédaction de la Maison d'édition (VDI-Verlag), M. *B. P. Miasnikov* (révision du texte russe) tout comme les rédacteurs des services lexicographiques de Akadémiai Kiadó (Maison d'édition de l'Académie des Sciences de Hongrie) de trouver ici l'expression de notre gratitude pour leur obligeant travail de révision très soigné du manuscrit. Nous devons des remerciements aux travailleurs de l'Imprimerie de la belle présentation typographique.

Budapest, Septembre 1974

György L. Szendy
ingénieur-conseil en brevets,
membre de l'Association Internationale pour la Protection de la
Propriété Industrielle

Avis au lecteur

Le dictionnaire se compose de trois parts principales:

Part I contient le lexique réuni en cinq langues, arrangé dans l'ordre alphabétique des termes allemands. Dans cette part, le mot-clef est l'entrée allemande. Les interprétations dans les autres quatre langues du terme donné par l'entrée allemande sont arrangées dans l'ordre de succession des langues que voici: *E* = anglais, *F* = français, *S* = espagnol, *R* = russe.

L'entrée allemande est précédée d'un repère qui se compose d'une lettre et d'une cote de référence et recommence à chaque lettre: p. e. **E 65** Engriff; **P 12** Patent.

L'entrée est souvent complétée d'une alliance de mots, d'une expression composée de plusieurs mots et même de tours de phrase qui l'illustrent ou la complètent. Ceux-ci sont toujours marqués d'un repère propre, l'entrée, cependant, n'est pas nécessairement répétée, mais est souvent remplacée par le signe de tilde (～). P. e.:

A 6 Abbildung *f Pr*

. . . . . .

A 7 (Abbildung) *Wr*

. . . . . .

A 8 (Abbildung); verwechslungsfähige ～ einer Marke.

Part II contient les lexiques anglais, français, espagnol et russe, chacun arrangé dans l'ordre alphabétique respectif. Dans ces quatre vocabulaires, les entrées sont toujours les termes anglais, français, espagnols ou russes. Veut-on trouver p. ex. dans le vocabulaire russe les significations du mot russe *правило* dans les autres quatre langues, on cherche le mot russe

правило **R 168**

et on y trouve la combinaison de lettre et de cote de référence qui permet de trouver les significations du mot russe *правило* dans la Part I du dictionnaire. Si le mot-clef est enregistré sous plusieurs entrées dans la Part I, le vocabulaire de chaque langue indique tous les repères y relatifs, tels p. e. dans le vocabulaire français:

contrefaçon **E 65, N 14, P 109, R 72.**

Si ces repères sont cherchés dans la Part I du dictionnaire, on y trouve toutes les interprétations du mot marqué par ce repère dans les autres langues, ce qui permet de passer directement de l'une des langues à une autre.

Veut-on savoir le terme équivalent espagnol du mot anglais infringement, on doit d'abord trouver dans le lexique *anglais* le mot entrée anglais où on notera: infringement **E 65.** Là-dessous, on consultera la Part I, où grâce au repère **E 65** on trouvera les mots espagnols ataque *m,* usurpación *f,* falsificación *f,* abuso *m LA* qui correspondent au mot anglais infringement.

Si l'entrée est un substantif, le genre du mot est indiqué (*m* pour masculin, *f* pour féminin et *n* pour neutre). Si le mot entrée n'est enregistré dans le dictionnaire que dans le pluriel, le signe *pl* indique que ce terme est employé au pluriel.

Les synonymes sont séparés dans des expressions composées de plusieurs éléments par un trait oblique (/).

Les renvois sont indiqués par une flèche horizontale (→). La flèche indique soit qu'une interprétation du terme donné peut être trouvée aussi ailleurs, soit qu'il existe pour cette signification une expression synonyme également.

Les adjectifs d'emploi nominal qui diffèrent l'allemand par leur terminaison aussi dans le nominatif (p. ex. Angestellte, ein Angestellter) ont été enregistrés sous leur forme de déclinaison faible ce qui, dans la plupart des cas, se reconnaît déjà de l'abréviation de genre *m/f* donnée.

Part III contient le Système structural des autorités administratives et juridiques de chaque pays sous forme de tableaux.

Prefacio a la segunda edición

La acogida por lo general favorable de la primera edición me ha confirmado en la convicción de haber escogido el camino justo concerniente a la utilidad del diccionario. La comparación plurilingüe de los términos y trozos que sirven para aclarar el significado general y específico de expresiones cuyo sentido léxico es frecuentemente diferente, fue coronado de éxito. Este método fue reconocido no solo en numerosas opiniones expresadas sobre este asunto, sino también por el hecho de que el método fue aplicado ulteriormente por otros (véase, por ejemplo, el glosario plurilingüe publicado por la OMPI en 1979). El apéndice, abarcando los cuadros sinópticos en los que se comparan las autoridades competentes en materia de patentes en los países distintos, — a pesar de ser insólitos en los diccionarios — ganó igual éxito y fueron posteriormente imitados por otros también. Así que, cuando surgió la cuestión de reeditar el vocabulario, no ha sido necesario de modificar la estructura o el método, o ejecutar modificaciones esenciales en el manuscrito. Fue, sin embargo, necesario completar el vocabulario con algunos términos, usados en convenios internacionales recientemente concluidos y substituir, por otros, algunos términos nacionales anticuados a causa de los cambios ocurridos en la terminología de la legislación nacional. Hice lo posible para eliminar algunos errores de la primera edición.

Agradezco a todos los que se habían tomado la molestia de llamar mi atención a las incorrecciones encontradas. Deploro que no pude satisfacer todas las propuestas para completar el vocabulario porque un aumento mayor del volumen afectaría la manuabilidad del diccionario.

Budapest, Enero 1985

György L. Szendy

Prefacio a la primera edición

Este diccionario, a pesar de su alcance relativamente restricto, se fija como objetivo de completar los conocimientos de idioma ya adquiridos y acrecentar el vocabulario contenido en los diccionarios corrientes, para que las personas interesadas en la protección legal de la propiedad industrial y particularmente en cuestiones de patentes, sean capaces de identificar fácil y rápidamente o de traducir a uno de los cinco idiomas (alemán, inglés, francés, español, ruso) posiblemente todos los peculiares términos de este ramo especial sea en el trato oral o escrito o sea en el estudio de la literatura relacionada. Como para este campo no se dispone sino de pocos diccionarios especiales me esforcé por tener en cuenta un dominio extendido, incluyendo en él las nociones referentes a la:

protección legal de la propiedad industrial p. o., derecho de patentes, derecho sobre los dibujos, ley sobre las marcas, derecho de competencia y de los carteles, la protección de las obtenciones vegetales, las leyes orgánicas de poder judicial p. o. y de la administración, arreglos y organizaciones internacionales etc.

Un especialista en cuestiones de patentes tiene que arreglarse en todo pais con la legislación nacional y los convenios internacionales vigentes en el país respectivo. En primer lugar, los términos técnicos contenidos en los textos oficiales están traducidos de manera que sean idénticos a los usados en los textos oficiales redactados en otros idiomas, respectivamente a los que se emplean generalemente en las versiones oficiales del texto original. Para la compilación de este diccionario, como fuentes de documentación fueron utilizados en su mayoría tales textos oficiales. Se habían hecho esfuerzos para precisar las equivalencias terminológicas de las voces incluidas en este diccionario quinquelingüe. Además, hemos citado pasajes auténticos tomados a versiones plurilingües de convenciones internacionales así que de leyes y otros arreglos nacionales. Tal documentación basada en fuentes fidedignas confiere una particular autenticidad a la interpretación.

Como base se han tomado en primer lugar los textos originales franceses e ingleses, las traducciones oficiales alemanas y españolas, asimismo las disponibles versiones rusas (las cuales, establecidas por las Oficinas Internacionales

Reunidas para la Protección de la Propiedad Intelectual (BIRPI), respectivamente por el Instituto Soviético de la investigación en la cosa de información sobre las patentes aunque no oficiales, son de fiar) de diferentes textos de Convenciones de la Unión (Convención de París, Organización Mundial de la Propiedad Intelectual, etc.). Además, han sido incluidos también términos usados en las legislaciones de algunos países miembros de la Unión. Estos términos han sido confrontados con los sinónimos encontrados en las legislaciones de otros países, o han sido adoptadas las traducciones no oficiales de tales leyes, publicadas en el órgano „Industrial Property", „La Propriété industruelle". Las traducciones mencionadas y los textos originales revelan a veces inconsecuencias en su terminología; los términos en diversos idiomas, reunidos en el mismo grupo, no corresponden siempre a la acepción lexicográfica. Para decir un ejemplo: el vocablo „Anmelder" — „applicant" es traducido al francés y español una vez por „déposant" — „depositante" (C. de P. Artículo 4 F), otra vez por „demandeur" — „solicitante" (C. de P. Artículo 4 G/1); (véase también el uso inconsecuente — a pesar de ser tradicional — de las expresiones inclusas en los textos originales franceses e ingleses las cuales quieren decir „Ware", respectivamente „Erzeugnis"). Aunque las divergencias no tienen gran importancia por lo que respecta el sentido mismo, sin embargo en otros casos pueden conducir a equivocaciones. Y como justamente estos textos sirven de fuentes jurídicas, el usuario del diccionario debe ser avisado que en ciertas conexiones estos términos forman parte del mismo grupo.

Como las diferentes constituciones administrativas y jurídicas no permiten una severa confrontación de instancias similares, hemos ilustrado en la Parte Tercera de las Indicaciones para el uso del diccionario las tramitaciones de los diversos países en forma de quadros sinópticos. Los varios términos técnicos, usados en países de habla idéntica, están marcados, quando sea necesario, por medio de abreviaturas; p. ej. *BRD, DDR, Ö, CH, Li, GB, US* etc. (v. la lista de abreviaturas).

En un diccionario que tiene el objetivo de completar un vocabulario general con el mínimo de términos especiales, la selección, por necesidad, resulta siempre subjetiva. Se ha prestado atención a recoger lo más importante de esta esfera de utilización. Además se habían hecho esfuerzos para diminuir las inconsecuencias en las interpretaciones mas sin proceder arbitrariamente. Debido a esto el objetivo puede ser alcanzado sólo en parte y el usuario podría contribuir en mucho al perfeccionamiento de la obra. Invitamos, pues, a los usuarios a comunicar a la Editorial todas las deficiencias y objeciones, así que las sugestiones para mejorarla y completarla, agradeciéndoselo con anticipación.

En la colección de las fuentes y la revisión de las interpretaciones nos ayudaron instituciones públicas (como p. ej. la Oficina Nacional de las Invenciones de la República Popular Húngara, los diversos grupos nacionales de la Asociación Internacional para la Protección de la Propiedad Industrial (AIPPI), uno de los institutos de la Academia de Ciencias Húngara etc.), así que particulares y oficinas de agentes de patentes de Europa y Ultramar. No es posible mencionar en este lugar a todos nuestros colaboradores: a todos ellos nos complace hacerles presente la expresión de nuestro agradecimiento. En particular quisiéramos realzar el mérito abnegado de los señores *József Menyhárt* y dr. *Tivadar Palágyi*, los cuales dieron su inestimable contribución a la interpretación y revisión reiterada del vocabulario, además, el trabajo esmerado de redacción de la Editiorial VDI, del señor *B. P. Miasnikov* (texto ruso) y el trabajo cuidadoso de la Redacción de diccionarios de la Editorial de la Academia de Ciencias Húngara en Budapest. Expresamos, además, nuestra gratitud al establecimiento tipográfico por la presentación esmerada de la obra.

Budapest, Septiembre 1974

György L. Szendy
agente de patentes,
miembro de la Asociación Internacional para la Protección de la Propiedad Industrial

Indicaciones para el uso del diccionario

El diccionario se compone de tres partes principales:
La Parte Primera contiene todo el caudal lexicográfico en cinco idiomas registrado en orden alfabético. La voz-guía alemana es aqui la „voz indicadora". Buscándola se hallará, al lado del vocablo alemán la versión del mismo en el orden siguiente: E = inglés, F = francés, S = español, R = ruso.

A la voz-guía alemana precede la „cifra de la voz-guía": un número progresivo dentro de cada letra, p. ej. **E 65** Eingriff; **P 12** Patent.

Detrás de la voz-guía se incorporan a menudo combinaciones de palabras, expresiones compuestas y partes de oraciones conteniendo la voz-guía. Todas estas cuentan con una propia cifra. La voz-guía misma no se repite necesariamente sustituyéndose, por regla, por una tilde (~). P. ej.:

A 6 Abbildung *f Pr*

. . . . . .

A 7 (Abbildung) *Wr*

. . . . . .

A 8 (Abbildung); verwechslungsfähige ~ einer Marke.

La Parte Segunda abarca el vocabulario en inglés, francés, español y ruso por separado, en registros compilados por orden alfabético. En estos quatro registros la voz indicadora será siempre el correspondiente vocablo inglés, francés, español o ruso. Buscándolo se hallará al lado la cifra de la voz-guía de la Parte Primera, correspondiente a la voz indicadora. P. ej. en el registro ruso se encuentra el vocablo:

правило **R 168.**

Si la voz indicadora se encuentra también en otros lugares de la Parte Primera, en el registro al lado de la voz indicadora figura también la correspondiente cifra de la voz-guía de la Parte Primera. P. ej. en el registro francés se encuentra:

contrefaçon **E 65, N 14, P 109, R 72.**

Buscando en la Parte Primera la cifra de la voz-guía encontrada al lado de la voz indicadora, se hallará en el mismo sitio la interpretación de la voz indicadora en cinco idiomas. Este sistema hace posible hallar inmediatamente y sin dar rodeos por otros idiomas, la interpretación de un vocablo en cualquiera de los idiomas.

Si se necesita p. ej. el vocablo español correspondiente a la voz inglesa „infringement", se buscará primero la voz indicadora en el registro inglés. Allí se hallará: infringement **E 65.** Luego se buscara en la Parte Primera **E 65** y se encontrará bajo *S:* ataque *m,* usurpación *f,* falsificación *f,* abuso *m LA.*

Si la voz-guía es un sustantivo, se indica su género: *m* = masculinum, *f* = femininum, *n* = neutrum. Si la voz-guía no es usada sino en la forma plural, se indica con *pl* = plural.

En las expresiones compuestas los sinónimos se separan por una raya transversal (/), respectivamente se intercala la palabra „o".

El signo de la remisión es una flecha horizontal ($\rightarrow$) que advirtiendo al usuario del diccionario remite o bien a una interpretación dada ya en otro lugar o bien a un sinónimo con acepción análoga.

Los adjetivos substantivados que en alemán tienen diferentes desinencias en el caso nominativo (p. ej. der Angestellte, ein Angestellter), han sido incorporados en su forma „débil" y se reconocen también por la indicación *m/f* de su género.

La Parte Tercera ilustra las tramitaciones de los diversos países en forma de quadros sinópticos.

Предисловие ко второму изданию

Первое издание словаря было хорошо встречено читателями, что подкрепило мою уверенность в правильности избранного метода. Наше стремление показать тождественность значения лексикально различных выражений в конкретном контексте, осуществленное путем сопоставления этих выражений в достоверных текстах и отдельных отрывков текстов на разных языках, снискало успех. Этот метод с тех пор был не только многими одобрен, но и применен с тех пор другими авторами (например, в многоязыковом словнике, изданном в 1979 году Всемирной организацией интеллектуальной собственности). Успех имело и то, что — отклоняясь от обычной словарной практики — мы приложили к словарю и сопоставительную таблицу патентных организаций различных стран, с тех пор такая таблица была помещена и в новом патентном словаре. Поэтому мы не видели повода для изменения основного метода подачи материала или структуры словаря, не пришлось значительно изменять и сам текст, когда возникла необходимость в новом издании. Однако словарь был пополнен некоторыми новыми словарными статьями, это в основном выражения, которые встречаются в международных соглашениях, заключенных в последнее время. Кроме того, некоторые устаревшие выражения мы заменили новыми, использующимися в новых юридических документах и юридической практике отдельных стран.

Мы стремились, по возможносги, исправить ошибки, найденные в первом издании словаря, здесь я выражаю благодарность всем, кто обратил на них наше внимание. К сожалению, нам не удалось учесть все пожелания относительно пополнения словарного запаса, поскольку значительное увеличение объема словаря затруднило бы пользование им.

Будапешт, январь 1985 года

Дьердь Л. Сенди

Предисловие к первому изданию

Назначение настоящего словаря — при относительно небольшом объеме — пополнить языковые знания лиц, пользующихся им, а также и запас слов, включенных в общие словари, таким образом, чтобы лица, интересующиеся правовой охраной промышленной собственности и особенно вопросами патентоведения могли по возможности быстро и без всяких затруднений идентифицировать все особые выражения, свойственные данной специальной области, и переводить их на другие мировые языки при устном и письменном изложении, а также при изученни соответствующей литературы. Следует отметить, что в зтой области, столь характерной именно для международных отношений, имеется лишь очень немного специальных словарей. Поэтому данная, более широко разработанная нами область, включает в себя терминологию по следующим отраслям: правовая охрана промышленной собственности вообще; патентное право; правовая охрана образцов; законодательство о товарных знаках; правила, регулирующие конкуренцию; картельное право; защита новых сортов растений; административное право и судоустройство вообще; международные организации и соглашения и пр.

В каждой стране патентовед должен исходить из национального законодательства и международных соглашений, действующих в данной стране. Переводить встречающуюся в официальных текстах фразеологию прежде всего следует таким образом, как она применяется в соответствующих официальных текстах на других языках или в официальных и укоренившихся переводах оригинальных текстов. В большинстве случаев именно такие официальные тексты были нами использованы в качестве источников при составлении словаря. При этом мы стремились обеспечить терминологическую эквивалентность запаса слов, содержащихся в данном пятиязычном (немецко-английско-французско-испанско-русском) словаре, путем их применения в словосочетаниях, имеющих одинаковый смысл, а также путем цитирования частей фраз, взятых дословно из многоязычных версий текстов международных соглашений, законов и прочих правовых норм соответствующих стран. Обоснование словаря такими аутентичными источниками придает особую достоверность интерпретации терминов.

Источниками в первую очередь служили официальные французские и английские оригинальные тексты, официальные немецкие и испанские переводы, а также, хотя и неофициальные, но достоверные русские переводы, сделанные Объединенным международным бюро по охране интеллектуальной собственности (БИРПИ) или Центральным научно-исследовательским институтом патентной информации (ЦНИИПИ) с различных текстов международных соглашений (Парижской конвенции, конвенции о Всемирной организации интеллектуальной собственности и т. п.), а также применены выражения, взятые из национальных законодательств некоторых стран, входящих в Союз. Последние были сопоставлены с однозначными выражениями, применяемыми в текстах соответствующих законодательных актов других стран, или в качестве основы были положены тексты неофициальных переводов оригинальных правовых норм, появившиеся в бюллетенях „Industrial Property" и „La Propriété industruelle". Не только вышеуказанные переводы, но и оригинальные официальные тексты не всегда последовательны с точки зрения терминологического единства, и адекватные выражения и словосочетания на различных языках не всегда соответствуют лексически. Так, например, выражение „Anmelder" — „applicant" передается в французском и испанском текстах в одном случае как „déposant" — „depositante" (статья 4 F Парижской конвенции) и в другом случае как „demandeur" — „solicitante" (статья 4 G/1 Парижской конвенции); (см. также зависимое от традиций непоследовательное применение терминов «товар» и «изделие» даже в оригинальных французских и английских текстах). Хотя отклонения не всегда оказывают влияние на смысловое значение терминов, все-таки в некоторых случаях они могут приводить к недоразумениям. А так как именно эти тексты являются юридическими источниками, то пользуясь словарем надо учитывать, что данные выражения могут иметь тесную взаимосвязь.

Так как отклонения и различие положений об адмипистративном делопроизводстве и судоустройстве не позволяют производить расположение аналогичных инстанций в строгой последовательности, то делопроизводство по инстанциям различных стран показано и в форме таблиц в III части словаря. При несовпадении терминологии стран с тождественным официальным языком — там, где это считается необходимым — страны обозначены сокращениями, например *BRD, DDR, Ö, CH, Li, GB, US*, и т. п. (см. список условных сокращений).

При составлении словаря, в котором предусматривается пополнить общий запас слов только минимальным количеством специальных терминов, выбор последних вообще имеет довольно субъективный характер. Во всяком случае мы стремились проводить отбор важнейших терминов, учитывая интересы лиц, пользующихся этим словарем. Кроме того, при толковании понятий мы стремились в определенной мере сократить непоследовательность, следя, однако, за тем, чтобы не было какой-либо самовольности. Таким образом нам только частично удалось достичь сяоей цели, и лица, пользующиеся нашим словарем, в большой мере могут содействовать его усовершенствованию. Мы заранее благодарим за все замеченные погрешности и недочеты я нашем словаре, а также за критические замечания, отзывы и дополнения, которые будут направляться в адрес нашего издательства.

При отборе источинков и проверке адекватности терминов нам оказали содействие как государственные учреждения (например Государственное ведомство по делам изобретений Венгерской Народной Республики; НИИ Венгерской Академии наук) и общественные органы (национальные группы АИППИ различных стран и т. п.), так и частные лица и бюро патентных поверенных европейских и трансатлантических стран. Мы не имеем возможности перечислить здесь всех, оказавших нам содействие в нашей работе, поэтому выражаем всем общую глубокую благодарность. Особую благодарность мы приносим *Йожефу Меньхарту* и *д-ру Тивадару Палади* за их неоценимую работу над составлением и многократной проверкой словника, а также за чрезвычайно тщательную проверку соответствующих текстов коллективу VDI-Verlag и *Б. П. Мясникову* (русский текст). Мы благодарим также редакцию словарей Издательства Венгерской Академии наук в Будапеште, в которой была проведена большая работа по усовершенствованию рукописи и типографию за тщательное оформление нашего издания.

Будапешт, сентябрь 1974 года

Дьердь Л. Сенди
патентный поверенный,
член Международной ассоциации
по охране промышленной собственности

О пользовании словарем

Словарь состоит из трех основных частей.

Первая часть содержит полный запас слов на пяти языках, расположенных по немецкому алфавиту. Таким образом здесь немецкое заглавное слово является «ключевым словом». Рядом с немецкими выражениями стоят переводы их на других языках в следующем порядке: E = английский, F = французский, S = испанский, R = русский.

Перед немецким заглавным словом стоит ключевой номер, который явлвется порядковым номером к каждой начальной букве, например: **E 65** Eingriff; **P 12** Patent.

После заглавного слова мы часто даем словосочетания, выражения или части фраз, в которых фигурирует данное заглавное слово. В таких случаях мы каждый раз снабжаем нх отдельным ключевым номером, само заглавное слово однако не повторяется, а заменяется тильдой (~), например:

A 6 Abbildung *f Pr*

. . . .

A 7 (Abbildung) *Wr*

. . . .

A 8 (Abbildung); verwechslungsfähige ~ einer Marke.

Вторая часть словаря содержит английский, французский, испанский и русский словники в соответствующем данному явыку алфавитном порядке. Таким образом в этих четырех словниках ключевыми словами являются английслие, французские, испанские или русские выражения. Рядом с ними стоит соответствующий ключевой номер к первой части словаря. Так, например, в русском словнике стоит:

правило **R 168.**

Если данное ключевое слово встречается и в других местах первой части словаря, то в словнике, рядом с ключевым словом мы даем и ключевой номер, под которым можно найти это слово в первой части. Так, например, в французском словнике стоит:

contrefaçon **E 65, N 14, P 109, R 72.**

Если найти ключевой номер, стоящий рядом с ключевым словом в первой части словаря, то там же мы находим и перевод этого слова на пяти языках. Таким образом есть возможность найти перевод данного слова с одного языка на другой без помощи языка-посредника.

Если, например, нам нужен испанский эквивалент английского слова infringement, то сначала мы находим в английском словнике заглавное слово infringement **E 65.**

Затем в первой части словаря находим **E 65** и под буквой *S* будет стоять нужное нам понятие: ataque *m*, usurpación *f*, falsificacón *f*, abuso *m LA*.

Если заглавное слово является существительным, то мы обозначаем и его род: *m* = masculinum (мужской), *f* = feminium (женский), *n* = neutrum (средний).

Если заглавное слово употребляется только во множественном числе, то оно имеет обозначение *pl* = plural. В многочленных выражениях синонимы разделяются засечкой (/), а иногда словом «или».

Ссылка обозначается горизонтальной стрелкой (→), которая указывает на объяснение, данное уже в другом месте или на то, что имеется тождественное понятие. Прилагательные, употребляемые в качестве существительных, которые в немецком языке и в именительном падеже имеют различные окончания, (как например, der Angestellte, ein Angestellter) стоят здесь в слабой форме, что можно определить в большинстве случаев и без обозначения *m/f*.

Третья часть словаря содержит таблицы инстанций процедуры различных стран.

Abkürzungen

ä	älter; früherer Ausdruck
Arg	Argentinien
BGB	Bürgerliches Gesetzbuch
BRD	Bundesrepublik Deutschland
CH	Schweiz
Ct	Computertechnik
DDR	Deutsche Demokratische Republik
E	Englisch
EU	Europäisches Patentübereinkommen
f	femininum
F	Frankreich, französisch
GB	Großbritannien
Gr	gewerblicher Rechtschutz
hist	historisch
Hr	Handelsrecht
K	Kanada
Kr	Kartellrecht
LA	Lateinamerika
Li	Liechtenstein
m	masculinum
Mr	Musterrecht
n	neutrum
Ö	Österreich
OMPI	Organisation Mondiale de la Propriété Intellectuelle
PCT	Vertrag über die internationale Zusammenarbeit auf dem Gebiet des Patentwesens
pl	pluralis
Pr	Patentrecht
PVÜ	Pariser Verbandsübereinkunft
R	Russisch; Recht im allgemeinen

S	Spanien, spanisch
sg	singularis
SS	Sortenschutz
SU	Sowjetunion
US	USA, Vereinigte Staaten von Amerika
WIPO	World Intellectual Property Organization
Wr	Warenzeichenrecht
Ww	Wettbewerbsrecht
Zr	Zivilrecht

ВОИС	Всемирная организация интеллектуальной собственности
ГК	Гражданский кодекс

Teil I

Fünfsprachiges Wörterverzeichnis, Deutsch als Suchwort

Fünfsprachiges Wörterverzeichnis, Deutsch als Suchwort

A

1 abändern
E amend, modify, alter
F modifier
S modificar, cambiar, enmendar, reformar
R вносить/внести поправку, изменять/изменить

2 (abändern); die Festsetzung einer Vergütung ~
E alter the assessment of a compensation
F modifier l'indemnité fixée
S reformar la remuneración fijada
R изменять установленный размер вознаграждения

3 (abändern); die Teilungsanmeldung ist abgeändert worden
E the divisional application has been amended
F la demande divisionnaire a été modifiée
S la solicitud parcial fue modificada
R выделенная заявка была изменена

4 Abänderung *f*
E amendment, modification
F modification *f*, amendement *m*
S modificación *f*, enmienda *f*, reforma *f*
R поправка *f*, изменение *n*

5 Abart *f* → *auch* **Art**
E modification, variety
F variante *f*, variété *f*
S variante *f*, variedad *f*
R вариант *m*, вид *m*

6 Abbildung *f Pr*
E figure
F figure *f*
S dibujo *m*
R иллюстрация *f*, рисунок *m*

7 (Abbildung) *Wr*
E reproduction
F reproduction *f*
S reproducción *f*
R воспроизведение *n*

8 (Abbildung); verwechslungsfähige ~ einer Marke
E reproduction of a mark liable to create confusion
F reproduction d'une marque susceptible de créer une confusion
S reproducción de una marca susceptible de crear una confusión
R воспроизведение знака, способное ввести в заблуждение

9 abbrechen → (Recherche); ...
10 abdingen; eine Vorschrift ~
  E derogate from a provision
  F déroger à une disposition
  S apartarse/desviarse de una prescripción
  R отступиться от положения
11 (abdingen); die Vorschriften dieses Gesetzes können nicht abgedungen werden → *auch* **unabdingbar**
  E the provisions of this law must not be derogated from
  F il est défendu de déroger aux dispositions de cette loi
  S es prohibido de desviarse de las prescripciones de esta ley
  R положения этого закона должны выполняться
12 Abdruck *m*
  E copy; print; reproduction
  F copie *f;* reproduction *f*
  S copia *f;* reproducción *f*
  R копия *f;* репродукция *f*
13 aberkennen
  E deny; deprive; *(durch Rechtsspruch)* abjudicate
  F priver; déposséder; disputer
  S privar; desposeer; disputar
  R лишать/лишить, запрещать/запретить, оспаривать/оспорить
14 Aberkennung *f;* ~ **eines Rechts**
  E deprivation/loss of a right
  F dépossession *f* d'un droit
  S privación/prohibición *f* de un derecho
  R лишение *n* права
15 abfassen
  E draft
  F rédiger; libeller
  S redactar; formular

  R составлять/составить, формулировать
16 Abfassung *f*
  E draft
  F rédaction *f;* libellé *m*
  S redacción *f;* dibujo *m*
  R текст *m*, редакция *f*, формулировка *f*
17 (Abfassung); neue ~ **des Patentanspruchs**
  E redrafted claim
  F nouvelle rédaction de la revendication
  S nueva redacción de la reivindicación
  R новая редакция формулы изобретения
18 Abfertigung *f* → **Erledigung**
19 Abfindung *f*
  E compensation; settlement
  F accommodement *m*, arrangement *m;* indemnisation *f*
  S compensación *f*, arreglo *m;* indemnización *f*
  R компенсация *f*, возмещение *n*
20 Abgabe *f (Zahlung, öffentl. Lasten)*
  E fee; tax; duty
  F impôt *m;* taxe *f*
  S impuesto *m;* tasa *f;* derecho *m*
  R сбор *m*
21 (Abgabe) *(Aushändigung)*
  E delivery
  F remise *f*
  S entrega *f*
  R отдача *f*
22 (Abgabe); ~ **an den Verbraucher**
  E delivery to the customer
  F livraison *f* au consommateur
  S entrega *f* al consumidor
  R передача *f* потребителю

23 Abgabepreis *m*
E price of delivery, retail price
F prix *m* à la consommation
S precio *m* de venta
R отпускная цена *f*
24 abgeben → (**Erklärung**); . . .
25 Abgelehnte *m/f*
E person challenged
F personne *f* récusée
S persona *f* recusada, recusado *m*
R лицо *n*, получившее отвод
26 abgeordneter Richter → (**Richter**); . . .
27 Abgrenzung *f*
E delimiting, delimitation
F délimitation *f*
S limitación *f*
R ограничение *n*, отграничение *n*
28 (Abgrenzung); ~ vom Stand der Technik
E delimiting from prior art
F délimitation par rapport à l'état de la technique
S limitación del estado de la técnica
R отграничение от уровня/состояния техники
29 Abgrenzungsmöglichkeit *f*
E possibility of limitation/restriction
F possibilité *f* de limitation/restriction
S posibilidad *f* de limitación/restricción
R возможность *f* ограничения
30 abhalten → *auch* (**Termin**); . . .
E hold
F tenir
S tener
R проводить/провести

31 abhängig
E dependent
F dépendant
S dependiente
R зависимый
32 Abhängigkeit *f*
E dependence
F dépendance *f*
S dependencia *f*
R зависимость *f*
33 abhelfen
E redress
F remédier; faire droit
S remediar; reparar
R исправлять/исправить недостаток
34 (abhelfen) → (**Beschwerde**); . . .
35 Abhilfe *f EU*
E interlocutory revision
F révision *f* préjudicielle
S revisión *f* interlocutoria
R промежуточное рассмотрение *n* (*исправление решения решающим органом*)
36 Abholfach *n*
E mail box
F case *f*
S apartado *m*; casilla *f LA*
R почтовый ящик *m*
37 Abkommen *n* → *auch* **Abmachung; Übereinkunft, Vereinbarung**
E agreement, arrangement
F accord *m*, arrangement *m*
S arreglo *m*, acuerdo *m*
R соглашение *n*, договор *m*
38 (Abkommen) (*Konvention*)
E convention
F convention *f*
S convenio *m*
R конвенция *f*

**39 (Abkommen); internationales ~
→ *auch* (Übereinkunft); ...**
E international arrangement
F arrangement international
S arreglo internacional
R международное соглашение

40 Abkömmling *m*
E descendant
F descendant *m*, descendante *f*
S descendiente *m/f*
R потомок *m*

41 abkürzen
E abridge
F abréger
S abreviar
R сокращать/сократить

42 Ablauf *m*
E expiration
F expiration *f*, échéance *f*
S expiración *f*, vencimiento *m*
R истечение *n*

43 (Ablauf); ~ einer Frist
E expiration of a term/period
F expiration d'un délai
S expiración de un plazo
R истечение срока

**44 (Ablauf); regelmäßiger ~ eines
Patents**
E normal expiration of a patent
F déchéance normale d'un brevet
S expiración regular de una
patente
R нормальное истечение срока
действия патента

45 (Ablauf); Zeitpunkt des ~s
E date of expiration
F date de l'expiration
S fecha de la expiración
R срок истечения

46 ablaufen
E expire
F expirer

S expirar
R истекать/истечь

47 ablegen (*Briefe*)
E file
F classer
S archivar
R отдавать/отдать на хранение

**48 (ablegen) → (Eid); ..., (Zeug-
nis); ...**

49 ablehnen
E reject, challenge, refuse
F rejeter, récuser, refuser
S rechazar, recusar, excusarse
R отклонять/отклонить,
отказывать/отказать

**50 (ablehnen); eine Patentanmeldung
~, einen Patentanspruch ~ US**
E refuse a patent application
GB; reject a patent claim US
F rejeter une demande de brevet
S rehusar/rechazar una solicitud
de patente
R отклонять заявку на выдачу
патента

51 Ablehnung *f;* **~ von Amtsperso-
nen**
E challenge of/objection to EU
officials
F récusation *f* des fonctionnaires
S recusación *f* de funcionarios
R отвод *m* должностных лиц

52 (Ablehnung); ~ von Zeugen
E impeachment of witnesses
F récusation des témoins
S recusación de testigos
R отвод свидетелей

53 Ablehnungsgesuch *n*
E challenge plea
F requête *f* en récusation
S escrito *m*/petición *f* de recusa-
ción
R заявление *n* об отводе

54 Ablichtung *f;* ~ **einer Druck-schrift**
E photocopy of a publication
F photocopie *f* d'un imprimé
S fotocopia *f* de un impreso
R светокопия *f* печатного материала

55 Abmachung *f* → *auch* **Abkommen**
E arrangement
F arrangement *m*
S arreglo *m*
R соглашение *n*

56 (Abmachung); besondere ~
E special arrangement
F arrangement particulier
S arreglo particular
R особое соглашение

57 (Abmachung); einzeln besondere ~en treffen
E make separately special arrangements
F prendre séparément des arrangements particuliers
S concertar separadamente arreglos particulares
R заключать специальные соглашения

58 (Abmachung); untereinander besondere ~en treffen
E make between themselves special arrangements
F prendre entre eux des arrangements particuliers
S concertar entre sí arreglos particulares
R заключать между собой особые соглашения

59 abnehmen; jmdm eine Verpflichtung ~
E release s.o. from an obligation
F prendre une obligation à qn

S encargarse de la obligación de alguien
R освободить кого-л. от обязательства

60 Abnehmer *m (von Waren)*
E buyer, purchaser; consumer
F acheteur *m,* consommateur *m*
S consumidor *m.*
R потребитель *m,* покупатель *m*

61 Abrechnung *f*
E account
F compte *m*
S cuenta *f*
R расчёт *m*

62 Abrede *f;* **in ~ stellen**
E contest, deny
F dénier
S negar
R отрицать

63 (Abrede); man stellt es entschieden in ~
E it is denied categorically
F on le conteste/il est contesté catégoriquement
S se niega categóricamente
R категорически отрицается

64 Absatz *m (im Text)*
E paragraph
F alinéa *m*
S párrafo *m*
R абзац *m*

65 (Absatz) *(von Waren)*
E sale, market
F débit *m;* placement *m;* vente *f*
S venta *f;* realización *f*
R продажа *f;* сбыт *m*

66 Absatzrückgang *m*
E regress/retrogression in sales
F recul *m*/régression *f* de placement, recul *m* des ventes

S retroceso *m*/disminución *f* de la venta
R снижение *n* сбыта

67 abschlägig → (Antwort); . . ., (Bescheid); . . ., (bescheiden); . . .

68 abschließen *(eine Angelegenheit beenden)*
E close, conclude, terminate
F clore, clôturer, arrêter
S cerrar, concluir, concertar
R прекращать/прекратить

69 (abschließen) *(einen Vertrag)*
E sign; conclude
F conclure
S firmar, cerrar
R заключать/заключить

70 (abschließen); einen Vergleich ~
E come to terms, compound
F passer un accord, s'arranger
S concluir un acuerdo
R заключать соглашение

71 (abschließen); ein Verfahren ~
E quash proceedings
F arrêter les poursuites
S cesar un procedimiento
R прекращать процедуру

72 abschließend
E *adj* final; *adv* finally
F *adj* définitif; *adv* pour finir/conclure
S *adj* definitivo; *adv* en definitivo
R *adj* окончательный; *adv* окончательно

73 (abschließend) → (Entscheidung); . . .

74 Abschnitt *m* → *auch* **Kapitel**
E section
F section *f*
S sección *f*
R глава *f*

75 Abschrift *f*
E copy

F copie *f*
S copia *f*
R копия *f*

76 (Abschrift); beglaubigte ~
E certified copy
F double *m* certifié, copie certifiée
S auténtica *f*, compulsa *f*, copia certificada
R заверенная копия

77 (Abschrift); ~ einer Urkunde
E copy of a document
F copie d'un document
S copia de un documento
R копия документа

78 (Abschrift) → (übereinstimmend); . . .

79 abschwören
E abjure, deny upon oath
F abjurer
S abjurar
R отрекаться/отречься, отрицать под присягой

80 absehen *(von etwas)*
E omit
F omettre
S omitir
R игнорировать; воздержаться от чего-л.

81 (absehen); von einer Veröffentlichung ist abgesehen worden
E the publication has been omitted
F on a omis la publication, la publication a été omise
S la publicación fue omitida
R от опубликования решено воздержаться

82 Absendung *f*
E dispatching
F envoi *m*
S envío *m*
R отправление *n*

83 (Absendung); ~ der amtlichen Nachricht hinausschieben
E postpone the dispatching of an official notification
F ajourner l'envoi d'un avis officiel
S aplazar el envío de un aviso oficial
R отсрочивать отправление официального уведомления

84 Absicht *f*
E intention
F intention *f*
S intención *f*
R намерение *n*

85 (Absicht); betrügerische ~
E deceptive intention
F intention frauduleuse
S intención fraudulenta
R намерение ввести в заблуждение

86 absichtlich
E adj intentional; *adv* intentionally
F adj intentionnel; *adv* avec intention
S adj intencionado; *adv* con intención, aposta; adrede
R adj преднамеренный, *adv* преднамеренно

87 Abstimmung *f*
E voting
F vote *m*
S voto *m*, votación *f*
R голосование *n*

88 Abteilung *f*
E division, department, section
F division *f*, section *f*
S división *f*, sección *f*
R отдел *m*, отделение *n*, секция *f*

89 Abteilungsleiter *m*
E head of department/division, department chief/head
F chef *m* de section/division
S jefe *m* de departamento/sección
R начальник *m*/руководитель *m* отдела

90 abtreten
E assign
F céder
S ceder, conceder
R передавать/передать

91 Abtretende *m/f*
E assigner, assignor
F cédant *m*
S cesionista *m/f*, cedente *m*
R передающий *m* права, уступающий *m* требование

92 Abtretung *f*
E assignment
F cession *f*
S cesión *f*
R передача *f*, переуступка *f*, цессия *f*

93 Abtretungsempfänger *m*
E assignee
F cessionnaire *m*
S cesionario *m*
R правопреемник *m*, цессионарий *m*

94 Abwehrzeichen *n Wr*
E defensive trademark
F marque *f* défensive
S marca *f* de defensa
R защитный знак *m*

95 abweichen
E differ, depart
F différer, déroger
S diferir
R отличаться, различаться

96 Abweichende *n;* **soweit nicht** ~s
bestimmt ist
E except where/if not otherwise
provided/stated
F sous réserve de ce qui est prévu
autrement
S excepto disposición contraria
R при отсутствии противоположного положения; по-
скольку отличного не установлено

97 Abweichung *f (von der Regel)*
E departure
F dérogation *f*
S derogación *f*
R уклонение *n,* отклонение
n

98 (Abweichung); ~**en in der Kenn-**
zeichnung von Waren; → *auch*
Kennzeichnung
E variations in the signs distinguishing goods
F modifications *f/pl* apportées
aux signes distinctifs des
marchandises
S modificaciones *f/pl* entre los
signos distintivos de las
mercancías
R отличия *n/pl* различительных признаков товаров

99 (Abweichung); die ~**en berüh-**
ren die Identität der Marken
nicht
E the differences do not affect the
identity of the marks
F les différences ne touchent pas
l'identité des marques
S las diferencias no afectan a la
identidad de las marcas
R отличия не затрагивают
тождественность/идентич-
ность знаков

100 (Abweichung); unter ~ **von den**
Bestimmungen des § 34 → *auch*
(Artikel)...
E notwithstanding the provi-
sions of Article 34
F par dérogation aux disposi-
tions de l'Article 34
S a diferencia de las disposicio-
nes del Artículo 34
R в отличие от положений ста-
тьи 34

101 abweisen → **zurückweisen**

102 Abwesenheit *f*
E absence
F absence *f*
S ausencia *f;* rebeldía *f*
R отсутствие *n*

103 Abzug *m*
E deduction *f*
F déduction *f*
S deducción *f*
R вычет *m*

104 (Abzug); ~ **von Kosten und Auf-**
wendungen
E deduction of expenses and
charges
F déduction des frais et charges
S deducción de los gastos y
cargas
R вычет расходов и затрат

105 Adressat *m*
E addressee
F destinataire *m*
S destinatario *m*
R адресат *m*

106 Adresse *f*
E address
F adresse *f*
S señas *f/pl,* dirección *f*
R адрес *m*

107 Adressenänderung *f*
E change of address

F changement *m* d'adresse
S cambio *m* de señas
R перемена *f* адреса

108 adressieren
E address
F adresser
S dirigir
R адресовать

109 Agent *m*
E agent
F agent *m*
S agente *m*
R агент *m*

110 Aggregation *f* → Anhäufung

111 ahnden
E punish
F punir
S castigar, reprimir
R наказывать/наказать

112 ähnlich
E similar
F similaire
S similar
R сходный

113 Ähnlichkeit *f*
E similarity
F similitude *f*
S semejanza *f*, similitud *f*
R сходство *n*

114 Akte *f*
E file
F dossier *m*
S acta *f*; expediente *m*
R документы *m/pl*, дело *n*

115 (Akte); die ~n einsehen
E inspect the files
F consulter les dossiers
S consultar/examinar los documentos
R просматривать документы

116 Akteneinsicht *f* → auch (Gewährung); …, (Möglichkeit); …

E inspection of (the) files
F vue *f* des dossiers/pièces, prendre connaissance des dossiers
S inspección *f*/conocimiento *m*/vista *f* de los autos
R просмотр *m* документов

117 Akteninhalt *m*
E content of files
F contenu *m* des dossiers
S contenido *m* de las actas
R содержание *n* дела/документов

118 Aktenzeichen *n* → auch Geschäftszeichen
E number; file/reference/serial number
F numéro *m* (du dépôt)
S número *m* (del depósito)
R номер *m*; регистрационный номер

119 Aktie *f*
E share
F action *f*
S acción *f*
R акция *f*

120 Aktiengesellschaft *f* (AG)
E company limited, jointstock company
F société *f* anonyme, SA
S sociedad *f* anónima, SA
R акционерное общество *n*

121 Aktiengesetz *n*
E stock corporation law; Companies Act *GB*; General Corporation Law *US*
F loi *f* sur les sociétés (anonymes)
S ley *f* de las sociedades anónimas
R закон *m* об акционерных обществах

122 Alleinrecht *n*
E exclusive right
F droit *m* exclusif
S derecho *m* exclusivo
R исключительное право *n*

123 Allgemeingültigkeit *f*
E universal validity
F validité *f* universelle
S validez *f* universal
R универсальное действие *n*

124 (Allgemeingültigkeit); ~ einer technischen Lehre
E universality of a technical instruction
F validité universelle d'une instruction technique
S validez universal de una instrucción técnica
R универсальное действие *n* технического учения

125 Allgemeingut *n* → **Gemeingut**

126 Allgemeinwissen *n*
E common knowledge
F savoir *m* commun, science *f* commune
S conocimientos *m/pl* comunes
R общие знания *n/pl*

127 älter *auch* **früher**
E previous
F antérieur
S anterior
R предшествующий

128 (älter) → **(Anmeldung); …, (Eintragung); …, (Erfindung); …, (Partei); …, (Recht); …**

129 Altersrang *m;* **~ der Anmeldungen**
E previousness of applications
F antériorité *f* des demandes
S anterioridad *f* de las solicitudes
R старшинство *n* заявок

130 Amt *n* *(Dienststelle)*
E office; board
F office *m;* bureau *m*
S oficina *f;* administración *f*
R бюро *n*, ведомство *n*, учреждение *n*

131 (Amt) *(Funktion, Aufgaben)*
E office, charge
F fonction *f,* charge *f*
S función *f,* cargo *m*
R должность *f*

132 (Amt); ausgewähltes ~ *PCT*
E elected Office
F Office élu
S Oficina elegida
R выбранное ведомство

133 (Amt); besonderes ~ für das gewerbliche Eigentum
E special industrial property service
F service *m* spécial de la propriété industrielle
S servicio *m* especial de la propiedad industrial
R специальное ведомство по делам промышленной собственности

134 (Amt); ein ~ bekleiden
E fill/hold an office
F remplir une fonction
S desempeñar un cargo oficial
R занимать должность

135 (Amt); jmdn mit einem öffentlichen ~ bekleiden
E invest s.o. with a public office
F revêtir qn d'une fonction officielle
S dar un cargo oficial a alguien
R назначать на должность

136 (Amt); im ~ sein → **amtieren**

137 (Amt); von ~s wegen
E ex officio; administratively

F d'office
S ex officio, oficialmente, de oficio
R по долгу службы

138 Amt für Erfindungs- und Patentwesen der Deutschen Demokratischen Republik *DDR*
E the Inventions and Patent Office of the German Democratic Republic
F Office d'inventions et de brevets de la République Démocratique Allemande
S Oficina de Invenciones y de Patentes de la República Democrática Alemana
R Ведомство по делам изобретений и патентов ГДР

139 amtieren
E hold office
F être en fonctions
S estar en funciones
R занимать должность

140 amtlich
E official, administrative
F officiel, administratif
S oficial, administrativo
R официальный, административний

141 (amtlich); auf ~em Wege
E through official channels
F par (la) voie officielle/administrative
S por vías legales
R официальным путём

142 (amtlich); ~e Zeichen und Stempel
E official signs and hallmarks
F signes *m/pl* et poinçons *m/pl* officiels
S signos *m/pl* y punzones *m/pl* oficiales

R официальные знаки *m/pl* и клейма *n/pl*

143 Amtsantritt *m*
E entrance upon office/duty
F entrée *f* en charge/fonctions
S entrada *f* en funciones, toma *f* de posesión de un cargo
R вступление *n* в должность

144 Amtsbefugnisse *f/pl*
E official competences/power
F compétences/facultés *f/pl* officielles
S competencia/facultad *f* oficial
R служебные функции *f/pl*, служебная компетенция *f*

145 Amtsbescheid *m*
E official notice/order/action
F décision *f* officielle
S decisión *f* oficial
R официальное решение/заключение *n*

146 Amtsblatt *n*
E official journal *GB*/gazette *US*
F bulletin *m* officiel
S boletín *m* oficial, hoja *f* oficial, gaceta *f* *Sp;* diario *m* oficial, revista *f* *Arg*
R официальный/ведомственный бюллетень *m*

147 Amtsblatt der Europäischen Gemeinschaften
E Official Gazette of the European Communities
F Journal officiel des Communautés européennes
S Boletín oficial de las Comunidades europeas
R Официальний бюллетень Европейского сообщества

148 Amtsblatt der französischen Republik *F*

E Official Journal of the French Republic

F Journal officiel de la République Française

S Boletín oficial de la República Francesa

R Официальный бюллетень Французской республики

149 Amtsblatt des Europäischen Patentamts *EU*

E Official Journal of the European Patent Office

F Journal officiel de l'Office européen des brevets

S Boletín oficial de la Oficina europea de patentes

R Официальный бюллетень «Европейского» патентного ведомства

150 Amtsblatt des Patentamtes der USA

E Official Gazette of the United States Patent Office

F Bulletin *m* officiel de l'Office des brevets des États-Unis

S Boletín oficial de la Oficina de patentes de los Estados Unidos

R Официальный бюллетень Патентного ведомства США

151 Amtsblatt für gewerbliches Eigentum *F*

E Official Journal for Industrial Property

F Bulletin *m* officiel de la propriété industrielle

S Boletín oficial de la propiedad industrial

R Официальный бюллетень по промышленной собственности

152 Amtseid *m* → *auch* **Eid**

E oath of office

F serment *m* d'entrée en charge

S juramento *m* oficial

R служебная присяга *f*

153 Amtsführung *f;* ~ **des Direktors des Internationalen Büros**

E administration of the director of the International Bureau

F gestion *f* des affaires du directeur du Bureau international

S gestión *f* del director de la Oficina Internacional

R служебные действия *n/pl* директора Международного бюро

154 Amtsgebrauch *m*

E official usage, practice

F usage *m* officiel, pratique *f*

S uso *m* oficial, práctica *f*

R ведомственная практика *f*

155 Amtsgeheimnis *n*

E official secret

F secret *m* officiel/professionnel

S secreto *m* profesional

R служебная тайна *f*

156 Amtsgericht *n BRD, CH,* **Bezirksgericht** *n Ö* → *auch im Anhang*

E lower first instance, inferior/lower court, district court, county court *GB*

F tribunal *m* de première instance, tribunal inférieur, tribunal d'arrondissement

S juzgado *m* de primera instancia e instrucción

R суд *m* первой инстанции, районный суд

157 Amtshandlung *f*

E official action/function

F fonctions *f/pl,* acte *m* officiel

S operación/medida *f* oficial

R официальная мера/опера-
ция, *f*, служебное действие *n*
158 Amtsnachfolger *m*
E successor in office
F successeur *m* en charge
S sucesor *m* en el cargo
R преемник *m* в должности
159 Amtspersonal *n*
E official staff
F personnel *m* de l'office
S personal *m* de la oficina
R персонал *m* ведомства
160 Amtsrichter *m*
E district judge
F juge *m* de première instance
S juez *m* de primera instancia e
instrucción
R судья *m* первой инстанции
161 Amtssiegel *n*
E official seal
F sceau *m* officiel
S sello *m* de oficina
R служебная печать *f*, печать
ведомства/учреждения
162 Amtssprache *f*
E official language
F langue *f* administrative
S lengua *f* de la oficina/de
procedimiento
R язык *m* процедуры, канце-
лярский язык
163 Amts- und Rechtshilfe *f EU*
E administrative and legal co-
-operation
F coopération *f* administrative et
judiciaire
S cooperación/asistencia *f* ad-
ministrativa y judicial
R административная и юриди-
ческая помощь *f*
164 Analogie *f*
E analogy

F analogie *f*
S analogía *f*
R аналогия *f*
165 Analogieverfahren *n*
E analogous process
F procédé *m* analogique
S proceso *m*/procedimiento *m*
análogo
R аналогичный процесс *m*,
способ-аналог *m*
166 anbelangen
E concern
F concerner
S concernir, referir
R принадлежать, относиться
167 anberaumen *(einen Termin fest-
setzen)*
E fix, appoint, set
F fixer
S fijar, señalar
R устанавливать/установить
168 anbieten
E offer
F offrir
S ofrecer, ofertar
R предлагать/предложить
169 Anbietungspflicht *f (bez. Nut-
zungsrecht an einer Erfindung)*
E obligation to offer the right
F obligation *f* d'offrir le droit
S obligación *f* de ofrecer el
derecho
R обязательство *n* предлагать
право (использования изоб-
ретения)
170 anbringen *(einreichen)*
E file
F présenter
S presentar
R представлять/представить
171 (anbringen) *(verkaufen, absetzen)*
E dispose of, sell, place

F écouler, faire écouler
S colocar, lanzar al mercado
R сбывать/сбыть, продавать/продать

172 (anbringen); der Antrag kann beim Patentamt angebracht werden
E the request may be filed with the patent office
F la requête peut être présentée à l'office des brevets
S la demanda puede ser presentada a la oficina de patentes
R заявка может быть подана в патентное ведомство

173 (anbringen); ein Warenzeichen auf Erzeugnissen ~
E apply a trademark to goods
F apposer une marque de fabrique sur des produits
S aplicar una marca de fábrica a los productos/artefactos *LA*/objetos de un comercio *Arg*
R маркировать/обозначать изделие товарным знаком

174 Anbringung *f*
E application
F apposition *f*
S aplicación *f*
R предназначение *n*

175 (Anbringung); widerrechtliche ~ eines Warenzeichens
E unlawful application of a trademark
F apposition illicite d'une marque de fabrique
S aplicación ilícita de una marca de fábrica
R незаконная маркировка товаров

176 andere; ~ kannten die Erfindung früher
E the invention was known by others before
F l'invention était connue par d'autres antérieurement/précédemment
S otras personas conocieron la invención anteriormente
R изобретение уже ранее было известно другим лицам

177 ändern → abändern

178 Änderung *f* (*Abänderung, Umänderung*)
E amendment, alteration
F modification *f*
S modificación *f*
R модификация *f*, поправка *f*, изменение *n*

179 (Änderung); (*Veränderung, Wandel*)
E change, alteration
F changement *m*
S cambio *m*
R изменение

180 (Änderung); spätere ~en
E subsequent modifications
F modifications ultérieures
S modificaciones posteriores
R последующие изменения

181 (Änderung); ~ der Patentansprüche
E amendment of patent claims
F modification des revendications
S modificación de las reivindicaciones
R изменение пунктов формулы изобретения

182 (Änderung); ~ in der Person des Berechtigten durch Tod
E change of owner by decease

F mutation *f* du titulaire par décès

S mutación *f* del titular por defunción

R замена *f* правомочного лица, вследствие смерти

183 (Änderung); ~en in dem Register vermerken

E enter changes in the register

F inscrire des changements dans le registre

S inscribir cambios en el registro

R вносить изменения в реестр

184 (Änderung); eine ~ in der Registrierung vornehmen

E effect an amendment in the registration

F faire une modification à l'enregistrement; apporter une modification dans l'enregistrement

S implicar/entrañar una modificación respecto del registro

R вносить изменение в регистрацию

185 Androhung *f*

E threat

F menace *f*

S amenaza *f*

R угроза *f*

186 (Androhung); ~ des Löschungsantrags

E threat of a request for cancellation

F menace d'une requête en radiation

S amenaza de una demanda de cancelación/anulación

R угроза подачи требования об аннулировании

187 aneinanderreihen

E range, aggregate

F joindre

S alinear/indicar sucesivamente

R приводить последовательпо, располагать в ряд

188 (aneinanderreihen); Ansprüche ~

E range the claims

F joindre les revendications

S indicar las reivindicaciones

R приводить пункты формулы

189 (aneinanderreihen); Ansprüche anders ~

E transpose the claims

F transposer les revendications

S transponer las reivindicaciones

R переставлять пункты формулы

190 Aneinanderreihung *f* → Anhäufung

191 anerkennen *(einräumen)*

E admit

F admettre

S admitir

R признавать/признать

192 (anerkennen) *(bestätigen)*

E acknowledge, recognize

F reconnaître

S reconocer

R признавать/признать

193 (anerkennen); amtlich anerkannt

E officially recognized

F officiellement reconnu

S oficialmente reconocido

R официально признанный

194 (anerkennen); die Gültigkeit einer Übertragung ~

E admit the validity of an assignment

F admettre la validité d'une cession

S admitir la validez de una cesión

R признать действительность передачи

195 (anerkennen); diese Person ist als beteiligte Partei anzuerkennen
E this person shall be deemed an interested party
F cette personne sera reconnue comme partie intéressée
S esta persona será reconocida como parte interesada
R это лицо признаётся заинтересованной стороной

196 Anerkennung *f auch* **Anerkenntnis** *f*
E recognition; acknowledgment
F reconnaissance *f*
S reconocimiento *m*
R признание *n*

197 (Anerkennung); ~ eines Rechts
E recognition of a right
F reconnaissance d'un droit
S reconocimiento de un derecho
R признание права

198 Anfall *m;* **~ eines Rechts**
E devolution/accrual of a right
F dévolution *f* d'un droit
S devolución *f* de un derecho
R переход *m*/получение *n* права

199 Anfangstag *m*
E date of commencement
F date *f* initiale
S fecha *f* inicial
R день *m* начала

200 (Anfangstag); ~ des Hauptpatents
E date of commencement of the main patent
F date initiale du brevet principal
S fecha inicial de la patente principal

R день начала действия основного патента

201 anfechtbar
E subject to appeal, voidable
F susceptible d'un recours
S apelable, susceptible de un recurso
R обжалуемый, оспоримый

202 (anfechtbar); der Beschluß ist selbständig nicht ~
E the decision shall not be subject to interlocutory appeal
F la décision n'est pas susceptible d'un recours distinct/séparé
S la decisión no es susceptible de un recurso distinto/separado
R решение не подлежит отдельному обжалованию

203 anfechten
E appeal, contest, dispute
F attaquer
S apelar, impugnar
R обжаловать

204 (anfechten); einen Beschluß ~
E appeal against a decision *GB;* appeal from a decision *US*
F attaquer une décision
S apelar de una decisión
R обжаловать решение

205 anfordern → *auch* **beantragen**
E call (for); request
F réclamer
S reclamar
R затребовать

206 (anfordern); Belege, die von Behörden angefordert werden
E documentary evidence being called for by administrations
F les pièces justificatives étant réclamées par des administrations

S los justificantes que las administraciones pudieran reclamar
R удостоверяющие документы, затребованные администрациями/официальными органами

207 Anforderung *f*
E requirement
F exigence *f*
S exigencia *f*, reclamación *f*
R требование *n*

208 (Anforderung); vorgeschriebene ~en
E prescribed requirements *pl*
F prescriptions *f/pl*
S prescripciones *f/pl*
R предусмотренные требования *n/pl*

209 (Anforderung); den vorgeschriebenen ~en genügen
E satisfy the prescribed requirements
F satisfaire aux prescriptions légales
S satisfacer las prescripciones legales
R удовлетворять законным требованиям

210 Anfrage *f*
E inquiry
F demande *f*, question *f*
S pregunta *f*, informe *m*
R запрос *m*, справка *f*

211 anführen *(zitieren)*
E cite, quote
F citer
S citar
R цитировать/процитировать

212 (anführen) *(nennen, vorbringen)*
E call; adduce
F alléguer, avancer; nommer

S alegar, aducir
R приводить/привести

213 (anführen); Druckschriften ~
E cite/quote publications
F citer des imprimés
S citar impresos
R цитировать печатные издания

214 (anführen) →(Zeuge); ...

215 Angabe *f (Bezeichnung, Hinweis)*
E indication
F indication *f*
S indicación *f*
R указание *n*

216 Angaben *f/pl*
E data *pl*
F données *f/pl*
S datos *m/pl*
R данные *pl*

217 (Angaben); ~ nachbringen
E file statements additionally
F déposer supplémentairement, déposer des faits supplémentairement
S presentar complementariamente, presentar datos complementarios
R представлять дополнительно, представлять дополнительные данные

218 angeben → *auch* anführen
E give, indicate, state, mention
F indiquer, nommer, mentionner
S indicar, nombrar, mencionar
R указывать/указать, приводить/привести

219 (angeben); Tatsachen ~
E state facts
F exposer des faits
S producir/presentar hechos
R привести факты

220 (angeben); wie oben angegeben
E as mentioned above
F comme ce qui est dit ci-dessus
S como lo arriba dicho
R как сказано/указано выше

221 angeblich; eine ~ neue Erfindung
E an alleged new invention
F une invention dite/prétendument nouvelle
S una invención pretendidamente nueva
R якобы новое изобретение

222 Angebot n
E offer
F offre f
S oferta f
R предложение n

223 angegeben
E mentioned
F mentionné
S mencionado
R указанный

224 angehörend
E belonging to, being party to
F appartenant à
S perteneciente a, parte en el
R принадлежащий, относящийся к чему-л.

225 (angehörend); die diesem Abkommen ~en Länder
E countries party to the present Arrangement
F pays m/pl parties au présent Arrangement
S países m/pl partes en el presente Arreglo
R страны-участницы f/pl настоящего Соглашения

226 Angehörige m/pl; ~ **eines Verbandslandes**
E nationals of a country of the Union
F ressortissants m/pl d'un pays de l'Union
S súbditos m/pl de un país de la Unión
R граждане m/pl страны, входящей в Союз

227 Angeklagte m/f
E accused
F accusé m, accusée f
S acusado m, acusada f
R обвиняемый m, обвиняемая f

228 Angelegenheit f
E affair, business
F affaire f, cause f
S negocio m, asunto m
R дело n

229 angemessen; das Gericht erachtete es für ~
E the court held it reasonable
F la cour l'a estimé équitable/juste
S el tribunal lo estimó equitativo
R суд считал справедливым

230 Angeschuldigte m/f
E accused
F inculpé m, inculpée f
S inculpado m, inculpada f, enjuiciado m, enjuiciada f
R обвиняемый m, обвиняемая f

231 Angestellte m/f
E employee
F employé m, employée f
S dependiente m, empleado m, empleada f
R служащий m, служащая f

232 (Angestellte); ~ eines Unternehmens
E employee of an enterprise
F employé d'une entreprise

S dependiente/empleado de una empresa
R служащий предприятия

233 angliedern
E annex
F annexer, joindre
S anexar, adjuntar
R присоединять / присоединить, прилагать / приложить

234 angreifen
E contest, attack
F contester, attaquer
S contestar, atacar
R оспаривать/оспорить

235 Angriff m
E contest
F contestation f
S ataque m, impugnación f
R оспаривание n

236 Anhang m (Zusatz, Beilage)
E appendix, supplement, annex, schedule
F appendice m, annexe f
S apéndice m, anexo m LA
R приложение n

237 (Anhang) (in einem Brief) → **Nachsatz**

238 (Anhang); ergänzender ~
E supplement
F supplément m
S suplemento m
R дополнение n, прибавление n

239 anhängig
E pending
F pendant
S pendiente
R находящийся на рассмотрении

240 (anhängig) → **(Anmeldung), (Beschwerde)**

241 anhäufen
E accumulate, aggregate
F accumuler, agréger
S acumular, agregar
R накапливать/накопить, аккумулировать

242 Anhäufung f auch **Aggregation** f
E aggregation
F agrégation f
S agregación f
R накопление n, агрегация f

243 anheimgeben; dem Anmelder ist die Abgrenzungsmöglichkeit anheimzugeben
E the applicant shall be left the possibility of limitation/restriction
F il faut permettre au demandeur la possibilité de limitation/restriction
S hay que dejar al solicitante la posibilidad de limitación/restricción
R надо предоставить заявителю возможность ограничения

244 anhören
E hear
F entendre
S oír, escuchar
R заслушивать/заслушать

245 Anhörung f
E hearing
F audition f
S audición f
R слушание n

246 Anklage f
E accusation, charge
F accusation f
S acusación f
R обвинение n

247 **anklagen** → *auch* **beschuldigen**
E accuse
F accuser, dénoncer
S acusar
R обвинять/обвинить

248 **Anklageschrift** *f*
E bill of indictment
F acte *m* d'accusation
S escrito *m* de calificación, auto *m* acusatorio
R обвинительный акт *m*

249 **Anklagevertretung** *f*
E accuser, public prosecutor
F ministre/accusateur public
S acusador *m* fiscal
R представитель *m* обвинения

250 **ankündigen**
E announce
F annoncer
S anunciar
R объявлять/объявить

251 **Ankündigung** *f*
E announcement
F annonce *f*
S anuncio *m*
R объявление *n*

252 **(Ankündigung); ~ eines Ausverkaufs**
E announcement of a clearance sale
F annonce d'une vente totale
S anuncio de una venta total
R объявление распродажи

253 **Anlage** *f* → **Anordnung**
254 **(Anlage)** *(Betrieb, Organisation)*
E establishment
F établissement *m*
S establecimiento *m*, instalación *f*
R устройство *n*, сооружение *n*
255 **(Anlage)** *(Investition)*
E investment, funds *pl*

F placement *m*, fonds *m/pl*
S investimento *m*, inversión *f*
R вложение *n*, инвестиция *f*
256 **(Anlage)** *(Anhang, Beilage)*
E enclosure, appendix, annex
F annexe *f*, pièce *f* annexée/jointe
S adjunto *m*, incluso *m*
R приложение *n*
257 **(Anlage); ~ zum Antrag**
E attachment to the petition
F annexe à la demande
S anexo a la solicitud
R приложение к заявке/ходатайству
258 **anlegen** *(gründen)*
E establish, set up
F établir
S establecer
R основывать/основать, составлять/составить
259 **(anlegen)** *(investieren)*
E invest
F placer
S invertir
R вкладывать/вложить
260 **(anlegen); ein Register ~**
E set up a register
F établir un registre
S establecer un registro
R составить реестр
261 **anlehnen; die Fassung lehnt sich an Artikel 4 der PVÜ an**
E the wording complies with Article 4 of the Paris Convention
F la rédaction est conforme à l'Article 4 de la Convention de Paris
S la redacción está conforme al artículo 4 del Convenio de París

    R редакция соответствует статье 4 Парижской конвенции

262 Anliegen *n (Bitte)*
E request, desire
F désir *m*, demande *f*
S deseo *m*, demanda *f*
R желание *n*, просьба *f*

263 anliegend
E enclosed
F sous ce pli, ci-joint
S adjunto, en anexo
R в приложении

264 Anmaßung *f*
E presumption, usurpation
F appropriation *f*
S apropiación, *f* usurpación *f*
R узурпация *f*, присвоение *n*

265 (Anmaßung); ~ eines Patentbesitzes → Patentberühmung

266 Anmeldeabteilung *f Ö* → **Prüfungsstelle**

267 Anmeldeamt *n PCT*
E receiving office
F office *m* récepteur
S oficina *f* receptora
R получающее ведомство *n*

268 Anmeldebestimmungen *pl*
E application regulations
F prescriptions *f/pl* relatives aux demandes
S provisiones *f/pl* relativas a las solicitudes
R положения *n/pl* о заявках

269 Anmeldedatum *n* → **Hinterlegungszeitpunkt, Anmeldezeitpunkt**

270 Anmeldegebühr *f*
E filing fee
F taxe *f* de dépôt, taxe de la demande
S tasa *f* de la solicitud
R заявочная пошлина *f*

271 Anmeldegegenstand *m (bei Teilung)* → **(Teil); ...**

272 anmelden *Pr*
E apply
F demander
S solicitar
R заявлять/заявить

273 (anmelden); Patent angemeldet
E patent applied for, patent pending
F brevet demandé
S patente solicitada
R предмет заявки на выдачу патента:

274 Anmelder *m*
E applicant
F demandeur *m*, déposant *m*
S solicitante *m*, depositante *m;* *(im Wr, Mr auch:)* peticionario *m*
R заявитель *m*

275 (Anmelder); älterer ~, jüngerer ~ → (Partei); ...

276 (Anmelder); mehrere ~ EU → auch (gemeinsam)
E multiple applicants
F pluralité des demandeurs
S más de un solicitante
R больше чем один заявитель

277 Anmeldestelle *f* → **Hinterlegungsstelle**

278 Anmeldetag *m* → **Hinterlegungszeitpunkt; Anmeldezeitpunkt**

279 Anmeldeunterlagen *pl auch* **Anmeldungsunterlagen** *pl*
E application documents/papers *US*
F pièces *f/pl* de la demande
S piezas *f/pl* de la solicitud
R приложения *n/pl* заявки

280 Anmeldevordruck *m*
E application form

F formulaire *m*/modèle *m* de la demande
S formulario *m* de la solicitud
R бланк *m* заявки

281 Anmeldezeitpunkt *m auch* **Anmeldungszeitpunkt** *m*
E date of application
F date *f* de la demande
S fecha *f* del depósito de la solicitud, fecha de la solicitud
R дата *f* подачи заявки

282 Anmeldung *f*
E application
F demande *f*
S solicitud *f*
R заявка *f*

283 (Anmeldung); abgezweigte/ausgeschiedene ~ → **Teilanmeldung**

284 (Anmeldung); ältere ~
E previous application
F demande antérieure
S solicitud anterior
R раньше поданная/более ранняя/предшествующая заявка

285 (Anmeldung); anhängige/schwebende ~
E pending application
F demande pendante
S solicitud pendiente
R нерассмотренная заявка, рассматриваемая заявка

286 (Anmeldung); gleichzeitig anhängige/schwebende ~
E copending application
F demande simultanément pendante
S solicitud simultáneamente pendiente
R одновременно рассматриваемая заявка

287 (Anmeldung); ausländische ~
E foreign application
F demande étrangère
S solicitud extranjera
R заявка, поданная за границей; иностранная заявка

288 (Anmeldung); eingehende ~en → **(Klassifizierung);** . . .

289 (Anmeldung); frühere ~ *BRD, DDR* → *auch* **(Anspruch);** . . .
E earlier application
F demande antérieure
S solicitud anterior
R предшествующая заявка

290 (Anmeldung); jüngere ~
E subsequent application
F demande ultérieure
S solicitud posterior
R последующая/более поздняя заявка

291 (Anmeldung); kollidierende ~
E interfering application
F demande interférante
S solicitud interferente
R коллидирующая заявка

292 (Anmeldung); nationale ~ → **(Hinterlegung);** . . .

293 (Anmeldung); regionale ~ *PCT, EU*
E regional application
F demande régionale
S solicitud regional
R региональная заявка

294 (Anmeldung); spätere ~ *BRD*
E later application
F demande postérieure
S solicitud posterior
R последующая/более поздняя заявка

295 (Anmeldung); später hinterlegte ~
E subsequently filed application

F demande déposée ultérieurement
S solicitud depositada posterior-
mente/ulteriormente
R более поздняя/позднее поданная заявка

296 (Anmeldung); ursprüngliche ~ →
Stammanmeldung

297 (Anmeldung); vorangegangene ~
→ frühere ~

298 (Anmeldung); vorläufige ~ →
(Patent); ...

299 (Anmeldung); wiederaufgenom-
mene ~
E renewal application
F demande reprise
S solicitud renovada
R возобновленная заявка

300 (Anmeldung); Tag der ~ → An-
meldezeitpunkt

301 (Anmeldung); zur Zeit der ~
E at the time of application
F du temps de la demande, à la
date de la demande
S a la fecha de la solicitud
R в день/дату подачи заявки

302 (Anmeldung); eine ~ teilen
E divide an application
F diviser une demande
S dividir una solicitud
R разделить заявку

303 (Anmeldung); bevor die ~ ein-
gereicht wurde
E before the filing of the
application
F avant que la demande ne fût
déposée
S antes de la presentación de la
solicitud
R до подачи заявки

304 (Anmeldung); → *auch* **Nachan-**
meldung

305 Anmeldungsgegenstand *m*
E subject matter of the
application
F objet *m* de la demande de
brevet
S objeto *m* de la solicitud
R предмет *m* изобретения, из-
ложенного в заявке

306 Anmeldungsunterlagen *pl* →
Anmeldeunterlagen

307 Anmeldungszeitpunkt *m* →
Anmeldezeitpunkt

308 Anmerkung *f*
E annotation; note, footnote
F annotation *f;* remarque *f,* note
f
S nota *f*
R примечание *n,* сноска *f*

309 Annahme *f*
E acceptance
F acceptation *f,* réception *f*
S aceptación, *f,* recepción *f*
R принятие *n,* приём *m,* полу-
чение *n*

310 (Annahme) *(Voraussetzung)*
E assumption, supposition
F supposition *f*
S suposición *f*
R предположение *n*

311 (Annahme); ~ einer Beschreibung
GB
E acceptance of a specification
F acceptation d'une description
S aceptación de una descripción
R принятие описания

312 (Annahme); ~ von Briefen und
Schriftstücken
E receipt of letters and papers
F réception de lettres et pièces
S recepción de las cartas y de los
documentos
R приём писем и документов

313 Annahmestelle *f*
E filing service
F dépôt *m*
S depósito *m*
R приёмная экспедиция *f*

314 Annonce *f*
E advertisement
F annonce *f*
S anuncio *m*
R объявление *n*

315 annoncieren
E advertise
F annoncer
S anunciar
R объявлять/объявить

316 annullieren
E cancel
F annuler
S anular
R аннулировать

317 Annullierung *f*
E cancellation
F annulation *f*
S anulación *f*, cancelación *f*
R аннулирование *n*

318 anordnen; Patentansprüche ~
E arrange patent claims
F arranger les revendications
S arreglar las reivindicaciones
R располагать пункты формулы изобретения

319 Anordnung *f* *(Vorschrift)*
E order
F décision *f*
S decisión *f*, ordenanza *f*
R постановление *n*, решение *n*

320 (Anordnung) *(System)*
E arrangement
F arrangement *m*
S arreglo *m*, ordenamiento *m*, disposición *f*

R расположение *n;* упорядочение *n*

321 (Anordnung); ~ **der Abbildungen**
E arrangement of figures
F arrangement des figures
S ordenamiento/disposición de los dibujos
R расположение рисунков

322 (Anordnung); ~ **von Baueinheiten** *bzw.* **Bauteilen**
E arrangement of parts resp. components
F arrangement des unités resp. composants
S disposición de las unidades resp. de los componentes
R расположение конструктивных/составных частей

323 (Anordnung); ~ **einer Beschränkung**
E order for limitation
F décision relative à une limitation
S decisión de una limitación
R решение об ограничении

324 (Anordnung); ~ **der Bundesregierung**
E order by/of the federal government
F décision du gouvernement fédéral
S decisión del gobierno federal
R постановление федерального правительства

325 anpassen; eine Patentschrift der Beschränkung ~
E adapt a patent specification to the limitation
F adapter une description à la limitation
S adaptar una descripción a la limitación

    R согласовывать описание изобретения с ограничением

326 Anpassung *f*
    E adaptation
    F adaptation *f*
    S adaptación *f*
    R приспособление *n*, согласование *n*

327 Anrecht *n*
    E claim, right, title
    F titre *m*, droit *m*
    S título *m*, derecho *m*
    R право *n*, притязание *n*

328 anrufen
    E appeal to, refer to
    F en appeler à, invoquer, saisir
    S apelar a, someter a
    R обращаться / обратиться, призывать / призвать

329 (anrufen); das nach Artikel 26 angerufene Gericht
    E court to which a case is referred pursuant to Article 26
    F la juridiction saisie en vertu de l'article 26
    S el tribunal apelado en virtud del artículo 26
    R суд, в который обратились на основе статьи 26

330 (anrufen); die Schiedsstelle ~
    E appeal to the board of arbitration
    F appeler au comité arbitral
    S someter al tribunal arbitral
    R обратиться в третейский суд

331 anschaulich → (darstellen); ...

332 Anschlag *m*
    E placard, poster, affiche *US*
    F affiche *f*
    S cartel *m*, anuncio *m*
    R объявление *n*, афиша *f*

333 (Anschlag); durch ~ bekanntgeben
    E placard, publish by affiche *US*
    F publier par voie d'affiche/ d'affichage
    S publicar por carteles
    R оповещать объявлениями

334 Anschluß *m*
    E joining, acceptance
    F jonction *f;* accession *f*, adhésion *f*
    S accesión *f*, admisión *f*, adhesión *f*
    R принятие *n*, присоединение *n*

335 (Anschluß); ~ an Bestimmungen und Zulassung zu Vergünstigungen
    E acceptance of clauses and admission to advantages
    F accession aux clauses et admission aux avantages
    S adhesión a las cláusulas y admisión a las ventajas
    R принятие положений и приобретение выгод

336 Anschrift *f* → **Adresse**

337 anschuldigen → beschuldigen

338 ansetzen → anberaumen

339 Anspruch *m* → *auch* **Patentanspruch**
    E claim, right
    F droit *m*, titre *m;* prétention *f*
    S pretensión *f*, derecho *m*
    R притязание *n*, претензия *f*, формула *f*, пункт формулы

340 (Anspruch); ~ auf Erteilung des Patents
    E right to grant a patent
    F droit à la délivrance du brevet
    S derecho a la concesión de una patente
    R притязание на выдачу патента

341 (Anspruch); auf etw. ~ erheben
E lay claim to s.th.
F prétendre à, formuler des prétentions sur qc
S pretender
R претендовать

342 (Anspruch); einen ~ auf gesetzlichen Schutz haben
E have a right to legal protection
F avoir droit à la protection légale
S tener derecho a la protección legal
R иметь право на законную защиту

343 (Anspruch); einen ~ geltend machen
E lodge/assert a claim
F faire valoir une revendication
S hacer valer una reivindicación
R осуществлять претензию

344 (Anspruch); wer die Priorität eines früheren Anmeldung in ~ nimmt
E a person who avails himself of the priority of a previously filed application
F celui qui se prévaut de la priorité d'un dépôt antérieur
S el que se prevale de la prioridad de un depósito anterior
R всякое лицо, желающее признания приоритета на основании поданной предшествующей заявки

345 (Anspruch); wer die Priorität einer früheren Hinterlegung in ~ nimmt
E any person desiring to take advantage of the priority of a previous filing
F quiconque voudra se prévaloir de la priorité d'un dépôt antérieur
S el que quiera prevalerse de la prioridad de un depósito anterior
R тот, кто претендует на приоритет на основании более ранней/предшествующей подачи заявки

346 (Anspruch); auf Unterlassung in ~ nehmen → (Unterlassung); ...

347 (Anspruch); gemäß ~ 1 oder 2
E according to claim 1 or 2
F suivant/selon les revendications 1 et 2
S conforme a las reivindicaciones 1 y 2
R согласно пунктам 1 и 2 формулы

348 (Anspruch); gemäß ~ 1, 2, 3 oder 4
E as claimed in any of the claims 1 to 4
F selon l'une quelconque des revendications 1, 2, 3 et 4
S según cualquier de las reivindicaciones de 1 a 4
R по любому из пунктов от 1 до 4 формулы

349 (Anspruch); gemäß ~ 5
E according to /as claimed in/ as set forth in claim 5
F suivant/selon/conforme à la revendication 5
S conforme a la reivindicación 5
R согласно пункту 5 формулы

350 (Anspruch); gemäß einem der vorangehenden Ansprüche
E as claimed in any of the preceding claims

F selon l'une quelconque des revendications précédentes
S según cualquiera de las reivindicaciones precedentes
R согласно любому из преды-
дущих пунктов формулы

351 (Anspruch) → *auch* **Unteranspruch**

352 Anspruchsberechtigte *m/f*
E person entitled to a claim
F personne *f* ayant titre d'un
droit
S titular *m* de un derecho/de una
pretensión
R лицо *n*, имеющее право на
предъявление претензии

353 Anspruchsfassung *f*
E wording of the claim
F rédaction *f* de la revendication
S redacción *f* de la reivindica-
ción
R редакция *f* формулы изобре-
тения

354 Anspruchsformulierung *f* → **Anspruchsfassung**

355 Anspruchstext *m*, *auch* **An-
spruchswortlaut** *m* → **Anspruchsfassung**

356 Anstalt *f*
E institution
F institution *f*
S institución *f*
R учреждение *n*

**357 (Anstalt); ~en des öffentlichen
Rechts**
E institutions of jurisdiction/of
public law
F institutions de la juridiction/
du droit public
S institución de derecho público
R учреждения публичного
права

358 anständig; ~e Gepflogenheiten
E honest practices
F usages *m/pl* honnêtes
S usos *m/pl* honrados
R честные обычаи *m/pl*

359 anstellen; Amtspersonal ~
E appoint officials
F nommer des fonctionnaires
S designar los funcionarios
R назначать должностных
лиц

360 (anstellen) → **(Ermittlung); ...,
(Versuch); ...**

361 Ansuchen *n*
E petition, request
F demande *f*, pétition *f*
S demanda *f*, petición *f*
R ходатайство *n*, заявление *n*

362 Anteilsfaktor *m*
E rate of share
F taux *m* de la participation
S factor *m* de la participación
R фактор *m* участия

363 Anteilsrecht *n*; ~ **an Unternehmen erwerben**
E acquire a share in enterprises
F acquérir un contingent des
entreprises
S adquirir una participación en
empresas
R приобретать право на
участие в предприятиях

364 Antrag *m* *(Ansuchen, Gesuch)*
E request, petition, application
F requête *f*, pétition *f*, réquisi-
tion *f*
S solicitud *f*, petición *f*
R заявление *n*, ходатайство *n*

365 (Antrag) *(konkreter Anspruch im
Verfahren)*
E motion
F motion *f*

S moción *f*
R заявление *n*, предложение *n*
366 (Antrag) *(Vorschlag)*
E proposal
F proposition *f*
S proposición *f*
R предложение *n*
367 (Antrag); ~ stellen
E make a request, put a motion
F présenter une requête/motion
S presentar una petición/moción
R заявлять ходатайство, подать заявление, сделать предложение
368 (Antrag); auf ~
E on request
F à la requête
S a requerimiento, a petición
R по просьбе, по ходатайству
369 (Antrag); ~ auf → auch Hinausschiebung
E request to/for
F requête de
S petición a
R ходатайство на что-л.
370 (Antrag); auf ~ beim und mit Zustimmung des Präsidenten des Patentamts *US*
E upon application to and approval by the commissioner of patents
F sur une réquisition au et de l'agrément du directeur de l'office de brevets
S sobre una demanda al y con consentimiento del director de la oficina de patentes
R на основе ходатайства, представленного президенту патентного ведомства и при его согласии
371 antragen → beantragen

372 Antragsformular *n*
E form of request/application
F formulaire *m*/modèle *m* d'une demande
S formulario *m* de solicitud
R бланк *m* для ходатайства
373 Antragsgegner *m*
E opponent of the request
F partie *f* adverse à la/une pétition
S parte *f* adversa contra la/una solicitud
R оппонент *m*, противная сторона *f*
374 Antragsteller *m*
E person making the request
F personne *f* ayant fait la requête
S persona *f* que presenta un requerimiento
R лицо *n*, представляющее ходатайство; заявитель *m*
375 antreten *(anfangen)*
E begin, enter upon, take up
F entrer en, recueillir, prendre
S entrar
R вступать/вступить
376 (antreten); ein Amt ~
E enter upon office/duty
F entrer en charge/fonction
S entrar en funciones
R вступить в должность
377 (antreten); Beweis ~
E furnish/procure evidence
F fournir la preuve
S hacer la prueba
R доказывать
378 Antwort *f*
E answer, response, reply
F réponse *f*, réplique *f*
S réplica *f*, respuesta *f*
R ответ *m*

379 (Antwort); abschlägige ~
E negative reply, refusal
F refus *m*
S negativa *f*
R отказ *m*, отрицательный ответ

380 anvertrauen
E entrust; confide
F communiquer; confier
S comunicar; confiar
R сообщать / сообщить; доверять / доверить

381 (anvertrauen); eine geheimgehaltene Erfindung jmdm ~
E entrust an invention kept secret to s. o.
F communiquer une invention tenue secrète à qn
S comunicar una invención ocultada a alguien
R сообщать кому-л. о секретном изобретении

382 Anwalt *m*
E attorney, lawyer; solicitor
F avocat *m;* avoué *m*
S abogado *m*
R адвокат *m*

383 (Anwalt) → Patentanwalt

384 Anwaltskammer *f*
E bar, incorporated law society
F ordre *m*/cour *f* des avocats, chambre *f* des avoués, barreaux *m/pl*
S colegio *m* de abogados
R коллегия *f* адвокатов

385 Anwaltsvollmacht *f;* eine ~ zurücknehmen
E revoke a power of attorney
F retirer les pouvoirs du mandataire
S retirar un poder del mandatario
R отменять полномочие адвоката/поверенного

386 Anweisung *f auch* Weisung
E direction, instruction, order
F instruction *f*, directives *f/pl*
S precepto *m*, instrucción *f*
R указание *n*, инструкция *f*

387 anwendbar
E applicable
F applicable
S aplicable
R применимый

388 (anwendbar); die Bestimmungen sind . . . ~
E the provisions shall apply . . .
F les dispositions seront applicables . . .
S las disposiciones serán aplicadas . . .
R положения применяются. . .

389 Anwendbarkeit *f*
E applicability
F applicabilité *f*
S aplicabilidad *f*
R применимость *f*

390 (Anwendbarkeit); praktische ~
E practical applicability
F applicabilité pratique
S aplicabilidad en práctica
R применимость на практике

391 anwenden
E apply
F appliquer
S aplicar
R применять/применить

392 (anwenden); § 16 ist entsprechend anzuwenden
E the provisions of Article 16 shall be applicable mutatis mutandis

F les dispositions de l'article 16 doivent être appliquées de manière correspondante

S las disposiciones del artículo 16 deben ser aplicadas correspondientemente

R положения статьи 16 должны быть применены соответствующим образом

393 (anwenden); die Vorschrift ist sinngemäß anzuwenden

E the provision shall apply mutatis mutandis

F les dispositions doivent être appliquées de manière correspondante

S las disposiciones deben ser aplicadas mutatis mutandis

R положения должны быть применены соответствующим образом

394 Anwendung *f*

E application

F application *f*

S aplicación *f*

R применение *n*

395 (Anwendung); ~ einer gesetzlichen Bestimmung

E application of a legal provision

F application d'une disposition légale

S aplicación de una disposición legal

R применение законоположения

396 (Anwendung); ~ finden

E shall apply, shall be applied

F être appliqué, s'appliquer

S ser aplicado, aplicarse

R найти применение, применяться

397 (Anwendung); diese Bestimmung findet auf alle Patente ~

E the provision shall apply to all patents

F cette disposition s'applique à tous les brevets

S esta disposición se aplica a todas las patentes

R это положение касается всех патентов

398 (Anwendung); die vorstehenden Bestimmungen finden auch auf Gebrauchsmuster ~

E the foregoing provisions shall also be applicable to utility models

F les dispositions qui précèdent seront applicables aux modèles d'utilité également

S las disposiciones que preceden serán aplicables a los modelos de utilidad también

R приведённые выше положения применяются и к полезным образцам

399 Anwendungsbereich *m*

E extent of applicability

F étendue *f*/domaine *m* d'applicabilité/d'application

S campo *m* de aplicación, extensión *f* de la aplicabilidad

R сфера *f* применения

400 (Anwendungsbereich); ~ der Erfindung

E scope of invention

F étendue de l'applicabilité de l'invention

S esfera *f* de la aplicabilidad de la invención

R сфера применения изобретения

401 (Anwendungsbereich); ~ eines Gesetzes
E extent of the applicability of a law
F étendue de l'effet d'une loi
S extensión del efecto de un derecho, alcance *m* de la protección legal
R сфера действия закона

402 Anwendungserfindung *f*
E invention relating to an application
F invention *f* relative à une application
S invención *f* relativa a una aplicación
R изобретение *n*, относящееся к применению

403 Anwendungsgebiet *n*
E field of application
F domaine *m* d'application
S dominio *m*/esfera *f* de aplicación
R область *f* применения

404 (Anwendungsgebiet); ~ der Erfindung → Anwendungsbereich; ...

405 (Anwendungsgebiet); der Anmeldungsgegenstand besteht lediglich in einem neuen ~ für ein bekanntes Verfahren
E the subject matter consists only in a new field of application of a known method
F l'objet de la demande consiste purement dans un domaine nouveau d'application d'un procédé connu
S el objeto de la solicitud consiste puramente en un dominio nuevo de aplicación de un procedimiento conocido

R предмет изобретения представляет собой только новую область применения известного способа

406 Anwendungsmöglichkeit *f* *(gewerbliche)* *F Pr*
E possibility of application
F possibilité *f* d'application
S posibilidad *f* del empleo
R возможность *f* применения

407 (Anwendungsmöglichkeit); praktische ~ *Pr*
E practical applicability, usefulness *GB;* possibility of reduction to practice *US*
F applicabilité *f* pratique
S aplicabilidad *f* en práctica
R применимость *f* на практике, практическая применимость *f*

408 Anwesenheit *f*
E presence
F présence *f*
S presencia *f*
R присутствие *n*

409 Anzahl *f;* **eine ~ von Stücken der Veröffentlichung**
E a number of copies of the publication
F un certain nombre *m* d'exemplaires de la publication
S un número *m* de ejemplares de la publicación
R определённое число *n* экземпляров публикации

410 Anzeichen *n*
E indication, sign
F indice *m*, signe *m*
S indicio *m*
R признак *m*

411 (Anzeichen); ~ für das Vorhandensein eines Sachbestands

E indication of the existence of a fact
F indice de l'existence d'un fait
S indicio de la existencia de un hecho
R признак наличия факта

412 Anzeige *f*
E notice, notification, announcement
F avis *m*, notification *f*
S notificación *f*
R сообщение *n*, извещение *n*

413 (Anzeige) *(Strafanzeige)*
E denunciation
F dénonciation *f*
S denunciación *f*
R донесение *n*, донос *m*

414 (Anzeige); ~ einer Absicht
E notice/announcement of an intention
F notification/avis d'une intention
S notificación de una intención
R сообщение / извещение о намерении

415 (Anzeige); ~ erstatten → anzeigen

416 (Anzeige); ~ im Patentblatt
E notice given in the patent gazette
F avis donné dans le journal des brevets
S notificación publicada en el boletín oficial de la propiedad industrial
R публикация *f* в патентном бюллетене

417 anzeigen *(mitteilen)*
E notify, give notice
F notifier
S notificar
R сообщать / сообщить, извещать / известить о чем-л.

418 (Anzeigen) *(Anzeige erstatten)*
E denounce, inform against
F dénoncer, porter plainte
S denunciar
R доносить/донести

419 (anzeigen) *(annoncieren, inserieren)*
E insert, advertise
F annoncer
S anunciar
R объявлять/объявить

420 (anzeigen) *(zeigen)*
E indicate
F indiquer, montrer
S indicar
R указывать/указать

421 (anzeigen); das Internationale Büro zeigt die Registrierung an
E the International Bureau notifies the registration
F le Bureau international notifie l'enregistrement
S la Oficina Internacional notificará el registro
R Международное бюро сообщает о регистрации

422 (anzeigen); den Empfang ~
E notify of receipt, acknowledge receipt
F accuser réception
S notificar la recepción
R сообщать о получении

423 Appell *m* → *auch* **Berufung**
E appeal
F appel *m*
S apelación *f*
R апелляция *f*

424 Appellationsgerichtshof *m*
E court of appeal
F cour *f* d'appel

S tribunal *m* de apelación
R апелляционный суд *m*

425 Appellationsverfahren *n*
E proceedings on appeal
F procédure *f* en appel
S procedimiento *m* de apelación
R апелляционное производство *n*

426 Arbeit *f*
E work
F travail *m*
S trabajo *m*
R работа *f*

427 Arbeitgeber *m*
E employer
F employeur *m*
S patrono *m*, empleador *m*
R предприниматель *m*, работодатель *m*

428 Arbeitnehmer *m*
E employee
F employé *m*
S empleado *m*, obrero *m*, trabajador *m*
R работник *m*, служащий *m*

429 Arbeitnehmererfinderrecht *m*
E law of employees' inventions
F droit *m* sur les inventions d'employés
S derecho *m* sobre las invenciones del empleado
R право *n* на служебное изобретение, законодательство *n* о служебных изобретениях

430 Arbeitnehmererfindung *f* → *auch* **Diensterfindung**
E employee's invention
F invention *f* d'employé, invention *f* faite dans le cadre de la mission de l'employé
S invención *f* del empleado/de servicio *Arg*
R служебное изобретение *n*

431 (Arbeitnehmererfindung); Gesetz über ~en *BRD*
E law concerning employees' inventions
F loi *f* sur les inventions d'employés
S ley *f* sobre las invenciones del empleado
R закон *m* о служебных изобретениях

432 Arbeitsaufwand *m*
E amount of work expended
F dépense *f* de travail
S gasto *m* de trabajo
R затрата *f* труда

433 Arbeitsgang *m*
E operation
F opération *f*
S operación *f*
R операция *f*

434 Arbeitsgebiet *n*
E field of activity
F champ *m* d'activité
S esfera *f* de actividad
R область *f* деятельности

435 Arbeitsgerätschaft *f*
E working tool/implement
F instrument *m* de travail
S instrumento *m* de trabajo
R рабочий инструмент *m*, орудие *n* труда

436 Arbeitsgericht *n*
E court of labour, conciliation board *GB*
F tribunal *m* du travail
S magistratura *f* de trabajo
R суд *m* по трудовым спорам

437 Arbeitsmittel *n*
E means *pl* of work

F moyens *m/pl* de travail
S instrumento *m*/herramienta *f* de trabajo
R орудие *n* труда

438 Arbeitsverhältnis *n auch* **Arbeitsrechtsverhältnis**
E employment
F contrat *m*/relation *f* de travail, emploi *m*
S relación *f* de trabajo, contrato *m* de trabajo
R трудовые отношения *n/pl*

439 Arbeitsweise *f;* **~ des Patentamts**
E manner of proceeding of the patent office
F manière *f* de procéder/d'agir de l'office de brevets
S manera *f* de proceder de la oficina de patentes.
R метод *m* работы патентного ведомства

440 Arbeitszweck *m*
E working purpose
F but *m* de travail
S fin *m* del trabajo
R цель *f* работы

441 (Arbeitszweck); dem ~ dienen
E serve the working purpose
F être utile au travail
S ser útil para el trabajo
R служить цели работы

442 Archiv *n*
E archives *pl*
F archives *f/pl*
S archivo *m*
R архив *m*

443 ärgerniserregend; ~e Darstellungen
E representations *pl* liable to give offense
F représentations *f/pl* scandaleuses
S representaciones *f/pl* escandalosas
R скандальные изображения *n/pl*

444 arglistig; ~e Täuschung
E malicious practice, wilful deceit
F tromperie *f* perfide
S dolo *m*
R злонамеренный обман *m*

445 Argument *n*
E argument
F argument *m*
S argumento *m*
R аргумент *m*

446 Armenrecht *n BRD*
E (poor person's) legal aid
F assistance *f* judiciaire
S beneficio *m* de pobreza, defensa *f* por pobre
R право *n* на неуплату пошлин по недостаточности материальных средств

447 Armenrechtsverfahren *n BRD*
E (poor person's) legal aid procedure
F procédure *f* d'assistance judiciaire
S incidente *m* de pobreza
R процесс *m*, проводящийся по праву бедности

448 Arrest *m (Haft)*
E arrest, imprisonment
F détention *f*, emprisonnement *m*
S detención *f*, prisión *f*, encarcelación *f*
R арест *m*, заключение *n*

449 (Arrest) (Beschlagnahme)
E seizure
F saisie *f*
S embargo *m* (preventivo)
R арест имущества

450 Art *f* → *auch* **Abart, Sorte**
E kind, species
F espèce *f*, sorte *f*
S especie *f*
R вид *m*

451 (Art); botanische ~ *Ss*
E botanical species
F espèce botanique
S especie botánica
R вид растения, растительный вид

452 (Art); verschiedene ~en gewerblicher Patente
E various kinds of industrial patents
F diverses espèces de brevets industriels
S diversas especies de patentes industriales
R различные виды промышленных патентов

453 Artikel *m* *(im Gesetz)*
E article
F article *m*
S artículo *m*
R статья *f*

454 (Artikel) *(Ware)*
E article, commodity
F article
S artículo
R товар *m*, вид *m* товара, артикул *m*

455 (Artikel) *(in Zeitschrift)*
E article, essay
F article
S artículo
R статья, газетная статья

456 (Artikel); nach/gemäß ~ **30**
E pursuant to/under Article 30
F aux termes/en vertu de l'article 30

S conforme al/en virtud del artículo 30
R на основе статьи 30; по/соответственно статье 30

457 (Artikel); unter § → (Abweichung); ...

458 Arzneimittel *n* → **Medikament**

459 Attest *n* → *auch* **Bescheinigung**
E attestation, certificate
F attestation *f*, certificat *m*
S atestación *f*, certificado *m*
R письменное удостоверение *n*, свидетельство *n*

460 aufbürden; jmdm die Beweislast ~
E put the burden of proof on s.o.
F imposer la charge de preuve à qn
S imputar el cargo de la prueba a alguien
R возлагать бремя доказывания на кого-л.

461 Aufdeckung *f;* ~ **einer Erfindung**
E disclosure of an invention
F divulgation *f* d'une invention
S divulgación *f* de una invención
R разглашение *n* изобретения

462 Aufeinanderfolge *f;* ~ **der Ansprüche**
E succession of claims
F succession *f* des revendications
S sucesión *f* de las reivindicaciones
R последовательность *f* пунктов формулы

463 auferlegen
E impose
F imposer
S imponer, infligir
R налагать/наложить

464 (auferlegen); die den eigenen Staatsangehörigen auferlegten Bedingungen

E conditions imposed upon nationals
F conditions *f/pl* imposées aux nationaux
S condiciones *f/pl* impuestas a los nacionales
R условия *n/pl*, предписываемые собственным гражданам

465 Auferlegung *f;* **unter ~ von Teilzahlungen**
E subject to the payment of instalments
F soumis à l'obligation de payer par acomptes
S sometido a la obligación del pago parcial
R с обязательством выплаты в рассрочку

466 Auffassung *f*
E interpretation
F interprétation *f,* conception *f*
S interpretación *f,* comprensión *f*
R толкование *n*, понимание *n*

467 (Auffassung); nach ~ der Prüfungsstelle
E in the opinion of the examining section
F d'après la conception/l'opinion de la section des examens
S en opinión de la sección del examen
R по мнению органа, проводящего экспертизу

468 Auffassungsänderung *f;* **~ des Prüfers**
E change in the opinion of the examiner
F changement *m* de l'opinion de l'examinateur

S cambio *m* de la opinión del examinador
R изменение *n* мнения эксперта

469 auffinden
E find out, trace
F trouver
S encontrar, hallar
R находить/найти, обнаруживать/обнаружить

470 (auffinden); wenn der Erfinder nicht aufzufinden ist
E if the inventor cannot be found
F si l'inventeur ne peut pas être trouvé
S si es imposible de encontrar al inventor
R если нельзя обнаружить изобретателя

471 auffordern
E request, summon
F inviter, sommer
S invitar, requerir, intimar
R призывать/призвать, требовать/потребовать

472 Aufforderung *f*
E invitation, demand, request; *(Gericht)* summons *sg*
F requête *f,* demande *f; (Gericht)* sommation *f*
S invitación *f,* requerimiento *m,* intimación *f*
R вызов *m,* требование *n*

473 (Aufforderung); amtlichen ~en gerecht werden
E meet the official demands
F se conformer aux demandes officielles
S satisfacer las invitaciones oficiales
R удовлетворять официальным требованиям

474 (Aufforderung); dem Anmelder wird eine ~ zugestellt, die Anmeldung zu teilen
- *E* a notification shall be issued to the applicant inviting him to have the application divided
- *F* une invitation est notifiée au déposant d'avoir à diviser la demande
- *S* el depositante debe ser invitado a dividir la solicitud
- *R* заявитель должен быть призван к разделению заявки

475 Aufgabe *f*
- *E* task, problem
- *F* tâche *f*, problème *m*
- *S* tarea *f*, problema *m*
- *R* задача *f*

476 (Aufgabe) → *auch* **Verzicht**
- *E* surrender, resignation, abandonment
- *F* abandon *m*; renonciation *f*
- *S* abandono *m*, renunciación *f*, renuncia *f*
- *R* отказ *m*, оставление *n*

477 (Aufgabe) *(Versand)*
- *E* dispatch
- *F* remise *f*, expédition *f*
- *S* envío *m*, expedición *f*
- *R* отправление *n*

478 (Aufgabe); durch die Erfindung gelöste ~
- *E* the problem solved by the invention
- *F* le problème résolu par l'invention
- *S* el problema resuelto por la invención
- *R* задача, решённая изобретением

479 (Aufgabe); ~ eines Schutzrechts
- *E* surrender of a protective right
- *F* abandon d'un droit protectif
- *S* renuncia a un derecho de protección
- *R* отказ от правовой охраны

480 Aufgabenbereich *m;* ~ **des Arbeitnehmers**
- *E* extent of the employee's obligations
- *F* domaine *m* des obligations de l'employé
- *S* extensión *f* de las obligaciones del empleado
- *R* круг *m* обязанностей работника

481 aufgeben *(Recht)*
- *E* abandon, cede, waive
- *F* renoncer à, abandonner
- *S* renunciar, abandonar
- *R* отказыватся/отказаться, оставлять/оставить

482 (aufgeben) *(Brief)*
- *E* post *GB;* mail *US*
- *F* mettre à la poste, expédier par la poste
- *S* remitir
- *R* отправлять/отправить

483 aufgeschoben → **(Prüfung); ...**

484 aufhalten
- *E* delay
- *F* suspendre
- *S* suspender, detener
- *R* задерживать/задержать

485 (aufhalten); das Verfahren wird nicht aufgehalten ...
- *E* the procedure shall not be delayed
- *F* la procédure n'est pas suspendue ...
- *S* el procedimiento no es detenido ...
- *R* процедура не задерживается

486 aufheben
E cancel, annul, reverse
F annuler, casser
S anular, casar
R аннулировать, отменять / отменить, уничтожать / уничтожить

487 (aufheben); das Patent wird durch die Prüfungsstelle aufgehoben *DDR*
E the patent will be voided by the examination board
F le brevet sera invalidé par la section d'examination
S la patente será invalidada por la sección de examen
R патент аннулирован органом, проводящим экспертизу

488 (aufheben) → **(Urteil); ...**

489 Aufhebung *f;* **~ einer Anordnung**
E cancellation of an order
F annulation *f* d'une décision
S anulación *f* de una decisión
R отмена *f* постановления/распоряжения

490 Aufklärung *f;* **~ der Sache**
E investigation of the matter
F élucidation *f* de l'affaire
S elucidación *f* del asunto
R выяснение *n* дела

491 Auflage *f (Verpflichtung)*
E condition, obligation, injunction, imposition
F condition *f,* obligation *f,* imposition *f*
S condición *f,* imposición *f,* obligación *f*
R условие *n,* обязательство *n*

492 (Auflage) *(Verlagsbegriff)*
E edition
F édition *f*
S edición *f*
R издание *n*

493 (Auflage); unter der ~, Geheimhaltung zu wahren
E on condition to maintain secrecy
F à la condition de garder le secret
S a condición de que guarden el secreto
R при условии сохранения секрета/тайны

494 (Auflage); von einer Behörde verfügte ~
E injunction issued by a board
F obligation imposée/imposition décernée par un office
S imposición de una obligación por una autoridad
R обязательство, предписанное властями

495 Auflösung *f*
E dissolution
F résiliation *f*
S rescisión *f*
R расторжение *n*

496 (Auflösung); ~ des Arbeitsverhältnisses
E dissolution of the employment
F résiliation du contrat de travail
S rescisión del contrato de trabajo
R расторжение трудовых отношений

497 Aufmachung *f;* **kennzeichnende ~** *Ww*
E distinctive dress
F extérieur *m* distinctif
S presentación *f* distintiva
R характерный внешний вид *m*

498 (Aufmachung); ~ und Ausstattung einer Zeitschrift *Ww*
E arrangement and make-up of a periodical
F justification *f* et présentation *f* d'une feuille périodique
S compostura *f* y presentación *f* de un periódico
R оформление *n* журнала

499 aufrechterhalten
E maintain
F maintenir
S mantener
R сохранять/сохранить

500 (aufrechterhalten); die Anmeldung wird ~
E the application is maintained
F la demande est maintenue
S la solicitud es mantenida
R заявка сохранена

501 Aufrechterhaltung *f*
E maintenance
F maintien *m*
S mantenimiento *m*
R сохранение *n*

502 (Aufrechterhaltung); ~ der gewerblichen Schutzrechte → auch (Eigentum); ..., (Schutzrecht); ...
E maintenance of industrial property rights
F maintien des droits de propriété industrielle
S mantenimiento de los derechos de propiedad industrial
R сохранение прав промышленной собственности

503 Aufruf *m*
E call, calling up, summons *sg*
F appel *m*, sommation *f*
S llamamiento *m*, requerimiento *m*, intimación *f*

R призыв *m*, воззвание *n*, приглашение *n*

504 (Aufruf); nach ~ der Sache
E after the case is called
F la cause une fois appelée
S después del llamamiento de la causa
R после оглашения дела

505 (Aufruf); ~ *(des Patentsuchers)* vor Veröffentlichung des Hinweises auf die Möglichkeit der Akteneinsicht *BRD*
E calling up before publishing a notification regarding the possibility of inspecting the files
F appel avant la publication d'un avis concernant la possibilité de consulter les dossiers
S llamamiento antes de publicar un aviso sobre la posibilidad de consultar las actas
R призыв заявителя до опубликования извещения о возможности просмотра документов

506 Aufrufsbenachrichtigung *f BRD*
E notice on calling up
F avis *m* d'appel
S aviso *m* del llamamiento
R извещение *n* о призыве

507 aufschieben → hinausschieben

508 Aufschlag *m* → Zuschlag

509 Aufschub *m*
E adjournment, delay, postponement
F délai *m*, remise *f*, renvoi *m*
S aplazamiento *m*, prórroga *f*
R отсрочка *f*, продление *n*

510 Aufsichtsbehörde *f*
E board of control
F autorité *f* de surveillance/tutelle

S autoridad *f* de inspección/vigilancia
R контрольный орган *m*

511 Aufsichtsrat *m*
E board of directors
F conseil *m* d'administration
S consejo *m* de vigilancia
R контрольная комиссия *f*

512 Auftrag *m*
E mandate, order
F mandat *m*, ordre *m*
S mandato *m*, mandado *m*, orden *f*
R поручение *n*, задание *n*, доверенность *f*

513 (Auftrag); im ~ (i. A.)
E by order
F par ordre, de la part de
S por orden
R по поручению

514 Auftraggeber *m*
E client, mandator
F client *m*, délégant *m*, mandant *m*, mandante *f*
S mandante *m/f*, cliente *m/f*
R клиент *m*, доверитель *m*, заказчик *m*

515 Auftragnehmer *m*
E mandatary
F mandataire *m*
S mandatario *m*
R поверенный *m*, мандатарий *m*

516 Auftragserfindung *f DDR*
E contractual invention
F invention *f* créée sous contrat
S invención *f* creada bajo contrato
R изобретение *n* по заданию

517 Aufwand *m auch* **Aufwendungen** *f/pl*
E expenditure, expenses

F dépenses *f/pl*
S gastos *m/pl*
R затраты *f/pl*

518 aufwiegen → *auch* **ausgleichen**
E counterbalance
F contrebalancer
S contrabalancear
R выравнивать/выровнять

519 (aufwiegen); die Vorteile werden durch die Nachteile aufgewogen
E the advantages are counterbalanced by the disadvantages
F les avantages sont contrebalancés par les désavantages
S las ventajas son contrabalanceadas por las desventajas
R преимущества уравновешиваются недостатками

520 Aufzählung *f*
E enumeration, specification
F énumération *f*, déclaration *f*, énonciation *f*
S enumeración *f*
R перечисление *n*

521 (Aufzählung); ~ der technischen Merkmale der Erfindung
E specification of the technical features of the invention
F énonciation des caractéristiques techniques de l'invention
S enumeración de las características técnicas/de los índices técnicos de la invención
R перечисление технических признаков изобретения

522 (Aufzählung); ~ der Vorteile gegenüber dem Stand der Technik
E statement of advantages over prior art

F énonciation des avantages en comparaison de l'état de la technique
S enumeración de las ventajas en comparación con el estado de la técnica
R перечисление преимуществ в сравнении с существующим уровнем техники

523 Aufzeichnung f
E note
F note f, annotation f
S nota f, anotación f, apunte m
R запись f, заметка f

524 (Aufzeichnung); zum Verständnis der Erfindung erforderliche ~en
E notations necessary to understand the invention
F annotations nécessaires pour comprendre l'invention
S anotaciones necesarias para comprender la invención
R замечания n/pl, необходимые для понимания изобретения

525 Augenschein m; **dem ~ nach**
E to all appearances
F d'après l'apparence
S según las apariencias
R по-видимому, видимо

526 (Augenschein); ~ einnehmen
E make inspection on the spot
F procéder à une visite des lieux
S proceder a una inspección ocular del lugar del hecho
R производить осмотр на месте

527 augenscheinlich
E adj apparent; adv apparently
F adj visible, évident; adv évidemment

S adj evidente; adv evidentemente
R adj очевидный; adv очевидно

528 Augenscheinlichkeit f
E evidence, apparency
F évidence f, apparence f
S evidencia f, apariencia f
R очевидность f, внешний вид m

529 Ausbaupatent n BRD → auch **Vorratspatent**
E patent of improvement withheld from reduction to practice in the hope of future use
F brevet de perfectionnement encore non exploité dans l'espoir de l'exploiter plus tard
S patente de perfeccionamiento aún no explotada en esperanza de explotarla más tarde
R не используемый патент, запасной патент

530 Ausbeute f
E gain, profit, yield
F gain m, profit m, rendement m
S ganancia f, provecho m, rendimiento m
R прибыль f, доход m

531 Ausbildung f (Entwicklung)
E development
F développement m
S desarrollo m
R развитие n, усовершенствование n

532 (Ausbildung) (Schulung)
E education
F instruction f
S instrucción f, educación f
R образование n

533 (Ausbildung) (Gestaltung)
E formation
F formation f

S formación *f*
R оформление *n*

**534 (Ausbildung); weitere ~ einer Er-
findung**
E further development of an invention
F développement d'une invention
S perfeccionamiento *m* de una invención
R усовершенствование изобретения

535 Ausbleiben *n (Fernbleiben)*
E default (of appearance)
F défaut *m*
S rebeldía *f;* ausencia *f*
R отсутствие *n*

**536 (Ausbleiben); beim ~ eines Betei-
ligten kann auch ohne ihn ver-
handelt und entschieden werden**
E if a party fails to appear, the case may be heard and decided in his absence
F l'instruction et le jugement de la cause auront lieu nonobstant le défaut de l'une des parties
S la audiencia y la decisión de la causa pueden tener lugar no obstante la ausencia de una de las partes
R слушание дела и принятие решения могут иметь место несмотря на отсутствие одной из сторон

537 ausdehnen
E extend
F étendre
S extender
R расширять / расширить, распространять / распространить

538 Ausdehnung *f*
E extension
F extension *f*
S extensión *f*
R распространение *n*, расширение *n*

539 (Ausdehnung); ~ des Schutzes
E extension of the protection
F extension de la protection
S extensión de la protección
R расширение объёма охраны

540 ausdenken; *(die Erfindung)* **als
erster ~ und als letzter ver-
wirklichen** *US Pr*
E being first to conceive and last to reduce to practice
F étant le premier à concevoir et le dernier à réaliser
S estando el primero en concebir y el último en realizar
R придумать первым и реализовать последним

541 Ausdruck *m*
E expression, term
F expression *f*, terme *m*
S expresión *f*, término *m*
R выражение *n*

542 ausdrücklich; ~e Anweisungen
E explicit instructions
F instructions *f/pl* expresses
S instrucciones *f/pl* expresas
R категорические указания *n/pl*

543 Ausdrucksweise *f;* **die Beschreibung sei in ihrer ~ ausführlich,
klar, bündig und genau** *US Pr*
E the description shall be written in full, clear, concise and exact terms
F la description doit être écrite en termes pleins, clairs, concis et exacts

S la descripción sea escrita en términos plenos, claros, concisos y exactos
R описание должно быть исчерпывающим, ясным, кратким и точным

544 ausfeilen; die Patentansprüche noch ~
E polish the claims
F polir les revendications
S pulir las reivindicaciones
R дорабатывать, доработать/отшлифовывать, отшлифовывать пункты формулы

545 ausfertigen *(Urkunde)*
E execute, prepare, draw up
F passer, dresser
S librar, expedir
R оформлять/оформить, выдавать/выдать

546 (ausfertigen); die Beschlüsse sind schriftlich auszufertigen
E the decisions shall be issued in writing
F les décisions doivent être établies par écrit
S las decisiones deben ser redactadas por escrito
R решения должны быть оформлены в письменной форме

547 Ausfertigung *f (Ausgabe, Ausstellung)*
E execution, dispatch
F passation *f*, rédaction *f*, expédition *f*
S libramiento *m*, expedición *f*
R оформление *n*, составление *n*, выдача *f*

548 (Ausfertigung) *(Exemplar)*
E copy
F exemplaire *m*
S ejemplar *m*
R экземпляр *m*

549 (Ausfertigung); in doppelter ~
E in duplicate
F en double, en double expédition
S por duplicado, en el/al doble
R в двух экземплярах

550 (Ausfertigung); in dreifacher ~
E in triplicate
F en triple, en triple expédition
S por triplicado, en el/al triple
R в трёх экземплярах

551 ausführbar
E practicable, realizable
F exécutable, susceptible d'être réalisé
S ejecutable, realizable
R осуществимый, выполнимый

552 ausführlich
E detailed, exhaustive
F détaillé
S detallado, exhaustivo
R подробный, исчерпывающий

553 Ausführung *f;* **~ des Abkommens**
E execution of the arrangement
F exécution *f* de l'arrangement
S ejecución *f* del arreglo
R выполнение *n* соглашения

554 (Ausführung); ~ einer Anordnung
E execution of an order
F exécution d'un ordre
S ejecución de un orden
R выполнение распоряжения

555 (Ausführung); ~ dieser Bestimmungen *(dieses Abkommens)*
E execution of the said Act
F exécution dudit Acte
S ejecución de la dicha Acta
R выполнение указанного Акта

556 (Ausführung); ~ einer Erfindung
E performance of an invention; embodiment
F réalisation *f* d'une invention
S realización *f* de una invención
R реализация *f* изобретения

557 (Ausführung); die ~en der Gegenpartei
E the arguments/statements of the adverse party
F déductions *f/pl* de la partie opposée
S deducciones *f/pl* de la parte oponente
R аргументы *m/pl* противоположной стороны

558 (Ausführung); ~ eines Vertrags
E performance of a contract
F exécution d'un contrat
S ejecución de un contrato
R выполнение договора

559 Ausführungsart *f* → auch (darlegen); ...
E mode of execution
F mode *m* d'exécution
S modo *m* de ejecución
R способ *m* выполнения

560 Ausführungsbeispiel *n*
E practical example *(embodiment)*
F exemple *m* pratique
S ejemplo *m* práctico
R пример *m* осуществления

561 Ausführungsbestimmungen *pl*
E implementing decrees/regulations
F arrêté *m* relatif à l'exécution de...
S disposiciones *f/pl* sobre la ejecución de...
R инструкция *f* по выполнению

562 Ausführungsform *f*
E form of performance/execution
F forme *f* de réalisation/d'exécution
S forma *f* de realización/ejecución
R форма *f* исполнения, вариант *m*

563 Ausführungsmöglichkeit *f*; alternative ~
E alternative ways of performance
F possibilités *f/pl* alternatives de réalisation
S posibilidades *f/pl* alternativas de realización
R альтернативные возможности *f/pl* реализации

564 Ausführungsordnung *f*
E regulations (of execution); executive orders *US*
F règlement *m* d'exécution
S reglamento *m* de ejecución
R регламент *m* по выполнению

565 (Ausführungsordnung); von der ~ vorgeschriebenes Formular
E form prescribed by the regulations
F formulaire *m* prescrit par le règlement
S formulario *m* prescrito por el reglamento
R бланк *m*, предусмотренный регламентом по выполнению

566 ausfüllen
E fill in/out
F remplir
S llenar
R заполнять/заполнить

567 Ausgabe *f (Amtshandlung)*
E issuance, issue
F délivrance *f*
S concesión *f*
R выдача *f*

568 (Ausgabe) *(Auslagen)*
E expenditure
F dépenses *f/pl*
S gastos *m/pl*
R расходы *m/pl*

569 (Ausgabe) *(Druckwerk)*
E edition
F édition *f*
S edición *f*
R издание *n*

570 (Ausgabe); ~ eines Patents →
auch **Patenterteilung**
E issue of a patent
F délivrance d'un brevet
S concesión de una patente
R выдача патента

571 (Ausgabe); die ~n werden gemein-
sam getragen
E the expenditure shall be borne
in common
F les dépenses seront supportées
en commun
S los gastos serán sufragados en
común
R расходы несут сообща

572 (Ausgabe); vierte ~ des Buches
E 4th edition of the book
F 4ème édition du livre
S cuarta edición del libro
R 4-е издание книги

573 (Ausgabe); voraussichtliche ~n
E foreseeable expenditure
F dépenses prévisibles
S gastos previsibles
R предполагаемые расходы

574 Ausgabeeinheit *f*
E unit of expenses

F unité *f* de dépense
S unidad *f* de gasto
R единица *f* расходов

575 Ausgangsmaterial *n*
E initial material, initial raw
material
F matières *f/pl* premières
S materia *f* prima, materias
primas
R исходный материал *m;*
сырьё *n*

576 ausgeben; sich als Patentinhaber ~
E pass o.s. off as patentee
F se faire passer pour breveté
S hacerse pasar por el titular de
la patente
R выдать себя за патентовла-
дельца

577 ausgeschlossen → ausschließen
578 Ausgestaltung *f* → **Gestaltung**
579 Ausgleich *m;* **gütlicher ~**
E amicable settlement
F accommodement *m* à
l'amiable, accord *m* amiable
S acuerdo *m* amigable
R мировая сделка *f*

580 ausgleichen
E balance, compensate, settle
F balancer, compenser, rembourser
S abalanzar, compensar, reembolsar
R выравнивать / выровнять,
договариваться / догово-
риться

581 aushändigen
E issue
F remettre, livrer, délivrer
S entregar
R выдавать/выдать

582 Aushändigung *f*
E issuance

F délivrance *f*
S entrega *f*
R выдача *f*

583 Aushang *m*
E notice, placard
F affiche *f*
S annuncio *m*, cartel *m*
R объявление *n*

584 (Aushang); durch ~ bekanntgeben
E placard, publish by placard
F afficher
S anunciar, publicar por el anuncio
R сообщать объявлением, объявлять

585 Auskunft *f*
E information
F renseignement *m*, information *f*
S información *f*, informe *m*
R информация *f*, справка *f*

586 (Auskunft); amtliche ~
E official information
F renseignement officiel
S información oficial
R официальная информация

587 (Auskunft); ~ erteilen/geben
E give information
F fournir des renseignements
S suministrar informes
R дать информацию

588 (Auskunft); Behörden Auskünfte aus Akten erteilen
E supply authorities with data from the files
F communiquer aux autorités des renseignements tirés des dossiers
S suministrar informes a las autoridades sobre la base de las actas

R сообщить органам власти сведения из документов

589 (Auskunft); mündliche ~ geben
E give information by word of mouth
F donner des informations orales
S suministrar informes oralmente
R дать устную информацию/ справку

590 (Auskunft); schriftliche ~
E information given in writing
F information par écrit, renseignements écrits
S información por escrito
R письменная информация / справка

591 Auskunftspflicht *f*
E obligation to inform
F obligation *f* d'informer
S obligación *f* de informar
R обязательность *f* предоставления информации

592 Auskunftspflichtige *m/f*
E person obliged to give information
F personne *f* obligée de fournir des renseignements
S persona *f* obligada a suministrar informes
R лицо *n*, обязанное дать информацию

593 Auskunftsverlangen *n*
E request for information
F requête *f* en information
S llamamiento *m* de dar información/informaciones
R затребование *n* информации

594 Auslage *f*
E exhibit
F étalage *m*

S objeto *m* expuesto
R витрина *f*, витринный экспонат *m*

595 (Auslage); ~n in einem Schaufenster können neuheitsschädlich sein
E exhibits in a shop-window may be prejudicial as to novelty
F des étalages dans une vitrine peuvent faire échec à la nouveauté
S objetos expuestos en el escaparate pueden invalidar la novedad
R экспонаты, выставленные в витрине могут порочить новизну

596 Auslagen *pl*
E expenses
F frais *m/pl*, débours *m/pl*, dépenses *f/pl*
S gastos *m/pl* (desembolsados)
R расходы *m/pl*

597 (Auslagen); angemessene ~
E reasonable expenses
F frais dûment justifiés
S gastos debidamente justificados
R соразмерные расходы

598 (Auslagen); im Erteilungsverfahren notwendige ~
E expenses necessary in the grant proceedings
F frais nécessaires à la procédure de délivrance
S gastos necesarios a la procedura de la concesión de patentes
R расходы, возникшие при рассмотрении заявки на выдачу патента

599 (Auslagen); ~ des Patentamts
E expenses of the Patent Office
F débours de l'Office des brevets
S gastos de la Oficina de Patentes
R расходы Патентного ведомства

600 Ausland *n*
E foreign country
F étranger *m*, pays *m* étranger
S extranjero *m*
R заграница *f*

601 (Ausland) → wohnhaft
602 ausländische → (Anmeldung); ...
603 Auslandsanmeldung *f*
E foreign application
F demande *f* étrangère; dépôt *m* à l'étranger
S solicitud *f* presentada en el extranjero
R иностранная заявка *f*

604 Auslandserfindung *f*
E invention made abroad
F invention *f* créée à l'étranger
S invención *f* creada en el extranjero
R изобретение *n*, созданное за рубежом

605 Auslandsschutzrecht *n*
E foreign protective right, foreign protection
F droit *m* de protection á l'étranger
S derecho *m* de protección en el extranjero
R иностранная правовая охрана *f*

606 auslaufen
E terminate
F se terminer
S terminar, terminarse
R истекать/истечь

607 (auslaufen); wenn Verbote später als ein Jahr nach... ~
E where prohibitions terminate more than one year after...
F si des interdictions prennent fin plus d'une année après...
S si interdicciones se terminan más de un año a contar de...
R если запрещения истекают позже чем через год после...

608 auslegen *(deuten)*
E interpret
F interpréter
S interpretar
R толковать

609 (auslegen); zur Einsicht für jedermann ~
E lay open to public inspection
F exposer de manière à ce que chacun puisse en prendre connaissance
S exponer a inspección pública
R выкладывать для всеобщего обозрения

610 (auslegen); die Patentansprüche ~ *(deuten)*
E interpret the patent claims
F interpréter le sens des revendications
S interpretar las reivindicaciones
R толковать формулу/пункты формулы

611 (auslegen); ohne, daß sie *(die Anmeldung)* **öffentlich ausgelegt worden ist**
E without having been laid open to public inspection
F sans avoir été soumis à l'inspection publique

S sin haber estado sometida a inspección pública
R не будучи подвергнута публичной проверке; без выкладки для всеобщего обозрения

612 Auslegeschrift *f*
E document laid open to public inspection
F fascicule *m* spécial d'exposition, fascicule *m* de la demande *CH*
S documento *m* especial de exposición
R документ *m* опубликования

613 Auslegung *f (zur Einsicht)*
E exposition
F exposition *f*
S exposición *f*
R выкладка *f*

614 (Auslegung) *(Deutung)*
E interpretation
F interprétation *f*
S interpretación *f*
R толкование *n*

615 Ausnahme *f*
E exception
F exception *f*
S excepción *f*
R исключение *n*

616 (Ausnahme) *(von Vorschriften)*
EU → **Freistellung**

617 (Ausnahme); mit ~
E save, except
F sauf, excepté
S excepto
R за исключением чего-л.

618 (Ausnahme); mit ~ der Flaggen
E other than flags
F autres que les drapeaux
S que no sean banderas, a excepción de banderas
R за исключением флагов

619 Ausnahmefall *m*
E exception, exceptional case
F exception *f*, cas *m* d'exception/exceptionnel
S excepción *f*, caso *m* excepcional
R исключение *n*, исключительный случай *m*

620 (Ausnahmefall); ein weiterer Bescheid soll nur in Ausnahmefällen ergehen
E further notice shall be issued exceptionally only
F un arrêté ultérieur ne sera donné qu'en cas exceptionnel
S una decisión ulterior será emitida solamente en caso excepcional
R последующее решение состоится только в исключительном случае

621 ausnutzen
E exploit, utilize
F exploiter
S explotar
R использовать

622 (ausnutzen); eine Erfindung frei ~
E work an invention freely
F exploiter librement une invention
S explotar libremente una invención
R свободно использовать изобретение

623 Ausnutzungshandlung *f*
E act of exploitation
F acte *m* d'exploitation
S hecho *m*/acto *m* de explotación
R использование *n*, процесс *m* использования

624 ausreichend
E sufficient, satisfactory
F suffisant
S suficiente
R достаточный

625 Aussage *f*
E declaration, statement, testimony
F déposition *f*, déclaration *f*
S deposición *f*, declaración *f*
R заявление *n*, показание *n*

626 (Aussage); ~ eines Sachverständigen
E testimony of an expert
F déposition d'un expert
S deposición de un experto
R показание эксперта

627 (Aussage) → Zeugenaussage

628 (Aussage); beeidete ~
E statement under oath; *(schriftlich)* affidavit
F déposition sous la foi du serment
S afidávit *m*
R показание под присягой

629 ausscheiden; einen Patentanspruch ~ ä
E withdraw a claim
F séparer une revendication
S separar una reinvindicación
R выделить пункт формулы

630 (ausscheiden) *(als Mitglied)*
E retire, withdraw (from)
F se retirer de, quitter
S retirarse, separarse
R выходить/выйти, выбывать/выбыть

631 Ausscheiden *n*
E separation
F séparation *f*
S separación *f*, cese *m*
R выход *m*

**632 (Ausscheiden); ~ eines Senats-
mitgliedes**
E separation of a member of the
court
F séparation d'un membre du
personnel judiciaire
S separación de un miembro del
tribunal, cese de un miembro
del tribunal
R выход из состава суда/Се-
ната

633 Ausscheidung *f;* **zur ~ auffordern
→ (Aufforderung); ...**

634 Ausscheidungsanmeldung *f* →
Teilanmeldung

635 Ausscheidungserklärung *f*
E statement of division
F déclaration *f* de division
S declaración *f* de división
R заявление *n* о разделении

636 Ausschlag *m;* **die Stimme des
Präsidenten gibt den ~**
E the President shall have a casting vote
F le président a voix prépondérante, la voix du président est prépondérante/déci-
sive
S el presidente tiene voto decisivo
R голос председателя является
решающим

637 ausschlaggebend
E determining, decisive
F décisif
S decisivo
R решающий

638 ausschließen
E exclude, preclude
F exclure
S excluir
R исключать/исключить

**639 (ausschließen); die Anmeldung ist
von der Patenterteilung ausgeschlossen**
E the application is excluded
from patentability
F la demande est exclue de la
brevetabilité
S la solicitud está exclusa de la
patentabilidad
R исключается выдача патента по данной заявке

640 (ausschließen) → (Praxis); ...

641 ausschließlich
E adj exclusive; *adv* exclusively
F adj exlusif; *adv* exclusivement
S adj exclusivo; *adv* exclusiva-
mente
R adj исключительный; *adv* ис-
ключительно

**642 (ausschließlich); das Recht auf ~e
Benutzung einer Erfindung**
E right to the exclusive use of an
invention
F droit *m* exclusif de l'exploi-
tation d'une invention
S derecho *m* exclusivo de ex-
plotación de una invención
R исключительное право *n*
использования изобретения

643 Ausschließung *f auch* **Ausschluß**
E exclusion
F exclusion *f*
S exclusión *f*
R исключение *n,* отстранение
n

**644 (Ausschließung); ~ von Amtsper-
sonen**
E exclusion of officials
F exclusion/récusation *f EU* des
fonctionnaires
S exclusión/recusación *f* de los
funcionarios

R исключение / отстранение
должностных лиц

645 Ausschließungspatent *n DDR*
E exclusive patent
F brevet *m* exclusif
S patente *f* exclusiva
R патент *m* исключительного
права

646 Ausschluß *m*
E exlusion
F exclusion *f*
S exclusión *f*
R исключение *n*

647 (Ausschluß); ~ der Öffentlichkeit
E exclusion of the public
F ordonnance *f* du huis clos
S exclusión del público
R исключение публичности

**648 (Ausschluß); mit/unter ~ der
Öffentlichkeit**
E with closed doors
F à huis clos
S a puertas cerradas
R при закрытых дверях

649 (Ausschluß) → (Rechtsweg); ...
650 Ausschlußfrist *f* → **Präklusivfrist**
651 Ausschuß *m*
E committee, commission,
board
F comité *m*, commission *f*, bureau *m*
S comité *m*, comisión *f*
R комитет *m*, комиссия *f*

652 Ausschuß für Atomenergie
E Atomic Energy Commission
F Commission à l'Énergie
Atomique
S Comisión de Energia Atómica
R Комиссия по атомной энергии

653 Ausschuß für Interferencesachen
US

E Board of Patent Interferences
F Comité des affaires en interférence des brevets
S Comité de los asuntos de interferencia de las patentes
R Комиссия по делам интерференции патентов

654 Außenminister *m* → **(Minister); ...**
655 außergerichtlich
E extra-judicial
F extrajudiciaire
S extrajudicial
R внесудебный

656 (außergerichtlich); ~e Kosten
E extra-judicial costs
F frais *m/pl* extrajudiciaires
S gastos *m/pl* extrajudiciales
R внесудебные расходы *m/pl*

657 (außergerichtlich); → (Vertrag); ...
658 außergesetzlich
E illegal, unlawful
F illégal, extra-légal
S ilegal, ilegítimo
R незаконный, нелегальный

659 außergewöhnlich
E exceptional, extraordinary
F extraordinaire, exceptionnel
S extraordinario, excepcional
R необыкновенный, необычный

660 Außerkraftsetzung *f (eines Gesetzes)*
E repeal
F abrogation *f*
S abrogación *f*
R отмена *f;* прекращение *n*
действия

661 Außerkrafttreten *n* → **Außerkraftsetzung**

662 äußern
E express, utter
F déclarer, exprimer; manifester
S declarar, expresar
R заявлять/заявить, выражать/
выразить

663 (äußern); Bedenken ~
E utter doubts
F exprimer des doutes
S expresar deliberaciones/dudas
R выражать сомнение

664 (äußern); sich zur Sache ~
E express o.s. on the subject
F se prononcer sur la cause
S pronunciarse sobre la causa
R высказаться по делу

665 Äußerung *f*
E declaration; expression
F déclaration *f;* expression *f*
S declaración *f;* expresión *f*
R заявление *n,* высказывание *n*

666 aussetzen *(ruhen lassen)*
E suspend
F suspendre, surseoir à
S suspender
R приостанавливать

667 (aussetzen) *(verschieben)*
E defer, postpone
F ajourner
S aplazar
R отсрочивать/отсрочить

668 (aussetzen); die Bekanntmachung wird ausgesetzt
E the publication shall be postponed
F la publication sera ajournée
S la publicación será aplazada
R опубликование должно быть отсрочено

669 (aussetzen); das Verfahren ~ → *auch* **(einstellen); ...**
E suspend/stay the proceedings
F surseoir à la procédure
S suspender el procedimiento
R приостановить производство/процедуру

670 (aussetzen); die Verhandlung ist auszusetzen
E the proceedings shall be deferred
F la procédure doit être interrompue
S el procedimiento sea interroto
R разбирательство должно быть приостановлено

671 (aussetzen); sich einer Verfolgung ~
E expose o.s. to a pursuit
F s'exposer à une poursuite
S exponerse a una persecución
R подвергаться преследованию

672 Aussetzung *f*
E suspension
F suspension *f*
S suspensión *f*
R приостановление *n*

673 Aussicht *f;* **~ auf Erteilung eines Patents**
E prospect that the patent will be granted
F raison *f* d'admettre que le brevet sera délivré
S razón *f* de admitir que la patente sea concedida
R перспектива *f* получения патента

674 (Aussicht); die Bekanntmachung in ~ stellen
E hold out a prospect of the publication
F admettre la possibilité de la publication, faire entrevoir la publication

S admitir la posibilidad de la publicación
R допускать возможность публикации

675 Aussprache *f (Diskussion)*
E discussion
F discussion *f*
S discusión *f*
R дискуссия *f*

676 aussprechen; Kündigung *(einer Vereinbarung)* ~
E make a denunciation
F faire la dénonciation
S hacer una denuncia
R денонсировать

677 Ausspruch *m*
E decision, judgement
F décision *f*, arrêt *m*
S decisión *f*, sentencia *f*
R решение *n*

678 (Ausspruch); ~ **des Gerichts**
E judgement of the court
F arrêt de la cour
S sentencia del tribunal
R решение суда

679 Ausstattung *f Wr* → **Aufmachung**
680 ausstellen→ **ausfertigen**
681 (ausstellen) *Wr*
E exhibit, expose
F exposer, étaler
S exponer
R выставлять, экспонировать

682 (ausstellen); Waren ~
E exhibit goods
F étaler des marchandises
S exponer mercancías
R выставлять товары

683 Aussteller *m (einer Urkunde)*
E author, grantor
F celui qui délivre/dresse un document, émetteur *m* d'un document
S otorgante *m*
R лицо *n*, выдавшее документ

684 (Aussteller) *(Zurschausteller)*
E exhibitor
F exposant *m*, exposante *f*
S expositor *m*, exponente *m/f*
R экспонент *m*

685 Ausstellerrecht *n*
E right of the exhibitor
F droit *m* de l'exposant
S derecho *m* del exponente
R право *n* экспонента

686 Ausstellung *f*
E exhibition
F exposition *f*, étalage *m*
S exposición *f*
R выставка *f*

687 Ausstellungsschutz *m*
E protection at exhibitions
F protection *f* dans les expositions
S protección *f* en las exposiciones
R правовая охрана *f* экспонатов на выставках

688 Ausstellungsstück *n*
E exhibit
F pièce *f* exposée
S objeto *m* expuesto
R экспонат *m*

689 Austausch *m;* ~ **von Waren im Warenverzeichnis**
E substitution of goods in the specification of goods
F substitution *f* des produits dans la liste des produits
S sustitución *f* de los productos en la lista de los productos
R замена *f* одного изделия другим в списке изделий

690 Austauschvertrag *m BRD (bez. Erfindungen)*

E contract of exchange
F contrat *m* d'échange
S contrato *m* de intercambio
R договор *m* об обмене

691 ausüben
E exercise; execute, perform
F exercer; pratiquer
S ejercer; practicar
R исполнять/исполнить

692 (ausüben); einen Beruf ~
E practise/pursue a profession
F exercer une profession
S ejercer una profesión
R исполнять должность

693 (ausüben); seine Pflicht ~ → *auch* erfüllen
E execute/do/discharge one's duty
F faire son devoir
S cumplir su deber
R исполнять свой долг

694 Ausübung *f (eines Berufs)*
E practice
F exercice *m*
S ejercicio *m*
R исполнение *n*

695 (Ausübung) *(eines Patents)*
E working, use
F exploitation *f*
S explotación *f*
R использование *n*

696 (Ausübung) *(eines Vorrechts)*
E exercise
F exercice *m*
S uso *m*, ejercicio *m*
R осуществление *n*

697 (Ausübung); ~ eines Amtes
E performance of official duties
F exercice d'une fonction
S desempeño *m* de un cargo
R исполнение должности/обязанностей

698 (Ausübung); ~ einer Befugnis
E exercising of a power
F exercice d'une faculté
S ejercicio de una facultad
R использование права

699 (Ausübung); ~ einer Erfindung → *auch* **(Benutzung); ...**
E exploitation/working/use of an invention
F exploitation d'une invention
S explotación de una invención
R использование изобретения

700 (Ausübung); von der ~ des Amtes als Richter ist ausgeschlossen:
E the following shall be excluded from judicial office:
F est exclu de l'exercice de la fonction de juge:
S es excluso de ejercicio de la función del juez:
R отстранён от исполнения обязанностей судьи:

701 (Ausübung); formelle ~
E nominal working
F exploitation nominale
S explotación nominal
R номинальное использование

702 (Ausübung); getreue ~ von Pflichten
E faithful discharge of duties
F exercice fidèle des devoirs/ obligations
S ejercicio fiel de deberes
R точное выполнение *n* обязанностей

703 Ausverkauf *m*
E selling off, clearance sale
F vente *f* totale
S venta *f* total
R распродажа *f*

704 Auswärtiges Amt *BRD*
E Foreign Office *GB;* State Department *USA*
F Ministère *m* des Affaires Etrangères
S Ministerio *m* de Asuntos Exteriores *S;* Ministerio *m* de Estado, Cancilleria *f LA*
R Министерство *n* иностранных дел

705 auswärtig; ~e Beziehungen
E external relations
F relations *f/pl* extérieures
S relaciones *f/pl* exteriores
R внешние сношения *n/pl*

706 ausweisen *(etwas)*
E prove, show
F prouver, démontrer
S probar, demostrar
R доказывать / доказать, удостоверять / удостоверить

707 (ausweisen); sich ~
E prove one's identity
F produire ses titres, prouver son identité
S legitimarse, acreditar su identidad
R удостоверять свою личность

708 auswerten *(nützen)*
E exploit, use
F exploiter, utiliser
S explotar, utilizar
R использовать

709 (auswerten) *(bewerten)*
E evaluate
F évaluer
S evaluar
R оценивать/оценить

710 (auswerten); Kenntnisse unberechtigt ~
E unauthorized use of knowledge

F exploiter des connaissances sans autorisation
S explotar conocimientos sin autorización
R использовать знания без разрешения

711 auszeichnen; Patentanmeldungen ~
E classify patent applications
F classifier des demandes de brevet
S clasificar solicitudes de patente
R классифицировать заявки на патенты

712 Auszeichnung *f Ww*
E honorary distinction
F distinction *f* honorifique
S distinción *f* honorífica
R знак *m* отличия

713 Auszug *m*
E extract
F extrait *m*
S extracto *m*
R выписка *f,* выборка *f*

714 (Auszug); Auszüge aus den Patentanmeldungen *BRD*
E abstracts of patent specifications
F abrégés *m/pl* descriptifs des demandes de brevet
S compendios *m/pl* descriptivos de las solicitudes de patentes
R извлечения *n/pl* из заявок на патенты

715 (Auszug); ~ aus dem internationalen Register
E extract from the international register
F extrait du registre international
S extracto del registro internacional

R выписка из международного реестра

716 authentisch
E *adj* authentic; *adv* authentically
F *adj* authentique; *adv* authentiquement
S *adj* auténtico; *adv* auténticamente
R *adj* аутентичный; *adv* аутентично

717 (authentisch); ~er Wortlaut
E authentic text/wording
F contexte/texte *m* authentique
S texto *m* auténtico
R аутентичный текст *m*

718 Autorität *f*
E authority
F autorité *f*
S autoridad *f*
R власть *f*, орган *m* власти

B

1 bahnbrechend; ~e Erfindung
E pioneer/pioneering invention
F invention *f* de pionnier
S invención *f* pionero
R пионерское изобретение *n*

2 (bahnbrechend); ~e Idee
E original conception
F conception *f* originale
S concepción *f* original
R оригинальная идея *f*

3 bar *(entbehrend)*
E lacking, bare, destitute
F dépourvu
S desprovisto
R лишённый

4 (bar); die Anmeldung ist jeglicher Erfindung ~
E the application lacks any invention
F la demande est dépourvue d'aucune invention
S la solicitud carece de cualquiera invención
R заявка не содержит изобретения

5 bar; in ~ zahlen
E pay cash
F payer argent comptant, payer en argent comptant
S pagar al contado/en contante
R платить наличными

6 Barzahlung *f*
E cash payment
F payement *m* en caisse
S pago *m* al contado
R платёж *m* наличными

7 Barzahlungsnachlaß *m*
E reduction for cash payment
F rabais *m* pour payement en caisse
S rebaja *f* para el pago al contado
R скидка *f* за платёж наличными

8 basieren; der Antrag basiert auf offensichtlichen Tatsachen
E the petition is based on obvious facts
F la pétition se fonde sur des faits évidents
S la petición se funda/basa en hechos evidentes
R ходатайство *n* основывается на очевидных фактах

9 Basis *f*
E base, basis
F base *f*, fondements *m/pl*
S base *f*, fundamento *m*
R основа *f*, база *f*

10 Bauausführung *f*
  E construction
  F construction *f*
  S construcción *f*
  R конструкция *f*

11 beanspruchen
  E claim
  F demander, réclamer
  S reivindicar, reclamar
  R испрашивать / испросить, претендовать

12 Beanspruchung *f*
  E claim, claiming
  F revendication *f*
  S reivindicación *f*
  R испрашивание *n*, претензия *f*

13 Beanstandung *f*
  E objection
  F réclamation *f*
  S objeción *f*
  R возражение *n*

14 (Beanstandung); ~ von Mängeln
  → *auch* rügen
  E objecting/objection to the defects
  F signalisation *f* des défauts
  S objeción de las faltas
  R возражение против недостатков

15 (Beanstandung); ~ sprachlicher Fehler
  E objection to the defects of language
  F signalisation des fautes de langue
  S objeción de las faltas de lenguaje
  R возражение *n* против языковых ошибок

16 beantragen *(nachsuchen, verlangen)*
  E petition, apply for, make a request
  F adresser une demande, demander
  S solicitar
  R ходатайствовать

17 (beantragen) *(vorschlagen)*
  E propose
  F proposer
  S proponer
  R предлагать/предложить

18 beantworten *(Bescheid)*
  E reply
  F répondre
  S responder
  R отвечать/ответить, возражать/возразить

19 Bearbeitung *f;* **~ von Patentanmeldungen**
  E handling/processing of patent applications
  F traitement/dépouillement *m* des demandes de brevet
  S tramitación *f* de las solicitudes de patentes
  R обработка *f* заявок на патенты

20 Bearbeitungsreihenfolge *f*
  E order of handling
  F ordre *m* de traitement
  S orden *m* de tratamiento
  R последовательность *f* обработки чего-л.

21 Beauftragte *m/f*
  E mandatary, agent, commissioner
  F mandataire *m*, commissionnaire *m*
  S apoderado *m*, mandatario *m*, poderhabiente *m*
  R уполномоченный *m*, поверенный *m*, мандатарий *m*

22 Bedarf *m*
E demand; requirement; need
F besoin *m*, demande *f*
S necesidad *f*, exigencia *f*
R потребность *f*, нужда *f*

23 (Bedarf); Waren des täglichen ~s
E commodities; requisites
F articles *m/pl* de consommation courante
S acrtículos *m/pl* de primera necesidad
R товары *m/pl* широкого потребления

24 Bedenken *n/pl* → **(äußern); ...**

25 Bedeutung *f;* **~ eines Wortes**
E meaning/significance of a word
F sens *m*/signification *f* d'un mot
S sentido *m*/significado *m* de una palabra
R значение *n*/смысл *m* слова

26 (Bedeutung); Bezeichnungen, die in Verbindung mit der Ware ihre ursprüngliche ~ verloren haben
E signs which have lost their original significance in connection with a certain article
F désignations *f/pl* qui ont perdu leur sens primitif par rapport au produit
S designaciones *f/pl* que perdieron su sentido primitivo respecto al producto
R названия, *n/pl*, потерявшие своё первоначальное значение в отношении товара

27 Bedeutungswandel *m (bei Texten)*
E change of significance/meaning
F changement *f* du sens
S cambio *m* del sentido
R изменение *n* значения

28 Bedingung *f*
E condition
F condition *f*
S condición *f*
R условие *n*

29 (Bedingung); unter der ~, daß
E provided that
F à condition de, sous réserve de
S a condición de que
R при условии, что...

30 Beeidigung *f*
E confirmation by/upon oath
F confirmation *f* par serment, affirmation *f* sous serment
S prestación *f* de juramento
R подтверждение *n* под присягой

31 (Beeidigung); Zeugen, die die ~ ihrer Aussage verweigern
E witnesses who refuse to give evidence under oath
F témoins *m/pl* qui refusent de prêter serment
S testigos *m/pl* que niegan de prestar juramento
R свидетели *m/pl*, которые отказываются от дачи показаний под присягой

32 beeinträchtigen
E prejudice; injure; impair, encroach
F porter préjudice/atteinte
S perjudicar, agraviar
R повреждать / повредить, нарушать / нарушить

33 (beeinträchtigen); die Entgegenhaltungen sind nicht geeignet, die Patentfähigkeit der Erfindung zu ~
E the citations have no bearing on the patentability of the invention

F lès références citées ne sont pas susceptibles d'affecter la brevetabilité de l'invention
S las referencias, citadas no son susceptibles de afectar la patentabilidad de la invención
R противопоставленные материалы не могут порочить патентоспособность изобретения

34 (beeinträchtigen); die Patentfähigkeit ~
E being prejudicial as to patentability
F affecter la brevetabilité
S afectar la patentabilidad
R портить патентоспособность

35 (beeinträchtigen); ein Recht ~
E encroach upon a right
F affecter un droit
S afectar un derecho
R нарушать право

36 (beeinträchtigen); ohne seine Rechte zu ~
E without prejudice to his rights
F sans préjudice de ses droits
S sin perjuicio de sus derechos
R без нарушения его прав

37 (beeinträchtigen); die Staatssicherheit ~
E be detrimental to national security/public safety *US*
F compromettre la sécurité nationale
S causar perjuicios a la seguridad nacional
R наносить ущерб обороноспособности государства

38 Beendigung *f;* **~ der Schutzdauer**
E termination/end of the period of protection

F expiration *f* de la période de protection
S expiración *f*/cese *m* del plazo de protección
R истечение *n* срока охраны

39 Befähigung *f* → **(Richteramt); ...**

40 Befangenheit *f*
E partiality
F partialité *f*
S parcialidad *f*, interés *m* en la causa
R пристрастность *f*

41 befassen; sich mit etwas ~
E be engaged in s.th.
F être engagé dans q.c., s'engager dans q.c.
S ser dedicado a algo, dedicarse a algo
R заниматься чем-л.

42 (befassen); das Gericht kann nicht früher als... befaßt werden
E the court shall not hear the case before...
F le tribunal ne peut être saisi avant...
S el juzgado no puede oír el caso antes...
R в суд нельзя обращаться раньше чем...

43 befinden; kein Zeuge darf der Unfolgsamkeit schuldig befunden werden, wenn ... *US*
E no witness shall be deemed guilty of disobedience if...
F qu'aucun témoin ne soit jugé désobéissant si...
S ningún testigo no esté condenado por causa de desobediencia si...
R никакой свидетель не может быть обвинён в неповиновении, если...

44 befolgen
E comply with, follow, obey
F suivre, exécuter, obéir à
S cumplir, seguir, obedecer
R удовлетворять / удовлетворить, соблюдать / соблюсти, следить

45 (befolgen); einen Rat ~
E follow an advice
F suivre un conseil
S seguir un consejo
R следовать совету

46 (befolgen); eine Vorladung unter Strafandrohung ~ US
E obey a subpoena
F satisfaire à une citation sous commination
S satisfacer a una citación bajo la conminación/so pena
R явиться в суд под угрозой штрафа

47 (befolgen); eine Vorschrift ~
E comply with a rule
F satisfaire à une instruction
S satisfacer a una instrucción
R соблюдать предписание

48 Befragung *f*
E examination, interrogation, questioning
F interrogatoire *m*
S interrogatorio *m*, interrogación *f*
R допрос *m*, дознание *n*

49 befreien *R*
E exempt, release
F exempter, dispenser
S exentar, relevar, dispensar
R освобождать/освободить

50 (befreien); von Gebühren ~
E exempt from fees
F exempter des taxes
S exentar/relevar de las tasas
R освобождать от пошлин/ /сборов

51 (befreien); diese Belege sind von jeder anderen Beglaubigung befreit
E this documentary evidence shall not require any other legalisation/authentication
F ces pièces justificatives seront dispensées d'aucune autre légalisation
S estos certificados serán dispensados de toda otra legalización
R эти документы не требуют какой-либо легализации/дополнительного подтверждения

52 Befreiung *f;* **~ von Zahlungspflichten**
E exemption from payment
F exemption *f* de l'obligation de payer
S exención *f* de la obligación de pago
R освобождение от уплаты

53 befriedigen; einen Anspruch ~
E satisfy a claim
F satisfaire une revendication
S satisfacer una reivindicación
R удовлетворять претензию

54 befristen
E fix/limit a period
F fixer un délai
S fijar un plazo, emplazar
R назначать/назначить срок

55 Befugnis *f*
E power, right
F faculté *f*, droit *m*
S facultad *f*, autorización *f*
R право *n*, способность *f*

56 (Befugnis); allgemeine ~se
E general competence
F compétences *f/pl* générales
S competencia *f* general
R общая компетенция *f*

57 (Befugnis); richterliche ~
E judiciary power
F compétence judiciaire
S competencia judicial
R судебное полномочие *n*

58 (Befugnis); der Minister kann gewisse ~se sich vorbehalten
E the Secretary may vest in himself certain functions
F le secrétaire d'État peut se réserver certaines fonctions
S el secretario de Estado puede reservarse algunas funciones
R министр может оставить за собой определённые функции

59 Befund *m*
E finding
F constatation *f*
S constatación *f*
R заключение *n*

60 (Befund); ~ der Behörde
E official finding
F constatation d'une autorité
S constatación de una autoridad
R заключение *n* ведомства/учреждения

61 begehen
E commit
F commettre
S cometer
R совершать/совершить

62 Beginn *m;* ~ des Geschäftsjahres *(bei Behörden)*
E commencement /beginning of the fiscal year
F commencement *m* de l'année fiscale/de l'exercice
S comienzo *m* del ejercicio
R начало *n* хозяйственного года

63 (Beginn); ~ der Patentdauer
E commencement of the duration of the patent
F commencement de la durée du brevet
S comienzo de la duración de protección de la patente
R начало срока действия патента

64 (Beginn) → (Schaustellung)

65 (Beginn); ~ der Verhandlung
E opening of the hearing
F commencement de l'audience
S comienzo de la audiencia
R начало слушания дела

66 beglaubigen
E certify, authenticate
F certifier
S certificar, legalizar
R заверять/заверить

67 beglaubigt → (Abschrift); ..., (Übersetzung); ...

68 Beglaubigung *f*
E legalisation, authentication
F légalisation *f*
S legalización *f*
R засвидетельствование *n,* легализация *f*

69 (Beglaubigung); konsularische ~
E certificate of a consular officer, consular authorization
F certificat *m* consulaire
S legalización consular
R консульское удостоверение *n,* консульская легализация *f*

70 (Beglaubigung); notarielle ~
E notarial attestation/certification
F certificat notarié, attestation *f* notariée
S certificación *f* notarial
R нотариальное удостоверение

71 Begleitschreiben *n*
E covering letter
F bordereau *m*
S carta *f* adjunta/acompañante
R сопроводительное письмо *n*

72 Begrenzung *f*
E limitation
F limitation *f*
S limitación *f*
R ограничение *n*, сокращение *n*

73 Begriff *m*
E conception, notion, idea
F conception *f*, notion *f*, idée *f*
S concepción *f*, noción *f*, idea *f*
R понятие *n*, понимание *n*

74 Begriffsbestimmung *f*
E definition (of terms)
F définition *f*
S definición *f*
R определение *n* понятия

75 begründen *(motivieren)*
E give reasons, substantiate
F fonder sur des raisons, motiver, justifier
S razonar, motivar
R обосновывать / обосновать, мотивировать

76 (begründen) *(basieren)*
E base, found
F fonder
S fundar
R основывать/основать

77 (begründen); eine Entscheidung ~
E give reasons for a decision
F motiver une décision, donner les considérants d'une décision
S motivar una decisión
R обосновывать решение

78 (begründen); das durch die Eintragung begründete Recht
E the right constituted on the basis of the registration
F le droit découlant de l'enregistrement
S el derecho que deriva del registro
R право, основывающееся на факте регистрации

79 Begründung *f*
E arguments; grounds; motivation
F exposé *m* des motifs
S motivación *f*, exposición *f* de los motivos
R мотивировка *f*, обоснование *n*

80 Begünstigte *m/f auch* **begünstigte Partei**
E beneficiary
F bénéficiaire *m/f*
S beneficiario *m*
R выгодоприобретатель *m*

81 begutachten → (Gutachten); ...

82 Behandlung *f*
E treatment
F traitement *m*
S trato *m*, tratamiento *m*
R изложение *n;* обращение *n;* обработка *f*

83 (Behandlung); gleichwertige ~
E equivalent treatment
F traitement équivalent
S trato equivalente
R одинаковый подход

84 (Behandlung); Prinzip der gleichen ~

E principle of equal/national treatment
F principe *m* de traitement égal/national
S principio *m* de trato nacional
R принцип режима равенства

85 (Behandlung); das erweiterte Prinzip der gleichen ~
E principle of assimilation
F principe d'assimilation
S principio de asimilación
R принцип ассимиляции

86 Behauptung *f* → *auch* **(Verbreitung); ...**
E assertion, allegation, statement
F allégation *f*
S alegación *f*
R утверждение *n*

87 behebbar; ~e Mängel *EU*
E deficiencies which may be corrected
F irrégularités auxquelles il peut être remédié
S defectos los cuales pueden ser subsanados
R исправимые недостатки

88 beheben → beseitigen

89 Behebung *f;* **~ der Formmängel**
E removal of formal defects/insufficiencies
F élimination *f* des insuffisances formelles
S eliminación *f* de las insuficiencias formales
R устранение *n* формальных недостатков

90 Behelf *m*
E expedient
F moyen *m* subsidiaire, expédient *m*
S medio *m* subsidiario

R вспомогательное средство *n;* помощь *f*

91 Behörde *f*
E authority; board; office
F autorité *f;* l'Administration *f*
S autoridad *f;* administración *f*
R ведомство *n*, учреждение *n*, управление *n*

92 behördlich
E official; *adv* officially, by authority
F officiel; *adv* officiellement, de la part des autorités
S oficial, administrativo; *adv* de la autoridad
R официальный, ведомственний; *adv* в официальном/ведомственном порядке

93 beibringen
E supply
F fournir
S producir, suministrar, presentar
R предоставлять/предоставить, предъявлять/предъявить

94 Beibringung *f;* **~ von Belegen**
E production of documentary evidence
F production *f* de pièces justificatives
S producción *f* de justificantes/de documentos justificativos
R представление *n* оправдательных документов

95 beifügen
E enclose, attach
F annexer, joindre
S adjuntar, incluir
R прилагать/приложить

96 (beifügen); ... ist eine Erklärung beizufügen

E ...shall be accompanied by a statement
F ...doit être/sera accompagné d'une déclaration
S ...se acompañará de una declaración
R ...прилагается объяснение

97 Beifügung *f*
E annex
F annexe *f*, pièce *f* annexée
S anexo *m*
R приложение *n*

98 Beihilfe *f*
E aid
F aide *f*
S ayuda *f*
R помощь *f*

99 (Beihilfe); ~ leisten
E render a service
F rendre service
S prestar un servicio
R оказать услугу

100 (Beihilfe); der Agent ist befähigt, dem Anmelder ~ zu leisten
E the agent is possessed of the necessary qualifications to render service to applicants
F l'agent est en possession des qualifications nécessaires à rendre service au déposant
S el agente tiene las calificaciones necesarias para prestar servicio al depositante
R поверенный/агент имеет необходимую квалификацию, чтобы оказать помощь заявителю

101 Beiordnung *f;* **~ eines Vertreters**
E assignment of a representative
F adjonction *f* d'un agent
S nombramiento *m*/designación *f* de un agente

R назначение *n* представителя/ поверенного

102 Beirat *m*
E adviser, advisor; counsellor
F conseiller *m*
S consejero *m*, asesor *m*
R советник *m*, юрисконсульт *m*

103 Beistand *m*
E assistant, legal assistant
F conseil *m*, assistant *m*
S consejero *m*, asistencia *f*
R советник *m*, адвокат *m*

104 (Beistand); technischer ~
E technical adviser
F conseiller *m* technique
S asesor *m* técnico
R технический советник

105 (Beistand) → Beihilfe

106 Beitrag *m*
E contribution
F contribution *f*
S contribución *f*, cuota *f*
R взнос *m*

107 (Beitrag); die Höhe eines ~s
E the amount of a contribution
F le montant d'une contribution
S la suma de una contribución
R сумма взноса

108 (Beitrag); ~ zu den Druckkosten → Druckkostenbeitrag

109 Beitragseinheit *f*
E contributing unit
F unité *f* contributive
S unidad *f* contributiva
R единица *f* взноса

110 beitreiben; Kosten ~ *(einziehen, einfordern)*
E recover fees/costs
F recouvrer des frais
S cobrar los gastos
R взыскивать расходы

111 beitreten; einer Partei im Rechtsstreit ~
E intervene in favour of a party in a law suit
F intervenir en faveur d'une partie dans une cause
S intervenir en una causa en favor de una parte
R присоединяться в правовом споре к одной из сторон

112 (beitreten); die dem Sonderabkommen beigetretenen Länder → (Sonderabkommen); ...

113 Beitritt *m (als Mitglied)*
E accession, adhesion
F accession *f*, adhésion *f*
S adhesión *f*
R присоединение *n*

114 (Beitritt) *(als Intervenient)*
E intervention
F intervention *f*
S intervención *f*
R вмешательство *n*

115 Beitrittsgesuch *n*
E request for accession
F demande *f* d'adhésion
S solicitud *f* de adhesión
R заявление *n* о присоединении

116 Beitrittsurkunde *f*
E instrument of accession
F instrument *m* d'adhésion
S instrumento *m* de adhesión
R акт *m* о присоединении

117 beiwohnen
E attend, be present
F assister
S asistir, presenciar
R присутствовать

118 (beiwohnen); der Beweisaufnahme ~
E attend the hearing in which evidence is taken
F assister à la procédure de l'administration des preuves
S asistir al procedimiento de la presentación de las pruebas
R участвовать в судебном следствии

119 bejahen
E affirm
F affirmer
S afirmar
R утверждать/утвердить

120 bekannt → (Lösung); ..., (Merkmal); ...

121 Bekanntgabe; die ~ ist als vollkommen ausreichend zu betrachten
E the publicity shall be considered as ample
F la publicité sera considérée comme pleinement suffisante
S la publicidad será considerada como totalmente suficiente
R публикация должна считаться достаточно полной

122 (Bekanntgabe) → Bekanntmachung

123 bekanntmachen *auch* **bekanntgeben**
E announce, publish
F faire connaître, rendre public, publier
S publicar
R публиковать / опубликовать

124 Bekanntmachung *f auch* **Bekanntgabe → ** *auch* **Anzeige**
E publication, disclosure
F publication *f*, divulgation *f*
S publicación *f*, divulgación *f*

R публикация *f*, опубликование *n*

125 (Bekanntmachung); ~ der Anmeldung
E publication of the application
F publication de la demande
S publicación de la solicitud
R опубликование / публикация заявки

126 (Bekanntmachung); mißbräuchliche ~ der Erfindung
E disclosure of the invention in consequence of an abuse
F divulgation de l'invention en conséquence d'un abus
S divulgación de la invención a consecuencia de un abuso
R злонамеренное разглашение изобретения

127 (Bekanntmachung); Beschreibung und Zeichnungen, die der ~ zugrunde liegen
E description and drawings on which the publication is based
F la description et les dessins qui servent de base à la publication
S la descripción y los dibujos que sirven de base para la publicación
R описание и чертежи, служащие основой публикации

128 Bekanntmachungen des Amtes für Erfindungs- und Patentwesen der DDR → *auch* **Amtsblatt**
E Official Journal of the Inventions and Patent Office of the GDR
F Bulletin Officiel de l'Office de brevets et d'inventions de la RDA
S Boletín Oficial de la Oficina de Invenciones y Patentes de la RDA
R Бюллетень Ведомства по делам изобретений и патентов ГДР

129 Bekanntmachungsbeschluß *m*
E order on publication
F ordonnance *f* sur la publication
S resolución *f* sobre la publicación
R решение *n* о публикации

130 Bekanntmachungsgebühr *f*
E publication fee
F taxe *f* de publication
S derecho *m* de publicación
R пошлина *f* за публикацию

131 bekanntmachungsreif → **(Unterlagen); ...**

132 bekennen → **(schuldig); ..., unschuldig**

133 Beklagte *m/f*
E defendant
F défendeur *m*, défenderesse *f*
S demandado *m*, demandada *f*
R ответчик *m*

134 bekleiden → **(Amt); ...**

135 bekräftigen
E affirm
F affirmer, confirmer
S afirmar
R утверждать/утвердить

136 bekunden (*vor Gericht*)
E give evidence, testify
F déclarer, déposer
S dar evidencia, testificar, deponer, declarar
R свидетельствовать

137 Belang *m*
E importance

F importance *f*
S importancia *f*
R важность *f*, значение *n*

138 (Belang); diese Frage ist nicht von ~
E this question is immaterial/is of no consequence
F cette question ne tire pas à conséquence
S esta cuestión no tiene importancia
R этот вопрос является несущественным

139 Belange *m/pl BRD*
E interests *pl*
F intérêts *m/pl*
S intereses *m/pl*
R интересы *m/pl*

140 (Belange); berechtigte ~ eines Betriebs
E legal interests of a plant
F intérêts légitimes d'une usine
S intereses legítimos de una fábrica
R законные интересы предприятия

141 (Belange); gewerbliche ~
E industrial interests
F intérêts industriels
S intereses industriales
R промышленные интересы

142 belangen → *auch* **berühren**
E concern
F concerner
S concernir
R касаться/коснуться

143 (belangen) *(gerichtlich)*
E prosecute
F poursuivre
S demandar de, procesar por
R предъявлять иск, возбуждать дело

144 Belastung *f*
E burden, charge
F charge *f*, chargement *m*
S carga *f*, cargamento *m*
R нагрузка *f*, обложение *n*

145 Beleg *m*
E (documentary) evidence
F pièce *f* justificative
S documento *m* justificativo, justificante *m*
R оравдательный документ *m*, справка *f*

146 (Beleg); ~e verlangen
E require evidence
F exiger des pièces justtificatives
S exigir documentos justificativos
R требовать оправдательные документы

147 belegbar
E capable of being proved, provable
F qui peut être prouvé, prouvable, démontrable
S demostrable, que puede ser probado
R доказуемый

148 belegen; mit Gebühren belegt werden → *auch* **gebührenpflichtig**
E be subject to a fee
F être soumis à une taxe
S someterse a un derecho
R быть обложенным пошлиной

149 (belegen); ... wird mit Gebühren belegt
E ...is liable/subject to duties/taxes, ...is taxable
F ...est soumis/soumise aux taxes

   S ...está sujeto/sujeta a derechos
   R ...подлежит обложению пошлиной

150 Belehrung *f*
E instruction, information
F renseignement *m*, information *f*, instruction *f*
S informe *m*, información *f*, instrucción *f*
R информация *f*, инструктаж *m*

151 (Belehrung); ~ **von Beteiligten über ihnen zustehende Rechte**
E instruction given to interested parties on their rights
F renseignements des intéressés sur leur droit
S informe de los interesados sobre sus derechos
R инструктаж заинтересованных лиц об их правах

152 belohnen; den Erfinder ~
E award the inventor
F récompenser l'inventeur
S recompensar el inventor
R вознаграждать изобретателя

153 Bemessung *f;* ~ **der Vergütung**
E fixing the amount of the compensation
F fixation *f* de la somme de l'indemnité
S fijación *f* de la medida de la indemnización
R установление размера возмещения/вознаграждения

154 Benachrichtigung *f*
E notice, instruction
F notification *f*, avis *m*
S notificación *f*
R сообщение *f*

155 benennen; den Erfinder als solchen ~
E mention the inventor as such
F mentionner l'inventeur comme tel
S mencionar el inventor como tal
R назвать изобретателем действительного изобретателя

156 Benennung *f* → **auch Erfinderbenennung**
E designation
F désignation *f*
S designación *f*
R название *n*

157 benutzen
E use, utilize, exploit
F user, utiliser, exploiter
S usar, explotar, utilizar
R применять/применить, использовать

158 Benutzer *m*
E user, exploiter
F exploitant *m*
S explotador *m*, usuario *m*
R пользователь *m*; лицо, использующее что-л.

159 Benutzung *f*
E use, exploitation, utilization
F usage *m*, utilisation *f*, exploitation *f*
S uso *m*, explotación *f*
R применение *n*, использование *n*

160 (Benutzung); ~ **der Erfindung**
E use of the invention
F utilisation/exploitation de l'invention
S explotación de la invención
R использование изобретения

161 (Benutzung); ~ **der Marken** → *auch* **(Gebrauch);** ...

E use of the trade-marks
F usage des marques
S uso de las marcas
R использование товарных знаков

162 (Benutzung); mißbräuchliche ~ einer Marke
E misuse/improper use of a mark
F utilisation abusive d'une marque
S uso abusivo de una marca
R злоупотребление *n* знаком

163 (Benutzung); offenkundige ~
E public use
F utilisation notoire
S utilización *f* notoria
R публичное использование *n*/применение *n*

164 (Benutzung); unbefugte ~
E unauthorized use
F utilisation/usage illicite, usage non autorisé
S utilización ilícita, uso no autorizado
R незаконное использование

165 Benutzungshandlung *f*
E act of use
F acte *m* d'usage
S acto *m* de uso
R акт *m* использования

166 beratend; ~e Funktion
E consultative function
F fonction *f* consultative
S función *f* consultiva
R консультативная деятельность *f*

167 Beratungen *f/pl (Sitzung, Tagung)*
E conference
F conférence *f*
S conferencia *f*
R конференция *f*, совещание *n*

168 Beratungsdienst *m*
E advisory/consulting service
F service *m* consultatif
S servicio *m* consultivo, consultorio *m*
R консультационная служба *f*

169 Beratungstätigkeit *f*
E consulting activity
F activité *f* consultative
S actividad *f* consultiva
R консультационная деятельность *f*

170 berechtigt → (Belange); ...
171 Berechtigte *m/f*
E person entitled
F titulaire *m*, ayant droit
S titular *m*, interesado *m*, el que tiene el derecho
R правомочное лицо *n*

172 (Berechtigte); Veränderung der Person des ~n durch Tod → (Änderung); ....

173 Bereich *m; ~* **der Technik**
E branch of technology
F secteur *m* de la technique
S sector/ramo *m* de la técnica
R область *f* техники, отрасль *f*

174 (Bereich); im ~ der Technik
E in the field/sphere of technology
F dans le domaine de la technique
S en la técnica, dentro del ámbito de la técnica
R в области техники

175 Bereicherung *f*
E enrichment
F enrichissement *m*
S enriquecimiento *m*
R обогащение *n*

176 (Bereicherung); Herausgabe einer ungerechtfertigten ~

E restitution of an unjust enrichment
F restitution *f* en cas d'enrichissement non justifié
S restitución *f* en el caso del
enriquecimiento ilegítimo
R возврат *m* неосновательного
обогащения

177 Bericht *m*
E report
F rapport *m*
S informe *m*, relación *f*
R отчёт *m*, доклад *m*, сооб-
щение *n*

178 (Bericht); ~ **erstatten**
E make/deliver a report
F faire un rapport
S redactar un informe, informar
R сделать доклад, доклады-
вать, отчитываться

179 Berichterstatter *m;* ~ **im Senat**
E recording judge in the cham-
ber
F rapporteur *m* de la chambre
S ponente *m* en consejo
R докладчык *m*/референт *m* в
сенате

180 berichtigen
E correct, rectify
F corriger, rectifier
S corregir, rectificar
R исправлять / исправить, поп-
равлять / поправить

181 Berichtigung *f*
E correction, amendment
F correction *f*, rectification *f*,
mise *f* au point
S corrección *f*, rectificación *f*
R исправление *n*, поправка *f*

182 (Berichtigung); ~ **eines Bescheids**
E rectification of a decision
F rectification d'une décision

S modificación *f* de una decisión
R корректировка *f* решения

183 (Berichtigung); ~ **eines Patents**
DDR → **Patentberichtigung**

184 (Berichtigung); ~ **von Schreib-
fehlern**
E correction of clerical errors
F correction des erreurs d'écri-
ture/de plume
S corrección de los errores de
escritura/de pluma
R исправление описок

185 Berichtigungsanzeige *f*
E notice of correction
F notification *f* de la correction
S notificación *f* de la correc-
ción
R уведомление *n* об исправ-
лении

186 Berichtigungsbescheinigung *f US*
auch **Korrektur-Bescheinigung**
E certificate of correction
F certificat *m* de correction
S certificado *m* de corrección
R удостоверение *n* об исправ-
лении

187 Berichtigungsbeschluß *m*
E decision concerning a correc-
tion
F décision *f* de rectification
S decisión *f* de rectificación
R решение *n* об исправлении

**188 Berner Übereinkunft über den
Schutz der Werke der Kunst
und der Werke der angewand-
ten Kunst**
E Berne Convention relating to
the protection of artistic works
and works of art applied to
industry
F Convention de Berne relative à
la protection des œuvres ar-

tistiques et des œuvres d'art appliqué à l'industrie

S Convenio de Berna por lo que
se refiere a la protección de
obras artísticas o de obras de
arte aplicadas a la industria

R Бернская конвенция по охране художественных произведений и произведений
прикладного искусства

189 Beruf *m*

E profession

F profession *f*

S profesión *f*

R профессия *f*

190 berufen

E appoint, qualify

F nommer, désigner

S nombrar, designar

R назначать/назначить

191 (berufen); sich auf etw. ~ *(z. B.*
einen Tatbestand)

E invoke s.th., refer to s.th.

F se/s'en rapporter à, invoquer
qc, se prévaloir de

S referirse a, invocar algo

R ссылаться на что-л.

192 (berufen); die Mitglieder des
Patentamts werden auf Lebens
zeit ~

E the members of the patent office shall be appointed for life

F les membres de l'office des
brevets sont nommés à vie

S los miembros de la oficina de
patentes son nombrados de
por vida

R члены патентного ведомства назначаются пожизненно

193 beruflich

E professional

F professionnel

S profesional

R профессиональный

194 (beruflich); ~ geläufige Überle
gung (des Erfinders)

E conception familiar *(to the in*
ventor) by his professional activity

F conception familière *(à l'in*
venteur) par son activité professionnelle

S concepción familiar *(al inven*
tor) por su actividad profesional

R соображение *(изобрета*
теля), основывающееся на
профессиональной практике

195 Berufsgeheimnis *n*

E professional secret

F secret *m* professionnel

S secreto *m* profesional

R профессиональная/служебная тайна *f*

196 Berufsvereinigung *f Ww*

E professional incorporation

F union *f* professionnelle

S unión *f* profesional

R профессиональное объединение *n*

197 Berufsvertretung *f Ww*

E official institutions representing the various industrial and
commercial branches

F institutions *f/pl* officielles représentant les diverses branches industrielles et commerciales

S instituciones *f/pl* oficiales que
representan las diversas ramas
industriales y comerciales

R профессиональное представительство *n*

198 Berufung *f (Rechtsmittel)*
E appeal
F appel *m*
S apelación *f*
R обжалование *n*, апелляция *f*

199 (Berufung) *(Ernennung)*
E appointment
F nomination *f*, désignation *f*
S nombramiento *m*, designación *f*
R назначение *n*

200 (Berufung) *(Bezugnahme)*
E reference
F référence *f*
S referencia *f*
R ссылка *f*

201 (Berufung); ~ gegen das Urteil
E appeal against *(GB)*/from *(US)* the judgement of the court
F appel contre le jugement du tribunal
S apelación contra el juicio
R обжалование *n*/апелляция *f* решения суда

202 (Berufung); ~ von Mitgliedern in das Patentamt
E appointment of members of the patent office
F nomination des membres de l'office des brevets
S nombramiento de los miembros de la oficina de patentes
R назначение членов Патентного ведомства

203 (Berufung); ~ von Richtern und Amtspersonen
E appointment of judges and officials
F désignation/nomination des juges et fonctionnaires
S designación/nombramiento de jueces y funcionarios
R назначение судей и должностных лиц

204 Berufungsanträge *m/pl*
E motions of appeal
F requêtes *f/pl* de l'appelant
S conclusiones *f/pl* de apelación, lo solicitado en la apelación
R ходатайство *n* об апелляции

205 Berufungsausschuß *m US, Pr*
E Board of Appeals
F Comité *m* d'appel
S Sala *f* de Apelación
R апелляционная инстанция *f*

206 (Berufungsausschuß); als Mitglied des Berufungsausschusses wirken *US, Pr*
E act as member of the Board of Appeals
F agir en qualité de membre du Comité d'appel
S obrar en calidad de miembro de la Sala de Apelación
R действовать как член апелляционной инстанцин

207 Berufungsbegründung *f*
E reasons of appeal
F motifs *m/pl* d'appel
S motivación *f*/fundamento *m* de apelación
R обоснование *n* апелляции

208 Berufungsbeklagte *m/f*
E appellee
F défendeur *m*
S apelado *m*, parte *f* apelada
R ответчик *m* по апелляции

209 berufungsfähig *(Urteil)*
E appealable
F appelable, susceptible d'appel
S apelable
R обжалуемый

210 Berufungsgericht *n*
E court of appeal/appeals
F tribunal *m*, cour *f* d'appel
S tribunal *m* de apelación
R апелляционный суд *m*

211 Berufungsgericht für Zoll- und Patentsachen → **Gerichtshof für Beschwerden in Zoll- und Patentsachen**

212 Berufungsinstanz *f;* **der neuen Entscheidung die rechtliche Beurteilung der ~ zugrunde legen**
E base the new decision upon judgement of the board of appeal
F fonder la nouvelle décision sur le jugement de l'instance d'appel
S basar la nueva decisión en el juicio de la instancia de apelación
R основывать новое решение на решении апелляционной инстанции

213 Berufungskläger *m*
E appellant
F appelant *m*
S apelante *m*
R апеллянт *m*, податель *m* апелляции

214 Berufungsschrift *f*
E notice of appeal
F acte *m* d'appel
S escrito *m* de apelación
R письменная апелляция *f*

215 Berufungsspruchstelle *f* *auch* **Beschwerdespruchstelle** → *auch im Anhang*
E board of appeals
F commission *f* d'appel
S comisión *f* de apelación
R комиссия *f* по апелляциям

216 Berufungsverfahren *n*
E procedure on appeal
F procédure *f* d'appel
S procedimiento *m* de apelación
R делопроизводство по апелляции

217 beruhen; der Beschluß beruht auf
E the decision is founded on
F la décision est fondée sur
S la decisión se basa en
R решение основывается на чём-л.

218 Berühmung *f;* **~ eines Patents** → **Patentberühmung**

219 berühren *(belangen)*
E affect, touch
F affecter, toucher
S afectar, tocar
R затрагивать/затронуть

220 (berühren); bekannte Lösungen, die geeignet sind, die Patentfähigkeit der Erfindung zu ~
E known solutions which may have a bearing on the patentability of the invention
F des résolutions connues qui sont susceptibles d'affecter la brevetabilité de l'invention
S resoluciones conocidas que son susceptibles de afectar la patentabilidad de una invención
R известные решения, которые могут влиять на патентоспособность изобретения

221 Beschaffenheit *f (stoffliche)*
E condition, nature
F condition *f*, qualité *f*
S condición *f*, calidad *f*
R свойство *n*, состояние *n*, качество *n*

222 (Beschaffenheit); Stoffe von gleicher ~
E substances of the same nature
F des substances de la même composition
S substancias de la misma composición
R вещества с одинаковыми свойствами

223 Beschaffungseinrichtung *f Ww;* **gemeinsame ~**
E common procurement/supplying institution
F institution *f* commune d'achats/de provision
S institución *f* común de compra/procuración
R общая снабженческая организация *f*

224 Beschäftigte *m/f* → **Angestellte**

225 Bescheid *m;* **abschlägiger ~**
E adverse decision
F décision *f* négative
S decisión *f* negativa
R отрицательное решение *n*, решение об отказе

226 bescheiden
E decide
F décider, se prononcer sur
S decidir
R выносить решение, решить

227 (bescheiden); *(ein Gesuch)* **abschlägig ~**
E refuse, give refusal *GB*, reject (petition) *US*
F refuser, répondre par un refus
S rehusar/rechazar (una petición)
R выносить отрицательное решение

228 Bescheidsempfänger *m*
E receiver of a decision

F celui qui reçoit la décision
S el que recibe la decisión
R получатель *m* решения

229 Bescheidstext *m*
E text/wording of the decision
F texte *m* de la décision
S texto *m* de la decisión
R текст *m* решения

230 bescheinigen
E certify
F certifier
S certificar
R заверять/заверить, удостоверять/удостоверить

231 (bescheinigen); als übereinstimmend bescheinigte Abschrift → übereinstimmend

232 Bescheinigung *f* → *auch* **Attest, Zeugnis**
E certificate
F certificat *m*
S certificado *m*
R удостоверение *n*, свидетельство *n*

233 Beschlagnahme *f*
E seizure
F saisie *f*
S embargo *m,* incautación *f,* secuestro *m*
R арест *m* имущества

234 (Beschlagnahme); ~ im Inland
E seizure within the country
F saisie à l'intérieur
S embargo en el interior
R арест внутри страны

235 (Beschlagnahme); vorsorgliche/ verwahrende ~
E seizure effected as a conservatory measure
F saisie opérée conservatoirement

S comiso *m* llevado a cabo como medida de conservación
R превентивный арест имущества

236 beschlagnahmen
E seize
F saisir
S embargar, incautarse, confiscar
R налагать арест

237 (beschlagnahmen); jedes widerrechtlich mit einem Warenzeichen versehene Erzeugnis ist zu ~
E all goods unlawfully bearing a trademark shall be seized
F tout produit portant illicitement une marque de fabrique sera saisi
S todo producto que lleve ilícitamente una marca de fábrica será embargado
R каждое изделие, незаконно снабжённое товарным знаком, подвергается аресту

238 Beschleunigung *f*; ~ des Prüfverfahrens
E acceleration of examination, advancement of examination in patent cases *US*
F accélération *f* de l'examen
S aceleración *f* del examen
R ускорение *n* экспертизы

239 Beschleunigungsgesuch *n* (im Prüfverfahren)
E petition for acceleration
F pétition *f* d'accélération
S demanda *f* de aceleración
R ходатайство *n* об ускорении

240 beschließen
E decide, order
F décider, ordonner
S decidir, acordar
R решать/решить, принимать решение

241 Beschluß *m*
E decision
F décision *f*
S decisión *f*, acuerdo *m*, auto *m*
R решение *n*, постановление *n*

242 (Beschluß) → (anfechtbar); ...

243 (Beschluß); der ~ wird auf Umstände gegründet, die...
E the judgement is based upon factors which...
F l'arrêt est basé sur des faits lesquels...
S la decisión está basada en circunstancias las cuales...
R решение основано на обстоятельствах, которые.

244 (Beschluß); einem ~ zustimmen
E accept a decision
F accepter une décision
S aceptar una decisión
R принимать решение

245 beschlußfähig
E competent to make decisions
F complet pour prendre des décisions
S competente para decidir
R имеющий кворум

246 (beschlußfähig); ~e Anzahl
E quorum
F quorum *m*
S quórum *m*
R кворум *m*

247 Beschlußfassung *f*
E rendering the decision, taking a decision
F décision *f*
S decisión *f*
R принятие *n* решения

248 beschlußunfähig; der Senat ist ~
E the chamber lacks a quorum
F la chambre est incomplète pour prendre une décision, la chambre n'atteint pas le quorum
S el consejo no tiene el quórum
R сенат не имеет кворума

249 beschränken
E limit, restrict
F limiter, restreindre
S limitar, restringir
R сокращать / сократить, ограничивать/ограничить

250 beschränkt → (Übertragung); …

251 Beschränkung *f*
E restriction, *Pr* limitation
F restriction *f*, *Pr* limitation *f*
S restricción *f*, *Pr* limitación *f*
R ограничение *n*, *Pr* сокращение *n*

252 (Beschränkung); ~ der Patentansprüche
E limitation/restriction of claims
F limitation des revendications
S limitación de las reivindicaciones
R ограничение формулы изобретения

253 (Beschränkung); der Vertrieb des patentierten Erzeugnisses ist ~en oder Begrenzungen unterworfen
E the sale of the patented product is subject to restrictions or limitations
F la vente du produit breveté est soumise à des restrictions ou limitations
S la venta del producto patentado está sometida a restricciones o limitaciones

R продажа запатентованного изделия подвергнута ограничениям или сокращениям

254 Beschränkungsverfahren *n Pr*
E limitation procedure
F procédure *f* de limitation
S procedimiento *m* de limitación
R ограничительная процедура *f*

255 Beschreibung *f*
E description, specification
F description *f; Pr* mémoire *m* descriptif
S descripción *f; Pr* memoria *f* descriptiva *S*
R описание *n*

256 (Beschreibung); eine ~ anfertigen
E draft a description
F rédiger une description
S redactar una descripción
R составлять описание

257 (Beschreibung); die ~ kürzen
E condense the specification
F abréger la description
S abreviar la descripción
R сокращать описание

258 Beschreibungseinleitung *f*
E introduction to the description/specification
F introduction *f* de la description
S introducción *f* de la descripción
R вводная часть *f* описания

259 Beschreibungsteil *m*
E part of description
F part *f* de la description
S parte *f* de la descripción
R часть *f* описания

260 (Beschreibungsteil); der geänderte ~ ist auf gesonderten Blättern vorzulegen

E the amended part of the description shall be rendered/ submitted on special sheets

F la part modifiée de la description doit être rendue à des feuilles spéciales

S la parte modificada de la descripción debe ser presentada en hojas especiales

R изменённая часть описания должна быть представлена на отдельных листах

261 beschuldigen

E accuse, charge

F accuser, inculper; imputer

S acusar, inculpar, imputar

R обвинять/обвинить

262 Beschuldigte *m/f* → **Angeschuldigte**

263 Beschwerde *f* → *auch* **Rechtsbeschwerde**

E appeal

F recours *m*

S recurso *m* (de reforma/reposición), queja *f*

R возражение *n;* жалоба *f*

264 (Beschwerde); anhängige ~ *EU*

E appeal in question

F recours en instance

S recurso en instancia

R рассматриваемое возражение

265 (Beschwerde); einer ~ **abhelfen**

E redress a grievance

F faire droit au grief, donner suite au recours

S remediar un agravio

R удовлетворять жалобу *(исправляя решение)*

266 (Beschwerde); ~ **erheben**

E lodge an appeal

F former un recours

S formular una queja

R подавать жалобу

267 (Beschwerde); ~ **führen**

E enter an appeal

F porter recours

S formular un recurso

R подавать жалобу

268 (Beschwerde); ~ **gegen den Beschluß der Prüfungsstellen und Patentabteilungen** *BRD*

E appeal against the decision of the Comptroller *GB;* appeal from the decision of the primary examiner *US*

F recours contre les décisions du directeur de l'Institut national de la propriété industrielle *F*

S recurso contra las resoluciones de la Sección de Patentes del Registro de la Propiedad Industrial *S*

R возражение на решение по вопросам о выдаче патента *SU*

269 (Beschwerde); die ~ **steht den am Verfahren Beteiligten zu**

E the appeal may be filed by the parties to the proceedings

F le recours est ouvert à chacune des parties ayant participé à la procédure

S el recurso puede ser presentado por cada una de las partes en el procedimiento

R жалоба может быть представлена каждой из сторон в процессе/процедуре

270 Beschwerdeabhilfe *f*

E redressing of a grievance on appeal

F acte *m* de donner suite à un recours

S remedio *m* de un agravio por medio de recurso
R удовлетворение *n* жалобы с исправлением решения

271 Beschwerdeabteilung *f Ö* → **Berufungsspruchstelle**

272 Beschwerdebegründung *f*
E statement of the grounds for appeal
F mémoire *m* complémentaire de recours
S fundamento *m* del recurso
R мотивировка *f* обжалования

273 beschwerdefähig;　~e Entscheidungen *EU*
E decisions subject to appeal
F décisions susceptibles de recours
S decisiones susceptibles de recurso
R оспоримые решения

274 Beschwerdefrist *f*
E period prescribed for appeals
F délai *m* de recours
S plazo *m* de interposición del recurso
R срок *m* обжалования

275 Beschwerdeführer *m*
E appellant
F réclamant *m*, demandeur *m* en recours
S recurrente *m*
R ·апеллянт *m*

276 Beschwerdegebühr *f*
E appeal fee
F taxe *f* de recours
S derecho *m* del recurso
R пошлина *f* при подаче жалобы

277 Beschwerdegericht *n*
E court of appeal, *Pr:* Patents Court *GB*

F cour *f* d'appel
S tribunal *m* competente para conocer del recurso
R апелляционный суд *m*

278 Beschwerdekammer *f;* **große ~** *EU*
E Enlarged Board of Appeal
F grande Chambre *f* de recours
S Sala *f* agrandada del recurso
R Большой сенат *m*/Большая коллегия *f* жалоб

279 Beschwerden in Zoll- und Patentsachen *US* → **(Gerichtshof); ...**

280 Beschwerdeschrift *f*
E notice of appeal
F acte *m* de recours
S escrito *m* de reposición
R письменная жалоба *f*

281 Beschwerdesenat *m*
E chamber of appeal
F chambre *f* de recours
S sala *f* del recurso
R сенат *m* жалоб (патентного суда)

282 Beschwerdespruchstelle *f DDR* → **Berufungsspruchstelle** → *auch im Anhang*

283 Beschwerdeverfahren *n*
E proceedings on appeal, procedure on appeal
F procédure *f* de recours
S procedimiento *m* de recurso
R процедура *f* обжалования

284 beseitigen *auch* **beheben**
E remove
F éliminer, aplanir
S eliminar, remover
R устранять/устранить

285 Besetzung *f;* **~ eines Senats**
E composition of a chamber
F composition *f* d'une chambre

S composición *f* de una sala
R состав *m* сената/суда

286 Besichtigung *f*
E inspection, survey
F inspection *f*, expertise *f*
S inspección *f*
R осмотр *m*

287 Besitz *m*
E possession
F possession *f*
S posesión *f*
R владение *n*

288 (Besitz); gemeinsamer ~
E common ownership
F possession commune
S posesión común
R совместное владение

289 (Besitz); persönlicher ~
E personal possession
F possession personnelle
S posesión personal
R личное владение

290 Besitzer *m*
E possessor, owner
F possesseur *m*
S poseedor *m*
R владелец *m*, обладатель *m*

291 (Besitzer); mittelbarer ~
E indirect owner
F possesseur indirect
S poseedor indirecto
R косвенный владелец

292 Besitzrecht *n*
E right of possession
F droit *m* de posséder
S derecho *m* a la posesión
R право *n* владения, право на владение

293 (Besitzrecht); persönliches ~
E right of personal possession
F droit de possession person-nelle

S derecho *m* a la posesión personal
R личное владение *n*, право личного владения

294 besondere → (Abmachung); ...
295 Besonderheiten *f/pl*
E special features
F particularités *f/pl*
S particularidades *f/pl*
R особенности *f/pl*

296 (Besonderheiten); ~ des Verfahrens vor dem Patentgericht
E special nature of the proceedings before the patent court
F particularités de la procédure devant le tribunal de brevets
S particularidades del procedimiento ante el tribunal de patentes
R особенности процедуры в патентном суде

297 besorgen; → (Öffentlichkeit); ...
298 Besorgnis *f;* **~ der Befangenheit**
E apprehension of partiality
F suspicion *f* de partialité
S temor *m* de que el recusado tenga interés en la causa
R опасение *n* пристрастности

299 Bestandteil *m Wr*
E element, component, part
F élément *m*, partie *f*
S elemento *m*, componente *m*, parte *f*
R элемент *m*, составная часть *f*

300 (Bestandteil); der wesentliche ~ der Marke
E the essential part of the mark
F la partie essentielle de la marque
S la parte esencial de la marca
R существенная составная часть знака

301 bestätigen *(einen Beschluß)*
E affirm
F confirmer
S afirmar
R утверждать/утвердить

302 Bestätigung *f;* ~ **des Empfangs**
E acknowledgment of receipt
F accusé *m* de réception
S acuse *m* de recibo
R подтверждение *n* получения

303 (Bestätigung); ~ **der Geschäftsordnung**
E confirmation of the regulations
F confirmation *f* du règlement
S confirmación *f* del reglamento
R подтверждение регламента

304 Bestehen *n;* ~ **einer Rechtslage**
E existence of a legal status
F existence *f* d'une condition juridique
S existencia *f* de una condición jurídica
R существование *n*/наличие *n* правового статуса

305 bestehen bleiben; die ursprünglichen Unterlagen bleiben unverändert bestehen
E the initial papers shall remain unaltered
F les pièces initiales sont maintenues en l'état
S la documentación inicial es mantenida en el estado sin cambiar
R первичные материалы остаются без изменения

306 (bestehen bleiben); ohne, daß Rechte bestehen geblieben sind
E without any rights outstanding
F sans laisser subsister de droits
S sin dejar subsistir derechos
R без сохранения прав; при условии, что не продолжают существовать какие-либо права

307 Bestellung *f;* ~ **eines Vertreters**
E designation of an agent
F constitution *f* d'un mandataire
S constitución *f* de un mandatario
R назначение *n* поверенного

308 bestimmen → **(Frist);** ...

309 bestimmt; eine ~**e Marke**
E a given trademark
F une marque déterminée
S una marca determinada
R определённый товарный знак

310 Bestimmung *f (Anordnung, Maßregel)*
E provision, disposition
F disposition *f*
S disposición *f*
R положение *n*

311 (Bestimmung) *(Ziel, Zweck)*
E destination
F destination *f*
S destinación *f*
R назначение *n*

312 (Bestimmung); ~ **der Erzeugnisse**
E intended purpose of the goods, destination of goods
F destination des produits
S destinación de los productos
R назначение изделий

313 (Bestimmung); gesetzliche ~**en**
E legal provisions
F dispositions légales
S disposiciones legales
R законоположения, правовые положения

314 (Bestimmung); die vorhergehen-
den/vorstehenden ~en
E the above mentioned pro-
visions
F les dispositions qui précèdent
S las disposiciones que preceden
R вышеуказанные положения

315 (Bestimmung); ~en für die Anmeldung von Patenten
E Provisions for Applications for
Letters Patent *GB*
F Arrêté relatif aux modalités de
dépôt des demandes de brevet *F*
S Disposiciones sobre las formalidades detalladas de las solicitudes de patentes
R Положение о заявках на
патенты

316 Bestimmungen für das patentrechtliche Verfahren *US* → *auch*
(Verfahren); ... in Patentsachen
E Rules of Practice in Patent
Cases
F Règlement *m* relatif aux
procédures concernant les
brevets, Règles *f/pl* de Pratiques
S Reglamento *m* del procedimiento en las cosas de
patentes
R Правила процедуры по патентным делам

317 Bestimmungsamt *n PCT*
E designated Office
F Office désigné
S Oficina designada
R указанное ведомство

318 bestreiten *(Behauptungen)*
E contest, deny, dispute
F contester
S disputar, negar, impugnar
R оспаривать/оспорить, от-
рицать

319 (bestreiten) *(Kosten)*; ...
E bear, defray, cover
F suffir, fournir à la dépense
S sufragar, costear
R покрывать/покрыть, оплачи-
вать/оплатить

320 (bestreiten); wenn der Anmelder die
Benutzung des Zeichens
bestreitet
E if the applicant contests the use
of the trademark
F si le déposant conteste l'utilisation de la marque
S si el depositante niega la utilización de la marca
R если заявитель отрицает использование товарного
знака

321 (bestreiten); die Zahl der Klassen ist
bestritten worden
E the number of classes has been
disputed
F le nombre des classes a été
contesté
S el número de las clases fue
disputado
R число классов оспорено

322 beteiligen; sich ~
E participate in, be interested in,
take part in
F participer, être intéressé
S participar, ser interesado
R участвовать

323 beteiligt; die ~e Behörde *Pr*
E the Administration concerned
F l'Administration *f* intéressée, le
service/pouvoir *m* intéressé
S la Administración interesada
R заинтересованная Администрация; заинтересован-
ное административное уч-
реждение

324 Beteiligte *m/f auch* **beteiligte Partei**
E interested party
F partie *f* intéressée, intéressé *m*, intéressée *f*
S parte *f* interesada, interesado *m*
R участник *m*, заинтересованное лицо *n*, заинтересованная сторона *f*

325 (Beteiligte); der Antrag kann gegen mehrere ~ gerichtet werden
E the request may be directed against more than one interested party
F la requête peut être dirigée contre plusieurs intéressés
S la demanda puede ser dirigida contra varios interesados
R ходатайство может быть направлено против нескольких заинтересованных лиц

326 Beteiligung *f* → (Maßgabe); ...

327 betrachten; der Anmelder betrachtet als seine Erfindung:
E the applicant considers as his invention:
F le demandeur considère comme son invention:
S el solicitante considera como su invención:
R заявитель рассматривает как своё изобретение:

328 Betrag *m (Höhe der Gebühr)*
E amount
F montant *m*
S monta *f*
R сумма *f*

329 (Betrag); gestundeter ~
E deferred sum
F montant *m* sursis
S atraso *m*, suma *f* atrasada
R отсроченный платёж *m*

330 betrauen; *(jmdn)* **mit der Wahrnehmung von Geschäften ~**
E charge/entrust with the handling of matters
F charger de/confier la direction des affaires
S encargar de llevar/confiar los asuntos
R доверять вести дела

331 betreffen
E concern, relate to
F concerner
S concernir, referirse
R касаться/коснуться, относиться

332 (betreffen); die Bestimmung betrifft die öffentliche Ordnung
E the provision relates to public order
F la disposition concerne l'ordre public
S la disposición se refiere al orden público
R постановление касается публичного порядка

333 betreffend; die ~e Organisation
E the organization concerned
F l'organisation *f* en cause, l'organisation intéressée
S la organización *f* de que se trate, la organización interesada
R данная организация *f*

334 Betreiben *n;* **auf ~ der Zollbehörde**
E at the instance of the customs authorities
F à la diligence de l'Administration des douanes
S por la diligencia de la Administración de Aduanas
R по запросу администрации таможни

335 Betrieb *m (techn. Anlage, Werk)*
E works *pl*, factory, plant
F usine *f*
S fábrica *f*
R завод *m*, фабрика *f*

336 (Betrieb) *(Unternehmen)*
E enterprise, establishment
F entreprise, *f* établissement *m*
S empresa, *f*, establecimiento *m*
R предприятие *n*, учреждение *n*

337 (Betrieb); ~ von Fahrzeugen
E operation of vehicles
F fonctionnement *m* des engins de locomotion
S funcionamiento *m* de los aparatos de locomoción
R эксплуатация транспортных средств

338 betrieblich → **(Kenntnis); …**

339 Betriebserfindung *f*
E works invention
F invention *f* de l'usine
S invención *f* de la empresa
R заводское изобретение *n*, изобретение *n* предприятия

340 betriebsgeheim → **(Erfindung); …**

341 Betriebsgeheimnis *n*
E works/business secret
F secret *m* d'usine
S secreto *m* de producción
R производственный секрет *m*

342 Betriebsgewerkschaftsleitung *f*
DDR → **Betriebsrat**

343 Betriebsrat *m*
E works council
F conseil *m* d'entreprise
S jurado *m* de empresa
R заводской совет *m*, заводской комитет *m*, заводской комитет профсоюза *SU*

344 betriebsreif
E ready for working
F prêt à être exploité
S listo para ser explotado
R готовый к эксплуатации

345 Betriebsstätte *f Ww*
E plant, establishment
F établissement *m*
S establecimiento *m*
R предприятие *n*, завод *m*, цех *m*

346 Betriebsvereinbarung *f*
E works agreement
F stipulations *f/pl* d'usine
S arreglo *m* de empresa
R коллективный договор *m* предприятия

347 Betriebszugehörigkeit *f*
E membership of works' staff
F appartenance *f* à l'équipe d'usine
S pertenencia *f* al equipo de fábrica
R принадлежность *n* к коллективу предприятия

348 betroffen → *auch* **betreffen**

349 (betroffen); der ~e Bereich der Technik
E the branch of technology considered
F le secteur considéré de la technique
S el sector considerado de la técnica
R принятая во внимание отрасль техники

350 Betroffene *m/f*
E person affected/interested
F personne *f* intéressée
S interesado *m*, persona *f* interesada
R заинтересованное лицо *n*

351 betrügerisch → (Absicht); ...

352 beurkunden → *auch* **bescheinigen, beglaubigen**
E authenticate, verify
F confirmer (par des documents), vérifier, établir l'autenticité de
S confirmar, verificar, comprobar
R подтверждать/подтвердить, доказывать/доказать

353 Beurteilung *f* → *auch* **Bewertung**
E judgement, judgment
F jugement *m*, appréciation *f*
S juicio *m*, apreciación *f*
R суждение *n*, определение *n*, оценка *f*

354 (Beurteilung); ~ der Patentfähigkeit
E determination of patentability
F jugement de la brevetabilité
S juicio de la patentabilidad
R определение патентоспособности

355 (Beurteilung); rechtliche ~
E legal judgement
F argument *m* juridique, appréciation juridique
S apreciación legal
R правовая оценка

356 Bevollmächtigte *m/f (diplomatische ~)*
E plenipotentiary
F plénipotentiaire *m*
S plenipotenciario *m*
R полномочный представитель *m*

357 (Bevollmächtigte) *(einer Partei)* → *auch* **Prozeßbevollmächtigte**
E (authorized) representative
F mandataire *m*, fondé *m* de pouvoir
S mandatario *m*
R поверенный *m*

358 (Bevollmächtigte) → **Vertreter**

359 bevor
E prior to, before
F avant (que)
S antes (de)
R до, перед, раньше

360 Bevorzugung *f Ww*
E preference
F préférence *f*
S preferencia *f*
R предпочтение *n*, преимущество *n*

361 Beweggrund *m*
E motive, inducement
F motif *m*
S motivo *m*, móvil *m*
R мотив *m*, побудительная причина *f*

362 Beweis *m*
E proof, evidence
F preuve *f*
S prueba *f*
R доказательство *n*, доказывание *n*

363 (Beweis); aktenmäßiger ~
E documentary proof
F preuve documentaire
S prueba documental
R доказывание документами; документальное доказательство

364 (Beweis); indirekte ~e → *auch* **Indizienbeweis**
E indirect evidence
F preuves indirectes
S pruebas indirectas
R косвенные доказательства

365 (Beweis); ~ erbringen
E furnish proof
F fournir la preuve

S presentar/producir la prueba
R представлять/представить, предъявлять/предъявить доказательство

366 (Beweis); ~ erheben
E take evidence
F administrer les preuves
S ejecutar/hacer la prueba
R приводить доказательства

367 (Beweis); ~ führen
E bring/produce evidence
F donner une preuve, fournir la preuve
S demostrar, presentar pruebas
R доказывать, приводить доказательства

368 Beweisantrag *m*
E offer of proof
F proposition *f* de preuve/de prouver
S proposición *f* de una prueba
R ходатайство *n* о предъявлении доказательств

369 Beweisaufnahme *f* → *auch* (**bei-wohnen**); ...
E procuring evidence
F administration *f* des preuves
S examen *m*/práctica *f* de pruebas
R процесс *m* доказывания; судебное следствие *n*

370 Beweisdokument *n*
E document in proof
F document *m* justificatif, pièce *f* à l'appui
S documento *m* justificativo, justificante *m*
R оправдательный документ *m*

371 Beweisergebnis *n*
E results of evidence
F preuve *f*

S prueba *f*, resultado *m* de la prueba
R результат *m* доказывания

372 Beweisfrage *f*
E question of evidence
F point *m* de preuve
S cuestión *f* que debe ser demostrada
R вопрос *m*, требующий доказательств

373 Beweisführung *f*
E demonstration
F démonstration *f*, production *f* des preuves
S producción *f* de pruebas
R представление *n* доказательств, доказывание *n*

374 Beweisgrund *m*
E argument
F argument *m*, raison *f* (probante)
S argumento *m*
R аргумент *m*

375 Beweislast *f*
E burden of proof
F charge *f* de faire la preuve, charge de preuve
S incumbencia *f* de la prueba, carga *f* de pruebas/de la prueba
R бремя *n* доказывания

376 (Beweislast); jmdm die ~ aufbürden
E put the burden of proof on s.o.
F imposer la charge de preuve à qn
S imputar el cargo de la prueba a alguien
R возлагать бремя доказывания на кого-л.

377 Beweismittel *n*
E means of proof, evidence

F preuve *f*, moyen *m* de preuve
S medio *m* de prueba
R средство *n* доказывания

378 (Beweismittel); augenscheinliches ~
E ocular proof
F preuve visuelle
S prueba *f* ocular
R видимое/зримое доказательство *n*

379 Beweisstück *n* → **Beweisunterlage**

380 Beweistermin *m* → **Termin**

381 (Beweistermin) *(Verhandlung)*
E hearing of evidence
F audience/procédure *f* de l'administration des preuves
S audiencia/vista *f* de la prueba
R заседание суда для проверки доказательств

382 Beweisunterlage *f*
E exhibit
F pièce *f* justificative
S documento *m* justificativo
R оправдательный документ *m*

383 Beweisverhandlung *f*
E proceedings relating to the taking of evidence
F procédure *f* d'administration de preuves
S debates *m/pl*/sesión *f* para la producción de pruebas
R разбирательство *n* по рассмотрению доказательств

384 Bewertung *f* → *auch* **Beurteilung**
E appraisal, estimation, evaluation
F appréciation *f*, estimation *f*, évaluation *f*
S apreciación *f*, estimación *f*, valoración *f*
R оценка *f*

385 Bewertungsgrundlage *f*
E foundation of estimation
F fondement *m* de l'estimation/d'appréciation
S fundamento *m* para la estimación
R основа *f* оценки

386 bewirken; die Zustellung gilt als bewirkt
E the service is deemed to have been effected
F la remise est réputée d'avoir eu lieu
S la entrega se considera como efectuada
R вручение считается произведённым

387 (bewirken); die Hinterlegung einer Anmeldung ~
E effect the filing of an application
F opérer le dépôt d'une demande
S efectuar el depósito de una solicitud
R подавать заявку

388 bezahlen; weitere Exemplare sind besonders zu ~
E further copies shall be paid for separately
F les exemplaires supplémentaires seront payés à part
S los ejemplares suplementarios serán pagados aparte
R дополнительные экземпляры оплачиваются особо

389 bezeichnen
E designate, mark, denote, indicate, specify
F désigner, marquer, noter, indiquer

S designar, marcar, notar, indicar
R обозначать/обозначить, отмечать/отметить

390 (bezeichnen); die in Artikel 1 bezeichneten Handlungen
E acts referred to in article 1
F actes *m/pl* prévus par l'article 1
S actos *m/pl* previstos por el artículo 1
R действия *n/pl*, предусмотренные в статье 1

391 bezeichnend
E characteristic, typical
F caractéristique, significatif, typique
S característico, significativo
R характерный, типичный

392 Bezeichnung *f* *(Anführung, Angabe)*
E designation, indication, specification
F désignation *f*, indication *f*, spécification *f*
S designación *f*, indicación *f*
R обозначение *n*

393 (Bezeichnung) *(Benennung)*
E title
F titre *m*, dénomination *f*
S título *m*, denominación *f*
R заглавие *n*, название *n*

394 (Bezeichnung); ~ der Art der Erzeugnisse
E designation of the kind of goods
F désignation de l'espèce des produits
S designación de la especie de los productos
R обозначение вида изделий

395 (Bezeichnung); ~ der Beweisfragen
E especification of the questions of evidence
F indication des points de preuve
S indicación de las cuestiones que deben ser demostradas
R указание *n* вопросов, требующих доказательств

396 (Bezeichnung); ~ der Einzelteile eines Geräts
E denotation of the components of a device
F dénotation *f* des éléments d'un outillage
S denotación *f* de los elementos de un aparato
R название элементов/составных частей прибора

397 (Bezeichnung); ~ der Erfindung
E title indicating the subject to which the invention relates *GB;* title of the invention *US*
F titre de l'invention
S título de la invención
R название изобретения

398 (Bezeichnung); kurze ~ der Erfindung
E brief description of the invention
F brève désignation de l'invention
S breve designación de la invención
R краткое название/описание изобретения

399 (Bezeichnung); ~ der internationalen zwischenstaatlichen Organisationen
E titles of international intergovernmental organizations
F dénominations des organisations internationales intergouvernementales

S denominaciones de organizaciones internacionales intergubernamentales
R названия международных межгосударственных/межправительственных организаций

400 (Bezeichnung); ~ von Waren
E indication of goods
F désignation des produits
S indicación de los productos
R обозначение товаров

401 (Bezeichnung); die ~ ist nicht geeignet, ...zu...
E the indication is not of a nature as to...
F l'indication n'est pas de nature à
S la indicación no es de naturaleza tal como para...
R обозначение не направлено на то, чтобы...

402 (Bezeichnung); eine ~ führen
E bear a denotation
F porter un signe
S portar/llevar una denotación
R носить обозначение

403 bezeugen
E attest, bear witness to, testify
·F attester, témoigner
S atestar, atestiguar
R свидетельствовать/засвидетельствовать, удостоверять/удостоверить

404 bezichtigen → beschuldigen

405 Bezirksfriedensrichter m US
E marshal of district
F officier m/juge m de paix de district
S juez m de paz del distrito
R районный/окружной мировой судья m

406 Bezirksgericht n (zweite Instanz i.d. DDR) → auch im Anhang
E district court
F (als erste Instanz) tribunal m de grande instance, (als zweite Instanz) cour f d'appel
S tribunal m/corte f (LA) de distrito
R окружной суд m

407 (Bezirksgericht); ~ der Vereinigten Staaten für den Bezirk Columbia
E United States District Court for the District of Columbia
F Cour de District des États Unis pour le district Columbia
S Corte de Distrito de los Estados Unidos para el distrito de Columbia
R Суд федерального округа Колумбии (США)

408 (Bezirksgericht) (erste Instanz, i. Ö) → **Amtsgericht**

409 Bezug m → auch **Bezugnahme**
E reference
F référence f
S referencia f
R ссылка f

410 (Bezug) (Anschaffung)
E supply
F acquisition f
S adquisición f, compra f
R закупка f

411 (Bezug); der ~ von Waren
E supply of goods
F acquisition des marchandises
S adquisición/compra de las mercancías
R закупка товаров

412 Bezugnahme f
E reference
F référence f

S referencia *f*
R ссылка *f*

413 (Bezugnahme); allgemeine ~ auf
E general reference to
F renvoi *m* général à
S referencia general a
R генеральная ссылка на

414 Bezugsquelle *f* Ww
E source of supply
F source *f*, provenance *f*
S casa *f* proveedora
R источник *m* снабжения

415 Bezugssymbol *n*
E reference character
F caractère *m* de référence
S indicación *f* de referencia
R ссылка *f*

416 Bildzeichen *n*
E figurative mark
F marque *f* figurative
S gráfica *f*, marca *f* figurativa
R изобразительный *(товарный)* знак *m*

417 billig → Ermessen

418 Billigkeit *f* (Gerechtigkeit)
E equity
F équité *f*
S equidad *f*
R справедливость *f*

419 (Billigkeit); es entspricht der ~
E it is equitable
F c'est équitable
S es equitativo
R по справедливости

420 bindend
E binding
F obligatoire
S obligatorio
R обязательный

421 (bindend); die Entscheidung ist für das Gericht ~
E the decision shall be binding upon the court
F la décision lie le tribunal
S la decisión obliga el tribunal
R решение обязательно для суда

422 BIRPI → Vereinigte Internationale Büros zum Schutze des geistigen Eigentums

423 Blatt *n* (Zeitschrift)
E journal
F feuille *f*, périodique *m*, journal *m*
S hoja *f*
R бюллетень *m*, журнал *m*

424 (Blatt) (Bogen, Seite)
E page, leaf
F feuillet *m*, feuille *f*
S página *f*
R лист *m*, страница *f*

425 (Blatt); amtliches ~ → auch Amtsblatt
E official journal
F feuille officielle, bulletin *m*/journal officiel
S hoja oficial
R официальный бюллетень

426 (Blatt); jedes ~ der Beschreibung
E any page of the description
F tout feuillet de description
S cada página de la descripción
R каждая страница описания

427 (Blatt); regelmäßig erscheinendes amtliches ~
E official periodical journal
F feuille périodique officielle, périodique officiel
S hoja oficial periódica
R официальный периодический бюллетень/журнал

428 Blatt für Patent-, Muster- und Zeichenwesen BRD

E Journal for the Patent, Design and Trademark System
F Journal du régime des brevets, dessins et marques
S Boletín del sistema de patentes, dibujos y marcas
R Журнал по делам патентов, промышленных образцов и товарных знаков

429 bösgläubig *adv*
E in bad faith, mala fide
F de mauvaise foi
S de mala fe
R недобросовестно

430 Bösgläubigkeit *f*
E bad faith
F mauvaise foi *f*
S mala fe *f*
R недобросовестность *f*

431 böswillig; jmdm gegenüber ~ → *auch* **bösglaubig**
E malevolent (towards s.o.)
F malveillant (pour/contre/avec/ envers qn)
S malévolo/malintencionado (hacia/para/con alguien)
R злонамеренный (к чему-л.)

432 (böswillig); ~ handeln
E to act with malice
F agir méchamment, agir avec malveillance
S obrar con maldad
R действовать злонамеренно

433 Brauch *m*
E custom, usage
F usage *m*, coutume *f*
S uso *m*, costumbre *f*
R обычай *m*

434 (Brauch); nach ~ und Sitte *Ww*
E according to custom and morals
F selon l'usage et les bonnes mœurs
S según el uso y la moral
R по нравам и обычаю

435 (Brauch); es ist geschäftlicher ~ *Ww*
E it is usual in trade
F c'est en usage dans le commerce
S es usual en el ejercicio del comercio
R общепринятый в коммерческой деятельности

436 Brauchbarkeit *f* → *auch* **Nützlichkeit**
E usefulness
F utilité *f*
S utilidad *f*
R пригодность *f*

437 (Brauchbarkeit); ~ von Waren
E suitability of goods for their purpose
F aptitude *f* à l'emploi des marchandises
S aptitud *f* en el empleo de las mercancías
R пригодность *f* товаров к применению

438 Brief → (Annahme); ...

439 Buch *n;* **Bücher führen**
E keep books
F tenir des livres
S llevar los libros/las cuentas
R вести бухгалтерию, вести книги

440 Buchstabe *m*
E letter
F lettre *f*
S letra *f*
R буква *f*

441 (Buchstabe); die Bestimmungen unter dem ~n a)
E the provisions of subparagraph a)

F les dispositions figurant sous la lettre a)
S las disposiciones que figuran en la letra a)
R положения, приведённые в пункте a)

442 (Buchstabe); das Zeichen besteht ausschließlich aus ~n, die kein aussprechbares Wort bilden
E the mark consists of single letters only, forming no pronounceable word
F la marque se compose exclusivement de lettres lesquelles ne constituent pas un mot prononçable
S la marca consiste ·exclusivamente en letras que no constituyen una palabra pronunciable
R знак состоит исключительно из букв, не образующих произносимое слово

443 Bundesanzeiger *m BRD*
E Federal Gazette
F Bulletin *m* Fédéral
S Boletín *m* Federal
R федеральный бюллетень *m*

444 Bundesarbeitsminister *m* → **(Bundesminister); ...**

445 Bundesbehörde *f*
E federal authority
F autorité *f* fédérale
S autoridad *f* federal
R федеральное ведомство/административное учреждение *n*, федеральный орган *m*

446 (Bundesbehörde); oberste ~
E highest federal authority
F autorité fédérale supérieure/suprême
S autoridad federal suprema

R высшее федеральное административное учреждение, высший федеральный орган

447 Bundesgebührenordnung *f;* **~ für Rechtsanwälte**
E Federal Fee Ordinance for Attorneys at Law
F Ordonnance *f* fédérale sur les honoraires d'avocats
S Ordenanza *f* federal sobre los honorarios de abogados
R федеральное положение *n* об адвокатских гонорарах

448 Bundesgericht *n*
E federal court
F tribunal *m* fédéral
S tribunal *m* federal
R федеральный суд *m*

449 (Bundesgericht); selbständiges und unabhängiges ~
E autonomous and independent federal court
F tribunal fédéral autonome et indépendant
S tribunal federal autónomo e independiente
R самостоятельный и независимый федеральный суд

450 Bundesgerichtshof *m BRD* → *auch im Anhang*
E Federal Court of Justice
F Cour *f* fédérale de justice
S Tribunal *m* Supremo Federal
R Верховный суд *m* ФРГ

451 Bundesgesetzblatt *n BRD, Ö*
E Law Gazette
F Bulletin *m* des lois
S Boletín *m* oficial del Estado
R Вестник *m* федеральных законов

452 Bundesjustizminister → **(Bundesminister); ...**

453 Bundeskanzler *m*
E Chancellor, Federal Chancellar
F Chancelier *m* fédéral
S Canciller *m* federal
R федеральный канцлер *m*

454 Bundeskartellamt *n BRD*
E Federal Cartel Office
F Office *m* fédéral de cartel
S Oficina *f* Federal de los Carteles
R федеральное картельное ведомство *n*

455 Bundeskasse *f*
E Federal Treasury
F budget *m* fédéral, Trésor *m* fédéral
S Tesoro *m* Federal
R федеральный бюджет *m*

456 Bundesminister *m*
E federal minister
F ministre *m* fédéral
S ministro *m* federal
R федеральный министр *m*

457 (Bundesminister); ~ für Arbeit *auch* **Bundesarbeitsminister**
E Federal Minister of Labour
F ministre fédéral du travail
S Ministro Federal de Trabajo
R федеральный министр труда

458 (Bundesminister); ~ für Justiz *auch* **Bundesjustizminister**
E Federal Minister of Justice
F ministre fédéral de la justice
S Ministro Federal de Justicia
R федеральный министр юстиции

459 (Bundesminister); ~ für Wirtschaft *auch* **Bundeswirtschaftsminister**
E Federal Minister of Economy
F ministre fédéral de l'économie

S Ministro Federal de Economia
R федеральный министр экономики

460 Bundespatentgericht *n BRD* → *auch im Anhang*
E Federal Patent Court
F Tribunal *m* fédéral des brevets
S Tribunal *m* Federal de Patentes
R федеральный патентный суд *m*

461 Bundesrat *m (Körperschaft)*
E Federal Government *CH,* federal council
F Conseil *m* Fédéral
S Consejo *m* Federal
R федеральный совет *m*, бундесрат *m*

462 (Bundesrat) *(Person)*
E federal councillor
F conseiller *m* fédéral
S consejero *m* federal
R федеральный советник *m*

463 Bundesrecht *n*
E federal law
F droit *m* fédéral
S derecho *m* federal
R федеральное право *n*

464 Bundesregierung *f*
E Federal Government
F gouvernement *m* fédéral
S gobierno *m* federal
R федеральное правительство

465 Bundesrepublik *f*
E federal republic
F république *f* fédérale
S república *f* federal
R федеративная республика *f*

466 Bundesrepublik Deutschland (BRD)
E Federal Republic of Germany (FRG)

F République Fédérale d' Alle-
magne (R.F.A.)
S República Federal de Ale-
mania (R.F.A.)
R Федеративная Республика
Германии (ФРГ)

467 Bundessortenamt *n*
E Federal Office for Plant
Varieties
F Office *m* fédéral des obtentions
végétales
S Registro *m* Federal de Varie-
dades Vegetales
R Федеральное ведомство *n* по
охране новых сортов рас-
тений

468 Bundesstaat *m*
E federal state
F État *m* fédéral
S Estado *m* federal
R федеративное государство *n*

469 Bundesverwaltungsgericht *n BRD*
E Federal Administrative Court
F Cour *f* administrative fédérale
S Tribunal *m* Federal Adminis-
trativo
R федеральный администра-
тивный суд *m*

470 Bundeswirtschaftsminister *m* →
(Bundesminister); ...

471 Bürge *m*
E surety; guarantor; bailor
F garant *m*, garante *f*
S fiador *m*, garante *m*
R поручитель *m*, гарант *m*

472 Bürgerliches Gesetzbuch (BGB) *n*
E civil code
F code *m* civil
S código *m* civil
R гражданский кодекс *m* (ГК)

473 Bürgschaft *f*
E security, surety, *(Haftkau-
tion)* bail
F caution *f*, cautionnement *m*,
garantie *f*
S fianza *f*, garantía *f*
R поручительство *n*, гарантия
f

474 Büro *n* → **Internationales Büro**

475 Buße *f*
E punitive damages, fine
F amende-réparation *f*
S multa *f*
R штраф *m*

**476 (Buße); an den Geschädigten zu
erlegende** ~
E damages payable to the injured
F amende-réparation payable à
la partie lésée
S multa a pagar al damnificado
R полагающийся потерпев-
шему штраф

477 Bußgeldbescheid *m*
E decision awarding punitive
damages
F décision *f* sur l'allocation
d'une amende-réparation
S decisión *f* sobre la imposición
de una multa
R решение *n* о наложении
штрафа

478 Bußgeldverfahren *n*
E punitive damage procedure
F procédure *f* sur l'amende-
-réparation
S procedimiento *m* de la imposi-
ción de una multa
R процедура *f* наложения
штрафа

C

1 Charakter *m*
E character
F caractère *m*
S carácter *m*
R характер *m*

2 charakterisieren
E characterize
F caractériser
S caracterizar
R характеризовать

D

1 darlegen
E set forth, explain
F expliquer
S explicar
R излагать/изложить

2 (darlegen); die beste Ausführungsart der Erfindung ~
E set forth the best mode of carrying out the invention
F expliquer le meilleur mode d'exécuter l'invention
S explicar el mejor modo de ejecutar la invención
R излагать оптимальный способ исполнения изобретения

3 Darlegung *f*
E explanation, statement
F explication *f*
S explicación *f*
R изложение *n*

4 (Darlegung); unter ~ der Gründe
E stating the grounds of s.th.
F expliquant les arguments
S explicando los motivos
R излагая мотивы чего-л.

5 darstellen
E represent, describe, show, constitue
F représenter, décrire, constituer
S (re)presentar, describir, constituir
R представлять/представить, составлять/составить

6 (darstellen); anschaulich ~
E describe clearly
F décrire d'une manière expressive
S describir de una manera expresiva
R наглядно представлять

7 (darstellen); im einzelnen ~
E specify
F spécifier
S especificar, explicar detalladamente
R подробно/детально излагать

8 (darstellen); in der Zeichnung ~
E show in/by drawing, represent in figure
F représenter dans le dessin
S demostrar en el dibujo
R показывать на рисунке

9 (darstellen); die Umstände ~
E represent the circumstances
F représenter les circonstances
S representar las circunstancias
R излагать обстоятельства

10 **(darstellen); es stellt eine Nachahmung dar**
E it constitutes an imitation
F cela constitue une imitation
S esto constituye una imitación
R это представляет собой имитацию/подражание

11 **Darstellung** *f*
E description, representation, statement
F description *f*, présentation *f*, représentation *f*, exposé *m*
S descripción *f*, representación *f*, declaración *f*
R изображение *n*, изложение *n*

12 **(Darstellung); ~ eines Warenzeichens**
E description of a trademark
F description d'une marque
S descripción de una marca
R изображение товарного знака

13 **dartun; ein Interesse ~**
E prove an interest
F faire valoir un intérêt
S probar un interés
R доказывать свои интересы

14 **Daten** *n/pl*
E data *pl*
F données *f/pl*
S datos *m/pl*
R данные, сведения *n/pl*

15 **Datenverarbeitung** *f*
E data processing
F gestion *f*/traitement *m* des données
S proceso *m* de datos, tratamiento *m* de las informaciones
R обработка *f* данных

16 **Datum** *n*
E date
F date *f*
S fecha *f*
R дата *f*, календарное число *n*

17 **Datumsangabe** *f*
E statement of the date
F indication *f* de la date
S indicación *f* de la fecha
R указание *n* даты

18 **Dauer** *f; ~ eines Patents*
E duration of a patent
F durée *f* d'un brevet
S duración *f* de una patente
R срок *m* действия патента

19 **decken** *(Kosten)*
E cover
F couvrir
S cubrir
R покрывать/покрыть

20 **Delegierte** *m/f*
E delegate
F délégué *m*, déléguée *f*
S delegado *m*, delegada *f*
R делегат *m*

21 **Delikt** *n*
E delict
F délit *m*
S delito *m*
R правонарушение *n*

22 **Departmentsarchiv** *n F*
E record office of the department
F archives *f/pl* départementales
S archivo *m* departamental
R архив *m* департамента

23 **deponieren → hinterlegen**

24 **deuten**
E interpret
F interpréter
S interpretar
R толковать

25 **(deuten); den Schutzumfang ~**
E interpret the scope of protection

F interpréter l'étendue de la protection
S interpretar la extensión de la protección
R толковать объём охраны

26 Deutsche Demokratische Republik (DDR)
E German Democratic Republic (GDR)
F République *f* Démocratique Allemande (R.D.A)
S República *f* Democrática Alemana (R.D.A.)
R Германская Демократическая Республика *f* (ГДР)

27 Deutsches Patentamt *n BRD* → **Patentamt**

28 Deutsches Reichspatent *n* → **Reichspatent**

29 Deutung *f*
E interpretation
F interprétation *f*
S interpretación *f*
R толкование *n*

30 Dienst *m auch* **Dienstverhältnis**
E service, employment
F service *m*, emploi *m*
S servicio *m*, empleo *m*
R служба *f*, работа *f*

31 (Dienst); gehobener ~ *BRD*
E higher intermediate status/grades of the civil service
F rang *m* moyen élevé de l'administration
S rango/carácter *m* mediano elevado de la Administración
R государственная административная должность повышенного ранга

32 (Dienst); mittlerer ~ *BRD*
E lower intermediate status/grades of the civil service

F rang moyen de l'administration
S rango/carácter mediano de la Administración
R государственная административная должность среднего ранга

33 (Dienst); öffentlicher ~
E civil service
F service public, administration *f*
S función *f* pública, servicio público
R публичная (т. е.: государственная, городская и т. п.) служба

34 (Dienst); einen ~ **leisten**
E render service
F rendre service
S prestar un servicio (a)
R оказать услугу

35 Dienstalter *n*
E length of service *(seniority)*
F ancienneté *f*
S antigüedad *f* en el servicio
R *(служебный)* стаж

36 Dienstaufsicht *f*
E official supervision
F surveillance *f* officielle
S vigilancia *f* oficial
R официальный надзор *m*

37 Diensterfindung *f auch* **Arbeitnehmererfindung**
E employee's invention
F invention *f* d'employé, invention *f* faite dans le cadre de la mission de l'employé
S invención *f* del empleado, invención de servicio *Arg*
R служебное изобретение *n*

38 (Diensterfindung); frei gewordene ~

E employee's invention released by the employer, employee's invention which has become free

F invention d'employé abandonnée par l'employeur, ancienne invention d'employé qui est devenue libre

S invención del empleado abandonada por el empleador

R свободное служебное изобретение; служебное изобретение, ставшее свободным

39 Dienstherr *m* *('Arbeitgeber)*

E employer

F employeur *m*

S patrón *m*, patrono *m*

R шеф *m*

40 Dienstleistungsmarke *f*

E service mark

F marque *f* de service

S marca *f* de servicio

R знак *m* обслуживания

41 Dienststelle *f;* **~n des Europäischen Patentamts** *EU*

E Sub-offices of the European Patent Office

F Agences *f/pl* de l'Office européen des brevets

S Agencias *f/pl* de la Oficina europea de patentes

R Агентства *n/pl* «Европейского» патентного ведомства

42 Dienstverhältnis *n* → **Dienst**

43 (Dienstverhältnis) *auch* **~se** *n/pl*

E service conditions/relations

F relations *f/pl* de service

S relaciones *f/pl* de servicio

R служебные/трудовые отношения *n/pl*

44 diesbezüglich; ein ~er Antrag

E a request to that effect

F une demande à cet effet

S petición *f* que se dirige a esto efecto

R относящийся конкретно к чему-либо иск

45 Diligenz *f* → **Sorgfalt**

46 dinglich → **(Recht);** ...

47 diplomatisch; auf ~em Wege

E through diplomatic channels

F par voie diplomatique

S por vía diplomática

R по дипломатическим каналам, дипломатическим путём

48 Diplomatische Konferenz *f*

E Diplomatic Conference

F conférence *f* diplomatique

S conferencia *f* diplomática

R дипломатическая конференция *f*

49 Diplomatische Revisionskonferenz *f*

E Diplomatic Conference of Revision

F conférence diplomatique de révision

S conferencia diplomática de revisión

R Дипломатическая конференция по пересмотру

50 Direktor *m;* **~ des Internationalen Büros**

E Director of the International Bureau

F directeur *m* du Bureau international

S director *m* de la Oficina Internacional

R директор *m* Международного бюро

51 (Direktor); ~ eines Patentprüf-Fachbereichs *US*
E director; *ä:* supervisory examiner
F directeur d'un secteur du corps de l'examen de brevets
S director de un ramo del cuerpo de búsqueda de patente
R директор отраслевой патентной службы

52 diskriminierend
E discriminating
F discriminant, discriminatoire
S discriminatorio, de discriminación
R дискриминационный

53 (diskriminierend); ~es Verhalten
E discriminating conduct
F conduite *f* discriminante
S conducta *f* discriminatoria
R дискриминационное поведение *n*

54 Disziplinargewalt *f EU*
E disciplinary authority
F pouvoir *m* disciplinaire
S poder *m* disciplinario
R дисциплинарная власть *f*

55 Dokument *n*
E document
F document *m*
S documento *m*
R документ *m*

56 dokumentarisch
E documentary
F documentaire
S documental
R документальный

57 (dokumentarisch); zu ~en Zwecken
E for documentary purposes
F à des fins documentaires
S con fines de documentación
R для целей документалистики, для документации

58 Dokumentationsgutachten *n F*
E documentary report
F avis *m* documentaire
S aviso *m*/informe *m* documental
R документальное заключение *n*

59 Dokumentationsnachsuchung *f*
E documentary search
F recherche *f* documentaire
S búsqueda *f* documental
R поиск *m* документов

60 Doppel *n*
E duplicate
F double *m*
S duplicado *m*
R дубликат *m*

61 Doppelpatentierung *f*
E double-patenting
F acte *m* de breveter en double
S acto *m* de patentar en doble
R двойное патентование *n*

62 Doppelstück *n*
E duplicate
F duplicata *m*
S duplicado *m*, doble *m*
R дубликат *m*, дублет *m*

63 doppelt → (Ausfertigung); ...

64 Doppelumschlag *m*
E double envelope
F enveloppe *f* double
S sobre *m* doble
R двойной конверт *m*

65 (Doppelumschlag); ~ mit Kontrollnummer
E double envelope having a control number
F enveloppe double avec numéro de contrôle

S sobre doble con número de control
R двойной конверт с контрольным номером

66 dreifach → (**Ausfertigung**); ...

67 dringend
E urgent; *adv* urgently
F urgent; *adv* urgemment
S urgente; *adv* urgentemente
R срочный; *adv* срочно

68 Dringlichkeitsantrag *m*
E petition for early dispatch/for urgency
F déclaration *f* d'urgence
S moción *f* de urgencia
R ходатайство *n* о срочности

69 Dringlichkeitsverfahren *n*
E proceedings for urgency
F procédure *f* d'urgence
S procedimiento *m* de urgencia
R процедура *f* срочности

70 Dritte *m/f auch* **dritte Partei**
E third party, third parties
F tiers *m*, tierce personne *f*
S tercero *m*, terceros *pl*, tercera parte *f*
R третье лицо *n*, третья сторона *f*

71 (Dritte) → (**Recht**); ...

72 Drohung *f*
E threat, menace
F menace *f*
S amenaza *f*
R угроза *f*

73 (Drohung); ~ mit gerichtlicher Anzeige
E threat of denunciation
F menace de dénonciation
S amenaza de denunciación
R угроза сообщения в суд

74 Druck *m* (*Buchdruck*) → *auch* **Auflage**
E printing, print
F impression *f*
S impresión *f*
R печатание *n*, печать *f*

75 (Druck); unerlaubten ~ auf jmdn anwenden
E bring illicit pressure on s.o.
F exercer de la pression illicite sur qn
S ejercer presión ilícita sobre uno
R оказывать недопустимое давление на кого-л.

76 drucken lassen
E cause to be printed, print, have printed
F faire imprimer
S hacer imprimir
R печатать/отпечатать

77 Druckexemplar *n* Pr
E manuscript of the specification ready for print
F description *f* prête à imprimer
S memoria *f* descriptiva para la imprenta
R печатный экземпляр *m*

78 druckfähig
E printable
F imprimable
S imprimible
R пригодный для печатания

79 Druckfehler *m*
E printer's/printing error, misprint
F faute *f* d'impression/typographique
S errata *f*, error *m* de imprenta
R опечатка *f*

80 druckfertig
E ready for print
F prêt pour l'impression
S listo para la imprenta
R готовый к печати

81 Druckkostengebühr *f EU auch*
Druckkostenbeitrag *m*
E fee for the printing
F taxe *f* d'impression
S tasa *f* de imprenta
R плата *f* за печатание

82 Druckschrift *f*
E printed publication
F publication *f* imprimée, imprimé *m*
S impreso *m*, publicación *f* impresa
R печатное издание *n*, публикация *f*

83 (Druckschrift); amtliche ~
E official publication
F publication officielle
S publicación oficial
R официальная публикация

84 (Druckschrift); öffentliche ~
E printed publication made available to the public
F imprimé acquis de publicité
S impreso accesible al público
R печатная публикация, доступная неопределённому кругу лиц

85 Druckschriftenhinweis *m*
E notification referring to publication
F notification *f* relative à des imprimés
S notificación *f* relativa a impresos
R сообщение *n* о публикациях

86 Druckschriftenliste *f*
E list of publications
F liste *f* des publications imprimées
S lista *f* de las publicaciones impresas
R список *m* публикаций

87 druckschriftlich
E printed
F imprimé
S impreso
R печатный

88 (druckschriftlich); ~e Vorveröffentlichung
E prior printed publication
F publication *f* imprimée antérieure
S publicación *f* impresa con anterioridad
R ранее изданная печатная публикация *f*

89 Druckstock *m*
E printing block
F cliché *m*
S clisé *m*
R клише *n*

90 Druckunterlagen *pl*
E papers to be printed, papers ready for print
F pièces *f/pl* à imprimer/à être imprimées
S piezas *f/pl* listas para la imprenta
R печатная документация *f*

91 Druckzeile *f*
E line of print, printed line
F ligne *f* à imprimer, ligne d'impression/imprimée
S línea *f* de imprenta
R печатная строка *f*

92 (Druckzeile); die Höhe des Beitrags richtet sich nach der Zahl der ~n
E the amount of the contribution depends on the number of printed lines
F le montant de la taxe dépend du nombre des lignes à imprimer

S el monto de la contribución depende del número de las líneas de imprenta
R размер взноса зависит от числа печатных строк

93 Duplikat *n* → **Doppel**

94 Durchfuhr *f*
E transit
F transit *m*
S tránsito *m*
R транзит *m*

95 Durchführung *f* → **Ausführung**

96 (Durchführung); ~ **der Recherche**
E accomplishment of a search
F accomplissement *m* de la recherche
S ejecución *f* de la búsqueda
R проведение *n* поиска

97 Durchführungsbestimmungen *f/pl* → **Ausführungsbestimmungen**

98 Durchschlag *m*
E copy, carbon-copy
F copie *f*
S copia *f* al carbón
R копия *f*

99 Durchschlagskraft *f;* ~ **der Beweisgründe**
E conclusive force of the arguments
F force *f* suggestive/persuasive des arguments
S fuerza *f* persuasiva de los argumentos
R убедительность *f* доводов

100 Durchschnittsfachmann *m*
E person having ordinary skill in the art, average/ordinary skilled person
F homme *m* du métier
S experto *m* en la materia, técnico *m* adocenado
R средний специалист *m*

101 durchsetzen; das Zeichen hat sich als Kennzeichen der Waren des Anmelders durchgesetzt
E the trademark has established itself in trade as the distinguishing sign for the applicant's goods
F la marque s'est imposée dans le commerce en tant que marque distinctive des produits du déposant
S la marca ha sido conocida en el comercio como indicación distintiva de los productos del depositante
R знак добился известности различительным знаком для товаров заявителя

102 Durchsicht *f;* ~ **von Urkunden**
E reading/inspection of documents
F inspection *f*/examen *m*/vue *f* des documents
S inspección *f*/examen *m* de los documentos
R просмотр *m*/изучение *n* документов

E

1 echt
E genuine, authentic, original
F véritable, authentique, original
S verdadero, auténtico, original
R реальный, действительный

2 (echt); ~e Kombination
E real combination
F combinaison *f* réelle
S combinación *f* real
R действительное сочетание *n*

3 Eid *m*
E oath
F serment *m*
S juramento *m*
R присяга *f*, клятва *f*

4 (Eid); einen ~ ablegen
E take an oath
F prêter un serment
S prestar un juramento
R приносить присягу

5 (Eid); jmdm den ~ abnehmen
E administer an oath to s.o.
F faire prêter serment à qn
S tomar el juramento a alguien
R принимать присягу у кого-л.

6 eidesstattlich; ~e Erklärung
E declaration in lieu of an oath, statutory declaration; *(schriftlich)* affidavit
F déclaration *f* formelle sans prestation de serment
S declaración *f* en lugar del juramento
R заявление *n*, данное вместо присяги

7 eidlich; ~e Zeugenaussage → *auch* (Zeugenaussage); . . .
E deposition
F déposition *f* affirmée par serment
S deposición *f* bajo juramento
R показание *n* под присягой

8 Eifer *m* → Sorgfalt

9 eigenhändig
E autograph
F autographe
S autógrafo
R собственноручный

10 (eigenhändig); ~ geschriebene Urkunde *f*
E holograph
F document *m* chirographaire
S documento *m* firmado por su propia mano
R собственноручно написанный документ *n*

11 (eigenhändig); ~e Unterschrift *f*
E autograph signature

F chirographe *m*, signature *f*
  autographe
S firma *f* autógrafa
R собственноручная подпись *f*
12 (eigenhändig) → **(Zustellung);** . . .
13 Eigenheit *f*; ~ **der Erfindung**
E peculiarity of the invention
F particularité *f* de l'invention
S particularidad *f* de la inven-
  ción
R особенность *f* изобретения
14 eigenmächtig
E arbitrary; *adv* arbitrarily
F arbitraire; *adv* d'autorité
S arbitrario;   *adv*   arbitraria-
  mente
R самовластный;   *adv*   само-
  властно
15 Eigennutz *m*
E self-interest
F intérêt *m* personnel
S interés *m* personal
R личные интересы *m/pl*, соб-
  ственная выгода *f*
16 Eigenschaft *f*; **wesentliche** **~en**
E material qualities *pl*
F qualités *f/pl* substantielles
S cualidades *f/pl* substanciales
R существенные свойства *n/pl*
17 Eigentum *n*
E property
F propriété *f*
S propiedad *f*, posesión *f*
R собственность *f*
18 (Eigentum); geistiges **~**
E intellectual property
F propriété intellectuelle
S propiedad intelectual
R интеллектуальная собствен-
  ность
19 (Eigentum); gewerbliches **~**
E industrial property

F propriété industrielle
S propiedad industrial
R промышленная   собствен-
  ность
20 Eigentümer *m* → *auch* **Inhaber**
E proprietor, owner, holder
F propriétaire *m*, possesseur *m*,
  titulaire *m*
S propietario *m*, derechohabien-
  te *m*, dueño *m*
R собственник *m*, владелец *m*
21 eigentümlich
E peculiar
F particulier
S particular
R своеобразный, оригинальный
22 Eilgesuch *n* → **Dringlichkeits-**
  antrag
23 einbeziehen → **(Richtlinien);** . . .
24 einbringen; Klage **~**
E bring an action
F déposer une action
S aportar una acción, entablar
  una acción *Arg*
R возбуждать   иск,   предъ-
  являть иск
25 Einbringung *f*; ~ **eines Erzeugnis-**
  ses in eine Ausstellung
E introduction of a product into
  an exhibition
F introduction *f* d'un produit
  dans une exposition
S introducción *f* de un producto
  en una exposición
R помещение *n* изделия   на
  выставку, демонстрация *f*
  изделия на выставке
26 Einbuße *f*
E damage, loss
F dommage *m*, perte *f*
S pérdida *f*, daño *m*
R утрата *f*, потеря *f*, лишение *n*

27 (Einbuße); ~ eines Rechts
E forfeiture of a right
F perte d'un droit
S pérdida de un derecho
R потеря/утеря *f* права

28 Eindruck *m*
E impression
F impression *f*
S impresión *f*
R впечатление *n*

29 (Eindruck); beim Publikum den ~ hervorrufen, daß
E suggest to the public that
F suggérer dans l'esprit du public que
S sugerir en el espíritu de público que
R создавать в обществе такое впечатленние, что

30 einfach
E simple; single
F simple; unique
S simple; singular
R единственный, простой

31 (einfach) → (Übersetzung); ...

32 Einfall *m;* **erfinderischer ~**
E inventive idea, inventive device
F idée *f* inventive
S idea *f* inventiva
R изобретательский замысел *m*

33 (Einfall); genialer ~
E flash of genius
F saillie *f* géniale
S idea genial
R гениальный замысел *m;* искра *f* вдохновения

34 (Einfall); nachträglicher ~
E afterthought
F idée ultérieure
S idea ulterior

R последующая идея, дополнительная идея

35 einfordern
E demand
F réclamer
S reclamar
R требовать/потребовать

36 (einfordern); eine Gebühr ~
E demand a fee
F réclamer le paiement d'une taxe
S reclamar el pago de una cuota
R требовать уплаты пошлины

37 einfügen
E insert
F insérer
S insertar
R вставлять / вставить, вносить / внести

38 (einfügen); Bezugssymbole in den Beschreibungstext ~
E insert reference characters into the text of the specification
F insérer des caractères de référence dans la description
S insertar indicaciones de referencia en el texto de la descripción
R давать в тексте описания ссылки

39 Einfuhr *f*
E importation; introduction
F introduction *f*, entrée *f*, rentrée *f*, importation *f*
S introducción *f*, entrada *f*, importación *f*
R ввоз *m*, импорт *m*

40 Einfuhrartikel *m*
E imports *pl*, article of importation
F articles *m/pl* d'importation
S artículos *m/pl* de importación

R ввозные / импортные изделия *n/pl*

41 einführen; Prüfzeichen ~
E introduce official signs
F adopter des signes officiels de
contrôle
S adoptar signos oficiales de
control
R вводить применение контрольных клейм и знаков

**42 (einführen); Warenzeichen auf
dem Markt ~**
E introduce a trademark in the
market
F introduire une marque dans le
marché
S introducir una marca en el
mercado
R вводить товарный знак на
рынок

43 Einfuhrland *n*
E country of importation
F pays *m* d'importation
S país *m* de importación
R импортирующая страна *f*

44 Einfuhrpatent *n* → **Einführungspatent**

45 Einführungsgesetz *n*
E introductory act
F loi *f* d'introduction
S ley *f* de introducción
R закон *m* о введении в действие

46 Einführungspatent *n*
E patent of importation
F brevet *m* d'importation
S patente *f* de importación
R ввозной патент *m*

47 Einfuhrverbot *n*
E prohibition of importation
F prohibition *f* d'importation

S prohibición *f* de importación
R запрещение *n* ввоза

48 Einfuhrzoll *m*
E import duty
F douane *f* d'entrée
S derechos *m/pl* de importación/
entrada
R ввозная пошлина *f*

49 Eingabe *f*
E petition, document filed
F pétition *f*, demande *f* par écrit,
demande *f*
S petición *f*, demanda *f*, solicitud
f, presentación *f LA*
R заявление *n*, ходатайство *n*,
письменное обращение *n*

50 Eingang *m;* **nach ~ der Erklärung**
E after/on receipt of the declaration
F après la réception de la
déclaration
S después del recibo / de la entrada / de la declaración
R по получении заявления

51 Eingangsbescheinigung *f→auch*
Empfangsbescheinigung
E certificate of receipt
F certificat *m* de réception
S certificado *m* del recibo
R свидетельство *n* / справка *f* о
получении

52 Eingangsstelle *f EU*
E Receiving Section
F section *f* de dépôt
S sección *f* de depósito
R отдел *m* подачи

53 Eingangszeitpunkt *m*
E date of arrival
F date *f* d'arrivée
S fecha *f* de la llegada/entrada
R дата *f* поступления

54 Eingebung *f;* **erfinderische ~**
E inventive inspiration
F inspiration *f* inventive
S inspiración *f* inventiva
R изобретательское вдохновение *n*

55 eingehen; das Gesuch ist eingegangen
E the application has been received
F la demande a été reçue
S la petición ha sido recibida
R заявка получена

56 (eingehen); auf Einzelheiten ~
E enter into details
F entrer dans les détails
S entrar en detalles
R входить в подробности

57 (eingehen) → **Verpflichtungen**

58 eingenommen; der Zeuge ist gegen uns ~
E the witness is biassed/prejudiced against us
F le témoin est prévenu contre nous
S el testigo tiene prevenciones contra nosotros
R свидетель имеет предубеждение против нас

59 eingeschrieben; durch ~en Brief
E by registered mail
F par envoi recommandé
S en carta certificada
R заказным письмом

60 eingestehen
E avow
F avouer
S confesar, reconocer
R признавать/признать

61 eingetragen → **eintragen**

62 Eingetragene *m/f;* **der als Patentinhaber ~**
E the person recorded as patentee
F la personne inscrite comme titulaire du brevet; celui qui est inscrit en qualité de titulaire du brevet
S la persona inscrita en el registro como titular de la patente
R лицо *n,* внесённое в реестр в качестве патентообладателя

63 eingreifen
E infringe, encroach
F porter atteinte, empiéter
S infringir, violar, usurpar
R нарушать / нарушить, узурпировать

64 (eingreifen); das *(später angemeldete)* **Patent greift in ein früheres Schutzrecht ein**
E the patent *(applied for later)* infringes a prior protective right
F le brevet *(dont la demande a été déposée postérieurement)* porte atteinte à un droit protectif antérieur
S la patente *(solicitada posteriormente)* produce un ataque al derecho anterior de protección
R *(позднее заявленный)* патент нарушает более раннее охранное право

65 Eingriff *m*
E infringement, encroachment
F atteinte *f,* contrefaçon *f*
S ataque *m,* usurpación *f,* falsificación *f,* abuso *m LA*
R нарушение *n,* узурпация *f*

66 (Eingriff); ~ in die Rechte des Patentinhabers → *auch* **Patentverletzung**

E infringement of the rights of the patentee
F atteinte aux droits du breveté
S ataque a los derechos del titular/poseedor de la patente
R нарушение прав патентообладателя

67 einheimisch; ~e Zeitschriften
E domestic periodicals
F périodiques *m/pl* domestiques/ nationaux
S revistas *f/pl* nacionales/del país
R отечественные журналы *m/pl*

68 Einheit *f (der Erfindung)* → **Einheitlichkeit**

69 (Einheit) *(einer europäischen Patentanmeldung)* **EU**
E unity *(uniformity)*
F unicité *f*
S unidad *f (uniformidad)*
R единообразие *n*

70 (Einheit) *(Maßeinheit)*
E unit
F unité *f*
S unidad *f*
R единица *f*

71 einheitlich
E unitary, uniform
F unitaire
S unitario, unido, unificado
R единый, единообразный, унитарный

72 (einheitlich); ~e Patente *n/pl* **EU**
E unitary patents
F brevets unitaires
S patentes unitarias
R унитарные патенты

73 Einheitlichkeit *f* → *auch* **Erfindungseinheit**
E unity

F unité *f*
S unidad *f*
R единство *n*

74 einholen
E seek, obtain
F demander, prendre
S pedir, solicitar
R добывать / добыть, просить

75 (einholen) → **(Zustimmung);** ...

76 Einigung *f*
E settlement
F accord *m*
S acuerdo *m*, arreglo *m*
R соглашение *n*

77 (Einigung); gütliche ~
E amicable arrangement/settlement
F accord/accommodement *m* à l'amiable
S acuerdo amigable
R мировое соглашение, мировая сделка *f*

78 Einigungsstelle *f*
E board of settlement
F conseil *m* d'accommodement
S comisión *f* de conciliación
R согласительная комиссия

79 Einigungsvorschlag *m*
E proposal for/suggestion of settlement
F proposition *f* pour passer/ trouver un accommodement
S propuesta *f* de acuerdo
R предложение *n* о соглашении

80 einkommen
E apply for
F demander
S solicitar
R ходатайствовать / походатайствовать

81 (einkommen) → **(Stundung);** ...

82 Einladung *f*
E invitation
F convocation *f*
S convocación *f,* convocatoria *f,* invitación *f*
R приглашение *n,* допущение *n,* созыв *m*

83 Einlage *f (Beilage)*
E enclosure, inclosure, supplement
F lettre/pièce *f* incluse, annexe *f*
S inclusa *f*
R приложение *n*

84 einlegen; eine Beschwerde ~ → *auch* (Beschwerde); ...
E file an appeal
F déposer un recours
S interponer recurso de reposición
R подавать жалобу

85 Einlegung *f; ~* **des Rechtsmittels**
E lodging of legal remedy
F introduction *f* du recours
S interposición *f* de un recurso
R использование *n* правового средства, подача жалобы

86 einleiten; Rechtsmittel ~
E commence legal remedy
F interjeter appel
S iniciar un recurso
R использовать правовое средство, подавать жалобу

87 Einleitung *f (Eröffnung)*
E commencement
F commencement *m*
S comienzo *m,* presentación *f*
R возбуждение *n*

88 (Einleitung) *(Einführung)*
E introduction
F introduction *f*
S introducción *f*
R введение *n*

89 (Einleitung); ~ des Verfahrens
E commencement of the procedure
F commencement de la procédure
S comienzo del procedimiento
R возбуждение процесса

90 Einnahme *f*
E receipts *pl*
F recettes *f/pl*
S ingresos *m/pl*
R поступления *n/pl*

91 (Einnahme); die verschiedenen ~n aus der internationalen Registrierung
E the various receipts for international registration
F les diverses recettes de l'enregistrement international
S los diferentes ingresos del registro internacional
R различные поступления за международную регистрацию

92 Einnahmenüberschuß *m*
E excess of receipts
F excédent *m* de recettes
S excedente *m* de ingresos
R излишек *m* поступлений

93 einordnen; Waren in entsprechende Klassen ~
E classify goods in the appropriate classes
F classer des produits dans les classes correspondantes
S clasificar los productos en las clases correspondientes
R классифицировать изделия по соответствующим классам

94 Einordnung *f →* **Klassifizierung**

95 (Einordnung); die vom Hinterleger angegebene ~
E the classification indicated by the applicant
F le classement *m* indiqué par le déposant
S la clasificación *f* indicada por el depositante
R сделанное заявителем классифицирование *n*

96 einräumen; die im Absatz 1 eingeräumte Befugnis
E the power given by paragraph (1)
F la faculté donnée par l'alinéa (1)
S la facultad conferida por el párrafo 1
R возможность, предусмотренная в абзаце 1

97 (einräumen); wenn ein ausländischer Staat gleiche Vorrechte einräumt
E if a foreign country affords similar privileges
F si un pays étranger concède des privilèges similaires
S si un país extranjero concede privilegios semejantes
R если зарубежное государство предоставляет такие-же преимущества

98 Einräumung *f*; ~ eines Rechts
E grant of a right
F concession *f* d'un droit
S concesión *f* de un derecho
R предоставление *n* права

99 Einreichung *f*; ~ der Anmeldung
E filing of the application
F dépôt *m* de la demande
S depósito *m* de la solicitud
R подача *f* заявки

100 Einrichtung *f* (Institution)
E institution, organization
F institution *f*, organisation *f*
S institución *f*, organización *f*
R учреждение *n*, организация *f*

101 (Einrichtung) (Technik)
E device, equipment
F installation *f*, équipement *m*
S instalación *f*
R устройство *n*, оборудование *n*

102 (Einrichtung); ~ des Patentamtes
E organization / establishment of the patent office
F organisation de l'office des brevets
S organización de la oficina de patentes
R организация патентного ведомства

103 (Einrichtung); ~ der Rolle für die Warenzeichen
E establishment of the trademark register
F tenue *f* du registre des marques
S establecimiento *m* del registro de marcas
R организация реестра товарных знаков

104 einschlagen; ein geheimes Muster in seine Hülle wieder ~
E reincorporate a secret design in the envelope
F réincorporer un dessin secret dans l'enveloppe
S reincorporar un dibujo secreto al sobre
R вновь запечатывать секретный образец

105 einschlägig
E pertinent, relative, relevant
F relatif à, correspondant

S relativo a, pertinente
R касающийся чего-л., относящийся к чему-л.

106 (einschlägig); der ~e Stand der Technik → *auch* (Stand); ...
E the prior art as pertinent to the subject
F l'état correspondant de la technique
S el estado correspondiente de la técnica
R соответствующий уровень техники

107 einschließen
E include, comprise
F inclure, renfermer
S incluir, comprender
R включать/включить

108 einschließlich; ~ des Ursprungslandes
E including the country of origin
F le pays d'origine y compris
S comprendiéndose en ello el país de origen
R включая страну происхождения

109 einschränken → *auch* beschränken
E restrict, reduce
F restreindre, réduire
S restringir, reducir
R ограничивать / ограничить, сокращать / сократить

110 (einschränken); das Verzeichnis der Waren ~
E reduce the list of goods
F réduire la liste des produits
S reducir la lista de productos
R сокращать перечень товаров

111 Einschränkung *f*
E restriction, reduction
F restriction *f*, réduction *f*
S restricción *f*, reducción *f*
R ограничение *n*, сокращение *n*

112 (Einschränkung); ohne jede ~
E in an unrestricted sense, without reservation
F d'une façon absolue, sans aucune restriction
S sin cualquier restricción
R без любого ограничения

113 einschreiben; → eingeschrieben

114 einschreiten
E interfere, interpose
F intervenir, s'interposer, faire des démarches
S intervenir, proceder, tomar medidas
R вмешиваться/вмешаться

115 (einschreiten); gegen jmdn wegen Eingriff ~
E proceed against an infringer
F procéder contre qn. en contrefaçon
S proceder contra uno a causa de una violación de derechos
R возбуждать дело против кого-л. вследствие нарушения прав

116 (einschreiten); gegen einen Mißbrauch ~
E take measures against an abuse
F faire des démarches / prendre des mesures contre un abus
S tomar medidas contra un abuso
R принимать меры против злоупотребления

117 einsehen *(Einsicht nehmen)*
E inspect
F consulter
S examinar, consultar
R просматривать/просмотреть

118 einseitig
E unilateral
F unilatéral
S unilateral
R односторонний

119 (einseitig) → **(Verfahren);** ...,
    (Vertrag); ...

120 Einsicht *f;* ~ **in die Akten**
E inspection of the files
F prendre connaissance des dossiers, vue *f* des dossiers
S inspección *f* / examen *m* de los documentos
R ознакомление *n* с материалами дела

121 Einsprechende *m/f auch* **Einsprucherhebende**
E opponent
F opposant *m*, opposante *f*
S oponente *m*, opositor *m*
R лицо *n*, подающее / подавшее возражение

122 Einspruch *m*
E opposition
F opposition *f*
S oposición *f*
R возражение *n*

123 (Einspruch); ~ **erheben**
E lodge/enter opposition
F former opposition
S formar / presentar una oposición
R подавать возражение

124 Einsprucherhebende *m/f* → **Einsprechende**

125 Einspruchsergänzung *f*
E completion of the opposition, supplementary argument in support of the opposition
F complément *m* de l'opposition
S complemento *m* de la oposición
R дополнение *n* к возражению

126 Einspruchserwiderung *f*
E counter-argument / rejoinder to an opposition
F réplique *f* à l'opposition ﹚
S réplica *f* a la oposición
R заявление *n* против возражения

127 Einspruchsfrist *f*
E opposition period
F délai *m* d'opposition
S plazo *m* de oposición
R срок *m* подачи возражения

128 Einspruchsgebühr *f*
E opposition fee
F taxe *f* d'opposition
S tasa *f* de oposición
R пошлина *f* за подачу возражения

129 Einspruchspartei *f*
E opponent, party in opposition
F opposant *m*
S oponente *m*, opositor *m*
R сторона *f*, подавшая возражение

130 Einspruchsschrift *f*
E opposition document
F acte *f* d'opposition
S escrito *m* de oposición
R заявлвние *n* о возражении

131 Einspruchsverfahren *n*
E opposition procedure
F procédure *f* d'opposition
S procedimiento *m* de oposición
R делопроизводство *n* по возражению

132 einstellen; das Verfahren ~ →
    auch **(aussetzen)**
E quash/stay the proceedings
F arrêter la procédure
S sobreseer el procedimiento
R прекращать процедуру/ процесс

133 einstimmig
 E unanimous; *adv* unanimously
 F unanime; *adv* unanimement
 S unánime; *adv* por unanimidad
 R единодушный; *adv* единодушю

134 Einstimmigkeit *f*
 E unanimity
 F unanimité *f*
 S unanimidad *f*
 R единодушие *n*

135 einstweilen
 E provisionally
 F provisoirement
 S provisionalmente
 R временно

136 einstweilig → *auch* **vorläufig, zeitweilig**
 E provisional, interim, ad interim
 F provisionnel, prosoire, intérimaire
 S provisional
 R временный

137 (einstweilig); die Wirkung des ~en Schutzes
 E the effects of the provisional protection
 F l'effet *m* de la protection provisoire
 S efecto *m* de la protección provisional
 R действие *n* временной охраны

138 (einstweilig); → **(Verfügung)...**

139 eintragen
 E register
 F enregistrer
 S registrar
 R регистрировать / зарегистрировать

140 Eintragung *f*
 E registration
 F enregistrement *m*
 S registro *m*
 R регистрация *f*

141 (Eintragung); ältere ~ *auch* **ältere Registrierung** *Wr*
 E previous registration
 F enregistrement antérieur
 S registro anterior
 R предшествующая / более ранняя регистрация

142 (Eintragung); beschleunigte ~ eines Warenzeichens
 E prompt registration of a trademark
 F enregistrement accéléré d'une marque
 S registro acelerado de una marca
 R ускоренная регистрация товарного знака

143 Eintragungsantrag *m*
 E petition / application for registration
 F demande *f* en/d'enregistrement
 S solicitud *f* de registro
 R ходатайство *n* о регистрации

144 eintragungsfähig
 E apt for registration
 F apte à être enregistré
 S apto a registro
 R способный быть зарегистрированным, регистрируемый

145 Eintragungsgebühr *f*
 E registration fee
 F taxe *f* d'enregistrement
 S tasa *f* de registro
 R регистрационная пошлина *f*

146 Eintragungshindernis *n*
 E obstacle to registration

F obstacle *m* à l'enregistrement
S obstáculo *m* al registro
R препятствие *n* к регистрации

147 eintreten → (Wirkung); ...

148 Einvernahme *f CH, Ö* → **(Vernehmung); ...**

149 Einvernehmen *n*
E understanding, agreement
F accord *m*, entente *f*
S acuerdo *m*, conformidad *f*
R соглашение *n*, договорён-
ность *f*

**150 (Einvernehmen); im ~ mit der
nationalen Behörde** *Pr*
E in association with the Na-
tional Administration
F en liaison avec l'Adminis-
tration nationale
S de acuerdo con la Adminis-
tración nacional
R совместно с национальной
Администрацией

151 Einverständnis *n* → **Einvernehmen**

**152 (Einverständnis); es besteht ~
darüber, daß**
E it is understood that
F il est entendu que, il est con-
venu que
S queda entendido que, se entiende que
R существует договорённость
в отношении того, что

153 Einwand *m* → **Einwendung**

154 (Einwand); einen ~ verwerfen
E overrule an objection
F repousser une objection
S rehusar una objeción
R отклонять возражение

155 einwandfrei
E unobjectionable, incontest-
able
F irrécusable, irréprochable

S irrecusable, irreprochable
R безупречный, безукоризненный

156 Einwendbarkeit *f;* **die ~ der zi-
tierten Vorveröffentlichungen
diskutieren→** *auch* **Vorveröffentlichung**
E discuss the pertinence of the
prior art cited
F discuter l'opposabilité des
antériorités citées
S discutir la pertinencia de las
anterioridades citadas
R оспаривать порочащее действие цитированных публи-
каций

157 Einwendung *f*
E objection; comment
F objection *f;* observation *f*
S objeción *f;* observación *f*
R возражение *n*, замечание *n*

**158 (Einwendung); ~en bezüglich der
Patentfähigkeit**
E comments on the patentability
F observations sur la breveta-
bilité
S observaciones sobre la paten-
tabilidad
R замечания, касающиеся па-
тентоспособности

**159 (Einwendung); ~en gegen ein
Patent dem Patentamt be-
kanntgeben**
E communicate objections
against a patent with the
patent office
F faire connaître à l'office de
brevets des réclamations
contre un brevet
S hacer saber objeciones contra
una patente a la oficina de
patentes

R уведомлять патентное ведомство о возражении против выдачи патента

160 (Einwendung); ~en erheben
E raise objections
F soulever des objections
S hacer / oponer objeciones, objetar
R возражать

161 Einwilligung *f;* **ohne ~ des Erfinders nutzbar machen**
E exploit without the consent of the inventor
F exploiter sans autorisation de la part de l'inventeur
S explotar sin autorización de parte del inventor
R использовать что-л. без разрешения изобретателя

162 einzahlen
E pay in
F verser, payer
S pagar
R уплачивать/уплатить

163 Einzelanmelder *m*
E single applicant
F seul demandeur *m*
S solicitante *m* único
R единственный заявитель *m*

164 Einzelfall *m*
E individual case
F cas *m* unique, cas particulier
S caso *m* particular
R отдельный случай *m*

165 Einzelheit *f*
E detail
F détail *m*
S detalle *m*
R деталь *f*

166 (Einzelheit); ~en der Ausführung dieses Abkommens
E details for carrying out the present Arrangement
F détails relatifs à l'exécution du présent Arrangement
S detalles / pormenores *m/pl* relativos a la ejecución del presente Acuerdo
R подробности, касающиеся выполнения настоящего Соглашения

167 Einzelkopie *f*
E single copy
F copie *f* unique
S copia *f* única/singular
R единственная копия *f*

168 Einzellizenz *f*
E exclusive license
F licence *f* exclusive
S licencia *f* exclusiva
R исключительная лицензия *f*

169 Einzelmaßnahme *f;* **noch erforderliche ~n** *BRD*
E particular measures still required
F mesures *f/pl* particulières encore requises/nécessaires
S medidas *f/pl* separadas aún necesarias
R необходимые дополнительно отдельные мероприятия

170 Einzelmerkmal *n;* **~e eines Kombinationsanspruches** *BRD*
E separate features as part of a claim for a combination
F caractères *m/pl* séparés d'une revendication relative à une combinaison
S características *f/pl* separadas en una reivindicación relativa a una combinación
R отдельные признаки *m/pl* формулы на комбинацию

171 Einzelproblem *n;* **sämtliche ~e sollen in einem Bescheid behandelt werden**
E all separate problems shall be dealt with in a single decision
F tous les problèmes séparés seront traités dans une décision unique
S todos los problemas particulares serán tratados en una decisión única
R все частные проблемы должны решаться одновременно

172 Einzelverfügung *f;* **schriftliche ~** *Ww*
E written special order
F ordre *m* spécial écrit
S orden *m* especial escrito
R письменное распоряжение *n*

173 Einzelverkehr *m Ww*
E retail trade
F commerce *m* en détail
S comercio *m* al por menor, comercio *m* al detalle *LA*
R розничная торговля *f*

174 Einzelwagnis *n*
E sole venture, sole risk
F seul risque *m*
S riesgo *m* individual
R индивидуальный риск *m*

175 Einziehung *f;* **~ von Waren**
E confiscation of goods
F confiscation *f* des marchandises
S confiscación *f* de las mercancías
R конфискация *f* товаров

176 einzig; ~er Gegenstand der Teilanmeldung
E sole subject matter of the divisional application
F seul objet *m* de la demande divisionnaire
S solo objeto *m* de la solicitud divisional
R единственный предмет *m* выделенной заявки

177 Element *n*
E element
F élément *m*
S elemento *m*
R элемент *m*

178 Elementenschutz *m*
E protection for separate elements of a combination
F protection *f* des éléments séparés d'une combinaison
S protección *f* para los elementos separados de una combinación
R защита *f* отдельных элементов комбинации

179 Empfang *m*
E receipt
F réception *f*
S recepción *f*
R получение *n*

180 (Empfang); später als zwei Monate nach ~ der Mitteilung
E more than two months after receipt of the communication
F plus de deux mois après la réception de la notification
S después de los dos meses siguientes a la recepción de la notificación
R по истечении двух месяцев после получения сообщения

181 empfangen *Ww;* **das ~e Geschenk → (verfallen); ...**

182 Empfangsbekenntnis *n* → **Empfangsbescheinigung**

183 Empfangsbescheinigung *f* → *auch* **Eingangsbescheinigung**
E acknowledgment / advice of receipt
F récépissé *m,* accusé/avis *m* de réception
S acuse/aviso *m* de recibo
R квитанция *f,* почтовая квитанция, справка *f* о приёме, уведомление *n* о получении

184 (Empfangsbescheinigung); ein Doppel der ~ *(der Hinterlegung)*
E duplicate of the acknowledgment *(of filing)*
F double *m* du récépissé *(de dépôt)*
S duplicado *m* del recibo *(del depósito)*
R дубликат *m* справки о приёме *(подачи)*

185 Empfehlung *f;* **~ bestimmte Preise zu fordern** *Ww*
E recommendation to make a fixed price
F recommandation *f* à demander des prix définis/fixés
S recomendación *f* de pedir precios fijos
R рекомендация *f* об установлении соответствующих цен

186 Endbescheid *m*
E final decision *GB;* final action *US*
F sentence *f* définitive
S sentencia *f* definitiva
R окончательное решение *n*

187 enden; die Beschreibung soll mit Patentansprüchen ~
E the specification shall conclude with claims

F la description doit être terminée par des revendications
S la descripción debe ser terminada por reivindicaciones
R описание должно заканчиваться формулой

188 Endentscheidung *f*
E final decision
F décision *f* définitive
S decisión *f* definitiva
R окончательное решение *n*

189 endgültig; ~e Eintragung
E final registration
F enregistrement *m* définitif
S registro *m* definitivo
R окончательная регистрация *f*

190 Endprodukt *n*
E final product
F produit *m* final
S producto *m* final
R конечный продукт *m*

191 Endurteil *n*
E final judgement
F jugement *m* définitif
S juicio *m* definitivo
R окончательное решение *n* суда; *(Strafgericht)* окончательный приговор *m*

192 engerer Rat → **Rat; ...**

193 entäußern; sich eines Patents ~
E alienate a patent
F se défaire d'un brevet
S enajenar/alienar una patente
R отчуждать патент

194 entbehren; die Marken ~ jeder Unterscheidungskraft
E the trademarks are devoid of any distinctive character
F les marques sont dépourvues de tout caractère distinctif

S las marcas están desprovistas de todo carácter distintivo
R знаки не имеют отличительности, знаки лишены каких-либо отличительных признаков

195 entbinden; von der Übermittlung der Anzeige ~
E relieve from making the notification
F dispenser de faire la notification
S dispensar de llevar a cabo la notificación
R освобождать от направления уведомления

196 entdecken
E discover
F découvrir
S descubrir
R открывать/открыть

197 Entdeckung *f*
E discovery
F découverte *f*
S descubrimiento *m*
R открытие *n*

198 Enteignung *f* → (widerrechtliche); ...

199 Enterbung *f*
E disinheritance
F exhérédation *f*, déshéritement *m*
S desheredación *f*
R лишения *n* наследства

200 entgegenhalten; dem Anmelder Druckschriften ~
E cite printed publications against the application
F opposer des publications à la demande
S oponer publicaciones a la solicitud

R противопоставлять заявителю печатную публикацию

201 Entgegenhaltung *f Pr*
E citation, objection, reference
F citation *f*, opposition *f*, référence *f*
S citación *f*, oposición *f*, referencia *f*
R противопоставление *n*

202 Entgegennahme *f*; offen zur ~ von Anmeldungen
E open for the filing of applications
F ouvert pour recevoir le dépôt des demandes
S se abre para recibir el depósito de las solicitudes
R (бюро) открыто для приёма заявок

203 entgegenstehen
E be opposed to, be contrary to
F être contraire, s'opposer
S ser contrario, enfrentarse
R противостоять

204 (entgegenstehen); Druckschriften, die der Erteilung eines Patents ~
E publications which might adversely affect the grant of a patent
F publications susceptibles de faire obstacle à la délivrance d'un brevet
S publicaciones susceptibles de impedir la concesión de una patente
R публикации, которые могут быть противопоставлены выдаче патента

205 (entgegenstehen); gleichzeitiger Gebrauch steht der Eintragung

der Marke nicht entgegen, sofern...
E concurrent use shall not prevent the registration of the mark, provided...
F l'emploi simultané n'empêchera pas l'enregistrement de la marque, pourvu que...
S el empleo simultáneo no impedirá el registro de la marca en tanto que
R одновременное применение не препятствует регистрации знака, если только...

206 entgegenstehend → (Interesse);...

207 entgegnen → beantworten

208 Entgelt *n*
E compensation, consideration, remuneration
F compensation *f*, récompense *f*, rémunération *f*
S compensación *f*, recompensa *f*, remuneración *f*
R возмещение *n*, вознаграждение *n*

209 enthalten
E contain, comprise
F contenir, comprendre
S contener, comprender
R содержать; включать в себя

210 (enthalten); die Anmeldung/Patentanmeldung soll ~:
E a patent application shall include:
F la demande de brevet comporte:
S los documentos que deberán presentarse para obtener una patente son:
R заявка на патент должна содержать:

211 (enthalten); die Beschreibung muß ~:
E the description shall indicate:
F la description indique:
S la descripción debe indicar:
R описание должно содержать:

212 entheben; den Vertreter seiner Tätigkeit ~
E suspend an agent from further practice
F suspendre un agent de l'exercice de ses fonctions
S destituir al agente de su actividad
R отстранять поверенного

213 enthüllen; Verweigerung, Geheimsachen zu ~
E refusal to disclose secret matters
F refus *m* de divulguer/réveler des secrets
S rehusamiento *m* de revelar secretos
R отказ *m* от раскрытия секрета/тайны

214 Enthüllung *f auch* **Offenbarung**
E disclosure, revelation
F dévoilement *m*, révélation *f*
S revelación *f*
R раскрытие *n*, открытие *n*

215 entkleiden → (Nachbildung);...

216 entkräften
E invalidate, rebut, refute
F invalider, infirmer
S desvirtuar, refutar, invalidar
R опровергать / опровергнуть, аннулировать, отменять/ отменить

217 (entkräften); eine Behauptung ~
E refute a statement
F infirmer une allégation

S refutar una alegación
R опровергать утверждение

218 entmündigen
E place/put under tutelage
F mettre en tutelle
S inhabilitar, incapacitar
R назначать опеку

219 Entnahme *f* → (widerrechtlich); …

220 entnehmen
E take
F prendre, tirer
S tomar, sacar
R брать/взять

221 (entnehmen); der Erfindung eines anderen entnommen
E taken from an other person's invention
F tiré de l'invention d'une autre personne
S sacado de la invención de otra persona
R заимствовано из изобретения другого лица

222 entrichten → (Gebühr); …

223 Entrichtung *f*; ~ von Gebühren → **Gebührenzahlung**

224 Entschädigung *f*
E compensation
F indemnité *f*
S indemnización *f*, resarcimiento *m*
R возмещение *n* (убытков)

225 (Entschädigung); ~ kann nur jeweils nachträglich verlangt werden
E compensation can be claimed only after it has become due
F un dédommagement ne peut être revendiqué qu'après coup
S una indemnización puede ser reivindicada solo ulteriormente

R претензия на возмещение убытков может быть предъявлена только впоследствии

226 Entschädigungsanspruch *m*
E claim for compensation
F revendication *f* d'indemnité
S pretensión *f* de indemnización
R претензия *f* на возмещение убытков

227 entscheiden
E decide
F juger, rendre un jugement, décider
S decidir, resolver
R решать / решить, принимать/ принять решение

228 (entscheiden); über gewisse Beschwerden entscheidet unmittelbar das Appellationsgericht von Paris
E certain decisions shall be dealt with directly by the Paris Court of Appeal
F la Cour d'appel de Paris connaît directement de certain recours
S el Tribunal de Apelación en París juzga directamente en los casos de ciertas apelaciones
R некоторые жалобы разрешаются непосредственно Парижским апелляционным судом

229 (entscheiden); über die Beschwerde wird durch Beschluß entschieden
E a decision shall be given on the appeal
F le recours fera l'objet d'une décision
S el recurso será objeto de una decisión

R по жалобе суд выносит определение

230 (entscheiden); über die Klage wird durch Urteil entschieden
E the decision on the action shall be delivered in the form of a judgement
F l'action fera l'objet d'un jugement
S la acción debe ser objeto de un juicio
R по иску суд выносит решение

231 Entscheidung *f*
E decision
F décision *f*, arrêté *m*
S decisión *f*, resolución *f*, auto *m*
R решение *n*

232 (Entscheidung); abschließende ~
E final decision *GB;* final action *US*
F décision définitive/finale
S decisión definitiva
R окончательное решение

233 (Entscheidung); eine ~ fällen
E pass a decision
F rendre une décision
S dictar/pronunciar una decisión
R выносить решение

234 (Entscheidung); eine ~ treffen
E make a decision
F prendre une décision
S tomar una decisión
R принимать решение

235 Entscheidungsgründe *m/pl*
E grounds *pl* for decision
F considérants *m/pl* de la décision
S considerandos *m/pl*
R мотивировка *f* решения

236 Entschluß *m*
E resolution
F résolution *f*
S resolución *f*
R решение *n*

237 Entschuldigung *f* *(Rechtfertigung)*
E justification
F justification *f*
S justificación *f*
R оправдание *n*

238 entsprechend; § 2 gilt ~
E § 2 shall apply mutatis mutandis
F § 2 doit être appliqué de manière correspondante
S § 2 se aplica de una manera correspondiente
R применяется соответственно § 2

239 (entsprechend) → einordnen; ...

240 entstellen *(Tatsachen)*
E pervert
F dénaturer
S desnaturalizar
R искажать/исказить

241 entwenden *(plagiieren)*
E purloin; plagiarize
F dérober, plagier
S sustraer, hurtar, robar, plagiar
R присваивать/присвоить, похищать/похитить

242 (entwenden); eine Erfindung ~
E usurp another's invention
F dérober l'invention d'un autre
S plagiar la invención del otro
R присваивать изобретение

243 entwickeln *(ausarbeiten, entfalten)*
E develop
F développer
S desarrollar
R развивать/развить

244 Entwicklung *f*
E development
F développement *m*
S desarrollo *m*
R развитие *n*

245 Entwicklungsländer *n/pl*
E developing countries
F pays *m/pl* en voie de développement, pays développants
S países *m/pl* en vías de desarrollo
R развивающиеся страны *f/pl*

246 Entwurf *m*
E draft; project
F projet *m;* minute *f*
S borrador *m*, proyecto *m*
R проект *m*, набросок *m*, черновик *m*

247 erachten
E consider
F estimer
S juzgar
R считать, судить

248 (erachten); das Amt erachtet die Erteilung eines Patents nicht für ausgeschlossen
E the office considers the granting of a patent as not precluded
F l'office estime que la délivrance du brevet n'est pas exclue
S la oficina juzga que la otorgación/concesión de la patente no es excluida
R ведомство считает выдачу патента не исключённой

249 (erachten); die Anhörung für sachdienlich ~
E consider a hearing to be approrpiate
F estimer que l'audition sera utile
S considerar que la audiencia sea útil
R считать слушание дела целесообразным

250 Erachten *n;* **meines ~s (m. E.)**
E in my opinion
F à mon avis
S según mi parecer, en mi opinión, a mi aviso
R по моему мнению

251 Erbe *n*
E heritage; inheritance
F héritage *m*
S herencia *f*
R наследство *n*

252 Erbe *m*, **Erbin** *f*
E heir, inheritor; heiress
F héritier *m*, héritière *f*
S heredero *m*, heredera *f*
R наследник *m*, наследница *f*

253 erbfähig
E capable of inheriting
F apte/habile à succéder, capable de succéder
S capaz de suceder
R способный быть наследником, способный наследовать

254 Erblasser *m*, **Erblasserin** *f*
E testator; testatrix
F testateur *m*, testatrice *f*, de cujus *m/f*
S testador *m*, testadora *f*, causante *m*, de cuyus *m/f*
R наследователь *m*, завещатель *m*

255 erbringen → (Beweis); ...

256 Erfahrung *f*
E experience
F expérience *f*, pratique *f*, routine *f*

11*

S experiencia *f*, práctica *f*, rutina *f*
R опыт *m*, практика *f*, специальные знания *n/pl*

257 (Erfahrung); praktische ~ *auch* **Know-how**
E know-how, practical knowledge
F know-how *m*, savoir-faire *m*, compétence *f* technique
S know-how *m*, conocimientos *m/pl* técnicos
R ноу-хау *n*; производственный опыт *m*

258 erfaßbar → **(Nutzen); ...**

259 erfinden
E invent
F inventer
S inventar
R изобретать/изобрести

260 Erfinder *m*
E inventor
F inventeur *m*
S inventor *m*
R изобретатель *m*

261 (Erfinder); angegebener ~
E mentioned inventor
F inventeur mentionné
S inventor mencionado
R указанный изобретатель

262 (Erfinder); der vom Anmelder angegebene ~
E inventor indicated by the applicant
F personne *f* que le déposant indique comme inventeur
S inventor mencionado por el solicitante
R изобретатель, указанный заявителем

263 (Erfinder); selbständiger ~
E independent inventor
F inventeur indépendant

S inventor independiente
R независимый изобретатель

264 (Erfinder); der sogenannte ~
E the pretended inventor
F l'inventeur prétendu, le soi-disant inventeur
S el inventor llamado
R так называемый изобретатель

265 (Erfinder); der ursprüngliche und erste ~ *US*
E the original and first inventor
F l'inventeur original et premier
S el original y primer inventor
R первоначальный и первый изобретатель

266 (Erfinder); der wahre und erste ~ *GB*
E the true and first inventor
F le vrai et premier inventeur
S el verdadero y primer inventor
R первый и истинный/действительный изобретатель

267 Erfinder(be)nennung *f*
E designation/naming/mention *EU* of inventor
F désignation/mention *f EU* de l'inventeur
S designación/mención *f EU* del inventor
R название изобретателя

268 Erfinderberater *m*
E inventor's adviser/counsellor
F conseil *m* de l'inventeur
S consejero *m* del inventor
R патентовед *m*; консультант *m* по изобретательству

269 erfinderisch
E inventive
F inventif
S inventivo
R изобретательский

270 **(erfinderisch); ~e Tätigkeit** *f*
E inventive step/activity
F activité *f* inventive
S actividad *f* inventiva
R изобретательская деятель-
  ность *f*

271 **(erfinderisch)** → **Einfall, (Leistung); ..., (Verdienst); ...,
  (Wesen)** ...

272 **Erfinderschein** *m* → **Urheberschein**

273 **Erfindung** *f*
E invention
F invention *f*
S invención *f*, invento *m*
R изобретение *n*

274 **(Erfindung); betriebsgeheime ~**
E invention which is a works
  secret
F invention représentant un
  secret d'usine
S invención que representa un
  secreto de producción
R изобретение, представляющее собой производственный секрет

275 **(Erfindung); betriebsreife ~**
E invention ready for working
F invention exploitable
S invención lista para ser explo-
  tada
R изобретение, готовое к внед-
  рению

276 **(Erfindung); freie** *auch* **frei gewordene ~** → **(Diensterfin-
  dung);** ...

277 **(Erfindung); gemeinfrei gewordene ~**
E invention having become
  common property/knowledge
F invention devenue bien com-
  mun/de notoriété publique

S invención convertida en bien
  público
R изобретение, ставшее обще-
  доступным

278 **(Erfindung); gemeinsame ~**
E common invention
F invention commune
S invención común
R совместное / коллективное
  изобретение

279 **(Erfindung); durch ein Patent
  geschützte ~**
E patended invention
F invention brevetée
S invención protegida por una
  patente
R изобретение, охраняемое
  патентом

280 **(Erfindung); Patent für die ältere
  (eigene) ~** *auch* **Hauptpatent**
E main patent
F brevet *m* principal
S patente *f* principal
R основной *m* патент

281 **Erfindungsanspruch** *m DDR* →
  Patentanspruch

282 **Erfindungseinheit** *f auch* **Ein-
  heitlichkeit der Erfindung**
E unity of invention
F unité *f* d'invention
S unidad *f* de invención
R едиство *n* изобретения

282a **Erfindungsgabe** *f* → **Erfindungskraft**

283 **Erfindungsgedanke** *m*
E inventive conception/idea
F conception *f* inventive
S concepción *f* inventiva
R изобретательская мысль *f*,
  сущность *f* изобретения

284 **(Erfindungsgedanke); allgemeiner
  ~** → *auch* **(Idee);** ...

E scope and nature of the invention
F conception générale d'invention
S concepción general de invención
R общий изобретательский замысел *m*

285 Erfindungsgegenstand *m*
E subject matter of the invention
F objet *m* inventé/de l'invention
S objeto *m* de invención
R предмет *m*/объект *m* изобретения

286 erfindungsgemäß
E according to the invention
F selon l'invention
S según la invención
R в соответствии с изобретением

287 Erfindungshöhe *f*
E level/amount of invention
F niveau *f* d'invention
S altura *f* inventiva
R уровень *m* изобретения

288 Erfindungskraft *f auch* **Erfindungsgabe**
E inventiveness, inventive ingenuity
F talent *m* inventif
S talento *m* inventivo
R изобретательская способность *f*, изобретательский талант *m*

289 Erfindungsleistung *f;* **erfinderische Leistung** → (Leistung); ...

290 (Erfindungsleistung); gesetzlich nicht geschützte ~en
E inventive accomplishment not protected by law
F accomplissement *m* inventif non protégé légalement
S rendimiento *m* inventivo no protegido legalmente
R изобретательское достижение *n* не охраняемое законом

291 Erfindungspatent *n*
E patent of invention
F brevet *m* d'invention
S patente *f* de invención
R патент *m* на изобретение

292 Erfindungsvoraussetzung *f*
E criterion of invention
F critérium/critère *m* de l'invention
S criterio *m* de la invención
R критерий *m* изобретения

293 Erfindungsvorteil *m*
E benefit of invention
F bénéfice *m* de l'invention
S beneficio *m* de la invención
R преимущества *n/pl* изобретения

294 Erfindungswert *m*
E value of invention
F valeur *f* de l'invention
S valor *m* de la invención
R ценность *f* изобретения

295 erforderlich
E obligatory; required; necessary
F obligatoire; exigé; nécessaire
S obligatorio; exigido; necesario
R обязательный, необходимый

296 (erforderlich); keine Bezeichnung ist ~
E no indication shall be required
F aucun signe ne sera exigé
S ningún signo se exigirá
R обозначения / отметки не требуется

297 (erforderlich); die Mitteilung ist nicht ~
E the communication is not obligatory
F la notification n'est pas obligatoire
S la notificación no es obligatoria
R уведомление не обязательно

298 erfordern
E require
F exiger
S exigir
R требовать/потребовать

299 Erfordernis *f;* **~se der Anmeldung**
E requirements for the application
F conditions *f/pl* auxquelles la demande est soumise
S requisitos *m/pl* de la solicitud
R требования *n/pl,* предъявляемые к заявке

300 erforschen
E investigate
F enquêter
S aclarar; constatar
R выяснять/выяснить

301 (erforschen); den Sachverhalt ~
E investigate the facts of the case
F enquêter sur les faits de la cause
S aclarar/constatar el estado de la cosa
R выяснить фактическое положение дел

302 erfüllen
E accomplish
F accomplir
S cumplir
R исполнять/исполнить, удовлетворять/удовлетворить

303 Erfüllung *f*
E accomplishment; fulfilment; performance
F accomplissement *m*
S cumplimiento *m*
R соблюдение *n,* выполнение *n,* осуществление *n*

304 (Erfüllung); ~ der vorgesehenen Aufgaben
E performance of the tasks provided for
F accomplissement des missions prévues
S cumplimiento de las misiones previstas
R выполнение предусмотренных задач

305 (Erfüllung); vorbehaltlich der ~ der auferlegten Bedingungen
E provided that the conditions imposed shall be fulfilled
F sous réserve de l'accomplissement des conditions imposées
S cuando cumplan las condiciones impuestas
R при соблюдении предписываемых условий

306 Ergänzung *f;* **~ der Klage**
E completion of/addition to the action
F complément *m* de l'action
S complemento *m* de la acción
R дополнение *n* иска

307 (Ergänzung); ~ des Patentanspruchs
E addition to the patent claim
F complément de la revendication
S complemento de la reivindicación

R дополнение формулы изобретения, дополнение пункта формулы изобретения

308 Ergänzungsgebühr *f* → *auch* **Zusatzgebühr**
E complementary fee
F complément *m* d'émoluments
S complemento *m* de cuota
R добавочная пошлина *f*

309 Ergebnis *n*
E result
F résultat *m*
S resultado *m*
R результат *m*

310 (Ergebnis); das ~, welches die Erfindung zu erreichen beabsichtigt
E result which the invention is intended to achieve
F résultat que l'invention vise à obtenir
S resultado que la invención intenta a obtener
R результат, на достижение которого изобретение направлено

311 ergehen; eine Mitteilung ist ergangen
E communication has been effected
F une communication a eu lieu
S una comunicación tuvo lugar
R уведомление имело место

312 ergreifen; → (Maßnahme); ...

313 erhalten; die Beteiligten ~ das Wort
E the parties shall be given leave to speak
F la parole est donnée aux parties
S la palabra está concedida a las partes

R слово предоставлено сторонам

314 (erhalten); die ~e Summe
E the sum received
F la somme reçue
S la suma recibida
R полученная сумма

315 Erhaltungszüchter *m Ss*
E breeder for maintenance
F cultivateur *m* en maintenance
S cultivador *m* en manutención
R воспроизводящий селекционер *m*

316 erhärten
E confirm
F confirmer
S confirmar
R подтверждать/подтвердить

317 (erhärten); Beweisgründe urkundlich ~
E substantiate arguments documentarily
F confirmer des arguments par documents
S confirmar argumentos documentalmente
R подтверждать аргументы документами

318 erheben → (Anspruch); ..., (Beschwerde); ..., (Beweis); ... (Einwendung); ..., (Gebühr); ..., (Klage); ..., (Widerspruch); ...

319 Erhebung *f;* ~ des Widerspruchs *Wr*
E lodging of opposition
F acte *m* de former une opposition, déposition *f* d'une opposition
S presentación *f* de una oposición
R представление *n* возражения

320 (Erhebung); ~ von Verwaltungskosten
E collection of administrative fees
F perception *f* des taxes administratives
S percepción *f* de derechos de administración
R взимание *n* административных пошлин

321 erinnern; an den Zeitpunkt des Ablaufs ~
E remind of the date of expiration
F rappeler la date de l'expiration
S recordar la fecha de la expiración
R уведомлять о сроке истечения; направлять уведомление с указанием даты прекращения *(действия охраны)*

322 Erinnerung *f Wr, BRD*
E objection
F réclamation *f*
S recurso *m*
R возражение *n*

323 (Erinnerung); ~ gegen Beschlüsse der Warenzeichenabteilungen *BRD*
E objection to the decisions of the Trademark Divisions
F réclamation contre les décisions des divisions des marques
S recurso contra las resoluciones de las Secciones de Marcas
R жалоба против решений отдела по товарным знакам

324 (Erinnerung); ~ im Kostenfestsetzungsverfahren *BRD*
E objection in the procedure for the assessment of costs

F réclamation dans la procédure de fixation des frais
S recurso (contra decisiones judiciales) sobre costas y embargos
R возражение в процедуре установления расходов

325 erkannt → (erkennen); ...
326 erkennen; in/über etwas ~ *R*
E adjudge; decide; recognize
F connaître de qc
S juzgar
R выносить решение о чём-л.

327 (erkennen); es wird hiermit für Recht erkannt, daß ...
E it is hereby adjudged that ...
F sera reconnu comme droit par le présent acte:
S fue dictada la sentencia siguiente:
R было вынесено следующее решение:

328 (erkennen); eine erkannte Buße schließt andere Ansprüche aus
E the award of punitive damages shall preclude other claims
F l'allocation *f* d'une amende-réparation exclut tout autre revendication
S la multa imposta excluye otras pretensiones
R присуждённый штраф исключает прочие претензии

329 erkennend → (Gericht); ...
330 erklären *(erläutern)*
E explain
F expliquer
S explicar
R заявлять/заявить, пояснять/пояснить, объяснять/объяснить

331 (erklären) *(äußern, offenbaren)*
E declare, pronounce

F déclarer, prononcer
S declarar
R объявлять/объявить, заявлять/заявить

332 (erklären); sich für/gegen... ~
E declare for/against...
F se déclarer pour / contre...
S declararse por / contra...
R высказываться за/против...

333 (erklären); sich zu einer Klage ~
E reply to an action
F répondre à une action
S responder a una acción
R отвечать на иск

334 (erklären); erklärt sich der Beklagte nicht rechtzeitig,...
E if the defendant fails to reply in due time...
F si le défendeur omet de répondre dans le délai...
S si el demandado omite de responder en el plazo...
R если ответчик не даёт ответ своевременно...

335 (erklären); der Antrag kann vor der Geschäftsstelle zur Niederschrift erklärt werden
E the request may be declared before and recorded at the registrar's office
F la requête peut être effectuée au greffe du Tribunal pour être inscrite au procès-verbal
S la demanda puede ser protocolizada en la Secretaría del Tribunal
R заявление может быть занесено в протокол канцелярией

336 erklärend; die Hinterlegung hat ~e Bedeutung
E the filing is of declaratory signification
F le dépôt est de signification déclarative
S el depósito es meramente declarativo
R заявка имеет декларативный характер

337 Erklärung *f*; ~ der Nichtigkeit
E declaration of nullity
F déclaration *f* de nullité
S acto *m* de acordar la nulidad
R установление *n* недействительности

338 (Erklärung); ~ gegenüber dem Arbeitnehmer
E declaration given to the employee
F déclaration donnée à l'employé
S declaración *f* dada al empleado
R заявление *n* сделанное работнику

339 (Erklärung) → (eidesstattlich);...

340 (Erklärung); schriftliche ~
E written declaration
F déclaration écrite
S declaración escrita
R письменное заявление

341 (Erklärung); ~ abgeben
E make a declaration/statement
F faire une déclaration
S hacer/emitir una declaración
R сделать заявление

342 erlangen; Patente ~
E obtain patents
F obtenir des brevets
S obtener patentes
R получать / получить патенты

343 Erlaß *m* *(Verordnung)*
E edict; decree
F décret *m*; arrêté *m*
S edicto *m*; decreto *m*
R постановление *n*, декрет *n*

344 (Erlaß) *(Gunst)*
E remission; deduction
F exemption *f*, rémission *f*, dispense *f*
S remisión *f*, dispensa *f*
R снятие *n*, отмена *f*, ремиссия *f*

345 (Erlaß); ~ einer Anordnung/eines Beschlusses
E issuance of an order / a decision
F délivrance *f* d'un ordre / d'une décision
S emisión *f* de un orden/una decisión
R издание *n* распоряжения/решения

346 (Erlaß); ~ eines Gesetzes
E enactment
F promulgation *f* d'une loi
S promulgación *f* de una ley
R издание *n* закона

347 erlassen; Ausführungsordnungen zum Abkommen ~
E establish the Regulations of the Arrangement
F établir le Règlement en exécution de l'Arrangement
S establecer el Reglamento de ejecución del Acuerdo
R устанавливать правила выполнения Соглашения

348 (erlassen); eine Gebührenpflicht ~
E exempt from a fee
F exempter du payement d'une taxe
S exentar del pago de una tasa
R освобождать от обязательства уплатить пошлину

349 erlauben → (Gebrauch); . . .

350 Erlaubnis *f*
E permission
F concession *f*, permission *f*, permis *m*
S permiso *m*
R разрешение *n*

351 (Erlaubnis); die alsbaldige Erteilung der ~ ist im öffentlichen Interesse dringend geboten
E the immediate grant of permission is urgently required in the public interest
F l'intérêt public commande d'urgence que la concession demandée soit accordée sans délai
S intereses públicos mandan con urgencia la otorgación inmediata de la concesión
R общественные интересы настоятельно требуют немедленной выдачи разрешения

352 Erlaubnisschein *m BRD Pr*
E certificate of representation
F autorisation *f* spéciale de représentation
S autorización *f* especial de representación
R особое удостоверение *n* поверенного

353 Erlaubnisscheininhaber *m BRD*
E holder of a certificate of representation
F titulaire *m* d'une autorisation spéciale de représentation
S titular *m* de una autorización especial de representación

R владелец разрешения выполнять функции поверенного

354 **erläutern**
E explain
F éclaircir
S aclarar, explicar
R объяснять/объяснить, выяс-
нять/выяснить

355 **Erläuterung** *f*
E explanation
F éclaircissement *m*
S aclaración *f*, explicación *f*
R объяснение *n*, выяснение *n*

356 **Erledigung** *f*
E disposal, settlement; *(Ab-
fertigung)* dispatch
F solution *f*, règlement *m*;
(Abfertigung) expédition *f*
S tramitación *f*, ejecución *f*;
(Abfertigung) despacho *m*
R устроение *n*, разрешение *n*,
исполнение *n*, окончание *n*

357 **(Erledigung); ~ eines Antrags**
E disposal of a request
F règlement d'une requête
S tramitación de una solicitud
R окончание   рассмотрения
заявки

358 **erlegen** *(bezahlen)*
E pay (down)
F payer, verser
S pagar, aprontar
R уплачивать/уплатить,   за-
платить

359 **(erlegen)** → einzahlen
360 **(erlegen); eine Buße ~**
E pay punitive damages
F verser une amende-réparation
S pagar una multa
R заплатить штраф

361 **Erlös** *m*
E proceeds *pl*

F produit *m*, recette *f*
S productos *m/pl*, renta *f*
R прибыль *f*, доход *m*

362 **erlöschen**
E lapse
F s'éteindre
S caducar, extinguirse
R терять силу

363 **(erlöschen); das Patent erlischt**
E the patent shall lapse
F le brevet s'éteint
S la patente caduca
R прекращается действие па-
тента

364 **ermächtigen**
E authorize
F autoriser
S autorizar, facultar
R уполномочивать/уполномо-
чить

365 **(ermächtigen);   Personen,   die
zu... ermächtigt sind**
E persons   being   authorized
to...
F personnes   étant   autorisées
à...
S personas estadas autorizadas
para...
R лица, уполномоченные...

366 **Ermächtigung** *f* *(Befugnis)*
E power; authorization
F pouvoir *m;* autorisation *f*
S poder *m;* autorización *f;* facul-
tad *f*
R полномочие *n;* авторизация *f*

367 **(Ermächtigung);   eine   ~   über-
tragen**
E delegate a power
F transférer une compétence
S transferir poderes/una facul-
tad
R передоверять полномочие

368 ermäßigen
E reduce
F réduire
S moderar
R сокращать/сократить, уменьшать/уменьшить

369 Ermäßigung *f*
E reduction
F réduction *f*
S reducción *f*
R сокращение *n*, уменьшение *n*

370 (Ermäßigung); ~ der Gebühren
E reduction of fees
F réduction des taxes
S reducción de las tasas
R сокращение / уменьшение пошлин

371 Ermessen *n; billiges ~*
E reasonable consideration, equitable discretion
F considération *f* équitable
S apreciación *f* equitativa
R справедливое усмотрение *n*

372 (Ermessen); nach billigem ~
E reasonably considered, in equitable discretion
F selon les principes de l'équité, équitablement
S según los principios de la equidad
R по справедливому усмотрению

373 (Ermessen); freies ~
E discretion
F discrétion *f*, appréciation *f* libre
S consideración *f* libre, discreción *f*
R собственное усмотрение *n*

374 Ermittlung *f*
E investigation
F recherche *f*
S pesquisa *f*, averiguación *f*
R поиск *m*, розыск *m*, расследование *n*

375 (Ermittlung); ~ öffentlicher Druckschriften
E search for publications
F recherche de publications
S búsqueda *f* de publicaciones
R поиск публикаций

376 (Ermittlung); ~ der Wahrheit
E finding out the truth
F éclaircissement *m* de la vérité
S esclarecimiento *m* de la verdad
R расследование / установление *n* истины/правды

367 (Ermittlung); ~en anstellen
E make inquiries
F procéder à une enquête
S hacer una averiguación
R проводить расследование

378 Ermittlungsarbeit *f*
E search activity
F activité *f* de recherche
S actividad *f* de búsqueda
R поисковая деятельность *f*

379 ernennen → berufen

380 Ernennung *f*
E appointment
F nomination *f*
S nombramiento *m*
R назначение *n*

381 (Ernennung); ~ auf Lebenszeit
E appointment for life
F nomination à vie/pour la vie
S nombramiento vitalicio
R пожизненное назначение

382 erneuern
E renew
F renouveler
S renovar
R возобновлять / возобновить

383 Erneuerung *f*
E renewal
F renouvellement *m*
S renovación *f*
R возобновление *n*

384 (Erneuerung); ~ eines Warenzeichens → auch (Möglichkeit); …
E renewal of a trademark
F renouvellement d'une marque de fabrique ou de commerce
S renovación del registro de una marca
R возобновление регистрации знака

385 eröffnen
E open
F ouvrir
S abrir
R открывать/открыть

386 (eröffnen); die Verhandlung ~
E open the hearing
F engager la procédure orale
S abrir la sesión
R открывать разбирательство

387 Erprobung *f*
E test; trying
F essai *m*, épreuve *f*
S prueba *f*, ensayo *m*
R испытание *n*, проба *f*

388 Errichtung *f*
E establishment
F établissement *m*
S establecimiento *m*
R сооружение *n*, создание *n*, учреждение *n*, установление *n*

389 (Errichtung); ~ des Dokumentationsgutachtens *F*
E drawing up the documentary report
F établissement de l'avis documentaire
S establecimiento del informe pericial documental
R составление *n* документального заключения

390 (Errichtung); ~ einer Schiedsstelle
E establishment of a board of arbitration
F établissement d'un organe/comité d'arbitrage
S establecimiento de un órgano de arbitraje
R учреждение органа арбитража

391 Ersatz *m*
E compensation
F réparation *f*
S indemnización *f*, compensación *f*
R возмещение *n*

392 (Ersatz); ~ des Schadens → Schadenersatz

393 Erscheinen *n;* **das persönliche ~ der Parteien anordnen**
E order the personal appearance of the parties
F ordonner la comparution *f* personnelle des parties
S ordenar la comparecencia *f* personal de las partes
R требовать личной явки сторон

394 Erscheinungsdatum *n*
E date of publication/edition
F date *f* de parution/d'édition
S data *f* de publicación/edición
R дата *f* издания

395 (Erscheinungsdatum); ~ des Patents

E date of issue of the patent
F date de la délivrance du brevet
S data de la publicación de la patente
R дата выдачи патента

396 Erscheinungsform *f;* ~ **von Naturstoffen**
E modification of a substance
F modification *f* d'une substance
S modificación *f* de una substancia
R видоизменение *n* естественного продукта

397 Erscheinungsjahr *n*
E year of publication
F année *f* de publication
S año *m* de edición
R год *m* издания

398 Erscheinungsland *n*
E country of edition/publication
F pays *m* d'édition/de publication
S país *m* de edición
R страна *f* издания

399 Erschienene *m/f*
E person present
F celui qui a comparu/assisté, assistant *m*, assistante *f*
S compareciente *m/f*
R присутствующий *m*, присутствующая *f*

400 Erschleichung *f;* ~ **eines Schutzrechts**
E surreptitious obtainment of a protective right
F obreption *f* d'un droit protectif
S captación *f* de un derecho de protección
R приобретение *n* прав охраны путём обмана

401 ersetzen; englische Maße durch metrische ~
E reduce English measures to metric ones
F remplacer des mesures anglaises par celles métriques
S reemplazar las medidas inglesas por las métricas
R заменять английские единицы измерения метрическими

402 (ersetzen); den Schaden ~
E compensate (for damage)
F réparer le dommage, dédommager
S reparar/indemnizar (las pérdidas)
R возмещать вред/убыток

403 Erstanmeldung *f auch* **erste Anmeldung**
E first application; first filing *EU*
F première demande *f;* premier dépôt *m EU*
S primera solicitud *f;* primero depósito *m*
R первая заявка *f;* первая подача *f*

404 erstatten → (Bericht); ..., (Gebühr); ..., (Gutachten); ...

405 Erstattung *f;* **nach** ~ **des Berichts**
E after the delivery of the report
F après avoir fait son rapport
S después del informe, después de la relación
R после доклада / сообщения

406 Erstattungsgesuch *n*
E request for a refund
F requête *f* en remboursement
S requerimiento *m*/demanda *f* de reembolso
R ходатайство *n* о возмещении

407 Erstausfertigung *f*
E original, first copy

    F pièce *f* originale
    S pieza *f* original
    R оригинальный экземпляр *m*

408 Erstauszeichnung *f BRD*
    E initial classification
    F classification *f* initiale
    S clasificación *f* inicial
    R первоначальная класси-
    фикация *f*

409 Erstdurchsicht *f;* ~ **der An-**
    meldung *BRD*
    E first inspection of the applica-
    tion
    F première inspection *f* de la
    demande
    S primera inspección *f* de la
    solicitud
    R первый просмотр *n* заявки

410 erste → **(Erfinder); ..., ausden-**
    ken

411 erstrecken; die Frist erstreckt sich
    auf den nächsten Werktag
    E the period shall be extended
    until the first following work-
    ing day
    F le délai sera prorogé jusqu'au
    premier jour ouvrable qui suit
    S el plazo será prorrogado hasta
    el primer día laborable que
    siga
    R срок продлевается до пер-
    вого последующего рабоче-
    го/присутственного дня

412 (erstrecken); die Wirkung des Pa-
    tents erstreckt sich auf das Er-
    zeugnis
    E the effect of the patent shall
    extend to the product
    F l'effet du brevet s'étend aux
    produits
    S el efecto de la patente se ex-
    tiende sobre los productos

    R действие патента распро-
    страняется на изделие

413 ersuchen
    E request, require
    F demander, requérir
    S solicitar, requerir, pedir
    R просить, ходатайствовать,
    запрашивать/запросить

414 Ersuchen *n;* ~ **der Gerichte**
    E request of the courts
    F requête *f* des tribunaux
    S exhorto *m* de los tribunales
    R обращение *n* суда

415 ersuchend; die ~e **Stelle**
    E requiring authority
    F autorité *f* requérante
    S autoridad *f* que lo hubiere ex-
    hortado
    R запрашивающее учрежде-
    ние *n*

416 erteilen *Pr* → *auch* **(Auskunft); ...**
    E grant; give
    F délivrer; conférer, donner
    S conceder; expedir
    R выдавать/выдать

417 Erteilung *f Pr*
    E grant
    F délivrance *f*
    S concesión *f*
    R выдача *f*

418 (Erteilung); ~ **eines Patents**
    Patenterteilung

419 (Erteilung); erneute ~ **eines**
    Patents *US* → **reissue**

420 (Erteilung); alsbaldige ~ **der**
    Erlaubnis → **(Erlaubnis); ...**

421 Erteilungsakten *f/pl DDR*
    E documents of grant
    F dossier *m* de délivrance
    S expediente *m* de concesión
    R документы *m/pl* о выдаче
    патента

422 Erteilungsbeschluß *m*
E decision on the grant (of a patent)
F décision *f* de la délivrance (du brevet)
S decisión *f* sobre la concesión (de la patente)
R решение *n* о выдаче (патента)

423 Erteilungsdatum *n*
E date of issue (of the patent)
F date *f* de la délivrance (du brevet)
S data *f* de la concesión (de la patente)
R дата *f* выдачи (патента)

424 Erteilungsverfahren *n*
E procedure for grant, grant proceedings
F procédure *f* de délivrance
S procedimiento *m* de concesión, procedura *f* de la concesión
R процедура *f* выдачи патента

425 Ertrag *m* → **Erlös**

426 Ertragssteuer *f* (*Einkommenssteuer*)
E income tax
F impôt *m* sur le revenu
S impuesto *m* sobre la renta
R подоходный налог *m*

427 erwachsen; die den Beteiligten ~en Kosten
E the cost incurred by the parties
F les frais que les parties ont dû faire/supporter
S los gastos que fueron cubiertos por las partes
R расходы, возникшие у сторон

428 erwähnen; ist eigens/besonders zu ~
E shall be expressly/specially mentioned
F sera mentionné tout exprès, devra faire l'objet d'une mention spéciale
S será mencionada expresamente, debiera ser objeto de una mención especial
R должно быть специально указано

429 Erwähnung *f;* **~ der Patenterteilung**
E notice announcing the grant of a patent
F mention *f* de la délivrance du brevet
S mención *f* de la concesión de la patente
R указание *n* о выдаче патента

430 Erweiterung *f*
E extension, enlargement; broadening
F extension *f*, élargissement *m*
S extensión *f*, ampliación *f*
R распространение *n*, расширение *n*

431 (Erweiterung); ~ der Besetzung der Schiedsstelle
E extension of the composition of the arbitral authority
F extension de la composition de l'autorité d'arbitrage
S extensión de la composición de la autoridad de arbitraje
R расширение состава арбитражного органа

432 (Erweiterung); ~ des Schutzumfangs
E broadening of the scope of protection
F extension de l'étendue de la protection

S extensión de la esfera de protección
R расширение объёма патентной охраны

433 (Erweiterung); nachträgliche ~ des Verzeichnisses um eine neue Ware
F subsequent addition of a new product to the specification of goods
F l'addition *f* ultérieure d'un nouveau produit à la liste
S la adición ulterior de un nuevo producto a la lista
R последующее добавление нового товара/изделия в перечень

434 Erwerb *m;* ~ **des Patents**
E acquisition of the patent
F acquisition *f* du brevet
S adquisición *f* de la patente
R приобретение *n*/получение *n* патента

435 Erwerber *m*
E acquirer
F acquéreur *m*
S adquiridor *m*
R приобретатель *m*

436 Erwerbsgeschäft *n*
E business activity, undertaking
F activité *f* commerciale, entreprise *f*
S actividad *f* comercial, empresa
R торговая / коммерческая деятельность *f*, торговое / коммерческое предприятие *n*

437 erwidern → beantworten

438 Erwirkung *f;* ~ **eines Schutzrechts**
E obtainment of a protective right
F obtention *f* d'un droit protectif
S obtención *f* de un derecho de protección
R приобретение *n*/получение *n* права охраны

439 erzeugen *(herstellen)*
E produce; manufacture
F produire, fabriquer
S producir, fabricar
R производить / произвести, изготовлять / изготовить

440 (erzeugen) *(verursachen)*
E cause
F produire
S producir, causar
R причинять / причинить, вызывать / вызвать

441 (erzeugen); eine Wirkung ~
E have an effect
F produire un effet
S producir un efecto
R вызывать эффект

442 Erzeuger *m (Hersteller)*
E producer
F producteur *m*
S productor *m*
R производитель *m*

443 Erzeugerbetrieb *m*
E manufacturing establishment
F établissement *m* de production
S establecimiento *m* de producción
R производящее предприятие *n*

444 Erzeugervereinigung *f*
E manufacturers' association
F association *f* des producteurs
S asociación *f* de los productores
R объединение *n* производителей

445 Erzeugnis *n*
E product; goods *pl*
F produit *m*

S producto *m*
R изделие *n*

446 Erzeugnisanspruch *m*
E product claim
F revendication *f* pour un produit
S reivindicación *f* sobre un producto
R формула *f* на изделие

447 Erzeugung *f*
E production
F production *f*
S producción *f*
R изготовление *n*, производство *n*, выполнение *n*

448 erzwingen; Folgsamkeit ~
E enforce obedience
F forcer obéissance
S forzar obediencia
R принуждать к повиновению

449 Etikett *n*
E label
F étiquette *f*, marque *f*
S rótulo *m*, etiqueta *f*
R ярлык *m*, этикетка *f*

450 Etikettenschutz *m*
E protection of labels
F protection *f* des étiquettes
S protección *f* de rótulos
R охрана *f* этикеток

451 Europäische Konvention *f* **über die internationale Patentklassifikation**
E European Convention on the International Classification of Patents
F Convention *f* européenne sur la classification internationale des brevets d'invention
S Convenio *m* Europeo sobre la Clasificación Internacional de Patentes

R Европейская конвенция *f* о международной классификации изобретений/патентов

452 Europäische Patentorganisation *f* **EU**
E European Patent Organization
F Organisation *f* européenne des brevets
S Organización *f* Europea de Patentes
R «Европейская» патентная организация *f*

453 Europäisches Patent *n* **EU**
E European Patent
F brevet *m* européen
S patente *f* europea
R «европейский» патент *m*

454 Europäisches Patentamt *n* **EU**
E European Patent Office
F Office *m* européen des brevets
S Oficina *f* Europea de Patentes
R «Европейское» патентное ведомство *n*

455 Europäisches Patentblatt *n* **EU**
E European Patent Bulletin
F Bulletin *m* européen des brevets
S Boletín *m* Europeo de Patentes
R «Европейский» патентный бюллетень *m*

456 Europäisches Patentübereinkommen *n*, *auch* **Übereinkommen über die Erteilung Europäischer Patente**
E European Patent Convention, Convention on the Grant of European Patents
F Convention *f* sur le brevet européen, Convention sur la délivrance de brevets européens

S Convenio *m* sobre la Patente Europea, Convenio sobre Concesión de Patentes Europeas

R «Европейская» патентная конвенция *f*, Конвенция о выдаче «европейских» патентов

457 Europäisches Recht *n* für die Erteilung von Patenten EU

E European law for the grant of patents

F droit *m* européen de délivrance de brevets

S derecho *m* europeo de concesión de patentes

R «европейское» законодательство *n* о выдаче патента на изобретение

458 Exemplar *n*

E copy

F exemplaire *m*

S ejemplar *m*

R экземпляр *m*

459 Experiment *n*

E experiment

F expérience *f*

S experimento *m*

R эксперимент *m*, опыт *m*

F

1 Fabrik *f*
E factory, works
F fabrique *f*, manufacture *f*, usine *f*
S fábrica *f*, manufactura *f*
R фабрика *f*, завод *m*

2 Fabrikat *n*
E product
F produit *m*
S producto *m*
R продукт *m*

3 Fabrikationsverfahren *n*
E manufacturing process
F procédé *m* de production/fabrication
S procedimiento *m* de producción
R способ *m* производства

4 Fabrik- oder Handelsmarke *f* → *auch* **Warenzeichen**
E trademark
F marque *f* de fabrique ou de commerce
S marca *f* de fábrica o de comercio; marca de fábrica o de agricultura *Arg*
R фабричный или товарный знак *m*

5 Fach *n*
E art, profession; branch
F branche *f*, spécialité *f*; partie *f* (professionnelle)
S ramo *m*, profesión *f*, especialidad *f*
R специальность *f*, отрасль *f*

6 Fachausdruck *m*; **juridischer** ~ *auch* **juristischer** ~
E juridical term, legal expression
F terme *m* juridique
S término *m* jurídico/de derecho
R юридический термин *m*, юридическое выражение *n*

7 (Fachausdruck); technischer ~
E technical term
F terme *m* technique
S término *m* técnico
R специальное техническое выражение *n*, специальный термин *m*

8 Fachberater *m*
E technical advisor
F conseiller *m* technique
S asesor *m* técnico
R технический советник *m* / консультант *m*

9 Fachbildung *f*
E professional education/training
F formation *f* professionnelle
S educación *f* profesional

R профессиональное образование *n*

10 Facherfahrung *f*
E skill in the art
F expérience *f* technique
S experiencias *f/pl* técnicas
R профессиональный навык *m*/опыт *m*

11 Fachgebiet *n* → **Bereich der Technik**

12 (Fachgebiet); mit einem ~ vertraut sein → *auch* **(Stand); ...**
E to be skilled in the art
F être au fait d'un métier/versé dans un métier
S ser versado en materia
R быть специалистом/опытным в данной области

13 (Fachgebiet); das ~, zu dem die Erfindung gehört
E the art to which the invention pertains
F le secteur de la technique auquel l'invention appartient
S el sector de la técnica al que pertenece la invención
R область техники, к которой принадлежит изобретение

14 Fachkenntnis *f auch* **Fachkunde** *f*
E special knowledge
F connaissances *f/pl* spéciales/techniques
S conocimientos *m/pl* especiales
R специальные знания *n/pl*

15 fachkundig
E competent, expert
F expert, compétent
S competente, experto, perito
R опытный, компетентный

16 Fachmann *m (i. allg.)*
E specialist, expert
F spécialiste *m*

S especialista *m*
R специалист *m*

17 (Fachmann) *Pr* → **Sachverständige**

18 Fachpresse *f (technische)*
E technical press, trade journals *pl*
F presse *f* spéciale
S prensa *f* técnica
R отраслевая периодическая печать *f*

19 Fachschule *f (technische)*
E technical school
F école *f* spéciale/professionnelle
S escuela *f* profesional/especial
R профессиональная школа *f*

20 Fachsprache *f (technische)*
E terminology, technical language/terminology
F terminologie *f* (technique)
S terminología *f* (técnica), tecnicismo *m*, lenguaje *m* técnico
R профессиональная терминология *f*

21 Fachwissen *n* → **Fachkenntnis**

22 Fachzeitschrift *f (technische)*
E technical periodical
F périodique *m* technique
S revista *f* técnica
R отраслевой технический журнал *m*

23 fahrlässig
E *adj* negligent; *adv* negligently
F *adj* négligent; *adv* par négligence
S *adj* imprudente, descuidado; *adv* por imprudencia
R *adj* небрежный; *adv* небрежно

24 Fahrlässigkeit *f*
E negligence
F négligence *f*

  S imprudencia *f*, negligencia *f*,
descuido *m*
R неосторожность *f*, небреж-
ность *f*

25 (Fahrlässigkeit); leichte ~
E slight negligence
F légère négligence
S ligera imprudencia/negligen-
cia
R лёгкая неосторожность

26 fakultativ
E optional
F facultatif
S facultativo
R факультативный

27 Fall *m*
E case
F cas *m*
S caso *m*
R случай *m*

28 (Fall); in den Fällen des Artikel 14
E in cases under article 14
F dans les cas prévus par l'article
14
S en los casos previstos por el
artículo 14
R в случаях, предусмотренных
параграфом 14

29 (Fall); im gleichen ~
E in such/similar cases
F en pareil cas
S en caso semejante
R в подобном случае

30 fallen; die Anmeldung ~ lassen
E abandon the application
F abandonner la demande
S abandonar la solicitud
R оставлять без движения
заявку

31 (fallen) → (Last); . . .
32 fällig
E due

F échéant, échu
S pagadero, vencido
R исполняемый, срочный

33 (fällig); ein Anspruch wird ~
E a claim falls due
F une revendication échoit
S un derecho vence
R срок исполнения требования
наступает

34 Fälligkeit *f*
E expiration
F échéance *f*
S vencimiento *m*
R наступления *n* срока испол-
нения

35 Fälligkeitstag *m*
E due date
F date *f* de l'échéance
S data *f* del vencimiento
R день *m* наступления срока
исполнения

36 Faltblatt *n Ww*
E folder
F prospectus *m (feuille volante)*
S prospecto *m (hoja suelta)*
R проспект *m (в виде складного
листа)*

37 Familienname *m*
E surname, family name
F nom *m* de famille
S nombre *m* de familia
R фамилия *f*

38 Farbe *f*
E colour; *US* color
F couleur *f*
S color *m*
R цвет *m*

39 Farbenzusammenstellung *f*
E combination of colours
F combinaison *f* de couleurs
S combinación *f* de colores
R сочетание *n* цветов

40 farbig
E in colour, coloured; *US* colored
F en/de couleur
S en/de color
R в цветном исполнении, цветной

41 Fassung *f*
E text; wording; draft; formulation
F rédaction *f;* texte *m;* formulation *f*
S redacción *f;* texto *m;* formulación *f*
R редакция *f;* формулировка *f;* составление *n*

42 (Fassung); ~ eines Gesetzes
E text of a law
F texte d'une loi
S texto legal
R текст *m*/формулировка *f* закона

43 (Fassung); ~ von Urkunden
E wording of documents
F formulation/texte d'un instrument
S formulación/texto de un documento
R формулировка / составление текста

44 (Fassung); die dieser ~ des Abkommens angehörenden Länder
E countries parties to the present Act
F pays *m/pl* parties au présent Acte
S países *m/pl* partes de la presente Acta
R страны *f/pl*, принявшие данную редакцию; страны-участницы настоящего Акта

45 (Fassung); die neue ~ der Patentansprüche weicht stark von der ursprünglichen ab
E the redrafted claims differ widely from the original ones
F la nouvelle rédaction des revendications diffère considérablement des revendications originelles
S la nueva redacción de las reivindicaciones se diferencia mucho de las originales
R новая редакция формулы изобретения сильно отличается от первоначальной

46 (Fassung); endgültige ~ der Anträge
E final formulation of the motions
F rédaction définitive des requêtes
S redacción definitiva de las mociones/conclusiones
R окончательная формулировка ходатайства

47 (Fassung); neue ~
E redrafted text
F nouvelle rédaction
S nueva redacción
R новый текст *m*, новая редакция *f*

48 (Fassung); ungeachtet der Hinterlegung einer neuen ~ der Ansprüche
E notwithstanding the filing of redrafted claims
F nonobstant le dépôt d'une nouvelle rédaction des revendications
S no obstante el depósito de una nueva redacción de las reivindicaciones

R несмотря на представленную новую редакцию пунктов формулы

49 (Fassung); verbindliche ~ eines Patents *EU*
E authentic text of a patent
F texte d'un brevet faisant foi
S texto auténtico de una patente
R аутентичный текст патента

50 federführend
E entitled to order/dispose
F autorisé à ordonner/disposer
S autorizado a dar disposiciones
R имеющий исполнительное право

51 (federführend) → Gewalt

52 Fehldruck *m*
E misprint
F feuille *f* défectueuse/mal venue
S impresión *f* defectuosa; error *m* de imprenta
R дефектный оттиск

53 Fehler *m*
E error, fault; mistake; defect
F erreur *f;* faute *f*
S error *m;* falta *f*
R ошибка *f*, недостаток *m*

54 (Fehler); ~ in amtlichen Veröffentlichungen werden dem Amt angelastet
E errors appearing in the official publications shall be charged to the Office's account
F les erreurs des publications officielles seront imputées à l'Office
S los errores en las publicaciones oficiales serán cargados en la Oficina
R ошибки в официальных публикациях ложатся на ведомство

55 (Fehler); aus den hinterlegten Unterlagen hervorgehende ~
E errors discovered in the papers filed
F erreurs relevées dans les pièces déposées
S errores revelados/descubiertos en las piezas depositadas
R ошибки, обнаруженные в представленных документах

56 fehlsam; die Kartellbehörde macht von ihrem Ermessen ~en Gebrauch
E the cartel authority wrongly applies its consideration
F l'autorité des cartels fait ses considérations d'une manière mauvaise/erronée
S la autoridad de carteles realiza sus consideraciones malamente
R картельное ведомство неправильно воспользуется своим правом свободного усмотрения

57 Fehlschluß *m*
E wrong inference
F fausse conclusion *f*
S conclusión *f* falsa
R неправильный вывод *m*

58 Fehlspruch *m*
E miscarriage of justice
F erreur *f* de justice
S error *m* de justicia
R судебная ошибка *f*

59 Fehlurteil *n*
E wrong judgement
F mal jugé *m*, erreur *f* judiciare
S fallo *m* errado
R ошибочное решение *n* суда

60 Fehlverbindung *f;* **~ von Erfindern in Patentanmeldungen** *US*

E misjoinder of inventors in patent applications
F adjonction *f* à faux des inventeurs dans des demandes de brevets
S junta *f* equivocada de los inventores en solicitudes de patentes
R неправильное объединение *n* изобретателей в заявках на выдачу патента

61 Feiertag *m;* **gesetzlicher ~**
E legal/official holiday
F jour *m* férié légal
S día *m* legalmente feriado
R законный праздничный день

62 (Feiertag); wenn der letzte Tag der Frist ein gesetzlicher ~ ist,
E if the last day of the period is a legal/an official holiday
F si le dernier jour du délai est un jour férié légal
S si el último día del plazo es un día legalmente feriado
R если последний день срока является законным праздничным днём

63 Feilbieten *n*
E putting on sale
F mise *f* en vente
S puesta *f* a la venta
R выпуск *m* в продажу

64 feilhalten
E offer for sale
F mettre en vente
S poner en venta, vender
R пускать в продажу, предлагать к продаже

65 Fernbleiben *n* → **Ausbleiben**

66 fernmündlich *adv*
E by telephone
F par téléphone
S por teléfono
R по телефону

67 (fernmündlich); ~e Rücksprache *BRD*
E consultation by phone
F consultation *f* par téléphone
S consulta *f* por teléfono
R консультация *f* по телефону

68 Fertigstellung *f*
E completion, finish
F achèvement *m*, confection *f*
S acabamiento *m*, confección *f*
R окончание *n*, завершение *n*, изготовление *n*

69 festlegen *auch* **festsetzen**
E establish, fix; settle; define
F établir, fixer; déterminer
S determinar, fijar; tasar
R устанавливать / установить, определять / определить

70 (festlegen); die Grenzen des beanspruchten Schutzes ~
E define the limits of the protection claimed
F fixer les limites de la protection revendiquée
S fijar los límites de la protección reivindicada
R определять объём испрашиваемой патентной охраны

71 (festlegen); den Zeitpunkt ~
E establish/fix the date
F établir la date, fixer la date
S determinar la fecha
R устанавливать дату

72 Festsetzung *f*
E assessment
F fixation *f*
S fijación *f*
R определение *n*

73 (Festsetzung) → (abändern); . . .

74 (Festsetzung); ~ einer Vergütung
      durch das Patentamt
  E assessment of a compensation
     by the patent office
  F fixation *f* de l'indemnité par
     l'office de brevets
  S fijación *f* de una remuneración
     por la oficina de patentes
  R определение вознагражде-
     ния патентным ведомством
75 feststellen   →   (Übereinstim-
      mung); ...
76 Feststellung *f*
  E establishment; statement
  F constatation *f;* établissement
     m; détermination *f*
  S constatación *f;* estableci-
     miento *m;* determinación *f;*
     fijación *f*
  R установление *n*, определение
     n
77 (Feststellung); ~ des Erfinders
      (Ermittlung)
  E determining of the identity of
     the inventor
  F établissement de l'identité de
     l'inventeur
  S establecimiento   de   la
     identidad del inventor
  R установление изобретателя
78 (Feststellung); ~ seitens des Er-
      finders
  E statement on the part of the
     inventor
  F constatation de la part de
     l'inventeur
  S alegación *f* de la parte del
     inventor
  R указание *n* со стороны изо-
     бретателя
79 (Feststellung); tatsächliche ~en
  E establishment of facts

  F constatation de faits
  S constatación de hechos
  R установление фактов
80 fiktiv
  E fictive
  F fictif
  S ficticio
  R вымышленный, фиктивный
81 Filiale *f*
  E branch
  F succursale *f*
  S sucursal *f*
  R филиал *m*
82 Finanzen *f/pl*
  E finances
  F finances *f/pl*
  S hacienda *f*, finanzas *f/pl LA;*
     asuntos *m/pl* financieros
  R финансы *m/pl*, финансовые
     дела *n/pl*
83 Finanzgesetz *n*
  E Finances Act
  F loi *f* de finances
  S ley *f* de hacienda/finanzas
  R закон *m* о бюджете, финан-
     совый закон
84 Finanzminister *m auch* Minister
      der Finanzen *DDR*, Minister
      für   Finanzwesen   →   (Mini-
      ster); ...
  E Minister of Finance, Chan-
     cellor of the Exchequer *GB;*
     Secretary of the Treasury *US*
  F ministre *m* des Finances
  S Ministro *m* de Hacienda *S;*
     Ministro *m* de Finanzas *LA*
  R министр *m* финансов
85 Firma *f (Betrieb)*
  E firm
  F maison *f*, firme *f*
  S casa *f* de comercio, firma *f*
  R фирма *f*

86 (Firma) *(Handelsname)*
E firm
F raison *f* sociale/de commerce
S razón *f* social, nombre *m*
R фирменное наименование *n*

87 (Firma); Leiter der ~
E manager of the firm
F directeur *m* de la maison/de commerce
S jefe *m* de la casa
R управляющий *m* фирмой

88 (Firma); Waren mit seiner ~ versehen
E apply one's firm to goods
F apposer sa raison de commerce sur des produits
S aplicar su razón social sobre los productos
R снабжать изделия фирменными наименованиями

89 Firmenbezeichnung *f*
E brand
F signe *m* de la raison/de commerce
S signo *m* de la razón social
R фирменный знак *m*

90 Firmenzeichen *n* → **Firmenbezeichnung**

91 Fiskus *m* → **Staatskasse**

92 Flagge *f*
E flag
F drapeau *m*
S bandera *f*
R флаг *m*

93 Flüchtigkeitsfehler *m*
E error by carelessness
F faute *f* due à l'inattention
S falta *f* por ligereza
R ошибка *f* по невнимательности

94 Folge *f;* **~ einer Säumnis**
E consequence of a delay
F conséquence *f* d'un retard
S consecuencia *f* de una morosidad/un retraso
R последствие *n* опоздания, последствие несоблюдения срока

95 (Folge); ein Ereignis zur ~ haben
E entail an occurrence
F entraîner un événement
S acarrear un acontecimiento
R влечь за собой какое-л. событие

96 Folgerung *f*
E conclusion; deduction; inference
F conclusion *f;* déduction *f*
S conclusion *f;* deducción *f*
R вывод *m*, следствие *n*, заключение *n*

97 fordern
E require; demand
F demander; exiger
S pedir; reclamar
R требовать/потребовать

98 Forderung *f*
E requisition; claim; demand; summons
F réquisition *f;* réclamation *f;* demande *f;* créance *f*
S reclamación *f;* demanda *f*
R требование *n*, ходатайство *n*

99 Förderung *f;* **~ gewerblicher Interessen**
E promotion of industrial interests
F encouragement *m*/promotion *f* des intérêts industriels
S promoción *f* de los intereses industriales
R поощрение *n* промышленных интересов

100 Form *f*
E form
F forme *f*
S forma *f*
R форма *f*

101 Formalität *f* → **Förmlichkeit**

102 Formalprüfung *f*
E formal examination
F examen *m* quant à la forme
S examen *m* de forma, examen en cuanto a la forma *LA*
R формальное рассмотрение *n*, формальная экспертиза *f*

103 Format *n*
E size; form
F format *m*
S formato *m*, tamaño *m*
R формат *m*

104 Formblatt *n* → **Formular**

105 Formel *f*
E formula
F formule *f*
S fórmula *f*
R формула *f*

106 formell
E formal
F formel
S formal
R формальный

107 Formerfordernis *n*
E requirements as to form; *(bzgl. äußerlicher Beschaffenheit der Anmeldeunterlagen)*: physical requirements *EU*
F exigence *f* quant à la forme
S exigencias *f/pl* de forma
R формальные требования *n/pl*

108 Formfehler *m*
E formal error
F vice *m* de forme
S vicio *m* de forma
R формальный недостаток *m*

109 formgerecht
E complying with the formal requirements
F conforme aux prescriptions relatives aux modalités
S conforme a las formalidades/ los trámites
R соответственно формальным требованиям

110 Förmlichkeit *f*
E formality
F formalité *f*
S formalidad *f*
R формальность *f*

111 (Förmlichkeit); vorgeschriebene ~en
E prescribed formalities
F formalités prévues
S formalidades previstas
R предписанные / установленные формальности / требования

112 Formmängel *m/pl* → *auch* **(Mangel); . . .**
E formal insufficiencies
F insuffisances *f/pl* formelles
S insuficiencias *f/pl* formales
R формальные недостатки *m/pl*

113 Formmängelrüge *f*
E notification on formal insufficiencies
F invitation *f* à effectuer les corrections formelles nécessaires
S invitación *f* a efectuar la subsanación de los defectos formales
R требование *n* устранения формальных недостатков

114 Formular *n* *(Formblatt)*
E form, official form
F formulaire *m* (spécial)

S formulario *m* (especial)
R формуляр *m*, бланк *m*
115 (Formular); ~e ausfüllen
E fill in forms
F remplir des formulaires
S llenar formularios
R заполнить формуляры
116 Formulierungsvorschlag *m*
E suggestions concerning the draft, suggestions for drafting
F propositions *f/pl* relatives à la rédaction
S proposiciones *f/pl* relativas a la redacción
R предложение *n* по формулировке/составлению
117 Forschung *f*
E research
F recherche *f*, recherches *pl*, investigation *f*
S investigación *f*
R исследование *n*
118 Forschungsabteilung *f*
E research department
F division *f* de recherche
S sección *f* de investigación
R исследовательский отдел *m*
119 Fortbildung *f*; ~ **des Rechts**
E further development of the law
F évolution *f* /perfectionnement *m* du droit
S evolución *f* del derecho
R усовершенствование *n* законодательства
120 Fortpflanzer *m* → **Züchter**
121 Fortschritt *m*
E progress
F progrès *m*
S progreso *m*
R прогресс *m*
122 (Fortschritt); ~ des Verfahrens
E progress in the proceedings

F progrès dans la procédure
S progreso en el procedimiento
R продвижение *n* в процедуре
123 (Fortschritt); sprunghafter ~ *Pr*
E progress by leaps
F progrès par bonds
S progreso brusco
R скачкообразный прогресс
124 (Fortschritt); technischer ~
E advance in the art, technical progress
F progrès technique
S progreso técnico
R технический прогресс
125 Fortschrittlichkeit *f*
E progressiveness
F caractère *m* progressif, progressivité *f*
S carácter *m* progresivo
R прогрессивность *f*
126 fortsetzen
E continue, pursue
F continuer
S continuar
R продолжать/продолжить
127 Fragenkreis *m*; ~ **der Erfindungshöhe**
E problem of the level of invention
F problème *m* du niveau d'invention
S problema *m* de la altura inventiva
R проблема *f* уровня изобретения
128 Fragestellung *f*
E formulation of the question
F position/formulation *f* de la question
S planteamiento *m* de la cuestión
R постановка *f* вопроса

129 **frankieren**
- *E* prepay, stamp
- *F* affranchir
- *S* franquear
- *R* франкировать

130 **frei**
- *E* free
- *F* libre
- *S* libre
- *R* свободный

131 **(frei); ~ gewordene Erfindung →**
   (Diensterfindung); . . .

132 **Freigabe** *f*
- *E* release
- *F* libération *f*
- *S* liberación *f*
- *R* освобождение *n*

133 **(Freigabe); ~ einer Diensterfin-**
   dung
- *E* release of an employee's invention
- *F* abandon *m*/abandonnement *m* d'une invention d'employé
- *S* abandono *m* de una invención del empleado/de servicio
- *R* отказ *m* (предпринимателя) от права на изобретение

134 **Freisprechung** *f*
- *E* acquittal, absolution
- *F* acquittement *m;* absolution *f*
- *S* absolución *f*
- *R* оправдательное решение *n* (суда)

135 **Freistellung** *f; ~ von Artikel 1*
- *E* derogation from Article 1
- *F* dérogation *f* à l'article 1
- *S* derogación *f* al artículo 1
- *R* освобождение *n* от выполнения статьи 1

136 **Freizeichen** *n Wr*
- *E* generic name
- *F* nom *m*/signe *m* générique
- *S* denominación *f* genérica
- *R* свободный знак *m*

137 **Fremdsprache** *f*
- *E* foreign language
- *F* langue *f* étrangère
- *S* lengua *f* extranjera
- *R* иностранный язык *m*

138 **fremdsprachlich**
- *E* in a foreign language
- *F* appartenant à une langue étrangère
- *S* de lengua extranjera, de otro idioma
- *R* иноязычный, на иностранном языке

139 **Friedensrichter** *m*
- *E* justice of peace *GB;* marshal *US*
- *F* juge *m*/officier *m* de paix
- *S* juez *m* de paz
- *R* мировой судья *m*

140 **Frist** *f*
- *E* period, time limit
- *F* délai *m*
- *S* plazo *m*
- *R* срок *m*

141 **(Frist); angemessene ~**
- *E* reasonable period/term
- *F* délai équitable
- *S* plazo equitativo
- *R* справедливый срок

142 **(Frist); eine ~ bestimmen**
- *E* provide for a period
- *F* prévoir un délai
- *S* prever un plazo
- *R* предусмотреть срок

143 **(Frist); innerhalb der vorgesehe-**
   nen ~
- *E* within a time/period provided for
- *F* dans le délai visé/fixé/prévu

S en el plazo fijado
R в установленный срок

144 fristgebunden; ~e Schriftstücke
E documents to be filed within a time limit
F pièces devant être produites dans un délai déterminé
S piezas las cuales deberán ser depositadas en un plazo determinado
R документы, которые должны быть поданы в определённый срок

145 fristgemäß *auch* **fristgerecht**
E in due time
F dans le délai prévu
S en el plazo
R в срок, согласно сроку

146 Fristgesuch *n*
E request for a time limit
F requête *f* de délai
S requerimiento *m* de plazo
R ходатайство *n* об установлении срока

147 fristlos *adv*
E immediately; without respite
F immédiatement; sans délai
S inmediatamente; sin tardar
R немедленно, бессрочно

148 Fristüberschreitung *f*
E default of term
F dépassement *m*/excès *m* du délai; retard *m*
S exceso *m* de un plazo, retardo *m*
R просрочка *f*

149 Fristverlängerung *f*
E extension of time, extension of time limit
F prolongation *f* du délai
S prórroga *f*, prolongación *f* de un plazo
R продление *n* срока

150 Fristversäumung *f* → **Fristüberschreitung**

151 fruchtlos; der ~e Ablauf einer Frist
E expiration of a term without result
F non-satisfaction *f* d'un délai
S expiración *f* de un plazo sin resultado
R безрезультатное истечение *n* срока

152 früher → älter, (Anmeldung); ..., (Recht); ..., (Rechtsinhaber); ...

153 Führung *f;* **~ eines Registers**
E keeping of a register
F tenue *f* d'un registre
S mantenimiento *m* del registro
R ведение *n* реестра

154 (Führung); ~ des Verfahrens
E conduct of the proceedings
F conduite *f* de la procédure
S conducta *f* del procedimiento
R ведение процедуры

155 Fundstelle *f*
E passage of a reference
F lieu *m* de référence
S lugar *m* de referencia
R ссылка *f*

156 Fundstellenangabe *f*
E citation; notice of reference
F citation *f;* notification *f* de l'endroit d'une citation
S citación *f;* notificación *f* de una referencia
R указание *n* источника

157 Fußnote *f*
E footnote
F note *f* au bas de la page, note infrapaginale
S nota *f*, nota al pie de la página
R сноска *f*, подстрочное примечание *n*

G

1 Gang *m;* **wesentlicher ~ des Verfahrens**
- *E* essentials of the proceedings
- *F* essentiel *m* du déroulement de la procédure
- *S* marcha *f* esencial de procedimiento
- *R* суть *f* прохождения процедуры

2 Gattung *f*
- *E* genus; sort; kind
- *F* genre *m;* sorte *f;* espèce *f*
- *S* género *m;* especie *f*
- *R* род *m,* вид *m,* сорт *m,* разновидность *f*

3 (Gattung); botanische ~ *Ss*
- *E* botanical genus
- *F* genre botanique
- *S* género botánico
- *R* ботанический род

4 Gattungsbegriff *m*
- *E* generic notion
- *F* notion *f* générique
- *S* noción *f* genérica
- *R* родовое понятие *n*

5 Gattungsbezeichnung *f Ss*
- *E* generic name
- *F* désignation *f* générique
- *S* designación *f* genérica
- *R* родовое обознаяение *n*

6 gattungsbildend; ~er Anspruch *m US*
- *E* generic claim
- *F* revendication *f* générique
- *S* reivindicación *f* genérica
- *R* видовая формула *f*

7 Gebiet *n*
- *E* field; sphere; territory
- *F* domaine *m;* région *f;* champ *m;* territoire *m*
- *S* territorio *m;* dominio *m;* esfera *f*
- *R* территория *f,* область *f,* сфера *f*

8 gebieten
- *E* order, command
- *F* ordonner, commander
- *S* ordenar, mandar
- *R* приказывать / приказать, распоряжатся / распорядиться, поручать / поручить

9 (gebieten); die Erteilung der Erlaubnis ist dringend geboten
- *E* the grant of permission is urgently required
- *F* il est commandé d'urgence que la concession soit accordée
- *S* la concesión/otorgación del permiso es requerida con urgencia

R выдача *f* разрешения требуется настоятельно

10 Gebrauch *m*
E use; utilization
F usage *m;* emploi *m*, utilisation *f*
S uso *m;* empleo *m*, utilización *f*
R применение *n*, пользование *n*

11 (Gebrauch); ~ einer Marke
E use of a trademark
F usage/emploi d'une marque
S uso/empleo de una marca
R использование *n*/применение знака

12 (Gebrauch); den ~ einer Marke gestatten/erlauben
E authorize the use of a trademark
F autoriser l'utilisation d'une marque
S autorizar la utilización de una marca
R давать согласие на использование знака

13 (Gebrauch); von der Befugnis ~ machen
E avail oneself of the power
F faire usage de la faculté
S hacer uso de la facultad
R пользоваться правом

14 gebrauchen
E use
F utiliser
S usar, utilizar
R использовать, применять/применить

15 Gebraucher *m* → **Benutzer**

16 Gebrauchsgegenstand *m*
E article of everyday use
F objet *m* usuel/de consommation
S objeto *m* de uso corriente

R предмет *m* широкого потребления

17 Gebrauchslizenz *f*
E license of exploitation
F licence *f* d'exploitation
S licencia *f* de explotación
R лицензия *f* на использование/применение

18 Gebrauchsmuster *n* **(GM)**
E utility model
F modèle *m* d'utilité
S modelo *m* de utilidad
R полезный образец *m*

19 Gebrauchsmusterabteilung *f*
E utility model division
F division *f* des modèles d'utilité
S sección de modelos de utilidad
R отдел *m* полезных образцов

20 Gebrauchsmusteranmeldung *f*
E utility model application, application for utility model
F demande *f* de modèle d'utilité
S solicitud *f* del modelo de utilidad
R заявка *f* на полезный образец

21 Gebrauchsmustereintragung *f*
E utility model registration
F enregistrement *m* du modèle d'utilité
S registro *m* del modelo de utilidad
R регистрация *f* полезного образца

22 gebrauchsmusterfähig
E apt for utility model protection
F apte à être enregistré comme modèle d'utilité
S apto para ser registrado como modelo de utilidad

R пригодный к регистрации в качестве полезного образца

23 Gebrauchsmustergesetz *n*
E Utility Model Law
F Loi *f* sur les modèles d'utilité
S Ley *f* sobre Modelos de Utilidad
R Закон *m* о полезных образцах

24 Gebrauchsmusterhilfsanmeldung *f BRD*
E provisional application for utility model
F demande *f* provisionnelle de modèle d'utilité
S solicitud *f* provisional del modelo de utilidad
R предварительная («вспомогательная») заявка *f* на полезный образец

25 Gebrauchsmusterrolle *f BRD*
E utility model register
F registre *m* des modèles d'utilité
S registro *m* de modelos de utilidad
R реестр *m* полезных образцов

26 Gebrauchsmustersache *f*
E utility model case
F matière *f* de modèle d'utilité
S cosa *f* de modelos de utilidad
R дело *n* по полезным образцам

27 Gebrauchsmusterschutz *m*
E utility model protection
F protection *f* des modèles d'utilité
S protección *f* de modelos de utilidad
R охрана *f* полезных образцов

28 Gebrauchsmusterstelle *f*
E utility model section
F section *f* des modèles d'utilité
S sección *f* de modelos de utilidad
R отдел *m* полезных образцов

29 Gebrauchszertifikat *n F Pr besser* **Nützlichkeitszertifikat**
E certificate of utility
F certificat *m* d'utilité
S certificado *m* de utilidad
R свидетельство *n* о полезности

30 Gebrauchszweck *m;* **zum ~**
E for purpose of use
F pour être utilisé
S por ser utilizado
R с целью использования

31 Gebühr *f*
E fee
F taxe *f*
S tasa *f*
R пошлина *f*

32 (Gebühr); eine ~ entrichten/ einzahlen
E pay a fee
F payer/verser une taxe
S pagar una tasa
R уплатить пошлину

33 (Gebühr); ~en erheben
E collect fees
F percevoir des taxes
S percibir derechos
R взимать пошлину

34 (Gebühr); ~en erstatten
E refund fees
F rembourser des taxes
S reembolsar tasas/derechos
R возвращать пошлины

35 (Gebühr); gegen eine ~ übermitteln

E deliver subject to a fee
F délivrer moyennant une taxe
S expedir mediante una tasa
R выдавать при условии уплаты пошлины

36 gebührenfrei
E without fee
F exempt de frais
S exento de derechos
R беспошлинный, свободный от пошлины

37 Gebührenmarke *f*
E bill/receipt stamp
F timbre *m* (de taxe)
S timbre *m*
R гербовая марка *f*

38 Gebührenordnung *f*
E Rules relating to the fees
F règlement *m* relatif aux taxes
S reglamento *m* sobre las tasas; reglamento tributario
R правила *n/pl* взимания пошлины

39 Gebührenpflicht *f* → (erlassen); ...

40 gebührenpflichtig
E subject to the payment of fees
F sujet à taxes, soumis aux taxes
S sujeto a tasas/derechos
R подлежащий оплате пошлиной

41 gebührenrechtlich; in ~er Hinsicht
E as for the fee regulations
F en ce qui concerne le règlement relatif aux taxes
S por lo que se refiere al reglamento del pago de tasas
R что касается регламента по уплате пошлин

42 Gebührensatz *m* → *auch* (Satz); ...
E rate of fees
F norme *f* des taxes

S nomenclátor *m* de las tasas, tasas-nomenclátor *m*
R таблица *f* пошлин

43 Gebührenschuld *f*
E amount of the fees still owing/due
F montant *m* de la taxe due
S deuda *f* de tasas
R задолженность *f* по пошлине

44 Gebührenzahlung *f*
E payment of fees
F paiement m des taxes
S pago *m* de tasas
R уплата *f* пошлин

45 gebunden; das Gericht ist an eine vorangehende Entscheidung ~
E the court shall be bound by a previous decision
F le tribunal est lié par une décision préalable
S el tribunal es atado por una decisión previa
R суд связан ранее принятым решением

46 Gedanke *m*
E idea, thought
F idée *f*, pensée *f*
S idea *f*, pensamiento *m*
R идея *f*, мысль *f*

47 Gedankenfolge *f*
E order of thoughts, train of thoughts/ideas
F ordre *m* des pensées, séquence *f* d'idées
S secuencia *f* de las ideas
R ход *m* мыслей

48 gedanklich; ~e Tätigkeiten *f/pl* **EU**
E mental acts
F activités *f/pl* intellectuelles
S actividades *f/pl* intelectuales
R интеллектуальная деятельность *f*

49 geeignet → *auch* **(berühren); ...**
  E apt; suited; appropriate
  F propre, apte
  S apropiado, apto
  R пригодный

50 Gefahr *f*
  E danger, risk
  F danger *m*, risque *m*
  S peligro *m*, riesgo *m*
  R опасность *f*, риск *m*

51 (Gefahr); es ist ~ im Verzuge
  E any delay means a risk of damage
  F il y a péril en la demeure
  S hay/existe un peligro en la demora
  R промедление связано с несением риска/убытков

52 (Gefahr) → **(Täuschung); ...**

53 Gefährdung *f*
  E endangering
  F mise *f* en péril, menace *f*
  S puesta *f* en peligro
  R опасность *f*, угроза *f*

54 (Gefährdung); ~ von ... Interessen → **(Öffentlichkeit); ...**

55 (Gefährdung); ~ schutzwürdiger Interessen
  E endangering of interest worthy of protection
  F atteinte *f* aux intérêts dignes de protection
  S ataque *m* a los intereses dignos de protección
  R угроза интересам, касающимся правовой охраны

56 (Gefährdung); eine ~ des Wohls der Bundesrepublik Deutschland ist nicht zu erwarten
  E no danger can be expected to arise for the welfare of the Federal Republic of Germany
  F les intérêts de la République fédérale d'Allemagne ne risquent pas de s'en trouver compromis
  S no se considera que los intereses de la República Federal de Alemania son perjudicados/en peligro
  R маловероятно, чтобы интересы Федеративной Республики Германии были в опасности

57 gefestigt; ~e Rechtsprechung
  E consolidated jurisprudence
  F jurisprudence *f* consolidée
  S jurisprudencia *f* concolidada
  R установившаяся правовая практика *f*

58 gegen *(wider)*
  E against, versus
  F contre
  S contra
  R против

59 (gegen); ~ Entgelt
  E on/against payment
  F contre rémunération/payement
  S mediante remuneración
  R за вознаграждение

60 Gegenantrag *m*
  E response, counter-proposal, counter-motion
  F contre-proposition *f*
  S contrapropuesta *f*, contra-proposición *f*, moción *f* contraria
  R контрпредложение *n*, встречное предложение *n*

61 Gegenbeweis *m*
  E counter-evidence
  F contre-épreuve *f*, preuve *f* du contraire

S contraprueba *f*
R контрдоказательство *n*

62 Gegenerklärung *f*
E response, counter-declaration
F mémoire *m*, contre-déclaration *f*
S réplica *f*
R встречное заявление *n*, контр-декларация *f*

63 Gegenerwiderung *f* (*Replik, Duplik*)
E rejoinder, rebutter
F réplique *f*, duplique *f*
S réplica *f*, dúplica *f*
R возражение *n*, реплика *n*, ответ *m*/возражение на реплику

64 Gegenforderung *f*
E counter-claim
F demande *f* reconventionnelle
S demanda *f* recíproca
R встречная претензия *f*, встречное требование *n*, контрпретензия *f*

65 Gegengrund *m*
E counter-argument
F argument *m* opposé, raison *f* contraire
S contraargumento *m*, argumento *m* contrario
R контраргумент *m*

66 Gegenklage *f*
E cross-action
F action *f* reconventionnelle
S contraquerella *f*
R встречный иск *n*

67 Gegenpartei *f*
E opponent, adverse/opposite party
F partie *f* adverse/opposée
S parte *f* contraria/oponente
R противная сторона *f*

68 Gegenseitigkeit *f*
E reciprocity
F réciprocité *f*
S reciprocidad *f*
R взаимность *f*

69 (Gegenseitigkeit); ~ verbürgen
E guarantee reciprocity
F garantir la réciprocité
S garantizar la reciprocidad
R гарантировать взаимность, обеспечивать взаимность

70 Gegenseitigkeitsklausel *f*
E reciprocity clause
F clause *f* de réciprocité
S cláusula *f* de reciprocidad
R клаузула *f*/оговорка *f* о взаимности

71 Gegenstand *m*
E object, subject, subject matter
F objet *m*, sujet *m*
S objeto *m*
R объект *m*, предмет *m*

72 (Gegenstand); ~ der Erfindung → Erfindungsgegenstand

73 (Gegenstand); ~ des Patents
E subject matter of the patented invention
F objet du brevet
S objeto de la patente
R объект/предмет патента

74 (Gegenstand); Einfuhr von Gegenständen (*ins Land*)
E importation of articles
F introduction *f* d'objets
S introducción *f* de objetos
R ввоз *m* предметов

75 gegenwärtig
E present
F présent
S presente
R настоящий

76 gehalten sein; die Verbandsländer sind nicht gehalten, die Bestimmung anzuwenden
- *E* the countries of the Union shall not be required to apply the provisions
- *F* les pays de l'Union ne sont pas tenus d'appliquer les dispositions
- *S* los países de la Unión no son obligados a aplicar las disposiciones
- *R* страны-участницы Союза/Конвенции не обязаны применять положения

77 Geheimanmeldung *f*
- *E* secret application
- *F* demande *f* tenue secrète
- *S* solicitud *f* secreta
- *R* секретная заявка *f*

78 geheim halten
- *E* keep secret
- *F* tenir secret
- *S* mantener secreto
- *R* сохранять в тайне

79 Geheimhaltung *f*
- *E* secrecy
- *F* sauvegarde *f* d'un secret
- *S* mantenimiento *m* en secreto
- *R* сохранение *n* в секрете/тайне; секретность *f*

80 (Geheimhaltung); die Erfindung bedarf der ~
- *E* the invention requires to be kept secret
- *F* l'invention doit être tenue secrète
- *S* la invención debe ser mantenido en secreto
- *R* изобретение должно быть сохранено в тайне

81 (Geheimhaltung) → (Nachteil); ...

82 (Geheimhaltung); ~ wahren
- *E* maintain secrecy
- *F* garder/tenir le secret
- *S* mantener un secreto
- *R* сохранять/сохранить тайну

83 Geheimhaltungsbedürftigkeit *f*
- *E* necessity of keeping the invention secret
- *F* nécessité *f* de tenir l'invention secrète
- *S* necesidad *f* de mantener la invención en secreto
- *R* необходимость *f* сохранения изобретения в тайне

84 Geheimhaltungspflicht *f* **(der Erfindung)**
- *E* duty of keeping the invention secret
- *F* obligation *f*/devoir *m* de tenir l'invention secrète
- *S* obligación *f* de mantener la invención en secreto
- *R* обязательство *n* сохранения изобретения в тайне

85 Geheimnis *n*
- *E* secret
- *F* secret *m*
- *S* secreto *m*
- *R* секрет *m*, тайна *f*

86 Geheimpatent *n*
- *E* secret patent
- *F* invention *f* tenue secrète
- *S* patente *f* secreta
- *R* секретный патент *m*

87 Geheimverfahren *n*
- *E* secret procedure
- *F* procédure *f* secrète
- *S* procedimiento *m* secreto
- *R* секретная процедура *f*

88 gehoben → (Dienst); ...

89 Gehör *n;* **einem Beteiligten wurde das rechtliche ~ versagt**

E the legal hearing of a party has been refused
F l'audience *f* légale d'une partie a été refusée
S la audiencia *f* legal de una parte fue rehusada
R стороне было отказано в заслушании судьёй

90 Geist *m* → **Weisung**
91 geistiges → (**Eigentum**); ...
92 gekennzeichnet → (**kennzeichnen**); ...
93 Geldbuße *f* → **Buße**
94 gelten

E be valid, be in force
F être valable, être en vigueur
S ser válido, estar en vigor
R быть действительным, находиться в силе, быть в силе

95 (gelten); als Tag und Stunde der Hinterlegung ~ die des Eingangs des Briefes

E the date and hour of filing shall be those of the receipt of the letter
F la date et l'heure du dépôt seront celles de la réception de la lettre
S la data y la hora del depósito serán las del recibo de la carta
R датой и часом подачи заявки считаются дата и час получения письма

96 (gelten); diese Verfügung gilt nicht mehr

E this order is not in force any longer
F cet ordre n'est plus en vigueur
S esta disposición ya no está en vigor
R это положение уже не имеет силы

97 geltend machen → (**Anspruch**); ..., (**Tatsache**); ...
98 Geltung *f*

E force, validity
F force *f*, validité *f*
S fuerza *f*, vigor *m*, validez *f*
R сила *f*, действие *n*

99 Geltungsbereich *m*; **räumlicher ~**

E field of validity; territory of validity
F champ *m* d'application; champ territorial
S campo *m*/ámbito *m* de aplicación; campo territorial
R территориальная область *f* действия

100 (Geltungsbereich); außerhalb des ~s eines Gesetzes

E outside the purview/jurisdiction of a law
F en dehors du champ d'application d'une loi
S fuera de la esfera de aplicación de una ley
R вне сферы действия закона

101 (Geltungsbereich); wenn ausländische Waren in den ~ dieses Gesetzes gelangen

E if foreign goods are entering the territory for which this law is applicable
F si des marchandises étrangères entrent dans le territoire régi par la présente loi
S si mercancías extranjeras entran en el territorio del campo de aplicación de la presente ley
R если иностранные товары прибывают на территорию, где применяется настоящий закон

102 Geltungsdauer *f*
E duration of force/validity
F durée *f* de la force/de validité
S duración *f*/plazo *m* de validez
R срок *m* действия

103 gemäß → *auch* **nach**
E according to
F selon
S según, conforme
R по, согласно

104 Gemeindeverband *m*
E association of communities
F association *f* de communes
S asociación *f* municipal/de comunidades
R ассоциация *f* муниципалитетов

105 gemeinfrei gewordene → (**Erfindung**); ...

106 Gemeingut *n*
E common property
F bien *m* commun
S bien *m* público
R общественное благо *n*

107 Gemeinkosten *pl*
E common expenses *pl*
F dépenses *f*/*pl* communes
S gastos *m*/*pl* comunes
R общие расходы *m*/*pl*

108 (Gemeinkosten); ~ des Arbeitgebers
E common expenses of the employer
F dépenses communes de l'employeur
S gastos comunes del empleador
R общие расходы работодателя

109 gemeinsam
E *adj* common, joint; *adv* in common, jointly
F *adj* commun; *adv* en commun
S común; *adv* en común
R *adj* общий; *adv* совместно, коллективно

110 (gemeinsam); ~e Anmelder *m*/*pl* *EU auch* **Mitanmelder** *m*/*pl*
E joint applicants; co-applicants
F codemandeurs *m*/*pl*; codéposants *m*/*pl*
S consolicitantes *m*/*pl*; codepositantes *m*/*pl*
R созаявители *m*/*pl*

111 (gemeinsam) → *auch* (**Ausgabe**); ..., (**Besitz**); ..., (**Erfindung**); ...

112 gemeinschaftlich → **gemeinsam**

113 (gemeinschaftlich); ~e Warenzeichen → **Verbandsmarke**

114 Gemeinschaftsbesitz *m*
E common property
F propriété *f* commune
S propiedad *f* común
R общая собственность *f*

115 Gemeinschaftspatent *n*
E community patent
F brevet *m* communautaire
S patente *f* comunidatoria
R сообщественный патент *m*

116 Gemeinwohl *n*
E common/public wealth
F bien *m* public
S bien *m* común, utilidad *f* pública
R благосостояние *n*, общественное благо *n*, общественная польза *f*

117 Genehmigung *f*
E consent; assent
F consentement *m*, approbation *f*
S consentimiento *m*
R разрешение *n*

118 (Genehmigung); ~, die Erfindung bekannt zu machen
- *E* authorization to disclose the invention
- *F* autorisation *f* de divulguer l'invention
- *S* autorización *f* a publicar la invención
- *R* разрешение опубликовать изобретение

119 (Genehmigung); ~ unter Auflagen
- *E* consent subject to conditions
- *F* consentement assorti de conditions
- *S* consentimiento sometido a condiciones
- *R* обусловленное разрешение

120 Generalstaatsanwalt *m*
- *E* attorney general *GB;* chief public prosecutor *US*
- *F* procureur *m* général
- *S* procurador *m* general
- *R* генеральный прокурор *m*

121 Generalvollmacht *f*
- *E* general power, plenipotence
- *F* procuration *f* générale, pleins pouvoirs *m/pl*
- *S* pleno poder *m*, plenipotencia *f*
- *R* генеральная доверенность *f*, полномочие *n*

122 genießen; gesetzlichen Schutz ~
- *E* enjoy legal protection
- *F* jouir de la protection légale
- *S* disfrutar/gozar de protección legal
- *R* пользоваться законной охраной

123 Genossenschaft *f*
- *E* co-operative society
- *F* coopérative *f*, société *f* coopérative
- *S* cooperativa *f*, sociedad *f* cooperativa
- *R* кооператив *m*, кооперативное общество *n*

124 Genossenschaftsgesetz *n*
- *E* co-operative societies act
- *F* loi *f* sur les sociétés coopératives
- *S* ley *f* sobre las sociedades cooperativas
- *R* закон *m* о кооперативах

125 genügen → (Anforderung); ...

126 Genuß *m; ~* irgendeines Rechts des gewerblichen Eigentums
- *E* enjoyment of any industrial property right
- *F* jouissance *f* d'aucun des droits de propriété industrielle
- *S* goce *m* de alguno de los derechos de propiedad industrial
- *R* пользование *n* каким-либо из прав промышленной собственности

127 Gerätschaft *f*
- *E* implement, appliance
- *F* instrument *m*, outillage *m*
- *S* instrumento *m*, utensilio *m*
- *R* инструмент *m*, орудие *n*

128 gerecht werden → (Aufforderung); ...

129 Gericht *n* → *auch im Anhang*
- *E* court
- *F* cour *f*, tribunal *m*
- *S* tribunal *m*, juzgado *m*
- *R* суд *m*

130 (Gericht); erkennendes ~
- *E* the deciding court
- *F* la cour délibérante
- *S* el tribunal que juzga
- *R* суд, выносящий решение

131 (Gericht); ordentliches ~
- *E* ordinary court

F tribunal ordinaire
S tribunal ordinario
R общий суд, суд общей юрисдикции

132 (Gericht); oberstes → (Gerichtshof); . . .

133 gerichtlich
E judicial
F judiciaire
S judicial
R судебный

134 Gerichtsakten *f/pl*
E files/documents of the case in court
F dossier *m* du tribunal
S autos *m/pl*
R докумепты *m/pl* судебного дела

135 Gerichtsbarkeit *f (i. allg.)*
E jurisdiction
F juridiction *f*
S jurisdicción *f*, fuero *m*
R юрисдикция *f*, подсудность *f*

136 (Gerichtsbarkeit); außerstreitige ~ Ö, freiwillige ~
E non-contentious jurisdiction, voluntary jurisdiction
F juridiction non contentieuse; juridiction gracieuse
S jurisdicción voluntaria
R внесудебная юрисдикция

137 Gerichtsbehörde *f*
E judicial administration
F administration *f* judiciaire
S administración *f* judicial
R судебное учреждение *n*, орган *m* юстиции

138 Gerichtsbeschluß *m*
E judicial decree, legal resolution
F décision *f* du tribunal
S decisión *f* del tribunal
R постановление *n* суда

139 Gerichtsbezirk *m*
E judicial district
F juridiction *f*, ressort *m*
S distrito *m* judicial
R судебный округ *m*

140 Gerichtsentscheidung *f*
E court decision
F décision *f* du tribunal
S decisión *f* judicial
R решение *n* суда

141 Gerichtsferien *pl*
E court vacation
F vacances *f/pl* des tribunaux/judiciaires
S vacaciones *f/pl* judiciales
R перерыв *m* в работе суда

142 Gerichtsgebühren *f/pl*
E court fees
F frais *m/pl* de justice
S derechos *m/pl* judiciales
R судебные пошлины *f/pl*

143 Gerichtshof *m*
E court of justice
F tribunal *m*
S tribunal *m*, corte *f LA*
R суд *m*

144 (Gerichtshof); oberster ~ → *auch im Anhang*
E supreme court
F cour *f* suprême
S tribunal supremo, corte supremo de justicia
R верховный суд

145 (Gerichtshof); ~ für Beschwerden in Zoll- und Patentsachen *US*
E Court of Customs and Patent Appeals
F cour d'appel en causes de douane et brevets
S tribunal de apelación en casos de aduana y de patentes
R апелляционный суд по таможенным и патентным делам

146 Gerichtskosten *pl*
E court costs
F frais *m/pl* de justice, frais et dépens *m/pl*
S costas *f/pl* judiciales
R судебные расходы *m/pl; (in Strafprozeß:)* судебные издержки *f/pl*

147 Gerichtskostengesetz *n*
E law on court costs
F loi *f* sur les frais de justice
S ley *f* sobre las costas judiciales
R закон *m* о судебных издержках

148 Gerichtsordnung *f*
E rules *pl* of the court
F règlements *m/pl* judiciaires
S reglamento *m*/ordenanza *f* judicial
R положение *n* о суде

149 Gerichtssprache *f*
E language of the courts, judicial terminology
F langage *m* des tribunaux, style *m* de palais
S lenguaje *m*/estilo *m* de tribunales
R юридический язык *m*

150 Gerichtsspruch *m*
E findings *pl* of the court
F sentence *f*
S sentencia *f*
R решение *n* суда; *(im Strafprozeß)* приговор *m*

151 Gerichtsstand *m*
E seat of the competent court
F siège *m* de la cour compétente
S sede *f* de la corte competente
R подсудность *f*

152 (Gerichtsstand); ~ des § 24
E forum provided for in Article 24
F instance *f* prévue à l'article 24
S instancia *f* prevista en el artículo 24
R инстанция *f,* предусмотренная в статье 24

153 Gerichtstermin *m (Tag)*
E term of court
F ajournement *m,* assignation *f*
S señalamiento *m* judicial
R срок *m* слушания в суде

154 (Gerichtstermin) *(Verhandlung)*
E hearing
F audience *f*
S juicio *m,* vista *f*
R разбор *m,* судебное разбирательство *n*

155 Gerichtsverfahren *n* → *auch* **(Verfahren); ...**
E judicial procedure
F procédure *f* judiciaire
S procedimiento *m* judicial
R судебная процедура *f*

156 Gerichtsverfassungsgesetz *n*
E Judiciary/Judicature Act
F Loi *f* d'organisation judiciaire
S Ley *f* Orgánica del Poder Judicial
R Закон *m* о судоустройстве

157 Gerichtsvollzieher *m*
E bailiff, court bailiff
F porteur *m* de contraintes, huissier *m*
S alguacil *m,* agente *m* ejecutivo
R судебный исполнитель *m*

158 Gesamterfindungswert *m*
E aggregate value of the invention
F valeur *f* totale de l'invention
S valor *m* total de la invención
R общая ценность *f* изобретения

159 Gesamtergebnis *n*
E total result
F résultat *m* total
S resultado *m* total
R общий результат *m*

160 (Gesamtergebnis); ~ des Verfahrens
E total result of the process
F résultat total du procédé
S resultado total del procedimiento
R общий результат процедуры

161 Gesamtgestaltung *f*
E complete formation
F formation *f* complète
S formación *f* completa
R комплектное исполнение *n*

162 (Gesamtgestaltung); ~ eines mit Schutzrechtskomplex belasteten Erzeugnisses → *auch* Schutzrechtkomplex
E complete formation of a product incorporating diverse protected solutions
F formation complète d'un produit incorporant des solutions protégées diverses
S formación completa de un producto que contiene/incorpora diversas soluciones protegidas
R комплектное исполнение изделия, содержащего различные запатентованные решения

163 Gesamtheit *f*
E whole; totality; total
F ensemble *m;* totalité *f*
S conjunto *m;* totalidad *f*
R совокупность *f*

164 (Gesamtheit); die ~ der Anmeldungsunterlagen
E the application documents as a whole
F l'ensemble des pièces de la demande
S el conjunto de las piezas de la solicitud
R совокупность заявочных документов

165 (Gesamtheit); die ~ der Gebiete ist als ein Land anzusehen
E the group of the respective territories shall be considered as one country
F l'ensemble des territoires respectifs devra être considéré comme un seul pays
S el conjunto de los territorios respectivos deberá ser considerado como un solo país
R все их территории должны рассматриваться как одна страна

166 Gesamthöhe *f;* **~ der Vergütung**
E total amount of the award
F somme *f* totale de l'indemnité
S suma *f* total de la remuneración
R общая сумма *f* вознаграждения

167 Gesamtpreis *m*
E total price
F prix *m* total
S precio *m* total
R общая цена *f*

168 Gesamtrechtsnachfolger *m*
E sole successor
F ayant *m* droit universel
S sucesor *m* solo/universal
R универсальный правопреемник *m*/наследник *m*

169 Gesamtschuldner *m/pl;* **die Verurteilten haften als ~**

E the parties sentenced shall be liable as joint debtors
F les personnes condamnées répondent solidairement de la dette
S las personas condenadas responden solidariamente de la multa
R осуждённые лица считаются солидарными должниками

170 Gesamtsumme *f*
E total (amount)
F somme *f* totale
S suma *f* total
R общая сумма *f*

171 (Gesamtsumme); ~ der Kosten
E total expenditure
F somme totale des frais
S suma total de gastos
R общая сумма расходов

172 Gesamtvorrichtung *f*
E whole appliance
F ensemble *m* de l'appareil
S conjunto *m* del aparato
R агрегат *m*

173 (Gesamtvorrichtung); den patentierten Teil in Verbindung mit der ~ bewerten
E estimate the patented part in connection with the whole appliance
F estimer la partie brevetée avec l'ensemble de l'appareil
S estimar la parte patentada con el conjunto del aparato
R оценивать запатентованную часть по своей роли в агрегате

174 Gesamtwirtschaft *f*
E economy as a whole, national economy
F l'ensemble *m* de l'économie, économie *f* nationale
S conjunto *m* de la economía, economía *f* nacional
R общее хозяйство *n*, народное хозяйство *n*

175 Geschädigte *m/f*
E the injured, the injured party
F personne *f* lésée, la partie lésée
S damnificado *m*, perjudicado *m*
R потерпевший *m*, пострадавший *m*

176 Geschäft *n* *(Transaktion)*
E business, business transaction, deal
F opération *f*, opération commerciale, marché *m*
S operación *f* comercial, transacción *f*, negocio *m*
R торговля *f*, коммерческая операция *f*, сделка *f*

177 (Geschäft) *auch* **Geschäfte** *(Aufgaben)*
E affair, affairs *pl*
F affaire *f*, affaires *pl*
S negocio *m*, negocios *pl*, asunto *m*, asuntos *pl*
R дело *n*, дела *pl*

178 (Geschäft) *(Firma)*
E firm, house
F maison *f*, établissement *m*
S establecimiento *m*, tienda *f*, comercio *m*
R предприятие *n*, торговый дом *m*, фирма *f*

179 (Geschäft); einzelne, den Patentabteilungen obliegende ~e
E particular matters within the competence of the patent divisions
F certaines affaires relevant des divisions des brevets

S algunos asuntos que pertenecen a las secciones de patentes
R некоторые дела, входящие в компетенцию патентных отделов

180 geschäftlich
E relating to business, commercial
F relatif aux affaires, commercial
S comercial, de negocios
R деловой, торговый, коммерческий

181 Geschäftsabzeichen *n* → (**Geschäftszeichen**) *(Handelszeichen)*

182 Geschäftsbedingungen *f/pl*
E business conditions, terms of business
F conditions *f/pl* commerciales/d'affaires
S condiciones *f/pl* comerciales
R торговые условия *n/pl*

183 Geschäftsbereich *m;* ~ **des Senats**
E jurisdiction of the Chamber
F juridiction *f* de la chambre
S jurisdicción *f* de la Sala
R компетенция *f* сената

184 Geschäftsbetrieb *m*
E goodwill; business
F fonds *m,* fonds de commerce; entreprise *f* industrielle/commerciale
S casa *f* de comercio; negocio *m*
R торговое предприятие *n*

185 Geschäftsfähigkeit *f* → *auch* **Rechtsfähigkeit**
E disposing capacity
F capacité *f* d'action
S capacidad *f* para contratar
R дееспособность *f*

186 Geschäftsführung *f;* ~ **des internationalen Amtes**
E operation of the international office
F fonctionnement *m* de l'office international
S funcionamiento *m* de la oficina internacional
R делопроизводство *n* международного бюро

187 Geschäftsgang *m;* ~ **des Patentamts**
E business procedure of the patent office
F fonctionnement *m* de l'office des brevets
S funcionamiento *m* de la oficina de patentes
R прохождение *n* дел/процедура *f* в патептном ведомстве

188 Geschäftsgebaren *n auch* **Geschäftsgebarung** *f*
E conduct in trade
F conduite *f*/gestes *m/pl* en commerce
S conducta *f* en comercio
R деловая практика *f*

189 Geschäftsgeheimnis *n*
E trade secret
F secret *m* commercial/professionnel
S secreto *m* comercial/profesional
R деловая/коммерческая тайна *f*

190 Geschäftsinhaber *m*
E owner of the firm
F possesseur *m* de la maison, directeur *m* gérant
S principal *m* de la casa, jefe *m,* propietario *m* de casa de comercio

R владелец *m* фирмы / торгового дома

191 Geschäftsjahr *n (bei Behörden)*
E fiscal year, business/trading year
F année *f,* année fiscale, exercice *m*
S ejercicio *m*
R отчётный/финансовый год *m*

192 Geschäftskreis *auch* **Aufgabenbereich** *m*
E competence
F compétence *f*
S competencia *f*/esfera *f* de actividad
R компетенция *f*, сфера *f* действия

193 (Geschäftskreis); ~ der Patentabteilung
E competence of the Patent Division
F compétence de la division des brevets
S competencia/esfera de actividad de la Sección de Patentes
R компетенция/сфера действия патентного отдела

194 (Geschäftskreis); gesetzlicher ~
E sphere/field of activity as provided by law
F attributions *f/pl* conférées par la loi, sphère *f* d'attributions conférée par la loi
S esfera *f* de actividad prevista por la ley
R законная компетенция *f*

195 Geschäftslage *f*
E state of affairs
F état *m* d'affaires
S estado *m* de los asuntos
R состояние *n* дел

196 Geschäftslokal *n* → **Geschäftsraum**

197 Geschäftsordnung *f*
E rules/regulations of dealing with affairs, routine orders
F règlement *m,* règlement de fonctionnement
S reglamento *m,* reglamento interno
R внутренний регламент *m*

198 Geschäftspapier *n*
E business paper
F papier *m* de commerce
S documento *m* de comercio
R деловая бумага *f*

199 Geschäftsraum *m (des Vertreters) Pr*
E business premises
F étude *f*
S locales *m/pl* de negocios, secretaría *f,* oficina *f*
R бюро *n*

200 Geschäftsschild *n*
E sign
F enseigne *f*
S rótulo *m*
R вывеска *f*

201 Geschäftssitz *m*
E place/seat of business
F siège *m* de la maison
S sede *f* de la casa
R местонахождение *n* фирмы

202 Geschäftsstelle *f*
E office, agency
F bureau *m,* agence *f, (bei Behörden)* greffe *m*
S despacho *m,* oficina *f, (bei Behörden)* secretaría *f*
R бюро *n*

203 Geschäftsstunden *f/pl*
E business/office hours
F heures *f/pl* de bureau

S horas *f/pl* de oficina
R служебные часы *m/pl*, рабочее время *n*

204 Geschäftsunfähigkeit *f*
E legal disability
F incapacité *f*
S incapacidad *f*
R недееспособность *f*

205 Geschäftsverkehr *m*
E commercial intercourse, trade, business dealings
F rapports *m/pl* d'affaires, relations *f/pl* industrielles/commerciales
S movimiento *m* de compras y ventas, tráfico *m*
R торговый оборот *m*

206 Geschäftszeichen *n* → *auch* **Aktenzeichen**
E identifying symbol of the records, file number, reference number
F signe *m*/numéro *m* de l'enregistrement/l'inscription
S seña *f*/número *m* de la acta
R номер *m* дела

207 (Geschäftszeichen) *(Handelszeichen)*
E brand
F signe (commercial)
S signo *m* (comercial)
R торговое обозначение *n*

208 Geschmacksmuster *n*
E ornamental design
F dessin *m* ornemental, dessin de caractère décoratif
S dibujo *m* ornamental
R промышленный образец *m*

209 Geschmacksmustergesetz *n*
E Design Act, Ornamental Act
F loi *f* sur les dessin ornementaux

S ley *f* sobre los dibujos industriales
R закон *m* о промышленных образцах

210 geschützt → .(Erfindung); . . .
211 (geschützt); gesetzlich ~
E protected by law
F protégé légalement
S protegido legalmente
R охраняемый законом

212 (geschützt); das Warenzeichen soll so, wie es ist, ~ werden
E the trademark shall be protected in its original form
F la marque de fabrique ou de commerce sera protégée telle quelle
S la marca de fábrica o de comercio será protegida tal cual es
R товарный знак охраняется таким, как он есть

213 (geschützt) → *auch* **schützen**

214 Gesellschaft *f*
E company, corporation
F société *f*, compagnie *f*
S sociedad *f*, compañía *f*, asociación *f*
R общество *n*, объединение *n*, товарищество *n*

215 (Gesellschaft); ~ **mit beschränkter Haftung (GmbH)**
E limited liability company
F société à responsabilité limitée, S.A.R.L.
S sociedad de responsabilidad limitada, SL
R товарищество с ограниченной ответственностью

216 Gesellschafter *m*
E associate; partner
F associé *m*

S socio *m*, asociado *m*
R компаньон *m*, член *m* объединения, участник *m* това-
рищества, товарищ *m*

217 (Gesellschafter); stiller ~
E silent/sleeping partner
F commanditaire *m*, bailleur *m*
de fonds
S socio capitalista, comandi-
tario *m*
R негласный компаньон *m*

218 Gesetz *n*
E law; act; statute
F loi *f*
S ley *f*
R закон *m*

**219 (Gesetz); ~ des Landes, in dem
der Schutz beansprucht wird**
E national law of the country
where protection is claimed
F loi nationale du pays où la
protection est réclamée
S ley nacional del país donde la
protección se reclama
R закон страны, где испраши-
вается охрана

**220 (Gesetz); ~ zur Änderung des
Patentgesetzes *DDR auch* Pa-
tentänderungsgesetz**
E law amending the patent law
F loi tendant à modifier la loi des
brevets d'inventions
S ley que modifica la ley sobre
las patentes de invención
R закон об изменении патент-
ного закона

221 (Gesetz); dem ~ zuwiderlaufen
E be contrary to law
F être contraire aux lois
S ser contrario a la ley
R противоречить законода-
тельству/закону

222 Gesetzentwurf *m*
E draft of a bill
F projet *m* de loi
S proyecto *m* de ley
R проект *m* закона, законо-
проект *m*

223 Gesetzesartikel *m*
E article of law
F article *m* de loi
S artículo *m* de la ley
R статья *f* закона

224 Gesetzesauslegung *f*; umstrittene ~
E disputable interpretation of a
law
F interprétation *f* discutable
d'une loi
S interpretación *f* discutible de
una ley
R оспариваемое толкование *n*
закона

225 Gesetzeslage *f*
E legal situation
F situation *f* légale
S situación *f* legal
R положение *n* (ситуация),
предусмотренное законом

226 Gesetzeswortlaut *m*
E wording/text of the law
F texte *m* de la loi
S texto *m* de la ley
R текст *m* закона

227 Gesetzgebung *f*
E legislation, laws *pl*
F législation *f*
S legislación *f*
R законодательство *n*

228 (Gesetzgebung); innere ~
E domestic law
F législation intérieure
S legislación interna/interior
R внутреннее законодатель-
ство

229 (Gesetzgebung); nationale ~
E domestic law
F législation nationale
S legislación nacional
R национальное законода-
тельство

230 gesetzlich
E legal; by law, statutory
F légal; par la loi, légitime
S legal; por la ley
R законный, предусмотрен-
ный законом

231 (gesetzlich); ~ bestimmte Anzahl
E number prescribed by law
F nombre *m* prévu par la loi
S número *m* previsto por la ley
R число *n*/количество *n*, пре-
дусмотренное законом

232 (gesetzlich) → (geschützt); ...,
(Wirkung); ...

233 gesetzmäßig → *auch* gesetzlich
E lawful, according to law
F loyal, conforme aux lois, légal,
légitime
S legítimo, legal, conforme a la
ley
R законный, соответственно
закону, правомерный

234 Gestalt *f* Mr
E form
F forme *f*
S forma *f*
R форма *f*

235 Gestaltung *f* Mr
E configuration
F configuration *f*
S configuración *f*
R внешнее оформление *n*

236 gestatten → (Gebrauch); ...
237 gesteuert → (Preis); ...
238 Gesuch *n*
E application; request; petition

F demande *f;* requête *f;* pétition
f
S solicitud *f;* petición *f*
R заявление *n*, прошение *n;* заявка *f*, ходатайство *n*

239 (Gesuch); das ~ ist beson-
ders/eigens zu erwähnen
E the demand shall be specially
mentioned
F la demande devra faire l'objet
d'une mention spéciale
S la petición deberá ser objeto de
una mención especial
R заявление *n* должно быть
особенно упомянуто

240 getreu
E faithful, true
F fidèle
S fiel
R верный, точный

241 (getreu) → (Ausübung); ...
242 Gewähr *f*
E guarantee
F garantie *f*
S garantía *f*
R гарантия *f*

243 (Gewähr); ~ für Vollständigkeit
E guarantee as to completeness
F garantie de ce qu'il s'agisse
d'un tout complet
S garantía de la plenitud
R гарантия полноты

244 gewährbar
E apt to be granted
F apte à être accordé
S apto para ser concedido
R пригодный к исполнению/
предоставлению

245 gewähren
E grant
F accorder
S conceder, otorgar

14*

R предоставлять / предоставить, исполнять / исполнить, давать / дать

246 gewährleisten
E ensure, grant
F assurer, accorder
S asegurar, acordar
R обеспечивать/обеспечить

247 Gewährung *f*
E grant, permission
F concession *f*, permission *f*
S concesión *f*, permiso *m*
R выдача *f*, разрешение *n*

248 (Gewährung); ~ der Akteneinsicht
E permission to inspect the files
F permission de consulter les dossiers
S permiso de la vista de los autos
R разрешение *n* на просмотр документов

249 (Gewährung); ~ von Zwangslizenzen
E grant of compulsory licences
F concession de licences obligatoires
S concesión de licencias obligatorias
R выдача *f* принудительных лицензий

250 Gewährzeichen *n*
E hall-mark
F poinçon *m*
S punzón *m*
R клеймо *n*

251 (Gewährzeichen); amtliche ~ *pl*
E official hall-marks indicating control and warranty
F poinçons officiels de contrôle/de garantie
S punzones oficiales de control y de garantía

R официальные клейма контроля и гарантии

252 Gewalt *f*; **federführende ~**
E power entitled to order/dispose
F puissance *f* autorisée à ordonner/disposer
S poder *m* autorizado a dar disposiciones
R компетентный исполнительно-распорядительный орган *m* власти

253 (Gewalt); höhere ~
E force majeure, act of Providence/God
F (cas *m* de) force *f* majeure
S fuerza *f* mayor
R форс-мажор *m*, непреодолимая сила *f*

254 Gewerbe *n*
E industry
F industrie *f*
S industria *f*
R промышленность *f*

255 (Gewerbe); ~ und Handel
E industry and commerce
F industrie et commerce
S industria y comercio
R промышленность и торговля

256 Gewerbebetrieb *m*
E business, trade; enterprise; undertaking
F entreprise *f*
S empresa *f*
R промышленное предприятие *n*

257 Gewerbeschein *m*
E trade-license
F licence *f*
S licencia *f* para ejercer el comercio

R промысловое свидетельство *n*

258 Gewerbetreibende *m/f*
E industrialist, tradesman
F industriel *m*
S industrial *m*
R промышленник *m*

259 Gewerbezweig *m*
E industry, branch; branch of trade/industry; line
F branche *f* (de l'industrie)
S rama *f* de la industria
R отрасль *f* промышленности

260 gewerblich
E industrial
F industriel
S industrial
R промышленный

261 (gewerblich); ~ anwendbar *EU* **→** *auch* **Anwendbarkeit**
E susceptible of industrial application
F susceptible d'application industrielle
S susceptible de aplicación industrial
R применимый в промышленности

262 (gewerblich) → (Belange); …, (eigentum); …, (Leistung); …, (Rechtsschutz); …

263 gewerbsmäßig
E adj professional, commercial; *adv* professionally, commercially
F professionnel, commercial; *adv* professionnellement, commercialement
S adj profesional, comercial; *adv* profesionalmente, comercialmente

R adj промысловый/промышленный; *adv* промысловым/промышленным образом

264 (gewerbsmäßig) → (Verbreitung); …

265 Gewerbszweig *m* **→ Gewerbezweig**

266 Gewinnung *f;* **~ der Bodenschätze** (*als Industriezweig*)
E extractive industries
F industries *f/pl* extractives
S industrias *f/pl* extractivas
R добыча *f* ископаемых

267 gewöhnlich (*üblich*)
E normal; usual; ordinary
F ordinaire, habituel
S ordinario, usual, regular
R обычный, обыкновенный

268 (gewöhnlich); das Verfahren nimmt seinen ~en Lauf
E the procedure shall follow its normal course
F la procédure suivra son cours ordinaire
S el procedimiento seguirá su curso ordinario
R процедура идёт обычным порядком

269 Glaube *m;* **im guten ~n** (*bona fide*)
E in good faith
F de bonne foi
S de buena fe
R добросовестно

270 glaubhaft
E credible, worthy of belief
F croyable, digne de foi
S creíble, digno de fe
R правдоподобный

271 (glaubhaft); ~ machen (*vor Gericht*)
E satisfy the court

F apporter un commencement de preuve
S hacer probable/creíble
R делать вероятным/правдоподобным

272 Gläubiger *m*
E creditor
F créancier *m*, créancière *f*
S acreedor *m*, acreedora *f*
R кредитор *m*

273 gleich *(identisch)*
E identical; equal
F identique; égal
S idéntico; igual
R одинаковый

274 (gleich) → (Behandlung); ...

275 (gleich); vor des Anmelders Erfindung ~en Gegenstands
E before the invention thereof by the applicant
F avant que le demandeur ne conçût son invention identique
S antes que el solicitante haya inventado lo mismo
R до изобретения того же объекта заявителем

276 gleichartig; ~e Waren
E similar goods
F produits similaires
S productos similares
R однородные товары

277 gleichberechtigt; ~e Personen
E persons having equal rights
F personnes ayant des droits identiques
S personas que tienen derechos idénticos
R лица, имеющие одинаковые/равные права

278 Gleichheitszeichen *n*
E sign of equality, equals sign
F signe *f* d'égalité
S signo *m* de igualdad
R знак *m* равенства

279 gleichstehen; es steht einem Tatbestand gleich
E it is equivalent to a fact
F il va de même à un fait
S es equivalente a un hecho
R считается равноценным факту

280 gleichstellen; diese Personen sind Angehörigen der vertragschließenden Länder gleichgestellt
E these persons shall be assimilated to the nationals of the contracting countries
F ces personnes sont assimilées aux ressortissants des pays contractants
S estas personas se asimilan a los súbditos de los países contratantes
R эти лица приравниваются к гражданам договаривающихся стран

281 gleichwertig → (Behandlung); ...

282 gleichzeitig *adv*
E at the same time
F en même temps
S al mismo tiempo
R одновременно

283 (gleichzeitig); ~er Gebrauch eines Warenzeichens
E concurrent use of a mark
F emploi *m* simultané d'une marque
S empleo *m* simultáneo de una marca
R одновременное применение *n* знака

284 Gliederung *f*
E structure, arrangement
F structure *f*, arrangement *m*

S estructura *f*, disposición *f*
R структура *f*, построение *n*

285 (Gliederung); ~ des Bescheids
E structure of the order
F structure de la décision
S estructura de la decisión
R структура решения

286 gratis
E gratis, free of charge
F gratuit; *adv* gratuitement, gratis
S gratuito; *adv* gratuitamente, gratis, de balde
R бесплатный; *adv* бесплатно, даром

287 Gratiszugabe *f*
E free supplement
F supplément *m* gratuit
S suplemento *m* gratuito
R прибавка *f*; придача *f*

288 Großverbraucher *m*
E wholesale customer
F consommateur *m* en gros
S consumidor *m* al por mayor/en grueso
R оптовый потребитель *m*

289 Grund *m*
E reason; ground; basis
F motif *m*; cause *f*; fond *m*, base *f*
S motivo *m*; causa *f*; base *f*
R основание *n*, причина *f*; база *f*

290 (Grund); der Einspruch ist mit Gründen zu versehen
E the opposition must be accompanied by a statement of the grounds
F l'opposition doit être motivée
S la oposición debe ser motivada
R возражение должно быть обосновано

291 (Grund); Angabe der Gründe
E indication of the reasons
F indication *f* des motifs
S indicación *f* de los motivos
R приведение *n*/указание *n* оснований

292 (Grund); Gründe der Nichtigkeit und des Verfalls
E grounds for invalidation and for forfeiture
F causes de nullité et de déchéance
S causas de nulidad y caducidad
R основания *n*/*pl* для недействительности и утраты прав

293 Grundbestandteil *m*; ~e der Beschreibung
E elements of the description
F les éléments *m*/*pl* de la description
S los elementos *m*/*pl* de la descripción
R элементы *m*/*pl* описания

294 Grundbetrag *m*
E basic sum
F montánt *m* de base
S importe *m* básico
R основная сумма *f*

295 Grundgebühr *f*
E basic fee
F émolument *m* de base
S cuota *f* básica/de base
R основная пошлина *f*

296 (Grundgebühr); die Registrierung kann durch einfache Zahlung der ~ erneuert werden
E registration may be renewed simply by the payment of a basic fee
F l'entregistrement pourra être renouvelé par le simple versement de l'émolument de base

S el registro podrá renovarse mediante el mero pago de la cuota de base
R регистрация может быть продлена путём уплаты основной пошлины

297 Grundgedanke *m;* ~ **der Erfindung**
E fundamental idea of the invention
F idée *f* dominante/première de l'invention
S idea *f* fundamental de la invención
R основная идея *f* изобретения

298 Grundrechte *n/pl*
E fundamental rights
F droits *m/pl* fondamentaux
S derechos *m/pl* fundamentales
R основные права *n/pl*

299 Grundsatz *m* *(Prinzip)*
E principle
F principe *m*
S principio *m*
R принцип *m*, начало *n*, основа *f*

300 (Grundsatz) *(Axiom)*
E axiom
F axiome *m*
S axioma *m*
R аксиома *f*

301 Grundsatzentscheidung *f*
E leading case
F décision *f* fondamentale, cas *m* préjugé
S decisión *f* fundamental/de principio, caso *m* prejuzgado
R прецедентное / принципиальное решение *n*

302 Grundsatzfrage *f*
E fundamental question
F question *f* fondamentale/de principe

S cuestión *f* fundamental/de principio
R принципиальный вопрос *m*, вопрос *m* принципа

303 Gruppe *f*
E group, subclass
F groupe *m*, sous-classe *f*
S grupo *m*, subclase *f*
R группа *f*, подкласс *m*

304 Gruppeneinteilung *f*
E classification
F classification *f*
S clasificación *f*
R классификация *f*

305 Gruppenverzeichnis *n* → *auch* **Klasseneinteilung**
E index/list of classes (and subclasses)
F liste *f* des classes (et sousclasses)
S lista *f* de las clases (y subclases)
R перечень *m* классов (и подклассов); классификация *f*

306 gültig
E effective, valid, in force
F valide
S válido
R действительный, имеющий силу

307 Gültigkeit *f*
E validity
F validité *f*
S validez *f*
R действительность *f*, действие *n*

308 (Gültigkeit); die ~ **des Patents ist anzunehmen**
E the patent shall be presumed valid
F le brevet sera admis valide
S la patente será considerada válida

    R патент должен быть признан действительным

309 Gunst *f;* **zu der Behörde ~en** → *auch* **zugunsten**
    E to the profit of the administration
    F au profit de l'administration
    S en beneficio de la administración
    R в пользу администрации

310 Gutachten *n*
    E opinion, expert opinion
    F avis *m*, documentaire *m*, expertise *f*
    S dictamen *m* (pericial)
    R заключение *n* (эксперта), экспертиза *f*

311 (Gutachten); technisches ~ *EU*
    E technical opinion
    F avis technique
    S dictamen técnico
    R техническая экспертиза

312 (Gutachten); ein ~ abgeben/ erstatten
    E give an opinion
    F émettre/donner un avis
    S emitir/dar un dictamen
    R давать заключение

313 Gutachtenentwurf *m F*
    E provisional documentary report
    F projet *m* d'avis documentaire
    S proyecto *m* del dictamen de peritos
    R проект *m* заключения (эксперта)

314 Gütezeichen *n*
    E certification mark
    F signe *m* de qualité
    S signo *m* de calidad
    R знак *m* качества

315 gutgläubig *adv* → *auch* **Glaube**
    E in good faith
    F de bonne foi
    S de buena fe
    R добросовестно

316 gütlich → **Ausgleich**

H

1 Haft *f*
E custody; arrest; imprisonment
F arrestation *f;* emprisonnement *m*
S arresto *m;* encarcelamiento *m*
R арест *m*

2 haftbar
E liable, responsible
F responsable; obligé (de fournir des garanties)
S responsable
R ответственный

3 haften; für einen Eingriff ~
E be liable as an infringer
F être responsable de contrefaçon
S ser responsable de una falsificación
R быть ответственным за нарушение прав

4 Haftpflicht *f*
E liability
F responsabilité *f*
S responsabilidad *f,* garantía *f*
R ответственность *f,* гарантия *f*

5 halten; → gehalten sein; . . ., geheim halten

6 Hand *f; freie ~*
E free hand; full authority/power
F pleine faculté *f,* carte *f* blanche
S carta *f* blanca
R свобода *f* действий

7 (Hand); freie ~ haben
E have free hand, have full authority/power
F avoir pleine faculté/main *f* libre/liberté *f* d'action
S tener carta blanca
R иметь свободу действий

8 Handel *m*
E commerce, trade
F commerce *m*
S comercio *m*
R торговля *f*

9 Handelsamt *n* → **Handelsministerium**

10 Handelsartikel *m*
E article of commerce, commodity
F article *m* (de commerce)
S artículo *m* (de comercio)
R товар *m,* предмет *m* торговли

11 Handelsgericht *n*
E commercial court
F tribunal *m* de commerce

S tribunal *m* de lo comercial/de comercio
R торговый/коммерческий суд *m*

12 Handelsgesetz *n*
E Commercial Law
F Loi *f* relative au/sur le commerce
S Código *m* de Comercio
R Закон *m* о торговле

13 Handelskammer *f* *(Industrie- und Handelskammer)*
E chamber of commerce *GB;* board of trade *US*
F chambre *f* de commerce
S cámara *f* de comercio
R торговая палата *f*

14 Handelsmarke *f*
E trademark
F marque *f* de commerce
S marca *f* de comercio
R товарный знак *m*

15 Handelsminister *m*
E minister of commerce *GB;* secretary of commerce *US*
F ministre *m* du commerce
S ministro *m* de comercio
R министр *m* торговли

16 Handelsministerium *n*
E Board of Trade *GB;* Department of Commerce *US*
F Office *m*/Ministère *m* du commerce
S Oficina *f*/Ministerio *m* de Comercio
R Министерство *n* торговли

17 Handelsname *m*
E trade name
F nom *m* commercial
S nombre *m* comercial
R фирменное наименование *n*, торговое название *n*

18 Handelsniederlassung *f*
E commercial establishment
F établissement *m* commercial
S establicimiento *m* comercial
R торговое предприятие *n*

19 Handelsregister *n*
E register of commerce
F registre *m* du commerce
S registro *m* de comercio
R торговый реестр *m*

20 Handelsrichter *m*
E commercial judge
F juge *m* du tribunal de commerce
S juez *m* de lo comercial, juez del tribunal de comercio
R судья *m* торгового суда

21 Handelssache *f*
E commercial case/affair
F affaire *f* de commerce
S caso *m*/negocio *m* de comercio
R торговое дело *n*

22 handelsüblich
E customary/usual in trade
F d'usage en commerce; commercial, d'usage commercial
S usual/acostumbrado/corriente en el comercio
R обычный/принятый в торговле

23 Handelsverkehr *m* → *auch* **Geschäftsverkehr**
E trade, commercial intercourse, business dealings *pl*
F relations *f/pl* commerciales
S tráfico *m* comercial
R торговый оборот *m*

24 Handelszeichen *n*
E brand
F marque *f* de commerce
S marca *f* de comercio
R торговый знак *m*

25 Handelszweig *m*
E branch of trade
F branche *f* de commerce
S ramo *m* de comercio
R отрасль *f* торговли

26 Handfertigkeit *f*
E manual skill, dexterity
F dextérité *f*
S destreza *f*, agilidad *f* de manos
R ловкость *f* рук

27 Händler *m*
E merchant, trader, dealer
F commerçant *m*, marchand *m*
S comerciante *m*
R коммерсант *m*

28 Handlung *f*
E act, action
F acte *m*
S acto *m*, acción *f*
R действие *n*

29 (Handlung); versäumte ~
E action in default
F acte omis
S acción omitida
R запоздавшее действие

30 handschriftlich
E *adj* written, handwritten; *adv* by note of hand, in handwriting
F *adj* manuscrit; *adv* par écrit
S *adj* escrito a mano; *adv* por escrito
R *adj* письменный; *adv* письменно

31 Handwerk *n*
E handicraft, trade
F métier *m*
S oficio *m*, artesanía *f*
R занятие *n*, ремесло *n*

32 Handwerker *m*
E artisan, craftsman
F artisan *m*
S artesano *m*
R ремесленник *n*

33 Hauptanklagepunkt *m*
E principal count, principal count of indictment
F chef *m* d'accusation
S capítulo *m* de acusación, punto *m* principal de acusación
R главный обвинительный пункт *m*

34 Hauptanmeldung *f*
E main application
F demande *f* principale
S solicitud *f* principal
R основная заявка *f*

35 Hauptanspruch *m*
E main/first claim
F première revendication *f*, revendication principale
S primera reivindicación *f*
R первый/главный пункт *m* формулы

36 Hauptfrage *f*
E main question
F question *f* substantielle
S cuestión *f* principal
R капитальный вопрос *m*

37 Hauptklassifikation *f*
E principal classification
F classification *f* principale
S clasificación *f* principal
R основная классификация *f*

38 Hauptkriterium *n;* **~ der Erfindung**
E principal criterion of the invention
F critère *m* principal de l'invention
S criterio *m* principal de la invención
R основной признак *m*/критерий *m* изобретения

39 Hauptleistung *f*; **~ und Zugabeleistung**
E main service and additional/
supplementary service
F service *m* substantiel et service
supplémentaire
S servicio *m* principal y servicio
suplementario/adicional
R основная услуга *f* и добавочная услуга

40 Hauptniederlassung *f*
E main establishment
F établissement *m* principal
S establecimiento *m* principal
R центр *m* предприятия

41 Hauptpartei *f*
E main party
F partie *f* principale
S parte *f* principal
R главная сторона *f*

42 Hauptpatent *n auch* **Patent für die
ältere Erfindung**
E main patent
F brevet *m* principal
S patente *f* principal
R основной патент *m*

43 Hauptpunkt *m (in gegliederten
Texten)*
E principal head/item
F chef *m*
S capítulo *m*
R глава *f*

44 (Hauptpunkt) *(im Sinne des Tex-
tes)*
E main point
F point *m* cardinal
S punto *m* capital, punto princi-
pal
R главный пункт *m*

45 Hauptsache *f R*
E substance of the case
F fond *m*

S cosa *f*/asunto *m* principal
R основа *f*/существо *n* дела

**46 (Hauptsache); Entscheidung zur
~**
E decision on the substance of
the case
F décision *f* sur le fond
S decisión *f* sobre la cosa
principal
R решение *n* по существу де-
ла

**47 (Hauptsache); vor der Verhand-
lung des Beklagten zur ~**
E before the defendant is heard
on the substance of the case
F avant la présentation de toute
défense sur le fond
S antes de oír el demandado en
cuanto al asunto principal
R до заслушания ответчиков
по существу дела

48 Hauptübereinkunft *f*
E general convention
F convention *f* générale
S Convenio *m* general
R общая Конвенция *f*

49 Hauptware *f*; **~ und Zugabeware**
→ *auch* **Zugabeware**
E main ware and the addition
given into the bargain
F marchandise *f* principale et
ce qu'on donne par-dessus le
marché
S mercancía *f* principal y
yapa/añadidura
R основной и сопутствующий/
добавочный товар *m*

50 Heilmittel *n*
E medicament
F médicament *m*
S medicamento *m*
R лекарство *n*, медикамент *m*

51 Heilverfahren *n*
E medical treatment
F procédé *m*/traitement *m* thérapeutique
S terapéutica *f*, modo *m*/método *m*/procedimiento *m* de tratamiento
R способ *m* лечения

52 Heimatstaat *m*
E native country
F pays *m* d'origine
S país *m* de origen
R родная страна *f*, страна происхождения

53 Heimfall *m* *(Übergang eines Rechtes)*
E devolution
F dévolution *f*
S devolución *f*
R переход *m* права (на основании предшествующего права); *(Rückfall)* возврат *m* права

54 herabsetzen; den Ruf eines Wettbewerbers ~
E discredit a competitor
F discréditer un concurrent
S desacreditar a un competidor
R дискредитировать репутацию конкурента

55 heraldisch
E heraldic
F héradique
S heráldico
R геральдический

56 heranziehen; Urkunden ~ → *auch* (Urkunde); . . .
E consult documents
F consulter des pièces
S consultar/llamar documentos
R представить документы

57 Heranziehung *f;* **~ allgemeiner Grundsätze** *EU*
E reference to general principles
F référence *f* aux principes généraux
S referencia *f* a los principios generales
R вовлечение *n*/применение *n* общих принципов

58 Herausgabe *f (Veröffentlichung)*
E edition, issue
F édition *f*, délivrance *f*
S edición *f*, entrega *f*
R издание *n*, выпуск *m*

59 (Herausgabe) *(Rückerstattung)*
E restitution
F restitution *f*
S restitución *f*
R возвращение *n*

60 herausgeben; Zeitschriften ~
E publish periodicals
F publier des périodiques/feuilles périodiques
S publicar hojas periódicas
R издавать журналы/бюллетени

61 Herausgeber *m (i. allg.)*
E editor, publisher
F éditeur *m*
S editor *m*
R издатель *m*

62 (Herausgeber) *(als Redaktionstätigkeit)*
E editor-in-chief
F éditeur *m*, rédacteur *m* en chef
S editor *m*
R редактор *m*, издатель *m*

63 Herkommen *n (Brauch, Sitte)*
E custom, usage; tradition
F coutume *f*, usage *m;* tradition *f*
S costumbre *f*, uso *m;* tradición *f*
R привычка *f*, обычай *m*

64 (**Herkommen**); **nach Gebrauch und ~**
E according to custom and usage
F selon la coutume et l'usage
S según costumbre y uso
R по нравам и обычаю

65 Herkunft *f*
E source, origin
F provenance *f*
S procedencia *f*
R происхождение *n*

66 (**Herkunft**); **~ des Erzeugnisses**
E source of the product
F provenance du produit
S procedencia del producto
R происхождение изделия

67 Herkunftsangabe *f*
E indication of source
F indication *f* de provenance
S indicación *f* de procedencia
R указание *n* происхождения

68 herleiten; Rechte ~
E derive rights
F dériver des droits, faire découler des droits
S derivar derechos
R производить права

69 herstellen → *auch* **erzeugen**
E manufacture, produce
F fabriquer, produire
S fabricar, producir
R производить / произвести, изготовлять / изготовить

70 Hersteller *m*
E manufacturer, producer
F fabricant *m*, producteur *m*
S fabricante *m*, productor *m*
R производитель *m*, изготовитель *m*

71 Herstellung *f*
E manufacture
F fabrication *f*
S fabricación *f*
R производство *n*

72 Herstellungsart *f*
E mode of production
F mode *m* de production
S modo *m* de fabricación
R метод *m*/способ *m* производства

73 Herstellungskosten *pl*
E production costs *pl*
E dépenses *f/pl* de production
S costas *f/pl* de producción
R издержки *f/pl*/стоимость *f* производства

74 Herstellungsverfahren *n*
E process for manufacture, manufacturing process
F procédé *m* de fabrication
S procedimiento *m* de fabricación
R способ *m* производства/изготовления

75 hervorheben → (**Merkmal**); ...

76 Hilfe *f*; **gegenseitige ~**
E mutual aid/assistance
F aide *f* mutuelle, assistance *f* mutuelle
S ayuda *f*/asistencia *f* mutual
R взаимопомощь *f*

77 Hilfsanmeldung *f* → **Gebrauchsmusterhilfsanmeldung**

78 Hilfsmitglied *n*; **~ des Patentamts**
E assistant member of the patent office
F membre *m* adjoint de l'office de brevets
S miembro auxiliar de la oficina de patentes
R вспомогательный/непостоянный член *m* патентного ведомства

79 Hilfspatent *n*
E subsidiary patent
F brevet *m* subsidiaire
S patente *f* subsidiaria
R вспомогательный патент *m*

80 Hilfsprogramm *n Ct* → **Unterprogramm**

81 hinausgeschoben
E deferred, postponed
F différé
S diferido
R отсроченный, отложенный

82 (hinausgeschoben) → **(Prüfung);** ...

83 hinausschieben
E defer, postpone, adjourn
F ajourner
S prorrogar, aplazar
R отсрочивать / отсрочить, отлагать / отложить

84 Hinausschiebung *f;* ~ **einer amtlichen Maßnahme**
E postponement of an official measure
F ajournement *m* d'une mesure officielle
S aplazamiento *m* de una medida oficial
R отсрочка *f* официального мероприятия

85 Hinblick *m*
E prospect, regard, view
F regard *m;* égard *m;* considération *f*
S vista *f,* mirada *f;* consideración *f*
R взгляд *m,* цель *f*

86 (Hinblick); im ~ **auf das Gesetz Nr. ...**
E in view of the Law No. ...
F vu la loi N°...
S en vista de la ley N°...

R принимая во внимание закон №...

87 hindern; an der Ausübung einer Befugnis ~
E prevent from exercising a power
F faire obstacle à l'exercice d'une faculté
S constituir obstáculo para el ejercicio de una facultad
R препятствовать осуществлению права

88 Hindernis *n*
E impediment, bar
F empêchement *m,* obstacle *m*
S impedimento *m,* obstáculo *m*
R препятствие *n,* затруднение *n*

89 (Hindernis) → **Wegfall**

90 Hinderungsgrund *m*
E ground for impediment
F motif *m* d'empêchement
S motivo *m* del impedimento
R причина *f* затруднения

91 hinfällig; das Patent ist ~ **geworden**
E this patent has become void
F ce brevet est devenu caduc
S esta patente fue caducada
R патент стал недействительным

92 Hinfälligkeit *f R*
E voidness
F caducité *f*
S caducidad *f*
R недействительность *f*

93 Hingabe *f;* ~ **einer bestimmten Menge der verkauften Ware**
E delivery of a certain quantity of the commodity sold
F abandon *m* d'une certaine quantité de la marchandise vendue

S abandono *m*/entrega *f* de una cantidad determinada de la mercancía vendida
R передача *f* определённого количества проданного товара

94 hinsichtlich
E with regard/respect to, in the case of
F à l'égard de, pour, par rapport à
S con respecto a/para
R в отношении, относительно

95 (hinsichtlich); ~ des eingeführten Erzeugnisses
E with regard to the imported product
F à l'égard du produit introduit
S con respecto al producto introducido
R в отношении ввезённого изделия

96 Hinterbliebene *m*/*f*
E survivor, person left behind
F survivant *m*, survivante *f*
S superviviente *m*
R оставшийся *m*/оставшаяся *f* в живых

97 hinterlegbar
E eligible for deposit
F susceptible d'être déposé
S propio para ser depositado
R пригодный к подаче заявки

98 hinterlegen
E file; deposit
F déposer
S depositar
R подавать заявку, заявлять/заявить; депонировать

99 Hinterleger *m* *(Einreicher)*
E depositor; *(einer Patentanmeldung)* applicant
F déposant *m*
S depositante *m*
R податель *m; (einer Patentanmeldung)* заявитель *m*

100 Hinterlegte *n*
E deposit
F dépôt *m*
S depósito *m*
R депонированный (предмет, документ и т. п.), депозит *m*

101 Hinterlegung *f*
E filing
F dépôt *m*
S depósito *m*
R подача *f*

102 (Hinterlegung); ~ einer Anmeldung
E filing of an application
F dépôt d'une demande
S depósito de una solicitud
R подача заявки

103 (Hinterlegung); frühere ~
E previous filing
F dépôt antérieur
S depósito anterior
R более ранняя/предшествующая заявка *f*

104 (Hinterlegung); nationale ~ *(einer Anmeldung), auch* nationale Anmeldung
E national filing
F dépôt national
S depósito nacional
R национальная/отечественная подача заявки, отечественная заявка

105 (Hinterlegung); spätere ~
E subsequent filing
F dépôt fait ultérieurement
S depósito efectuado ulteriormente
R последующая подача

106 (Hinterlegung); versiegelte ~ Mr
E deposit under sealed cover

F dépôt sous pli cacheté
S depósito en pliego sellado
R подача/депонирование в запечатанном конверте

107 Hinterlegungsstelle *f*
E filing office
F dépôt *m*
S depósito *m*
R хранилище *n*

108 Hinterlegungszeitpunkt *m*
E filing date
F date *f* de dépôt
S fecha *f* de depósito
R день *m* подачи, дата *f* подачи

109 Hinweis *m;* ~ **auf die Erteilung** *EU*
E mention of the grant
F mention *f* de la délivrance
S mención *f* de la concesión
R указание *n* на выдачу

110 hinweisen; auf eine Bekanntmachung ~
E draw attention to a publication
F signaler une publication
S llamar la atención a una publicación
R указать на публикацию

111 Hinzufügung *f* → *auch* **(Teilanmeldung); . . .**
E addition
F addition *f*, adjonction *f*
S complemento *m*, añadido *m*, adición *f*
R дополнение *n*, добавка *f*

112 Höchstfrist *f*
E maximum period
F délai *m* maximum
S plazo *m* máximo
R максимальный срок *m*

113 Hohe Aufsichtsbehörde *f*
E High Authority of Supervision
F Haute Autorité *f* de surveillance
S Alta Autoridad *f* de Vigilancia
R высший орган *m* надзора

114 Hohe Autorität *f*
E high authority
F haute autorité *f*
S alta autoridad *f*
R высшая власть *f*

115 Hoheitszeichen *n*
E emblem of sovereignty, sovereign/national emblem
F emblème *m* de souveraineté
S emblema *m* de soberanía
R эмблема *f* государственного суверенитета

116 (Hoheitszeichen); staatliches ~
E state emblem
F emblème/insignes *m/pl* d'État
S emblema del Estado
R государственная эмблема

117 Honarar *n*
E fee, remuneration
F rétribution *f*, honoraires *m/pl*
S honorarios *m/pl*, remuneración *f*
R гонорар *m*, вознаграждение *n*

118 hören; der Patentsucher ist auf Antrag zu ~
E the applicant shall be given a hearing on request
F le déposant doit être entendu s'il le demande
S el solicitante debe ser oído si lo pida
R заявителя следует заслушать по его просьбе

119 Hülle *f Mr*
E envelope
F enveloppe *f*
S envoltura *f*
R обёртка *f*

I

1 i. A. → (Auftrag); ...
2 **Idee** *f*
   E idea
   F idée *f*
   S idea *f*
   R идея *f*, мысль *f*
3 **(Idee); allgemeine erfinderische ~**
   EU → *auch* **Erfindungsgedanke**
   E general inventive concept *EU*
   F concept *m* inventif général *EU*
   S concepción *f* inventiva general
   R основная мысль изобретения
4 **identifizieren**
   E identify
   F identifier
   S identificar
   R отождествлять / отождествить, идентифицировать
5 **(identifizieren); Dokumente ~**
   E identify documents
   F identifier des documents
   S identificar documentos
   R идентифицировать документы
6 **Identifizierung** *f*
   E identification
   F identification *f*
   S identificación *f*

   R отождествление *n*, идентификация *f*
7 **identisch**
   E identical
   F identique
   S idéntico
   R тождественный
8 **(identisch); diese Marken sind ~**
   E these trademarks are identical
   F ces marques sont identiques
   S estas marcas son idénticas
   R эти знаки являются тождественными
9 **Identität** *f*
   E identity
   F identité *f*
   S identidad *f*
   R идентичность *f*, тождественность *f*
10 **(Identität); die ~ der Marken →**
   (Abweichung); ...
11 **Immaterialgüter** *pl*
   E intellectual property, immaterial goods
   F propriété *f* intellectuelle
   S propiedad *f* intelectual
   R интеллектуальная собственность *f*
12 **immateriell**
   E immaterial

F immatériel
S inmaterial
R нематериальный

13 (immateriell); ~e Schädigung
E injury to intellectual property
F préjudice *m* de la propriété intellectuelle
S daño *m* inmaterial
R нематеьиальный ущерб *m;* ущерб, нанесённый интеллектуальной собственности

14 Inanspruchnahme *f;* **~ des Prioritätsrechts**
E claiming the right of priority
F revendication *f* du droit de priorité
S reivindicación *f* del derecho de prioridad
R притязание *n* на право приоритета

15 inbegriffen; die Gebühren ~
E inclusive of the fees
F y compris les taxes
S incluso las tasas/los derechos
R включая пошлины

16 Indizienbeweis *m*
E circumstantial proof/evidence
F preuve *f* tirée d'indices
S prueba *f* por indicios
R доказательство *n*, основанное на косвенных уликах

17 Indossament *n auch* **Indossierung** *f* → **(Vermerk); ...**

18 Industrie *f*
E industry
F industrie *f*
S industria *f*
R промышленность *f*

19 Industriebetrieb *m*
E industrial works *pl*, manufacturing plant
F établissement *m* industriel
S establecimiento *m* industrial
R промышленное предприятие *n*

20 Industriebezirk *m*
E industrial/manufacturing district
F district *m*/quartier *m* industriel, région *f* industrielle
S distrito *m* industrial
R промышленный район *m*

21 Industrieerzeugnis *n*
E product of industry
F produit *m* industriel
S producto *m* industrial
R промышленное изделие *n*, промышленный товар *m*/ продукт *m*

22 Industrieland *n*
E industrial country
F pays *m* industriel
S país *m* industrial
R промышленная страна *f*

23 industriell
E industrial
F industriel
S industrial
R промышленный

24 Inhaber *m* → *auch* **Eigentümer**
E holder; owner
F possesseur *m;* titulaire *m;* propriétaire *m*
S titular *m;* poseedor *m;* propietario *m*
R владелец *m*, обладатель *m*

25 (Inhaber); ~ der Patentanmeldung
E owner of the patent application
F propriétaire de la demande de brevet
S propietario de la solicitud de patente
R владелец заявки на патент

26 (Inhaber); ~ eines Warenzeichens
E owner of a trademark
F titulaire d'une marque
S titular de una marca
R владелец товарного знака

27 Inhaberschaft *f*
E ownership
F propriété *f*
S propiedad *f*
R собственность *f*

28 (Inhaberschaft); Beanspruchung der ~
E claiming ownership
F revendication *f* de propriété
S reivindicación *f* de propiedad
R притязание *n* на собственность

29 Inhalt *m (i. allg.)*
E contents *pl*
F contenu *m*
S contenido *m*
R содержание *n*

30 (Inhalt); der wesentliche ~ der Anmeldung
E essential elements of the application
F l'essentiel *m* du contenu de la demande
S el contenido esencial de la solicitud
R существенный элемент *m* заявки

31 (Inhalt); wörtlicher ~
E tenor
F teneur *f*
S tenor *m*
R дословное содержание

32 Inhaltsverzeichnis *n*
E index, table of contents
F index *m*, table *f* des matières, sommaire *m*
S índice *m*, contenido *m*, tabla *f* de materias
R содержание *n*, оглавление *n*

33 Inkraftsetzungsklausel *f (eines Gesetzes)*
E clause of coming into operation *GB;* enacting clause *US*
F clause *f* de la mise en vigueur
S cláusula *f* sobre la entrada en vigor
R клаузула *f* о вступлении в силу

34 Inkrafttreten *n*
E coming into force/operation/effect; entry into force
F entrée *f*/mise *f* en vigueur
S entrada *f* en vigor
R вступление *n* в силу/действие

35 Inland *n*
E home, native country
F pays *m*, intérieur *m*, intérieur du pays
S interior *m*, interior del país
R отечество *n*

36 Inländer *m (im Lande wohnhaft)*
E inlander
F habitant *m* du pays
S habitante *m* del país
R житель *m* страны

37 (Inländer) (Einheimischer, Eingeborener)
E native
F indigène *m/f*
S indígena *m*, nativo *m*
R коренной житель страны

38 inländisch → (Warenzeichen); ...

39 Inlandsanmeldung *f auch* **nationale Anmeldung** → (Hinterlegung); ...

40 inoffiziell
E unofficial

F inofficiel
S no oficial
R неофициальный

41 Inserat *n*
E advertisement
F annonce *f*
S anuncio *m*
R объявление *n*

42 Instanz *f*
E instance
F instance *f*
S instancia *f*
R инстанция *f*

43 (Instanz); Gericht erster/höchster ~
E court of first/the highest instance
F tribunal *m* de première / suprême instance
S tribunal *m* de primera/ suprema instancia
R суд *m* первой/высшей инстанции

44 Interesse *n*
E interest
F intérêt *m*
S interés *m*
R интерес *m*

45 (Interesse); entgegenstehendes ~
E interest to the contrary
F intérêt qui s'oppose, intérêt contraire
S interés contrario/opuesto
R противоположный интерес

46 (Interesse); öffentliches ~, *auch* ~ **der öffentlichen Wohlfahrt**
E public interest
F intérêt public
S interés público
R публичный интерес

47 (Interesse); rechtliches ~
E legal interest

F intérêt légitime
S interés legítimo
R законный/правомерный интерес

48 (Interesse); ~ der Sicherheit des Bundes *BRD*
E interest of the security of the Federal Republic
F intérêt de la sécurité de la République fédérale
S interés de la seguridad de la República Federal
R интересы безопасности федеративной Республики

49 Interessengemeinschaft *f* *(Zustand)*
E community of interests
F communauté *f* d'intérêts
S comunidad *f* de intereses, intereses *m/pl* creados
R общность *f* интересов

50 (Interessengemeinschaft) *(Organisation)*
E pool, pooling agreement
F fédération *f*, trust *m*
S intereses creados, consorcio *m*
R объединение *n*, концерн *n*, консорциум *m*

51 Interessent *m*
E interested (party)
F intéressé *m*, intéressée *f*
S parte *f* interesada
R заинтересованная сторона *f*

52 Interference *f US Pr*
E interference
F interférence *f*
S interferencia *f*
R столкновение *n*, совпадение *n*

53 (Interference) ~ zwischen Anmeldungen verschiedener Parteien

(eingedeutscht) auch **Interferenz** *f*
E interference between applications of different parties
F interférence *f*/conflit *m* entre les demandes de différentes parties
S interferencia *f*/conflicto *m* entre solicitudes de diferentes partes
R столкновение заявок разных сторон

54 Interference-Prüfer *m US*
E Examiner of Interferences
F examinateur *m* en «interférences»
S examinador *m* en asuntos de interferencia
R эксперт *n* по вопросам совпадений

56 Interference-Verfahren *n US*
E Board of Patent Interferences
F Commission *f* des «interférences» des brevets
S Comisión *f* de Interferencia de Patentes
R Комитет *n* по совпадениям

56 Interference-Verfahren *n*
E interference proceedings
F procédure *f*/instance *f* en interférence
S procedimiento *m* de interferencia
R производство *n* по совпадениям

57 international
E international
F international
S internacional
R международный

58 (international); ~e Beziehungen *pl*
E international relations *pl*
F relations *f*/*pl* internationales
S relaciones *f*/*pl* internacionales
R международные отношения *n*/*pl*

59 (international); ~e Klassifikation
E international classification
F classification *f* internationale
S clasificación *f* internacional
R международная классификация *f*

60 (international); ~e Patentklassifikation
E international patent classification
F classification *f* internationale des brevets
S clasificación *f* internacional de las patentes
R международная патентная классификация *f*, международная классификация изобретений

61 (international); ~e Registrierung von Fabrik- und Handelsmarken
E international registration of trademarks
F enregistrement *m* international des marques de fabrique ou de commerce
S registro *m* internacional de marcas de fábrica o de comercio
R международная регистрация *f* товарных знаков

62 (international) → **(Übereinkunft); ..., (Abkommen); ...**

63 Internationale Vereinigung für gewerblichen Rechtsschutz (IVfgR)
E International Association for the Protection of Industrial Property *(IAPIP)*

F Association *f* Internationale pour la Protection de la Propriété Industrielle *(AIPPI)*

S Asociación *f* Internacional para la Protección de la Propiedad Industrial *(AIPPI)*

R Международная ассоциация *f* по охране промышленной собственности

64 Internationales Amt *n*

E international office

F office *m* international

S oficina *f* internacional

R международное бюро *n*

65 Internationales Büro der Weltorganisation für geistiges Eigentum

E International Bureau of the Word Intellectual Property Organization

F Bureau *m* International de l'Organisation Mondiale de la Propriété Intellectuelle

S Oficina *f* Internacional de la Organización Mundial de la Propiedad Intelectual

R Международное бюро *n* Всемирной организации интеллектуальной собственности

66 Internationales Büro zum Schutz des gewerblichen Eigentums

E International Bureau for the Protection of Industrial Property

F Bureau *m* International pour la Protection de la Propriété Industrielle

S Oficina *f* Internacional para la Protección de la Propiedad Industrial

R Международное бюро *n* по охране промышленной собственности

67 Internationales Patentbüro *n auch* **Internationales Patentinstitut** *n*

E International Patent Office

F Institut *m* International de Brevets

S Instituto *m* Internacional de Patentes

R Международный патентный институт *m*

68 Internationales Übereinkommen zum Schutz von Pflanzenzüchtungen *Ss*

E International Convention for the· Protection of New Varieties of Plants

F Convention *f* internationale pour la protection des obtentions végétales

S Convenio *m* Internacional para la Protección de las Obtenciones Vegetales

R Международная конвенция *f* по охране новых сортов растений

69 Intervenient *m*

E intervener

F intervenant *m*

S el que interviene, interventor *m*

R третье лицо, участвующее в деле на основании своего заинтересованности

70 Intervention *f*

E intervention

F intervention *f*

S intervención *f*

R иптервенция *f*, вмешательство *n*

71 irreführen; das Publikum ~

E mislead the public

F tromper le public

S engañar al público

R ввести публику в заблуждение
72 irreführend
E confusing, misleading
F abusant, induisant en erreur
S engañoso, abusivo; que induce a error
R обманный, вводящий в заблуждение
73 Irrtum *m*
E error, mistake
F erreur *f*, méprise *f*
S error *m*, engaño *m*
R заблуждение *n*, ошибка *f*
**74 (Irrtum); der Gebrauch der Marke
ist nicht geeignet, Irrtum zu
erregen**
E the use of the mark is not of a
nature as to be misleading
F l'usage de la marque n'est
pas de nature à induire en
erreur
S el uso de la marca no es de
naturaleza tal que induzca a
error
R применение знака не может
ввести в заблуждение
75 (Irrtum); materieller ~
E material error
F erreur matérielle
S error material
R ошибка в факте, факти-
ческая ошибка
76 i. V. → (Vertretung); ...

J

1 Jahresbeitrag *m*
E annual contribution
F contribution *f* annuelle
S cuota *f* anual
R ежегодный взнос *m*

2 Jahresbericht *m*
E annual report
F rapport *m* annuel, compte *m* rendu annuel
S informe *m*/balance *m* anual
R годовой отчёт *m*

3 Jahresbetrag *m*
E annual amount
F montant *m* annuel
S monta *f*/monto *m*/suma *f* anual
R годовая сумма *f*, годовой итог *m*

4 Jahresfrist *f* → *auch* **Jahresperiode**
E period of one year
F délai *m* d'un an
S plazo *m* de un año
R годовой/годичный срок *m*

5 Jahresgebühr *f*
E annual fee, renewal fee *Pr GB*
E annuité, *f*, taxe *f* annuelle
S anualidad *f*, derecho anual/de anualidad
R годовая / годичная/ежегодная пошлина *f*, *(Patent-~)* патентная пошлина *f*

6 Jahresperiode *f*
E period of one year
F période *f* d'un an
S período *m* de un año
R период *m* одного года

7 Jahresrechnung *f*
E annual account
F compte *m* annuel
S cuenta *f* anual
R годовой отчёт *m*

8 Jahresverzeichnis *n*
E annual index
F index *m* annuel
S índice *m* anual
R годовой указатель *m*

9 Jahrgang *m;* ~ **von Patenten**
E annual set of patents
F collection *f* des brevets d'une année
S colección *f*/fondo *m* anual de patentes
R годовой фонд *m* патентов

10 jünger → **(Anmeldung); ..., (Partei); ...**

11 juridisch
E juridical
F juridique

S jurídico
R правовой, юридический

12 Jurisprudenz *f*
E jurisprudence
F jurisprudence *f*
S jurisprudencia *f*
R юриспруденция *f*, правоведение *n*

13 Jurist *m*
E jurist, lawyer
F légiste *m*, juriste *m*, jurisconsulte *m*
S jurista *m*, jurisconsulto *m*
R юрист *m*

14 juristisch
E juridical, juristic
F juridique
S jurídico, de derecho
R юридический, правовой

15 Justitiar *m* → *auch* **Syndikus**
E syndic, corporation lawyer, standing counsel
F avocat conseil *m*
S consultor *m* jurídico
R юрисконсульт *m*

16 Justitiarabteilung *f* → **Rechtsabteilung**

17 Justiz *f*
E justice
F justice *f*
S justicia *f*
R юстиция *f*

18 Justizbehörde *f*
E judicial authority
F autorité *f* judiciaire
S autoridad *f* jurídica
R орган *m* правосудия, судебная инстанция *f*

19 Justizirrtum *m* (*in der Beurteilung der Sache*) → *auch* **Rechtsirrtum)**
E error/mistake of justice

F erreur *f* de (la) justice
S error *m* judicial
R судебная ошибка *f*

20 (Justizirrtum) (*Versehen im Klären des Sachbestands oder in der Deutung von Begriffen*)
E negligence of justice
F manquement *m* de la justice
S equivocación *f* judicial; (*Tatsachenirrtum:*) error *m* de hecho
R судебная оплошность *f*

21 Justizminister *m auch* **Minister für Justiz**
E minister of justice *GB;* attorney general *US;* (*Lordkanzler*) Lord Chancellor *GB*
F ministre *m* de la Justice; garde *m* des sceaux *F*
S Ministro *m* de Justicia; *ä* Ministro de la Gracia y Justicia
R министр *m* юстиции

22 Justizpflege *f*
E administration of justice
F administration *f* judiciaire/de justice
S administración *f* jurídica
R правосудие *n*, осуществление *n* правосудия; (*Justizverwaltung als Tätigkeit:*) управление *n* юстицией; (*Justizverwaltung als Behördenkomplex:*) управление *n* юстиции

23 Justizversehen *n* → **Justizirrtum**
24 Justizverwaltung *f* → **Justizpflege**
25 Justizwesen *n*
E justice, judicature
F affaires *f/pl* judiciaires, justice *f*
S asuntos *m/pl* jurídicos, justicia *f*
R юстиция *f*

1 **Kalenderjahr** *n*
   E calendar/legal year
   F année *f* civile
   S año *m* civil
   R календарный год *m*
2 **Kalendervierteljahr** *n*
   E calendar quarter
   F trimestre *m* (civil)
   S trimestre *m* civil
   R календарный квартал *m*
3 **Kammer** *f* *(im gerichtl. Sinn →*
   auch **Senat)**
   E chamber, board
   F chambre *f*
   S cámara *f*, sala *f*
   R палата *f*
4 **Kannvorschrift** *f*
   E optional rule, discretionary
   clause/provision
   F disposition *f* facultative/arbi-
   traire/discrétionnaire
   S disposición *f* facultativa
   R факультативное распоря-
   жение *n*/положение *n*
5 **Kanzlei** *f*
   E office, chancellery
   F bureau *m*, greffe *m*, chan-
   cellerie *f*
   S oficina *f*, despacho *m*
   R бюро *n*, канцелярия *f*

6 **Kanzleistil** *m* → **Amtssprache**
7 **Kapital** *n*
   E capital
   F capital *m*
   S capital *m*
   R каритал *m*
8 **Kapitel** *n*
   E chapter
   F chapitre *m*
   S capítulo *m*
   R глава *f*
9 **Kartei** *f*
   E card-index, card-register
   F fichier *m*
   S fichero *m*
   R картотека *f*, карточный ка-
   талог *m*
10 **Kartell** *n*
   E cartel, ring, pool
   F cartel *m*, entente *f*
   S cartel *m*
   R картель *m*
11 **Kartellbehörde** *f*
   E cartel authority; Monopolies
   Commission
   F autorité *f* des cartels; Commis-
   sion *f* des ententes et positions
   dominantes *F*; Commission *f*
   Suisse des Cartels *CH*
   S autoridad *f* de carteles

R ведомство *n* по делам картелей

12 Kartellbeschluß *m*
E cartel decision, decision having cartel character
F décision *f* d'un caractère de cartel
S decisión *f* de carácter de carteles
R решение *n* картельного характера

13 Kartellrecht *n*
E cartel law
F droit *m* sur des cartels
S derecho *m* sobre los carteles
R картельное право *n*

14 Kartellregister *n*
E cartel register, Register of Restrictive Trade Agreements *GB*
F registre *m* des cartels
S registro *m* de carteles
R картельный реестр *m*

15 Kartellsenat *m*
E cartel chamber, Restrictive Practices Court *GB*
F chambre *f* en affaires de cartel
S sala *f* en asuntos de cartel
R отдел *m*/палата *f* по делам картелей

16 Kartellvertrag *m*
E cartel contract
F contrat *m* établissant un cartel
S contrato *m* que establece un cartel
R картельный договор *m*

17 Kartothek *f* → **Kartei**

18 Kassation *f*
E cancellation (of the judgement)
F cassation *f*
S casación *f*
R кассация *f*, отмена *f*

19 Kassationsgericht *n*
E supreme court (*in cases of safeguarding legality*)
F Cour *f* de cassation
S sala *f* de casación del tribunal supremo
R кассационной суд *m*, кассационная палата *f* Верховного суда

20 Kassationsverfahren *n* → *auch* **Rechtsbeschwerde**
E procedure to safeguard legality
F procédure *f* en cassation
S procedimiento *m* de casación
R процедура *f* кассации

21 Kategorie *f*
E category
F catégorie *f*
S categoría *f*
R категория *f*

22 (Kategorie); ~n des Patentschutzes
E categories of patent protection
F catégories de la protection conférée par le brevet
S categorías de la protección de patentes
R категории патентной охраны

23 Käufer *m*, **~in** *f*
E buyer, purchaser
F acheteur *m*, acheteuse *f*
S comprador *m*, compradora *f*
R покупатель *m*, покупательница *f*

24 (Käufer); ~ eines Patents
E vendee of a patent
F acquéreur *m* d'un brevet
S adquiridor *m*/comprador *m* de una patente
R приобретатель/покупатель патента

25 Kaufmann *m*
E merchant
F marchand *m*, *(Großhändler)* commerçant *m*
S comerciante *m*, mercader *m*
R торговец *m*, коммерсант *m*

26 kaufmännisch; ~e Tätigkeit
E commercial activities *pl*
F activité *f* commerciale
S actividad *f* comercial
R торговая деятельность *f*

27 Kaufpreis *m*
E sales price
F prix *m* d'achat/de vente
S precio *m* de compraventa/venta/compra
R покупная цена *f*

28 Kaufvertrag *m*
E contract of sale
F contrat *m* d'achat/de vente
S contrato *m* de compraventa
R договор *m* купли-продажи

29 Kaufwert *m*
E market value
F valeur *f* marchande/vénale
S valor *m* de mercado
R рыночная стоимость *f*

30 kausal; ~er Zusammenhang
E causality
F causalité *f*
S causalidad *f*
R причинная взаимосвязь *f*

31 Kaution *f*
E bond, security, bail
F caution *f*
S fianza *f*, caución *f*
R залог *m*, поручительство *n*

32 Kenntnis *f*
E knowledge
F connaissance *f*
S conocimiento *m*
R знание *n*

33 (Kenntnis); betriebliche ~se *BRD*
E knowledge acquired in works
F connaissances acquises à l'usine
S conocimientos adquiridos en la empresa
R производственные знания

34 (Kenntnis); infolge Betriebszugehörigkeit erlangte ~se
E knowledge acquired due to being a member of the works' staff
F connaissance acquise comme membre de l'équipe d'usine
S conocimientos adquiridos como miembro del equipo de fábrica
R знания, полученные в бытность членом коллектива предприятия

35 Kennzeichen *n* *(Merkmal)*
E feature, distinguishing feature
F caractéristique *f*
S característica *f*
R характеристика *f*, критерий *m*, признак *m*

36 (Kennzeichen) *(Kennzeichnung)*
E distinguishing mark/sign
F signe *m* distinctif
S signo *m* distintivo
R отличительный / опознавательный знак *m*

37 (Kennzeichen) *(Abzeichen, Symbol)*
E emblem
F emblème *m*
S emblema *m*
R эмблема *f*

38 (Kennzeichen); die ~ einer Erfindung
E characteristic features of an invention

F caractéristiques distinctives d'une invention
S características distintivas de una invención
R отличительные свойства/признаки изобретения

39 (Kennzeichen); ~ für die Güte der Waren
E criterion of the quality of the goods
F critère/critérium *m* de la qualité de la marchandise
S criterio *m* de la calidad de la mercancía
R критерий/признак качества товаров

40 (Kennzeichen); ~ auf Geschäftspapieren anbringen
E use distinguishing signs in business papers
F faire figurer des signes distinctifs dans les lettres d'affaires
S hacer figurar signos distintivos en papeles de negocios
R снабжать бланки деловых бумаг отличительными знаками

41 Kennzeichenteil *m*
E characterizing clause
F caractéristique *f* technique
S característica *f* técnica
R отличительная часть *f*

42 (Kennzeichenteil); ~ eines/des Patentanspruchs *auch* kennzeichnender Teil
E characterizing clause of a/the patent claim; body of a patent claim *US*
F caractéristique technique d'une/de la revendication
S característica técnica de una/de la reivindicación

R отличительная часть патентной формулы

43 kennzeichnen; eine Erfindung ~
E characterize an invention
F caractériser une invention
S caracterizar una invención
R характеризовать изобретение

44 (kennzeichnen); Waren ~
E mark goods
F marquer des marchandises
S marcar mercancías
R маркировать товары

45 (kennzeichnen); dadurch gekennzeichnet, daß
E characterized in that *GB; (bei Verbesserungen)* whereas the improvement consists in *US*
F caractérisé en ce que
S caracterizado por el hecho de que
R отличающийся тем, что

46 kennzeichnend
E characteristic, typical
F caractéristique
S característico
R характерный, отличительный

47 (kennzeichnend); ~er Teil des Patentanspruchs → Kennzeichenteil

48 Kennzeichnung *f*
E marking
F désignation *f*
S designación *f*
R обозначение *n*

49 (Kennzeichnung); widerrechtliche ~
E unlawful marking
F désignation illégale
S designación ilegal
R незаконное обозначение

50 klagbar
E liable to complaint/action, actionable
F capable d'être l'objet de plainte, actionnable, sujet à procès
S capaz/apto para ser objeto de un pleito, legalmente exigible
R могущий быть предметом спора/иска

51 Klage *f*
E action (at law), complaint
F action *f* (judiciaire), plainte *f*
S acción *f*, demanda *f*
R иск *m*

52 (Klage); ~ erheben
E file an action
F intenter une action
S presentar / intentar / entablar / interponer una demanda
R возбуждать иск, предъявлять иск

53 (Klage); ~ führen
E sue, bring an action
F porter plainte, intenter une action
S presentar una acción, tener queja, querellarse
R подавать жалобу, возбуждать иск

54 (Klage); eine ~ verwerfen
E dismiss an action
F rejeter une action
S rehusar una demanda
R отказывать в иске

55 (Klage); die ~ ist gegen den Patentinhaber zu richten
E the action shall be directed against the patentee
F l'action est dirigée contre le breveté
S la acción será dirigida contra el titulario de la patente
R процесс должен быть возбуждён против патентообладателя

56 Klageabweisung *f* → **Klagezurückweisung**

57 Klageantrag *m*
E motion
F requête *f* du demandeur
S moción *f*, petición *f*/solicitud *f* del demandante
R исковое заявление *n*

58 Klageerhebung *f*
E beginning/bringing of an action
F introduction *f* de l'instance/l'action
S presentación *f* de una demanda/acción
R предъявление *n* иска

59 Klageerwiderung *f*
E rejoinder (*defendant's rejoinder*)
F réplique *f* du défendeur
S réplica *f* del demandado
R оспаривание *n* иска, возражение *n* против иска

60 Klagefrist *f*
E time limit for action
F délai *m* pour l'introduction de l'action
S plazo *m* para la presentación de una demanda
R срок *m* предъявления иска

61 Klagegrund *m*
E cause of action
F base *f*/motif *m* de la plainte
S fundamento *m* de la demanda
R основание *n* иска

62 klagen
E commence a suit, go to law, sue at law

F porter plainte
S demandar (en juicio)
R возбуждать дело/процесс

63 Klagenverbindung *f* → *auch*
Klageverbindung
E consolidation of actions, join-
der of causes of action
F jonction *f* (de deux ou
plusieurs causes)
S acumulación *f* de acciones
R соединение *n* исков

64 Klagepatent *n*
E litigious patent
F brevet *m* contre lequel la
plainte se porte, brevet liti-
gieux
S patente *f* litigiosa/contestada
R оспариваемый патент *m*

65 Klagepunkte *m/pl*
E heads of the plaint, particulars
F chefs *m/pl* de la plainte
S fundamentos *m/pl* de la de-
manda
R пункты *m/pl* иска

66 Kläger *m*, **~in** *f*
E plaintiff
F demandeur *m*, demanderesse
f
S demandante *m/f*
R истец *m*

67 Klagerecht *n*
E right of action, right to sue
F titre *m* à porter plainte, titre à
intenter une action
S derecho *m* a la presentación de
una demanda
R право *n* на иск / предъявле-
ние иска

68 Klageschrift *f* → *auch* **Klage**
E writ, petition, plaint, written
complaint
F acte *m* de l'instance, plainte *f*

S escrito *m* de presentación de la
demanda, demanda *f*
R исковое заявление *n*

69 Klageverbindung *f* → *auch*
Klagenverbindung
E joinder, joining (in action)
F coïntéressés *m/pl* (d'un pro-
cès)
S coparticipación *f* procesal/de
proceso
R соединение *n* исков

70 (Klageverbindung); falsche ~
auch **Mißverbindung**
E misjoinder *(in action)*
F fausse désignation *f* d'un
coïntéressé
S falsa designación *f* de una
coparticipación procesal
R неправильное обозначение *n*
соучастника, неправомер-
ное соединение *n* исков

71 (Klageverbindung); unterlassene
~ → *auch* **Nichtverbindung**
E non-joinder (in action)
F omission *f* de la désignation du
coïntéressé
S omisión *f* de la designación del
copartícipe en el proceso
R пропуск *m* обозначения
соучастника, пропуск соединения исков

72 (Klageverbindung); unzulässige ~
E misjoinder
F désignation *f* illégitime d'un
coïntéressé
S designación *f* ilegítima de un
copartícipe en un proceso
R неправомерное соединение
исков

73 Klagezurückweisung *f*
E refusal of the action
F rejet *m* de la demande

S recusación *f*/rechazo *m* de la
demanda
R отказ *m* в иске
74 Klasse *f*
E class
F classe *f*
S clase *f*
R класс *m*
75 Klasseneinteilung *f* → *auch*
Klassifikation
E list of classes
F liste *f* des classes
S lista *f* de las clases
R классификация *f*
76 Klassengebühr *f*
E class fee
F taxe *f* prévue pour chaque
classe
S tasa *f* prevista para toda clase
R пошлина *f* за класс
77 Klassenumschreibung *f*
E re-classification
F modification *f* de la classifica-
tion
S modificación *f* de la clasi-
ficación, reclasificación *f*
R реклассификация *f*
78 Klassenverzeichnis *n* → **Klas-
seneinteilung**
79 Klassifikation *f*
E classification
F classification *f*
S clasificación *f*
R классификация *f*
80 Klassifizierung *f*; ~ **der einge-
henden Anmeldungen**
E classification of the applica-
tions filed
F classification *f* des demandes
arrivées
S clasificación *f* de las solicitudes
llegadas

R классифицирование *n*/клас-
сификация *f* поступивших
заявок
81 Klausel *f*
E clause
F clause *f*
S cláusula *f*, reserva *f*
R оговорка *f*, клаузула *f*
82 Klient *m*
E client
F client *m*
S cliente *m*, parte *f*
R клиент *m*
83 Klon *m Ss*
E clone
F clone *m*
S clone *m*
R клон *m*
84 Know-how *n* → **(Erfahrung); ...**
85 Kodifizierung *f*
E codification
F codification *f*
S codificación *f*
R кодификация *f*
86 kollidieren
E interfere, collide
F être en collision
S estar en colisión
R сталкиваться / столкнуться,
быть в коллизии / столкно-
вании
87 kollidierend → **(Anmeldung); ...,
(Schutzrecht); ...**
88 Kollision *f*
E collision, interference
F collision *f*
S colisión *f*
R коллозия *f*, столкновение
n
89 Kolonie *f*
E colony
F colonie *f*

S colonia *f*
R колония *f*

90 Kombination *f*
E combination
F combinaison *f*
S combinación *f*
R сочетание *n*, комбинация *f*

91 Kombinationsanspruch *m*
E claim for a combination
F revendication *f* concernant une combinaison
S reivindicación *f* relativa a una combinación
R формула *f* на комбинацию/ сочетание

92 Kombinationselement *n*
E element of a combination
F élément *m* d'une combinaison
S elemento *m* de una combinación
R элемент *m* сочетания/комбинации

93 kombinationsweise
E in combination
F en combinaison
S en calidad de combinación, en combinación
R в качестве комбинации/сочетания

94 Kombinationswirkung *f*
E combination effect
F effet *m* d'une combinaison
S efecto *m* de una combinación
R эффект *m* сочетания, сочетательный эффект

95 Kommission *f*
E commission
F commission *f*
S comisión *f*
R комиссия *f*

96 Kommunalverband *m*
E association of communal entities
F association *f* d'unités communales
S asociación *f* de unidades comunales
R коммунальная организация *f*

97 kompetent
E competent
F compétent
S competente
R компетентный

98 Kompetenz *f* → *auch* **Zuständigkeit**
E competence
F compétence *f*
S competencia *f*
R компетенция *f*, подсудность *f*

99 Kompetenzfrage *f (gerichtlich)*
E question of jurisdiction
F question *f* de la juridiction
S cuestión *f* de la jurisdicción/ competencia
R вопрос *m* подсудности/ компетенции

100 Kompetenzkonflikt *m*
E conflict of authority
F conflit *m* de la compétence, conflit d'attribution
S conflicto *m* de jurisdicción/ competencia
R столкновение *n* компетенций; конфликт *m* компетенций

101 Konferenz *f*
E conference
F conférence *f*
S conferencia *f*
R конференция *f*

102 Kongreß *m*
E congress
F congrès *m*
S congreso *m*
R съезд *m*, конгресс *m*

103 Konkurrent *m* → *auch* **Wettbe-**
  werber
E competitor
F concurrent *m*
S competidor *m*, competidora *f*,
  concurrente *m/f*
R конкурент *m*

104 Konkurrenz *f* → *auch* **Wettbewerb**
E competition, rivalry
F concurrence *f*, concours *m*
S concurrencia *f*, competencia *f*
R конкуренция *f*

105 Konkurrenzklausel *f*
E competitive clause
F clause *f* de concurrence
S cláusula *f* de concurrencia
R оговорка *f*/клаузула *f* о
  конкуренции

106 konkurrieren
E compete, rival
F concourir
S competir
R конкурировать, соперничать

107 Konkurs *m*
E bankruptcy
F faillite *f* (ouverte)
S concurso *m* de acreedores *Zr;*
  quiebra *f Hr*
R конкурс *m*, банкротство *n*

108 Konkursforderung *f*
E claim to a bankrupt's estate
F réclamation *f* de l'actif de la
  faillite
S créditos *m/pl* de la quiebra
R конкурсное требование *n*

109 Konkursmasse *f*
E bankrupt's estate

F actif *m* de la faillite; masse *f* de
  la faillite
S masa *f* de la quiebra/del
  concurso
R конкурсная масса *f*

110 Konkursordnung *f*
E bankruptcy regulations/law
F législation *f*/loi *f* sur les fail-
  lites
S Ley *f* de quiebras
R положение *n* о несостоя-
  тельности

111 Konkursverwalter *m*
E trustee in bankruptcy
F syndic *m* de la faillite
S síndico *m*/administrador *m* de
  la quiebra/del concurso
R лицо *n*, проводящее конкурс
  по банкротству; ликвидатор
  m

112 Konkursverwaltung *f*
E bankruptcy office
F administration *f* de la faillite
S administración *f* del concurso/
  de la quiebra
R инстанция *f*, проводящая
  конкурсы по банкротству

113 Können *n;* ~ **des Durchschnitts-**
  fachmanns
E knowledge/ability of men ordinarily skilled in the art
F faculté *f*/savoir *m* de l'homme
  du métier
S saber *m*/conocimientos *m/pl*
  de un especialista medio
R знания *n/pl* умение *n* среднего специалиста

114 Konstruktion *f*
E design, construction
F construction *f*
S construcción *f*
R конструкция *f*, проект *m*

115 Konsul *m*
E consul
F consul *m*
S cónsul *m*
R консул *m*

116 konsularisch
E consular
F consulaire
S consular
R консульский

117 Konsulatsbeamte *m*
E consular officer
F fonctionnaire *m* consulaire
S funcionario *m* consular
R консульский работник

118 Konsulatsbefugnisse *f/pl*
E consular power
F autorité *f* consulaire
S facultad *f/*autorización *f* consular
R консульская компетенция *f*

119 konsultieren; einen Patentanwalt ~
E consult a patent agent
F consulter un ingénieur-conseil en propriété industrielle
S consultar a un Agente de la Propiedad Industrial
R обращаться за советом к патентному поверенному

120 Kontokorrent *n*
E current account
F compte *m* courant
S cuenta *f* corriente
R текущий счёт *m*

121 Kontrollnummer *f*
E control number
F numéro *m* de contrôle
S número *m* de control
R контрольный номер *m*

122 Konvention *f*
E convention
F convention *f*
S convenio *m*
R конвенция *f*

123 Konzern *m*
E concern, combine
F trust *m*, consortium *m*, groupement *m* financier
S consorcio *m*, trust *m*
R концерн *m*

124 Kopf *m* **des Patentanspruchs** → **Oberbegriff**

125 Körperschaft *f;* **~ des öffentlichen Rechts**
E corporate body, public corporation
F corporation *f* (publique)
S corporación *f* (pública)
R корпорация *f* публичного права

126 Korrektur-Bescheinigung *f* → **Berichtigungsbescheinigung**

127 Kosten *pl*
E costs *pl*
F frais *m/pl*
S costas *f/pl*, gastos *m/pl*
R расходы *m/pl*, издержки *f/pl*

128 (Kosten); ~ und Aufwendungen
E costs and expenses
F frais et dépenses
S costas y gastos
R затраты и расходы

129 (Kosten); ~ decken *auch* **bestreiten**
E cover expenses
F couvrir des frais
S cubrir gastos
R покрывать расходы/затраты

130 (Kosten); durch eine Anhörung verursachte ~
E costs arising from an audience
F frais d'une audition

S costas de una audiencia
R издержки заслушания

131 (Kosten); ~ die aus einer Veröffentlichung entstehen
E costs arising from a publication
F des frais nécessités par une publication
S gastos causados por una publicación
R расходы на публикацию

132 Kostenentscheidung *f*
E decision as to costs
F décision *f* relative à la répartition des frais
S decisión *f* sobre las costas
R решение *n* об издержках

133 Kostenfestsetzung *f*
E fixing of (the) costs
F fixation *f*/taxation *f* des frais, taxation *f*
S fijación *f* de las costas
R установление *n* суммы расходов

134 Kostenfestsetzungsbeschluß *m*
E decision on the assessment of costs
F décision *f* concernant la fixation des frais
S decisión *f* relativa a la fijación de las costas
R решение *n* об установлении суммы расходов

135 Kostenfestsetzungsverfahren *n*
E procedure for the assessment of costs
F procédure *f* de fixation des frais
S procedimiento *m* de la fijación de las costas
R процедура *f* по установлению суммы расходов

136 Kostenfrage *f*
E question of costs
F question *f* des frais
S cuestión *f* de las costas
R вопрос *m* об издержках

137 kostenlos
E *adj/adv* free of charge
F *adj* gratuit; *adv* gratuitement, à titre gratuit
S *adj* gratuito; *adv* gratuitamente
R *adj* бесплатный; *adv* бесплатно

138 Kosten- und Ertragsvergleich *m*
E balance of expenses and incomes
F comparaison *f* des dépenses et des revenus
S balance *m* de los gastos y de las rentas
R баланс *m* расходов и доходов

139 Kostenvergleich *m*
E settlement on expenses
F accord *m* sur les dépenses
S acuerdo *m* sobre los gastos/las costas
R соглашение *n* об уплате издержек

140 Kostenvergütung *f* → (zugestehen); ...

141 kraft; ~ Gesetzes
E by law
F légalement, en vertu de la loi
S legalmente, en virtud de la ley
R законно, в силу закона

142 Kraft *f* R
E force
F vigueur *f*
S vigor *m*, virtud *f*
R действие *n*, сила *f*

143 **(Kraft); in ~ befindliche Abkommen**
E existing international agreements
F accords *m/pl* internationaux en vigueur
S acuerdos *m/pl* internacionales en vigor
R действующие международные соглашения

144 **(Kraft); in ~ treten**
E come into force/operation, become operative
F entrer en vigueur
S entrar en vigor
R вступить в силу/действие

145 **Kredit** *m*
E credit
F crédit *m*
S crédito *m*
R кредит *m*

146 **Kreditbank** *f*
E bank of credit
F banque *f* de prêts/crédit
S banco *m* de crédito
R кредитный банк *m*

147 **kreditfähig**
E solvent, sound
F solide
S solvente
R кредитоспособный, платёжеспособный

148 **Kreditgenossenschaft** *f*
E credit society
F société *f* de crédit mutuel
S sociedad *f* del crédito mutuo
R кредитная кооперация *f*

149 **Kreditinstitut** *n*
E credit institute
F institut *m* de crédit.
S instituto *m* de crédito
R кредитное учреждение *n*

150 **Kreditwesen** *n*
E credit affairs *pl*
F affaires *f/pl* de crédit
S asuntos *m/pl* de crédito
R кредитное дело *n*

151 **Kreisgericht** *n DDR* → **Amtsgericht;** *Ö* → **Landesgericht** → *auch im Anhang*

152 **Kreuzverhör** *n*
E cross-examination
F interrogatoire *m* contradictoire/serré
S interrogatorio *m* contradictorio, careo *m*
R перекрестный допрос *m*

153 **Kriegsverlust** *m*
E war loss
F perte *f* de guerre
S pérdida *f* de guerra
R военные убытки *m/pl*

154 **Kriterium** *n* → *auch* **Hauptkriterium**
E criterion
F critérium *m*
S criterio *m*
R признак *m*, критерий *m*

155 **kündbar**
E recallable, subject to denunciation, determinable
F congéable, apte à être dénoncé, résiliable
S rescindible, revocable, denunciable
R денонсируемый, подлежащий денонсации, подлежащий отмене

156 **(kündbar); das Abkommen ist ~**
E the agreement may be denounced
F l'accord peut être dénoncé
S el acuerdo puede ser denunciado

R соглашение может быть денонсировано
157 Kunde *m*, **Kundin** *f* → *auch* **Käufer**
E customer
F chaland *m*, client *m*, cliente *f*
S cliente *m*, parroquiano *m*, parroquiana *f*
R покупатель *m*
158 Kundendienst *m*
E service (to customers)
F service *m* aux acheteurs
S servicio *m* a los compradores
R обслуживание *n* покупателей
159 Kundenzeitschrift *f*
E buyers' journal
F feuille *f* d'acheteurs
S periódico *m* de los compradores
R журнал *m* покупателей
160 Kundgebung *f*
E declaration, publication
F notification *f*, publication *f*
S notificación *f*, publicación *f*
R уведомление *n*, публикация *f*, объявление *n*
161 Kündigung *f*
E denunciation
F dénonciation *f*
S denuncia *f*
R денонсация *f*, денонсирование *n*
162 Kündigungsfrist *f*
E denunciation period/term
F délai *m* de dénonciation
S plazo *m* de denuncia
R срок *m* денонсации

163 Kündigungsrecht *n*
E right of denunciation
F droit *m* à dénoncer/de dénonciation
S derecho *m* de denunciar
R право *n* на денонсацию
164 Kunst *f*
E art
F art *m*
S arte *m*
R искусство *n*
165 Kunstmuster *n S*
E artistic(al) design
F dessin *m* artistique
S dibujo *m* artístico
R художественный образец *m*
166 Kunstwerk *n*
E artistic work, piece/work of art
F œuvre *f* d'art
S obra *f* artística/de arte
R произведение *n* искусства
167 Kuratel *f*
E guardianship
F curatelle *f*, tutelle *f*
S curatela *f*
R попечительство *n*, опека *f*
168 Kurzfassung *f*
E abridgement
F abrégé *m*
S abreviación *f*, extracto *m*
R сокращение *n*, резюме *n*
169 Kurzschrift *f auch* **Stenographie**
E shorthand, stenography, speedwriting
F sténographie *f*
S estenografía *f*, taquigrafía *f*
R стенография *f*

L

1 laden; Beteiligte zur Verhandlung ~ und anhören
E summon and hear the interested parties
F citer et entendre les intéressés
S citar y oír a los interesados
R вызывать и заслушать заинтересованные стороны

2 Ladungsfrist *f*
E summons notice/term
F délai *m* de l'assignation
S plazo *m* de la citación
R срок *m* вызова

3 Land *n*
E country
F pays *m*
S país *m*
R страна *f*

4 (Land) *BRD*
E land, federal state
F land *m*, État *m* fédéral
S land *m*, Estado *m* federal
R земля *f*

5 (Land); vertragsschließendes ~
E contracting country
F pays contractant
S país contratante
R договаривающаяся страна, страна-участница соглашения/конвенции/договора

6 Landeserzeugnis *n*
E home/national product
F produit *m* du pays
S producto *m* del país
R изделие *n*, произведённое в стране; изделие *n* отечественного производства

7 Landesgericht *n* *Ö* → **Landgericht**, *auch im Anhang*

8 Landesgesetzgebung *f*
E domestic law
F législation *f* nationale
S legislación *f* nacional
R национальное законодательство *n;* (*BRD:*) законодательство земли

9 Landesjustizverwaltung *f* *BRD*
E administrative authorities/ministry of Justice of a land
F autorités *f/pl* administratives/ministère *m* de la justice de l'État fédéral
S autoridades *f/pl* administrativas/ministerio *m* de justicia del Estado federal
R земельное управление *n* юстицией; Министерство *n* юстиции земли

10 Landesregierung *f* *BRD*
E government, state government

  F gouvernement *m* de l'État fé-
   déral/fédéré, gouvernement *m*
   du Land
  S gobierno *m* del Estado federal
  R правительство *n* земли, земельное правительство

11 Landessitte *f*
  E custom of the country
  F coutume *f*/usages *m/pl* du pays
  S costumbres *f/pl*/ usos *m/pl* del
   país
  R обычаи *m/pl* страны

12 Landesverteidigungsminister *m*
  E minister of defence; secretary
   of state for defence *GB*,
   defense secretary *US*
  F ministre *m* de la défense natio-
   nale
  S ministro *m* de defensa
  R министр *m* обороны

13 Landgericht *n BRD;* **Landesgericht**
   Ö → auch im Anhang
  E higher first instance court
  F tribunal *m* de grande instance
  S Audiencia *f* Provincial
  R суд *m* земли; провинци-
   альный суд *Ö*

14 Landtag *m BRD*
  E diet
  F diète *f*/chambre *f* régionale/
   d'un Land
  S parlamento *m* del Land, dieta *f*
   regional
  R ландтаг *m*

15 Landwirtschaft *f*
  E agriculture
  F agriculture *f*
  S agricultura *f*
  R земледелие *n*, сельское хо-
   зяйство *n*

16 Landwirtschaftsminister *m*
  E Secretary of Agriculture

  F ministre *m* de l'agriculture
  S ministro *m* de agricultura
  R министр *n* сельского хо-
   зяйства

17 Last *f*
  E burden
  F charge *f*
  S carga *f*
  R бремя *n;* налог *m;* обяза-
   тельства *n/pl*

18 (Last); inwieweit jmdm die Kosten
  zur ~ fallen
  E to what extent the costs shall
   be borne by s.o.
  F la mesure dans laquelle les
   frais incombent à qn
  S la extensión en la cual las
   costas incumben a alguien
  R в каком объёме расходы
   должны быть покрыты кем-
   л.

19 (Last); die Kosten sollen einer
  Partei zur ~ fallen
  E the costs shall be borne by a
   party
  F les frais doivent être supportés
   par une partie/l'une des parties
  S las costas deben ser cubiertas
   por una parte
  R расходы должны быть пок-
   рыты одной из сторон

20 Lauf *m;* **Zustellung, durch die eine**
  Frist in ~ gesetzt wird *EU*
  E delivery a time limit is reckon-
   ed from
  F remise qui fait courir un délai
  S entrega haciendo correr un
   plazo
  R вручение, с которого счита-
   ется срок

21 Laufdauer *f;* **die ~ des Patents →**
  Patentdauer

22 Laufzeit *f;* ~ **eines Schutzrechts**
E duration/term of a protective right
F durée *f* d'un droit protectif
S duración *f* de un derecho de protección
R срок *m* действия правовой охраны

23 Lebensdauer *f;* ~ **eines Patents**
E duration/real duration of a patent
F durée *f* (réelle) de brevet
S duración *f* (real) de una patente
R срок *m* действия патента

24 Lebensmittel *n/pl*
E food
F nourriture *f*
S comestibles *m/pl*, víveres *m/pl*
R продовольствие *n*, пищевой продукт *m*

25 (Lebensmittel); ~ **im Rohzustand**
E agricultural/rural produce, food in raw state
F produits *m/pl* naturels/agricoles
S productos *m/pl* agrícolas/agrarios
R продукты сельского хозяйства, сельхозпродукты *m/pl*

26 Lebenszeit; auf ~
E for life
F à vie, pour la vie
S por vida
R пожизненно

27 legal
E legal
F légal
S legal
R законный

28 Legalisierung *f (eines Verfahrens)*
E legalization
F légalisation *f*
S legalización *f*
R легализация *f*, узаконение *n*

29 (Legalisierung) *(einer Urkunde)*
E authentication
F légalisation
S legalización *f*, autenticación *f*
R удостоверение *n*, засвидетельствование *n*

30 Legislative *f*
E legislative
F législation *f*
S legislación *f*
R законодательная власть *f*,

31 legitim
E legitimate
E légitime
S legítimo
R законный

32 Lehre *f*
E instruction; doctrine
F instruction *f;* doctrine *f;* leçon *f*
S instrucción *f;* doctrina *f*
R указание *n;* учение *n*, доктрина *f*

33 (Lehre); technische ~
E technical doctrine
F doctrine technique
S doctrina técnica
R техническая доктрина

34 (Lehre); ~ **der Erfindung** *BRD, DDR*
E instruction incorporated in the invention
F instruction incorporée dans l'invention
S instrucción incorporada en la invención
R доктрина изобретений, изобретательская доктрина

35 (Lehre); ~ zum technischen Handeln
E instruction for a technical activity
F instruction pour une activité technique
S instrucción para una actividad técnica
R технические указания

36 leisten → (Beihilfe); ..., (Dienst); ..., (Zahlung); ...

37 Leistung f Ww
E service
F service m
S servicio m
R услуга f, обслуживание n

38 (Leistung); erfinderische ~
E inventive accomplishment
F accomplissement m inventif
S rendimiento m inventivo
R изобретательское достижение n/творчество n

39 (Leistung); gewerbliche ~
E professional performance
F prestation f professionnelle
S prestación f industrial
R промышленные услуги f/pl, промышленное обслуживание n

40 (Leistung); schöpferische ~
E creative achievement
F production f créative
S rendimiento creador
R творческое достижение n

41 Leistungsentgelt Ww n
E compensation for a service
F compensation f d'un service
S compensación f de un servicio
R оплата f услуг

42 Leistungsvertrag m Ww
E service contract
E contrat m de service
S contrato m de servicio
R договор m о предоставлении услуг

43 Leiter m der Patentprüfer-Körperschaft US
E Assistant Commissioner in charge of patent examination, executive examiner
F administrateur m du corps de l'examen de brevet
S jefe m del cuerpo del examen de patentes
R руководитель m состава патентной экспертизы

44 Leiter m der Patentprüfungsgruppe US
E manager of the patent examining group, senior examiner
F chef m de la groupe de l'examen de brevet
S jefe m del grupo del examen de patentes
R руководитель m группы по патентной экспертизе

45 Lesart f
E reading, version
F version f, lecture f
S versión f
R толкование n, версия f

46 letztwillig
E adj testamentary; adv by will
F adj testamentaire; adv par testament
S adj testamentario; adv por última disposición
R adj завещательный; adv по завещанию

47 Leumundszeugnis n
E certificate of good moral character and reputation
F certificat m de bonne vie et mœurs

S certificado *m* de buena conducta
R свидетельство *n* о хорошем
поведении

**48 (Leumundszeugnis); ~ vorweisen
US**
E show that one is of good moral
character and reputation
F présenter le certificat de bonne
vie et mœurs
S presentar el certificado de
buena conducta
R представлять свидетельство
о хорошем поведении

49 liefern
E deliver, furnish
F livrer, fournir
S entregar, suministrar, presentar
R поставлять / поставить, пре-
доставлять / предоставить

50 (liefern); den Beweis ~
E furnish proof, give proof of
F fournir la preuve
S presentar la prueba
R представлять доказатель-
ство

51 Liefersperre *f*
E embargo
F embargo *m*
S embargo *m*
R эмбарго *n*

52 Lieferungsbedingungen *f/pl*
E terms *pl* of delivery
F cahier *m* des charges, condi-
tions *f/pl* de livraison
S condiciones *f/pl* de entrega
R условия *n/pl* поставки

53 Lieferungsvertrag *m*
E delivery contract
F contrat *m* de livraison
S contrato *m* de entrega
R договор *m* поставки

54 Linie *f (botanische ~) Ss*
E line
F lignée *f*
S raza *f*
R линия *f*

55 Liste *f*
E list
F liste *f*
S lista *f*
R перечень *m*

56 literarisch; ~er Diebstahl
E plagiarism
F plagiat *m*
S plagio *m*
R плагиат *m;* литературное
воровство *n*

57 Lizenz *f*
E licence *GB*, license *US*
F licence *f*
S licencia *f*
R лицензия *f*

58 (Lizenz); ~ von Rechts wegen *GB*
→ Zwangsvermerk

59 Lizenzanalogie *f*
E analogy with/to a licence
F analogie *f* avec une licence
S analogía *f* con una licencia
R аналогия *f* с лицензией

60 Lizenzbereitschaft *f BRD*
E willingness to grant licences,
licences of right *GB*
F offre *f* de licence, licence *f* de
plein droit
S ofrecimiento *m* de la licencia
R готовность *f* к выдаче ли-
цензии

**61 (Lizenzbereitschaft);   Vermerk
über die Erklärung der ~** *BRD*
E endorsement of willingness to
grant licences
F endossement *m* de l'offre de
licences

S endoso *m* del ofrecimiento de licencias
R отметка *f* о готовности выдать лицензию

62 (Lizenzbereitschaft); Vermerk der ~ am Patent *GB* → *auch* **Zwangsvermerk**
E endorsement of patent "licences of right"
F endossement sur une «licence de plein droit»
S endoso sobre la "licencia de pleno derecho"
R надпись *f* «право на лицензию»

63 Lizenzgeber *m*
E licensor
F concesseur *m* de licence
S cedente *m* de la licencia
R лицензиар *m*

64 Lizenzgebühr *f*
E royalty, license duty
F redevance *f*
S remuneración *f* por la licencia
R лицензионное вознаграждение *n*

65 Lizenzinhaber *m*
E holder of a license
F titulaire *m* d'une licence
S titular *m* de una licencia
R владелец *m* лицензии

66 Lizenznehmer *m*
E grantee of a license
F titulaire *m* d'une licence
S licenciatario
R лицензиат *m*

67 Lizenzrecht *n*
E license right
F droit *m* de licence
S derecho *m* de licencia/ ceder *LA*
R лицензионное право *n*

68 Lizenzsatz *m*
E rate of royalty
F fixation *f*/taux *m* des redevances
S fijación *f* de remuneraciones
R тариф *m*/ставка *f* лицензионного вознаграждения

69 Lizenzträger *m*
E licensee
F porteur *m* de la licence
S concesionario *m* de la licencia
R лицензиат *m*

70 Lizenzvergabe *f*
E granting a license
F concession *f* d'une licence
S concesión *f* de una licencia
R лицензирование *n*, выдача *f* лицензии

71 Lizenzvertrag *m*
E licensing contract
F contract *m* de licence
S contrato *m* de licencia
R лицензионный договор *m*

72 Lizenzverwaltung *f*
E administration of licences
F administration *f* des licences
S administración *f* de las licencias
R администрация *f* лицензий

73 Löschung *f*
E cancellation
F radiation *f*
S anulación *f*
R аннулирование *n*

74 (Löschung); die ~ einer Marke beantragen
E seeking the cancellation of a trademark
F réclamer la radiation d'une marque
S reclamar la anulación de una marca

R подавать заявление об аннулировании знака

75 Löschungsantrag *m*
E request for cancellation
F requête *f* en radiation
S requerimiento *m* de anulación
R заявление *n* об аннулировании

76 Löschungsklage *f*
E action for cancellation
F action *f* en radiation
S acción *f* de anulación
R иск *m* об аннулировании

77 Löschungsverfahren *n*
E cancellation proceedings
F procédure *f* en radiation
S procedimiento *m* de anulación
R процедура *f* по аннулированию

78 Lösung *f*
E solution
F solution *f*
S solución *f*
R решение *n*

79 (Lösung); bekannte ~en
E known solutions
F résolutions connues

S resoluciones conocidas
R известные решения

80 (Lösung); technische ~en
E technical solutions
F solutions techniques
S soluciones técnicas
R технические решения

81 (Lösung); ~ einer technischen Aufgabe
E solution of a technical problem
F solution d'une tâche/d'un problème technique
S solución de un problema técnico
R решение технической задачи

82 Lösungsprinzip *n*
E principle of solution
F principe *m* de solution
S principio *m* de la solución
R принцип *m* решения

83 Lösungsweg *m*
E method of solution
F méthode *f* de solution
S método *m* de solución
R способ *m*/путь *m* решения

M

1 mahnen
E warn
F avertir
S advertir
R предупреждать/предупре-
дить

2 Mahnung *f*
E warning
F avertissement *m*
S advertencia *f*
R предупреждение *n*

3 majorenn *auch* **volljährig, mün-
dig**
E of age, of full age, major
F majeur, d'âge légal
S mayor de edad
R совершеннолетний

4 Mandant *m*, **~in** *f*
E mandator, client
F délégant *m*, client *m*, cliente *f*
S mandante *m*, cliente *m/f*
R доверитель *m*, клиент *m*

5 Mandat *n*
E mandate
F mandat *m*
S mandato *m*
R поручение *n*

6 Mandatar *m*
E mandatary
F mandataire *m*

S mandatario *m*
R поверенный *m*

7 Mandatsgebiet *n*
E territory under mandate
F territoire *m* sous mandat
S territorio *m* bajo mandato
R подмандатная территория *f*

8 Mangel *m*
E deficiency; lack; defect
F défaut *m*; manque *m*; vice *m*
S defecto *m*; falta *f*
R недостаток *m*

**9 (Mangel); Mängel einer Anmel-
dung**
E defects of an application
F défauts d'une demande
S defectos de una solicitud
R недостатки заявки

**10 (Mangel); formelle Mängel der
Anmeldung/Patentanmeldung**
E formal insufficiencies of the
patent application
F insuffisances *f/pl* formelles de
la demande de brevet
S insuficiencias *f/pl* formales de
la solicitud de invención
R формальные недостатки за-
явки на патент

11 (Mangel); offensichtliche Mängel
E obvious deficiencies

F défauts évidents
S defectos/deficiencias *f/pl* evidentes
R явные недостатки

12 (Mangel); wesentlicher ~ eines Verfahrens
E substantial deficiency of a procedure
F défaut substantiel d'une procédure
S defecto substancial del procedimiento
R существенный недостаток процедуры

13 Mängelrüge *f* → *auch* **(Beanstandung); . . .**
E notice on defects
F notification *f* des défauts
S notificación *f* de los defectos
R предложение *n* исправить заявку *(со стороны Комитета)*

14 mangels; ~ Zahlung
E by reason of non-payment
F par suite de non-paiement
S como consecuencia del impago
R вследствие неуплаты

15 Manuskript *n*
E manuscript
F manuscrit *m*
S manuscrito *m*
R рукопись *f*

16 Marke *f Wr* → *auch* **Warenzeichen**
E mark, trade mark, trade-mark, trademark
F marque *f* (de fabrique/commerce)
S marca *f* (de fábrica/comercio)
R фабричный/товарный знак *m*

17 (Marke); eingetragene ~
E registered trademark
F marque enregistrée
S marca registrada
R зарегистрированный знак

18 Markenartikel *m*
E branded/trademark article
F article *m* de marque
S artículo *m* de marca
R товар *m*, снабжённый товарным знаком

19 Markenbestandteil *m*
E element included in the mark
F élément *m* contenu dans la marque
S elemento *m* contenido en la marca
R элемент *m*, содержащийся в *(товарном)* знаке

20 Markenregister *n* → **Warenzeichenregister**

21 Markenregistrierung *f;* **internationale ~,** *auch* **internationale Registrierung von Fabrik- und Handelsmarken → (international); . . .**

22 Markenschutz *m*
E trademark protection
F protection *f* des marques
S protección *f* de marcas
R охрана *f* товарных знаков

23 Markenverbindung *f*
E association of trademarks
F association *f* des marques
S asociación *f* de las marcas
R соединение *n* знаков

24 Markenware *f*
E branded/trademark commodity
F marchandise *f* de marque
S mercancía *f* de marca
R товар *m*, обозначенный знаком

25 Markt *m*
- *E* market
- *F* marché *m*
- *S* mercado *m*
- *R* рынок *m*

26 Marktanteil *m*
- *E* market share
- *F* intérêt *m* dans le marché
- *S* interés *m* en el mercado
- *R* удельный вес *m* на рынке

27 Marktbeeinflussung *f Ww*
- *E* exertion of influence on the market
- *F* action *f* d'influencer le marché
- *S* acción *f* de influir el mercado
- *R* влияние *n* на рынок

28 marktbeherrschend; ~es Unternehmen
- *E* dominative enterprise
- *F* entreprise *f* dominante dans le marché
- *S* empresa *f* dominante en el mercado
- *R* предприятие *n*, господствующее на рынке

29 Marktbeteiligte *m/f*
- *E* party on the market
- *F* partie *f* en marché
- *S* parte *f* en el mercado
- *R* сторона *f*, участвующая в операциях на рынке

30 marktfähig
- *E* marketable
- *F* compétitif au marché, couramment négociable
- *S* apto para el mercado
- *R* конкурентоспособный на рынке

31 Marktlage *f*
- *E* market position/condition
- *F* conditions *f/pl* en marché/du marché
- *S* situación *f*/condiciones *f/pl* del/en el mercado
- *R* рыночное положение *n*, конъюнктура *f*

32 Marktpreis *m*
- *E* market/current price
- *F* prix *m* courant
- *S* precio *m* corriente
- *R* рыночная цена *f*

33 Marktstruktur *f*
- *E* market structure
- *F* structure *f* du marché
- *S* estructura *f* del mercado
- *R* структура *f* рынка

34 Marktverhältnisse *n/pl*
- *E* market conditions
- *F* conditions *f/pl* du marché
- *S* condiciones *f/pl* del mercado
- *R* рыночные отношения *n/pl*

35 Marktwert *m*
- *E* market value
- *F* valeur *f* au cours du marché
- *S* valor *m* de mercado
- *R* рыночная стоимость *f*

36 maschinengeschrieben
- *E* typewritten
- *F* par dactylographie, dactylographié
- *S* de dactilografía, dactilografiado
- *R* машинописный, написанный на машинке

37 Maßgabe; mit der ~, daß
- *E* provided that, subject to the condition that
- *F* avec la/cette réserve que
- *S* a condición que, con tal que
- *R* при условии

38 (Maßgabe); nach ~
- *E* according to
- *F* selon, en raison
- *S* según, con arreglo a

R в соответствии с чем-л., по чему-л.

39 (Maßgabe); nach ~ der Beteiligung
E in proportion to the contribution
F proportionnellement à la contribution
S proporcionalmente a la contribución
R пропорционально участию/взносам

40 (Maßgabe); nach ~ dieses Gesetzes
E as provided in this law
F prévu par/au sens de la présente loi
S previsto por/en el sentido de la presente ley
R в соответствии с настоящим законом

41 (Maßgabe); nach ~ der inneren Gesetzgebung
E under domestic legislation
F par l'effet de la législation intérieure
S en virtud de la legislación interior
R в соотвстствии с внутренним законодательством

42 maßgebend *auch* **maßgeblich**
E decisive, prevailing, authoritative
F déterminatif, déterminant
S determinante, determinativo, decisivo
R определяющий, компетентный

43 (maßgebend); ~er Zeitpunkt
E relevant date
F date *f* déterminante

S fecha *f* determinante
R определяющая дата *f*

44 Maßnahme *f*
E measure
F mesure *f*
S medida *f*
R мера *f*

45 (Maßnahme); amtliche ~
E official measure
F mesure officielle
S medida oficial
R официальное мероприятие *n*

46 (Maßnahme); gesetzliche ~
E legal measure
F mesure légale
S medida legal
R законная мера

47 (Maßnahme); technische ~
E technical measure
F mesure technique
S medida técnica
R техническое мероприятие

48 (Maßnahme); ~n treffen/ergreifen
E provide/take measures
F prévoir/prendre des mesures
S prever/tomar medidas
R принимать меры

49 Material *n*
E material
F matière *f*
S material *m*
R материал *m*

50 (Material); neuheitsschädliches ~
E material prejudicial as to novelty
F matière faisant échec à la nouveauté
S documento *m* que afecta/invalida la novedad
R материал, который порочит новизну

17*

51 Materie *f*
E matter, subject, stuff
F matière *f*
S materia *f*
R материал *m*

52 materiell
E material
F matériel
S material
R материальный, вещественный

53 (materiell) → (Irrtum); ..., (Recht); ...

54 materiell-rechtlich, *auch* **vom materiellen Recht her**
E according to substantive law
F selon le droit matériel
S según el derecho material
R согласно материальному праву

55 Medikament *n*
E medicine
F médicament *m*
S medicamento *m*
R лекарство *n*

56 Mehrheit *f* → *auch* **Mehrzahl**
E majority
F majorité *f*, plupart *f* de
S mayoría *f*
R большинство *n*

57 Mehrheitsbeschluß *m*
E decision by majority
F décision *f* de la majorité
S decisión *f* de la mayoría
R решение *n* большинства

58 Mehrkosten *pl*
E additional costs
F excédent *m* de frais
S gasto *m* excesivo
R перерасход *m*

59 mehrseitig *adj*
E multilateral
F multilatéral
S multilateral
R многосторонний

60 Mehrzahl *f* → *auch* **Mehrheit**
E plurality, multiplicity; multitude
F pluralité *f*, multitude *f*
S pluralidad *f*, multitud *f*
R множество *n*

61 Meineid *m*
E perjury
F parjure *m*
S perjurio *m*, juramento *m* falso
R лжеприсяга *f*, ложная присяга

62 Meinungsverschiedenheit *f*
E disagreement, difference of opinion
F désaccord *m*, divergence *f* d'opinion
S desacuerdo *m*, divergencia *f* de opiniones
R разногласие *n*

63 Meldefrist *f*
E reporting date
F délai *m* de rapport
S plàzo *m* del informe
R срок *m* сообщения/заявления

64 Meldepflicht *f*
E obligation to report/notify
F obligation *f* de faire rapport/de notifier
S obligación *f* de rendir cuentas
R обязательность *f* сообщения

65 Meldung *f;* ~ **einer Erfindung**
E report on an invention
F rapport *m* sur une invention
S informe *m* sobre una invención
R заявление *n* об изобретении

66 Menge *f*
E quantity
F quantité *f*
S cantidad *f*
R количество *n*

67 Mengenhinterlegung *f Wr auch*
Sammelhinterlegung
E multiple deposit
F dépôt *m* multiple
S depósito *m* múltiple
R совокупная/сборная заявка *f*

68 Mengennachlaß *m Wr*
E quantity discount
F rabais *m* selon la quantité
S rebaja *f* según la cantidad
R скидка *f* на количество

69 Merkmal *n*
E feature, characteristics *pl*
F caractéristique *f*
S característica *f*
R признак *m*

70 (Merkmal); bekannte ~e
E known features
F caractères *m/pl* connus
S características conocidas
R известные признаки

71 (Merkmal); technische ~e
E technical features
F caractéristiques techniques
S características técnicas
R техпические признаки

72 (Merkmal); unterscheidendes ~
einer Marke
E distinctive element of a
trademark
F élément distinctif d'une
marque
S elemento distintivo de una
marca
R отличительный признак
знака

73 (Merkmal); ~e, die berücksichtigt
werden *(bei der Recherche)*
E features taken into considera-
tion
F caractères considérés
S características consideradas
R признаки, учитывавшиеся
при решерше

74 (Merkmal); die technischen ~e
hervorheben
E bring out the technical features
F mettre en évidence les
caractéristiques techniques
S hacer resaltar/poner de relieve
las características técnicas
R подчёркивать технические
признаки

75 Methode *f*
E method
F méthode *f*
S método *m*
R метод *m*

76 metrisch
E metric
F métrique
S métrico
R метрический

77 minderjährig *auch* **minorenn**
E under age, minor
F mineur
S menor de edad
R несовершеннолетний

78 Mindestgebühr *f*
E indispensable fee
F frais *m* minimum
S tasa *f* mínima/indispensable
R минимальная пошлина *f*

79 Mindestmaß *n*
E minimum
F minimum *m*
S mínimum *m*
R минимум *m*

80 Mindestumsatz *m auch* **niederster Umsatz**
E minimum turnover
F chiffre *m* d'affaires minimum, vente *f* minimum
S venta *f* mínima
R минимальный оборот *m*

81 Minister *m*
E minister
F ministre *m*
S ministro *m*
R министр *m*

82 (Minister); ~ **für auswärtige Angelegenheiten** *auch* **Außenminister**
E foreign minister; Foreign Secretary *GB;* Secretary of State *US*
F ministre des Affaires étrangères
S Ministro de Relaciones Exteriores, Ministro de Asuntos Extranjeros, Ministro de Estado
R министр иностранных дел

83 (Minister); ~ **für Industrie**
E Minister of Industry
F ministre de l'Industrie
S Ministro de Industria
R министр промышленности

84 (Minister); ~ **für Justiz** → **Justizminister**

85 (Minister); ~ **für Post und Fernmeldewesen**
E Minister of Posts and Telecommunications, Postmaster General
F ministre chargé des Postes et Télécommunications
S Ministro de Correos y de Telecomunicaciones
R министр (почты и) связи

86 (Minister); ~ **für die Streitkräfte** *auch* **Kriegsminister;** → *auch* **Landesverteidigungsminister**
E minister of war; Secretary of State for War *GB;* Secretary of War, War Secretary *US*
F ministre des Armées, ministre de la guerre
S Ministro de la Guerra, Ministro del Ejército *S*
R военный министр; министр обороны *SU*

87 (Minister); ~ **für Wirtschaft und Finanzen** *F* → *auch* **Finanzminister**
E Minister of Economy and Finances
F ministre de l'Économie et des Finances
S Ministro de Economía Nacional y de Finanzas, Ministro de Economía y de Hacienda
R министр экономики и финансов

88 (Minister); **der mit dem gewerblichen Eigentum betraute** ~
E Minister responsible for Industrial Property
F ministre chargé de la Propriété industrielle
S Ministro encargado de la Propiedad Industrial
R министр ответственный за охрану промышленной собственности

89 Ministerium *n*
E ministry, Department
F ministère *m*
S ministerio *m*
R министерство *n*

90 Ministerpräsident *m*
E prime minister, premier, First Lord of the Treasury *nur GB*
F président *m* du conseil (des ministres), Premier ministre *m* F
S primer ministro *m*, Presidente *m* del Consejo de Ministros
R премьер-министр *m*, председатель *m* Совета министров

91 minorenn → **minderjährig**

92 Mißachtung *f*; ~ **des Gerichts** *auch* **Ungebühr vor Gericht**
E contempt of court
F conduite *f* inconvenante envers la cour
S conducta *f* inconveniente ante el tribunal
R неуважение *n* к суду

93 Mißbrauch *m*
E misuse, abuse
F abus *m*
S abuso *m*
R злоупотребление *n*

94 mißbräuchlich → **(Bekanntmachung); . . .,** **(Benutzung); . . .**

95 Mißdeutung *f*
E misinterpretation
F fausse interprétation *f*
S falsa interpretación *f*
R неправильное толкование *n*

96 Mißverbindung *f* → **(Klageverbindung); . . .**

97 Mitanmelder *m* → **(gemeinsam); . . .**

98 Mitbenutzer *m* *(einer Erfindung)*
E co-user, joint user
F coexploitant *m*
S coexplotador *m*
R совместный пользователь *m*

99 Mitbesitz *m*
E joint possession
F copossession *f*
S copropiedad *f*
R общая собственность *f*, совместная собственность *f*, совместное владение *n*

100 Mitbeteiligung *f*
E participation
F participation *f*
S participación *f*
R участие *n*

101 (Mitbeteiligung); ~ anderer Prüfstellen
E participation of other examining sections
F participation des autres sections d'examen
S participación de otras secciones de examen
R участие других экспертных отделов

102 Miterfinder *m, auch* **gemeinsamer Erfinder**
E joint inventor
F coïnventeur *m*
S coinventor *m*
R соавтор *m* изобретения, соизобретатель *m*

103 mitgeteilt → **mitteilen**

104 Mitglied *n*
E member
F membre *m*
S miembro *m*
R член *m*

105 (Mitglied); rechtskundiges ~ *(im Senat)*
E legal member
F membre juriste
S miembro jurista
R член-юрист *m*

106 (Mitglied); ständiges ~ des Senats
E permanent member of the Chamber
F membre permanent de la chambre
S miembro permanente de la Sala
R постоянный член палаты

107 (Mitglied); technisches ~
E technical member
F membre technicien
S miembro/asesor *m* técnico
R технический член-специалист *m*

108 (Mitglied); ~ des Patentamts
E member of the Patent Office
F membre de l'Office de brevets
S miembro de la Oficina de Patentes
R член Патентного ведомства

109 (Mitglied); ~ des Patentgerichts
E member of the Patent Court
F membre du Tribunal de brevets
S miembro del Tribunal de Patentes
R член Патентного суда

110 Mitinhaber *m*
E co-proprietor
F copropriétaire *m*
S copropietario *m*, condueño *m*
R совладелец *m*

111 Mitte *f*
E centre, mean, medium
F milieu *m*, centre *m*
S medio *m*, centro *m*
R центр *m*, середина *f*

112 (Mitte); der Ausschuß bestimmt aus seiner ~ einen Rat
E the Committee will appoint internally a council
F le Comité désigne en son sein un conseil
S la Comisión designará, de su seno, un consejo
R Комитет назначает совет из своих членов

113 mitteilen
E communicate
F communiquer
S comunicar
R сообщать/сообщить

114 (mitteilen); die Erfindung anderen ~
E disclose the invention to other persons
F révéler l'invention à des tiers
S revelar la invención a los terceros
R сообщать изобретение третьим лицам

115 (mitteilen); die mitgeteilten Verzeichnisse
E the lists communicated
F les listes notifiées
S las listas notificadas
R присланные списки

116 Mitteilung *f*
E notice, information, communication, notification
F notice *f*, information *f*, communication *f*, notification *f*
S noticia *f*, información *f*, comunicación *f*, notificación *f*
R сообщение *n*, извещение *n*, информация *f*

117 (Mitteilung); amtliche ~
E official notification/notice
F notification par l'office/officielle
S notificación oficial/por la oficina
R официальное сообщение

118 Mitteilungen *f/pl* → Amtsblatt

119 Mitteilungspflicht *f*
E obligation to give notice
F obligation *f* de notifier/de notification
S obligación *f* de notificar
R обязательность *f* оповещения

120 Mittel *n*
E means *pl*
F moyens *m/pl*
S medio *m*
R средство *n*

121 (Mittel); ~ der Beweisführung
E means of establishing evidence
F moyens de preuve
S medio de la prueba
R средство доказывания

122 (Mittel); ~ *pl* zur Verwirklichung einer bestimmten Funktion *(Wirkungsweise) GB, US, Pr*
E means for performing a specified function
F moyens pour exécuter un fonctionnement spécifié
S medios para ejecutar un funcionamiento especificado
R средства для осуществления определённого действия

123 mittelbar → (Besitzer); ...

124 Mittellosigkeit *f*
E destitution
F dénuement *m*, indigence *f*
S indigencia *f*, falta *f* de medios
R бедность *f*, недостаточность *f* материальных средств

125 mittels
E by, by means of
F par, au moyen de
S por, mediante, por medio de
R посредством, при помощи

126 mittlerer → (Dienst); ...

127 Mitunterschrift *f*
E joint signature
F contre-signature *f*
S refrendo *m*, contrafirma *f*
R совместная подпись *f*

128 mitwirken; bei einem Gerichtsverfahren ~
E participate in a proceeding before the court
F participer à une procédure devant le tribunal
S participar en un procedimiento ante el tribunal
R участвовать в судебном рассмотрении

129 Mitwirkende *m/f*
E participant
F participant *m*, participante *f*
S participante *m/f*
R участник *m*, участница *f*

130 Modell *n*
E model
F modèle *m*
S modelo *m*
R модель *f*, промышленная модель

131 Modellwesen *n Mr*
E system of model protection
F système *m* de la protection des modèles
S sistema *m* de la protección de modelos
R система *f* охраны промышленных моделей

132 Möglichkeit *f*; **~ der Akteneinsicht**
E possibility of inspecting the files
F possibilité *f* de prendre connaissance du dossier
S posibilidad *f* de conocer las actas

R возможность *f* просмотра актов

133 (Möglichkeit); ~ der Erneuerung *Wr*
E opportunity of renewal
F possibilité de renouvellement
S posibilidad de renovación
R возможность возобновления

134 Monopol *n*
E monopoly
F monopole *m*
S monopolio *m*
R монополия *f*

135 Monopolherrschaft *f Ww (am Markt)*
E monopoly power
F domination *f* monopolisante/monopoleur
S dominación *f* de monopolio
R монопольное господство *n*

136 Monopolstellung *f*
E monopolous position
E position *f* dominante
S posición *f* de monopolio
R монопольное положение *n*

137 Motiv *n*
E motive
F motif *m*
S motivo *m*
R мотив *m*

138 (Motiv); ~ eines Musters *Mr*
E motive of a design
F motif d'un dessin
S motivo de un dibujo
R мотив рисунка, мотив образца

139 mündig → majorenn

140 mündlich
E oral, verbal
F oral, verbal
S oral, verbal
R устный, словесный

141 (mündlich); ~e → (Verhandlung); ...

142 Muster *n (als Schutzrecht) Mr*
E design; design patent *US*
F dessin *m*
S dibujo *m*, diseño *m Arg*
R образец *m*, рисунок *m*

143 (Muster); geheimes ~
E secret design
F dessin secret
S dibujo secreto
R секретный образец

144 (Muster); als ”~” werden nur eigentümliche Erzeugnisse angesehen
E only peculiar products shall be considered as being "designs"
F comme «dessins» seront considérés seulement des produits particuliers
S como "dibujos" serán considerados solamente productos particulares
R «образцами» могут быть только оригинальные изделия

145 Musterregister *n*
E design register
F registre *m* des dessins
S registro *m* de dibujos
R реестр *m* образцов

146 Musterwesen *n Mr*
E system of design protection
F système *m* de la protection des dessins
S sistema *m* de la protección de dibujos/diseños *Arg*
R система *f* охраны/защиты образцов

147 mutmaßen
E assume, suppose, presume
F présumer, supposer

S presumir, sospechar

R предполагать/предположить, подозревать

148 Mutterland *n;* **außerhalb des französischen ~es**

E outside metropolitan France

F hors de la France métropolitaine

S fuera de la metrópoli de Francia

R вне французской метрополии

N

1 nach; ~ § 30, *auch* **~ Art. 30.** →
auch **(Artikel); ...**
E under Article 30
F aux termes/en vertu de l'article
30
S conforme al/en virtud del
artículo 30
R в соответствии со статьёй/с
параграфом 30, в силу
статьи 30
2 Nachahmung *f*
E imitation
F imitation *f*
S imitación *f*
R подражание *n,* имитация *f*
3 (Nachahmung); sklavische ~
E colourable/colorable/slavish
imitation, slavish copy
F imitation/copie *f* servile
S imitación/copia *f* servil
R рабское подражание
4 (Nachahmung); → **(darstel-**
len); ...
5 Nachanmeldung *f*
E subsequent application
F demande *f* postérieure
S solicitud *f* posterior
R последуюшая заявка *f*
6 Nachbargebiet *n;* **~ der Technik**
E adjacent branch of technology
F secteur *m* adjacent de la
technique
S dominio *m* adyacente de la
técnica
R смежная область *f* техники
7 Nachbildung *f*
E reproduction
F reproduction *f*
S reproducción *f*
R воспроизведение *n*
8 (Nachbildung); vorrätige ~en
E reproductions in stock
F reproductions en stock
S reproducciones en almacén
R воспроизведения, находя-
щиеся в наличии
9 (Nachbildung); ~ eines Musters
E reproduction of a model/
design
F reproduction d'un modèle/
dessin
S reproducción de un dibujo/
modelo
R воспроизведение рисунка/
модели
10 (Nachbildung); eine ~ hervor-
bringen
E bring about a reproduction
F faire naître une reproduc-
tion

S producir una reproducción
R воспроизводить

11 (Nachbildung); unberechtigte ~en ihrer gefährdeten Form entkleiden *Mr*
E divest illicit imitations of their endangering configuration
F dépouiller des imitations illégitimes de leur configuration compromettante
S despojar imitaciones ilegítimas de su configuración comprometiente
R лишать незаконные подражания опасного сходства

12 nachbringen → nachholen

13 nachdatieren
E postdate
F postdater
S postfechar
R датировать более поздним числом

14 Nachdruck *m;* **unbefugter ~** *auch* **Raubdruck**
E piracy copy, pirated edition
F contrefaçon *f,* édition *f* contrefaite
S reimpresión *f* subrepticia
R незаконная перепечатка *f*

15 Nachfolger *m*
E successor
F successeur *m*
S sucesor *m*
R преемник *m*

16 Nachforschung *f*
E search
F recherche *f*
S investigación *f*
R решерш *m*, поиск *m*, предварительная экспертиза *f*

17 Nachfrage *f, Ww (Ggs. v. Angebot)*
E demand
F demande *f*
S demanda *f*
R спрос *m*

18 Nachfrist *f;* **angemessene ~**
E period of grace, reasonable extension of time
F délai *m* de grâce, prolongation *f* de délai convenable
S plazo *m* de gracia
R подходящий дополнительный срок

19 nachholen; die Erfinderbenennung ~
E effect subsequently the mentioning/designation of the inventor
F effectuer après coup la désignation de l'inventeur
S efectuar subsecuentemente la designación del inventor
R дополнительно сообщать фамилию изобретателя

20 nachkommen → (Verpflichtung); ...

21 Nachlaß *m*
E inheritance, estate, assets *pl*
F succession *f*, dépouilles *f/pl*
S sucesión *f*, herencia *f*
R наследство *n*, наследие *n*

22 nachprüfen
E check, reexamine, verify
F réviser, vérifier
S revisar, verificar, comprobar
R пересматривать/пересмотреть, проверять/проверить

23 Nachprüfung *f;* **ohne weitere ~ erkennbar**
E recognizable without any further examination
F connaissable sans plus de recherche

S reconocible sin una indagación adicional
R ясный без дальнейшей проверки

24 nachreichen; die Vollmacht kann nachgereicht werden
E the power may be filed later
F le pouvoir peut être déposé après coup
S el poder puede ser depositado posteriormente
R доверенность может быть представлена и позже

25 Nachricht; amtliche ~
E official notification
F avis *m* officiel
S aviso *m* oficial
R официальное уведомление *n*

26 Nachschieben *n*; ~ von Waren *Ww*
E additional supply to the commodity stock of a clearance sale
F délivrance *f*/livraison *f* supplémentaire/ultérieure augmentant un stock de vente totale
S entrega *f* suplementaria/ulterior al stock de liquidación
R дополнительная (последующая) поставка *f* товаров

27 Nachschrift *f*
E postscript
F post-scriptum *m*
S posdata *f*, postscriptum *m*
R приписка *f*, постскриптум *m*

28 nächstfolgend; ~er Werktag
E first following working day
F premier jour *m* ouvrable qui suit
S primer día *m* laborable que siga

R первый последующий рабочий/присутственный день *m*

29 nachsuchen *(forschen)*
E search (for)
F rechercher
S buscar, rebuscar
R искать, производить поиск

30 (nachsuchen) *(ansuchen)*
E apply for
F demander
S solicitar
R ходатайствовать

31 (nachsuchen); ein Patent ~
E apply for a patent
F demander un brevet
S solicitar una patente
R ходатайствовать о выдаче патента

32 (nachsuchen); die richterliche Bestätigung *(eines Verwaltungsaktes)* ~
E request the affirmation by court
F demander la confirmation judiciaire
S solicitar la confirmación judicial
R ходатайствовать об утверждении судом

33 Nachsuchung *f*
E search
F recherche *f*
S búsqueda *f*
R поиск *m*

34 Nachteil *m*
E disadvantage, detriment, prejudice
F désavantage *m*, détriment *m*, préjudice *m*
S desventaja *f*, perjuicio *m*, daño *m*

R невыгода *f*, ущерб *m*, убыток *m*, недостаток *m*

35 (Nachteil); wirtschaftlicher ~ des Arbeitnehmers wegen Geheimhaltung der Diensterfindung

E economical detriment of the employee because of keeping the employee's invention secret

F détriment économique de l'employé à cause de tenir/ d'avoir tenu l'invention d'employé secrète

S perjuicio económico del empleado a causa del mantenimiento de la invención del empleado en secreto

R материальный ущерб для работника вследствие засекречивания служебного изобретения

36 (Nachteil); zum ~ der Inhaber von Rechten

E to the prejudice of the owners of rights

F au détriment des titulaires de droits

S en perjuicio de los titulares de derechos

R в ущебр владельцам прав

37 nachträglich

E *adj* additional, subsequent; *adv* additionally, subsequently

F *adj* ultérieur, supplémentaire; *adv* ultérieurement, plus tard, après coup

S ulterior, posterior; *adv* ulteriormente, posteriormente

R *adj* дополнительный, последующий; *adv* дополнительно, впоследствии

38 (nachträglich); jedes Land kann ~ erklären...

E any country may declare later...

F chaque pays pourra déclarer ultérieurement...

S cada país podrá declarar posteriormente...

R каждая страна может заявить впоследствии...

39 Nachweis *m*

E proof

F preuve *f*, justification *f*

S prueba *f*, justificación *f*

R доказательство *n*

40 (Nachweis); weitere ~e können verlangt werden

E further proof may be required

F d'autres justifications pourront être demandées

S otras justificaciones podrán ser exigidas

R могут быть потребованы другие доказательства

41 nachweisend; die Klageerhebung ~e Urkunde

E document certifying the beginning of the action

F document *m* justifiant l'introduction de l'action

S documento *m* que justifique la presentación de la demanda

R документ *m*, подтверждающий предъявление иска

42 Nachzahlung *f*

E subsequent payment

F payement *m* subséquent/ après coup

S pago *m* suplementario

R последующая уплата *f*

43 (Nachzahlung); ~ von Gebühren

E subsequent payment of fees

F payement subséquent/après coup des frais

S pago suplementario de derechos

R последующая уплата пошлин

44 Nahrungsmittel *n*

E food

F nourriture *f*, aliment *m*

S alimento *m*, comestibles *m/pl*, víveres *m/pl*

R продукты *m/pl* питания, пищевые продукты *m/pl*, продовольствие *n*

45 (Nahrungsmittel) ~ für Menschen oder Tiere

E food for human or animal consumption

F nourriture humaine ou animale

S productos *m/pl* de alimento para la especie humana o los animales

R продукты, предназначенные для питания людей или кормления животных

46 Name *m*

E name

F nom *m*

S nombre *m*

R имя *n*

47 (Name); im ~n des Erfinders und als sein Vertreter *US*

E on behalf of and as agent for the inventor

F de la part de l'inventeur et comme son agent

S en nombre del inventor y como su agente

R от имени изобретателя и как его представитель/поверенный

48 namens

E named

F du nom de

S llamado, a nombre de

R по имени

49 Namenszug *m*

E paraph, flourish

F parafe *m*

S rúbrica *f*

R росчерк *m* *(подпись)*

50 namhaft; jmdn als Vertreter eines Landes ~ machen

E appoint s.o. to represent a country

F désigner qn pour représenter un pays

S designar a alguien para representar un país

R назначать кого-л. представителем страны

51 Nation *f*

E nation

F nation *f*

S nación *f*

R народ *m*, нация *f*

52 national

E national

F national

S nacional

R национальный

53 (national); ~e Anmeldung → (Hinterlegung); ...

54 (national); ~e Gebühr für den Antrag auf internationale Markenregistrierung

E national fee for the application for international registration of a trademark

F taxe *f* nationale pour la demande d'enregistrement international d'une marque de fabrique ou de commerce

S tasa *f* nacional por la solicitud de registro internacional de una marca de fábrica o de comercio

R национальная пошлина *f*, взимаемая при подаче заявки на международную регистрацию фабричного или товарного знака

55 Nationales Institut für gewerbliches Eigentum *F auch* **Patentamt**

E National Institute of Industrial Property

F Institut *m* national de la propriété industrielle

S Instituto *m* Nacional de la Propiedad Industrial

R Национальный институт *m* по охране промышленной собственности

56 Nationalität *f* → *auch* **Staatsangehörigkeit**

E nationality

F nationalité *f*

S nacionalidad *f*

R национальность *f*

57 Naturerscheinung *f*

E phenomenon, natural phenomenon

F phénomène *m* (naturel)

S fenómeno *m* (de la naturaleza)

R явление *n* природы

58 Naturerzeugnis *n*

E natural product

F produit *m* naturel

S producto *m* natural

R продукт *m* природного происхождения

59 Naturgesetz *n*

E law of nature, natural law

F loi *f* naturelle, loi de la nature

S ley *f* natural

R закон *m* природы

60 (Naturgesetz); im Gegensatz zu den begründeten ~en

E contrary to the well-established natural laws

F contraire aux lois naturelles fondées

S contrario a las leyes naturales fundadas

R в противоречие основным законам природы

61 Naturkraft *f*

E natural force

F force *f* naturelle

S recursos *m/pl* naturales, elemento *m*

R силы *f/pl* природы

62 Naturprodukt *n* → **Naturerzeugnis**

63 Naturstoff *m*

E natural substance

F substance *f* naturelle

S substancia *f* natural

R природное вещество *n*

64 Naturwissenschaft *f*, **~en** *pl*

E natural sciences *pl*

F sciences *f/pl* physiques et naturelles

S ciencias *f/pl* físicas y naturales

R естественные науки *f/pl*

65 Nebenanspruch *m*

E subclaim

F sous-revendication *f*

S subreivindicación *f*

R параллельный пункт формулы

66 Nebenklassifikation *f*

E subsidiary classification

F classification *f* auxiliaire

S clasificación *f* auxiliar

R вспомогательная классификация *f*

67 Nebenkosten *f/pl*
E extras, incidental expenses
F frais *m/pl* accessoires/supplé-
mentaires
S gastos *m/pl* accesorios
R дополнительные издержки
f/pl

68 Nennung *f;* **~ des Erfinders**
E mention/designation of the
inventor
F désignation *f* de l'inventeur
S designación *f* del inventor
R указание/наименование *n*
изобретателя

69 neu
E new, novel
F nouveau, neuf
S nuevo
R новый

70 Neuanmeldung *f*
E new application
F demande *f* nouvelle
S solicitud *f* nueva
R новая заявка *f*

71 Neuauflage *f;* **~ des Patents →
reissue**

72 Neuerung *f*
E innovation
F innovation *f*
S innovación *f*
R рационализаторское пред-
ложение *n*

73 Neufassung *f;* **~ eines Gesetzes**
E new text of a law
F nouvelle version *f* d'une loi
S texto *m* nuevo de una ley
R новый текст *m* закона

74 Neuheit *f*
E novelty
F nouveauté *f*

S novedad *f*
R новизна *f*

75 Neuheitsprüfung → (Staat); ...

76 Neuheitsgutachten *n*
E novelty report
F avis *m* de nouveauté
S informe *m* de novedad
R. (экспертное) заключение *n*
о новизне

77 neuheitsschädlich
E prejudicial as to novelty
F faisant échec à la nouveauté,
compromettant la nouveauté
S que afecta/invalida la novedad
R порочащий новизну

78 Neuheitsschonfrist *f*
E period preclusive of prejudice
to novelty
F délai *m* de défense contre
l'échec à la nouveauté
S plazo *m* de defensa contra la
invalidación de la novedad
R льготный срок *m* сохранения
новизны

79 Neuregelung *f;* **gesetzliche ~**
E new legal regulation
F nouveau règlement *m* légal
S nueva reglamentación *f* legal
R новое правовое регулирова-
ние *n*

80 Nichtangriff *m;* **Verpflichtung
zum ~ auf das Schutzrecht**
E obligation not to contest the
protective right
F obligation *f* de s'abstenir
d'attaquer le droit protectif
S obligación *f* de no contestar el
derecho de protección
R обязательство *n* не оспаривать правовую охрану

81 Nichtausführung *Pr, Mr*
E non-exploitation

F défaut *m* d'exploitation
S falta *f* de explotación
R неиспользование *n*

82 Nichtausübung *f Pr*
E non-working/-exploitation
F défaut *m* d'exploitation
S falta *f* de explotación
R неиспользование *n*

83 Nichtbeachtung *f;* **~ vorgeschrie-
bener Förmlichkeiten**
E omission of prescribed formalities
F omission *f* des formalités
prévues
S omisión *f* de las formalidades
previstas
R несоблюдение *n* предусмотренных формальностей

84 Nichtberechtigte *m/f;* **der zur Anmeldung ~**
E person not entitled to apply
F tiers *m* non habilité à
demander
S persona *f* que no tiene el derecho de presentar una solicitud
R лицо *n*, не имеющее право
подавать заявку

85 nichtig
E void, invalid
F nul, annulé
S nulo, anulado
R недействительный, аннули-
рованный

86 Nichtigkeit *f*
E nullity, invalidation
F nullité *f*
S nulidad *f*, anulación *f*
R недействительность *f*, анну-
лирование *n*

**87 (Nichtigkeit); ~ durch entspre-
chende Beschränkung des Patents erklären**

E declare nullity in the form of a
corresponding limitation of
the patent
F déclarer la nullité par une limitation correspondante du
brevet
S declarar la nulidad por una
limitación correspondiente de
la patente
R признать недействительность путём соответствую-
щего ограничения патента

88 Nichtigkeitsabteilung *f Ö → auch
im Anhang*
E board of patent annulment
proceedings
F commission de procédés en annulation des brevets
S comisión de procedimientos
en anulación de patentes
R комиссия по аппулиро-
ванию патентов

89 Nichtigkeitserklärung *f*
E annulment, declaration of
annulment
F annulation *f*, déclaration *f* de
l'annulation
S anulación *f*, declaración *f* de
anulación
R объявление *n*/признание *n*
недействительности / аннулирования

90 Nichtigkeitsklage *f Pr*
E petition for the revocation *(of
a patent)*
F action *f* en nullité
S acción *f* para pedir la nulidad;
acción *f* de nulidad
R иск *m* о признании недей-
ствительности

91 Nichtigkeitssenat *m*
E nullity chamber

F chambre *f* des annulations
S sala *f* de anulaciones
R отдел *m* патентного суда, ведающий аннулированием патентов

92 Nichtigkeitsverfahren *n*
E nullity proceedings
F procédure *f* en annulation
S procedimiento *m* de nulidad
R делопроизводство *n* по признанию недействительности

93 nichtoffensichtlich; ~er Gegenstand der Erfindung
E non-obvious subject matter
F objet *m* non-évident de l'invention
S objeto *m* no evidente de la invención
R неочевидный *m* предмет изобретения

94 Nichtzahlung *f*
E non-payment
F non-payement *m*
S impago *m*, falta *f* de pago
R неуплата *f*

95 Nichtzulassung *f*
E refusal
F refus *m*
S inadmisión *f*
R неразрешение *n*

96 (Nichtzulassung); ~ einer Rechtsbeschwerde
E refusal of leave, refusal to appeal on a point of law
F refus d'une admission, refus du pourvoi
S inadmisión de un recurso de casación
R неразрешение подачи жалобы

97 Nichtzulassungsbeschwerde *f*
E appeal against a refusal of a leave
F recours *m* contre le refus d'admission
S recurso *m* contra la inadmisión
R обжалование. *n* определения о неразрешении жалобы

98 Niederlassung *f* *(im Sinne der Verbandsübereinkunft)*
E establishment
F établissement *m*
S establecimiento *m*
R предприятие *n*

99 (Niederlassung); eine ~ haben
E be established
F être établi
S estar establecido
R иметь своё местопребывание

100 Niederlegung *f* → *auch* **Hinterlegung**
E deposit
F dépôt *m*
S depósito *m*
R сдача *f* на хранение, депонирование *n*

101 (Niederlegung); ~ von Schriftstücken im Abholfach
E deposit of documents in the mail box
F dépôt des documents dans la case
S depósito de documentos en el apartado/la casilla
R помещение документов в почтовый ящик

102 Niederschrift *f*
E minutes, record
F procès-verbal *m*
S acta *f*, protocolo *m*
R протокол *m*, запись *f*

103 (Niederschrift); einen Antrag zur ~ erklären
 E declare a request for being recorded
 F effectuer une requête pour être inscrite au procès-verbal
 S efectuar un requerimiento para ser inscrito en la acta
 R представлять ходатайство о занесении в протокол

104 nominell; ~e Patentausübung
 E nominal working of a patent
 F exploitation *f* nominale d'un brevet
 S explotación *f* nominal de una patente
 R номинальное использование *n* патента

105 Notar *m*
 E notary, public notary
 F notaire *m*
 S notario *m*
 R нотариус *m*

106 Notariatssiegel *n*
 E notarial seal
 F sceaux *m/pl* du notaire
 S sello *m* de notario
 R нотариальная печать *f*

107 notariell
 E notarial
 F notarial, notarié
 S notarial
 R нотариальный

108 Notlage *f*
 E state of emergency
 F cas *m*/état *m* de nécessité
 S caso *m* de necesidad/ emergencia/fuerza mayor
 R бедственное положение *n*, крайняя необходимость *f*

109 notorisch → *auch* offenkundig
 E notorious

 F notoire
 S notorio
 R общеизвестный

110 (notorisch); ~ bekannte Marke
 E well-known mark
 F marque *f* notoirement connue
 S marca *f* notoriamente conocida
 R общеизвестный знак *m*

111 notwendig → (Auslagen); ..., (Sorgfalt); ...

112 null und nichtig *R*
 E null and void
 F nul et non avenu
 S nulo y como no formulado
 R недействительный

113 Nummer *f (Kennzahl)*
 E number
 F numéro *m*
 S número *m*
 R номер *m*

114 (Nummer) *(Ziffer)*
 E cipher
 F cote *f*
 S cifra *f*, nota *f*
 R цифра *f*, номер *m*

115 (Nummer); die ~n eines Blattes
 E the issues of a journal
 F les numéros d'une feuille
 S los números de una hoja
 R номера бюллетеня

116 nutzbar machen → ausnutzen

117 Nutzen *m*
 E utility; use; advantage; profit
 F utilité *f*; bénéfice *m*; avantage *m*
 S utilidad *f*; beneficio *m*; provecho *m*
 R польза *f*, выгода *f*, прибыль *f*

118 (Nutzen); ein ~ kann zufließen
 E profit may be derived
 F du bénéfice peut en être tiré

S beneficio/provecho puede ser obtenido/sacado
R прибыль может поступать

119 (Nutzen); erfaßbarer ~
E palpable profit
F profit *m* palpable/tangible
S provecho palpable
R ощутимая прибыль/выгода

120 (Nutzen); von allgemeinem ~
E of general utility
F d'utilité commune/générale
S de utilidad común
R представляющий общий интерес

121 nützlich
E useful
F utile
S útil, provechoso
R полезный

122 Nützlichkeit *f*
E usefulness
F utilité *f*
S utilidad *f*
R полезность *f*

123 Nützlichkeitszertifikat *n* F
E certificate of utility
F certificat *m* d'utilité
S certificado *m* de utilidad
R свидетельство *n* о полезности

124 Nutznießung *f*
E usufruct; enjoyment; benefit
F usufruit *m;* bénéfice *m*
S usufructo *m;* goce *m*
R пользование *n*, право *n* пользования

125 Nutzung *f* → **Benutzung**

126 Nutzungsberechtigte *m/f DDR*
E person enjoying the right of use
F ayant *m* droit d'exploitation
S beneficiario *m* de explotación
R лицо *n*, имеющее право на использование

127 Nutzungsrecht *n*
E right of exploitation
F droit *m* d'exploitation
S derecho *m* de explotación
R право *n* на использование

O

1 Oberanspruch *m*
E main claim
F revendication *f* (principale)
S reivindicación *f* (principal)
R основной/главный пункт *m* формулы

2 Oberaufsicht *f*
E superintendence
F surveillance *f*, tutelle *f*
S superintendencia *f*
R высший надзор *m*

3 (Oberaufsicht); ~ über eine Behörde führen
E to superintend an office
F avoir la surveillance/tutelle d'un office
S tener la superintendencia de una oficina
R осуществлять высший надзор над учреждением

4 Oberbegriff *m; ~* **des Patentanspruchs;** *CH* **Kopf** *m* **des Patentanspruchs**
E preamble of a patent claim, introductory clause of a patent claim *US*
F préambule *m* de la revendication
S preámbulo *m* de la reivindicación

R ограничительная часть *f* формулы

5 oberhalb; jeder Anspruch ~ der festgesetzten Zahl
E any claim in excess of the number fixed
F toute revendication au-delà d'un nombre fixé
S toda reivindicación sobre un número fijado
R все пункты формулы выше установленного числа

6 Oberhoheit *f →* *auch* **Staatshoheit**
E sovereignty
F souveraineté *f*
S soberanía *f*
R суверенитет *m*

7 Oberlandesgericht *n BRD, Ö →* *auch im Anhang*
E higher/supreme court of the federal state
F tribunal *m* d'instance élevée/suprême de l'Etat fédéral
S audiencia *f* territorial
R высший суд *m* земли; высший провинциальный суд

8 Oberprüfer *m US*
E examiner-in-chief
F examinateur-en-chef *m*

S examinador jefe-*m*
R старший эксперт *m*

9 Oberverwaltungsgericht *n hist* →
   Bundesverwaltungsgericht

10 Obliegenheit *f;* **~en der Prüf-**
   stelle/Prüfungsstelle
E tasks of the examining section
F attributions *f/pl* de la section
   d'examen
S obligaciones *f/pl* de la sección
   del examen
R обязанности *f/pl* органа,
   проводяшего экспертизу

11 obligatorisch
E compulsory
F obligatoire
S obligatorio
R обязательный

12 (obligatorisch); die zu/in... vor-
   gesehenen Angaben sind ~
E the information referred to
   in... is compulsory
F les indications prévues aux ...
   ont un caractère obligatoire
S las indicaciones previstas en
   ... son obligatorias
R предоставление данных,
   предусмотренных в ...,
   имеет обязательный характер

13 offenbar *auch* **offensichtlich**
E evident, manifest, obvious,
   plain
F évident, manifeste, flagrant
S evidente, manifesto, obvio
R очевидный, ясный, явный

14 offenbaren
E disclose
E révéler
S revelar
R опубликовывать/опублико-
   вать, раскрывать/ раскрыть

15 Offenbarung *f* **der Erfindung**
E disclosure of the invention
F divulgation *f*/révélation *f*/ex-
   posé *m EU* de l'invention
S revelación *f* de la invención
R раскрытие *n* изобретения

16 Offenbarungseid *m Hr*
E oath of manifestation/disclo-
   sure
F serment *m* de manifesta-
   tion/déclaratoire
S juramento *m* de manifesta-
   ción/declaración
R присяга *f* признанием долга

17 offenkundig
E *adj* notorious; public; *adv*
   notoriously; publicly
E *adj* notoire; public; *adv*
   notoirement, publiquement
S *adj* público; notorio; *adv*
   públicamente, notoriamente
R *adj* публичный; *adj* публично

18 Offenlegung *f*
E admission to public inspection
F admission *f* de prendre librement connaissance
S admisión *f* para la inspección
   pública
R выкладка *f* описания изобретения до проведения экспертизы на новизну, выкладка

19 Offenlegungsschrift *f*
E publicly distributed printed
   copy of the application papers
F copie *f* imprimée des pièces de
   la demande rendue accessible
   au public
S copia *f* impresa de las piezas de
   la solicitud distribuida al público

R выкладное описание *n* изобретения к неакцептованной заявке

20 offensichtlich *auch* **offenbar**
E adj obvious, apparent; *adv* obviously, apparently
F adj évident; *adv* évidemment
S adj evidente; *adv* evidentemente
R adj очевидный; *adv* очевидно

21 Offensichtlichkeit *f*
E obviousness
F évidence *f*
S evidencia *f*
R очевидность *f*

22 Offensichtlichkeitsprüfung *f*
E examination as to obviousness
F examen *m* quant à l'évidence
S examen *m* en cuanto a la evidencia
R экспертиза *f*/проверка *f* на очевидность

23 offenstehen; anderen Ländern steht der Beitritt offen
E other countries shall be permitted to accede
F d'autres pays seront admis à l'adhésion
S otros países serán admitidos para la adhesión
R другие страны могут присоединиться

24 (offenstehen); die Übereinkunft steht bis ... zur Unterzeichnung offen
E the Act shall remain open for signature until...
F l'Acte restera ouvert à la signature jusqu'au...
S la Acta queda abierta a la firma hasta el...

R Соглашение может быть подписано всеми до ...

25 öffentlich
E public
F public
S público
R публичный

26 (öffentlich) → **(Amt);** ..., **(Dienst);** ..., **(Ordnung);** ..., **(Zwangsversteigerung)** ...

27 Öffentlichkeit *f*
E publicity
F publicité *f*
S publicidad *f*
R публичность *f*

28 (Öffentlichkeit) → **(Ausschluß);** ...

29 (Öffentlichkeit); der ~ zur Kenntnis bringen
E make public known, make known to the public
F révéler/divulguer en public
S divulgar/dar a conocer al público
R поставить публику в известность

30 (Öffentlichkeit); die ~ läßt Gefährdung von Interessen besorgen
E publicity threatens to endanger interests...
F il est à craindre que la publicité ne porte atteinte aux intérêts...
S hay que temer que la publicidad viole intereses...
R следует опасаться того, что разглашение нарушает интересы...

31 offiziell
E official
F officiel

S oficial
R официальный

32 (offiziell); ~es Organ → Amtsblatt

33 ordentlich
E *adj* ordinary; *adv* ordinarily
F *adj* ordinaire; *adv* ordinairement
S *adj* ordinario; *adv* ordinariamente
R *adj* обычный; *adv* обычно

34 (ordentlich); ~e Ausgaben des Internationalen Büros
E ordinary expenditure of the International Bureau
F dépenses *f/pl* ordinaires du Bureau international
S gastos *m/pl* ordinarios de la Oficina Internacional
R обычные/текущие расходы *m/pl* Международного бюро

35 (ordentlich); ~e Gerichtsbarkeit
E ordinary jurisdiction
F juridiction *f* ordinaire
S jurisdicción *f* ordinaria
R общая юрисдикция *f*

36 ordnen; nach Klassen ~
E classify
F classifier
S incluir en clases
R классифицировать

37 Ordnung *f*
E order
F ordre *m*
S orden *m*
R порядок *m*

38 (Ordnung); öffentliche ~
E public order
F ordre public
S orden público
R общественный порядок, публичный порядок

39 (Ordnung); die Anmeldung in ~ bringen *(Gesamtverlauf der Mängelbehebung) GB, F, S*
E putting the application in order
F régulariser le dépôt de la demande
S subsanar los defectos en la documentación de la solicitud
R привести в порядок заявку/заявочные материалы

40 ordnungsgemäß
E orderly, proper
F réglementaire, propre
S reglamentario
R правильный, предписанный, регламентарный

41 (ordnungsgemäß); ~e Meldung der Arbeitnehmererfindung
E ordinary report on an employee's invention
F rapport *m* réglementaire sur une invention d'employé
S aviso *m* reglamentario sobre una invención de empleado
R регламентированное сообщение *n* о служебном изобретении

42 ordnungsmäßig → ordnungsgemäß

43 Ordnungsstrafe *f*
E fine
F peine *f* disciplinaire, amende *f*
S sanción *f* gubernativa, multa *f*
R административное взыскание *n*, штраф *m*

44 ordnungswidrig
E contrary to order, irregular
F contraire à l'ordre, irrégulier
S contrario al orden, irregular
R неправильный; нарушающий порядок

45 Ordnungswidrigkeit *f*
E irregularity
F irrégularité *f*
S irregularidad *f*
R неправильность *f*, нарушение *n* порядка

46 Organ; amtliches ~ → Amtsblatt

47 Organisation *f*
E organization
F organisation *f*
S organización *f*
R оргапизация *f*

48 (Organisation); internationale zwischenstaatliche ~
E international inter-governmental organization
F organisation internationale intergouvernementale
S organización internacional intergubernamental
R международная межгосударственная/межправительственная организация

49 original → *auch* bahnbrechend
E original, genuine, authentic
F original
S original, auténtico
R оригинальный

50 Original *n*
E original
F original *m*
S original *m*
R подлинник *m*, оригинал *m*

51 (Original); ~e von Beschreibungen
E originals of descriptions
F pièces *f/pl* originales des descriptions
S piezas *f/pl* originales de las descripciones
R подлинники описаний

52 Originalexemplar *n (einer Urkunde)*
E original document, original
F minute *f*, document *m* original
S original *m*
R подлинник *m*

53 (Originalexemplar) *(eines Abdrucks)*
E master copy/print
F tirage *m* original
S tirada *f* original
R первоначальный оттиск *m*

54 Originalkopie *f (eines Kunstwerks)*
E double
F double *m*, répétition *f*
S doble *m*, repetición *f*
R воспроизведение *n*, репродукция *f*

55 Originalunterschrift *f*
E authentic signature
F signature *f* authentique
S firma *f*/signatura *f* auténtica
R собственноручная подпись *f*

56 Originalwerk *n*
E original work
F ouvrage *m* de première main, œuvre *f* originale
S obra *f* original
R подлинное произведение *n*

57 Ort *m*
E place; locality
F lieu *m*, place *f*, endroit *m*, localité *f*
S lugar *m*, sitio *m*, plaza *f*, localidad *f*
R место *n*, местность *f*, населённый пункт *m*

58 (Ort); ~ des Ursprungs
E place of origin
F lieu d'origine

S lugar de origen
R место происхождения
59 Ortsangabe *f*
E indication of locality
F indication *f* de lieu/de la localité
S indicación *f* del lugar
R указание *n* места
60 Ortsbehörde *f*
E local authority
F autorité *f* locale
S autoridad *f* local
R местный орган *m* (государственной) власти
61 Ortsbezeichnung *f*
E name of locality

F nom *m* de lieu/localité
S nombre *m* de lugar
R название *n* местности
62 Ortschaft *f* → *auch* **Ort**
E village
F localité *f*, commune *f*, village *m*
S pueblo *m*, aldea *f*
R деревня *f*, село *n*, место *n*, местность *f*
63 ortsüblich *Ww*
E customary in the place
F conforme à l'usage local
S según costumbre local
R по местному обычаю
64 Österreichischer Markenanzeiger *m* → **Warenzeichenblatt**

P

1 Paragraph *m* → *auch* **Artikel**
E article, *(in Verträgen auch)* section
F article *m, (in Verträgen auch)* section *f*
S artículo *m*
R статья *f*, параграф *m*

2 Pariser Verbandsübereinkunft *f* **(PVÜ)**
E Paris Convention
F Convention *f* de Paris
S Convenio *m* de París
R Парижская конвенция *f*

3 Partei *f*
E party
F partie *f*
S parte *f*
R сторона *f*

4 (Partei); ältere ~ *(im Interference-Verfahren) US, auch* **älterer Anmelder**
E senior party
F partie aînée
S parte mayor
R старшая сторона; сторона, подавшая заявку раньше

5 (Partei); begünstigte ~
E favoured/favored party
F partie bénéficiaire
S parte beneficiada
R сторона *f*, получившая льготу

6 (Partei); beteiligte ~ → *auch* **(anerkennen)**
E interested party
F partie intéressée
S parte interesada
R заинтересованная сторона

7 (Partei); dritte ~
E third party
F tierce personne *f*
S tercero *m*, tercera parte
R третья сторона

8 (Partei); Gegner einer ~
E opposing party
F partie adverse
S parte adversa
R противная сторона

9 (Partei); jüngere ~ *auch* **jüngerer Anmelder** *(im Interference-Verfahren) US*
E junior party
F partie qui a la date d'effet de dépôt postérieure
S la parte que tiene la fecha del depósito posterior
R сторона, подавшая заявку в более поздний срок; более поздний заявитель *m*

10 (Partei); unbeteiligte ~
E party not concerned/involved
F partie désintéressée
S parte desinteresada
R незаинтересованная сторона

11 Passage *f;* **Bezugnahme auf im einzelnen besonders gemeinte ~n zitierter Dokumente**
E reference to the most pertinent passages of documents cited
F renvoi *m* aux passages plus spécialement visés dans les documents cités/pertinents des documents cités
S referencia *f* a los pasajes especialmente apuntados en los documentos citados
R ссылка *f* на те места в цитируемых документах, которые особенно имеются в виду

12 Patent *n*
E patent
F brevet *m* (d'invention)
S patente *f*
R патент *m*

13 (Patent); europäisches ~ *EU*
E European patent
F brevet *m* européen
S patente *f* europea
R «европейский» патент

14 (Patent); gewerbliches ~
E industrial patent
F brevet industriel
S patente industrial
R промышленный патент

15 (Patent); nationales ~ *PCT, EU*
E national patent
F brevet national
S patente nacional
R националеный патент

16 (Patent); rechtsbeständiges ~
E patent of real validity
F brevet de validité réelle
S patente de real validez
R законный патент, «сильный» патент

17 (Patent); regionales ~ *PCT, EU*
E regional patent
F brevet régional
S patente regional
R региональный патент

18 (Patent); selbständiges ~
E independent patent
F brevet indépendant
S patente independiente
R независимый патент

19 (Patent); unabgelaufenes ~
E unexpired patent
F brevet non échu
S patente no vencida
R не утративший силу патент

20 (Patent); ungeprüftes ~
E unexamined patent
F brevet non examiné
S patente no examinada
R нерассмотренный патент

21 (Patent); verfallenes ~
E lapsed patent
F brevet tombé en déchéance
S patente caducada
R патент, утративший силу

22 (Patent); voneinander abhängige ~e
E interdependent patents
F brevets interdépendants
S patentes dependientes uno del otro
R патенты, зависящие друг от друга

23 (Patent); vorläufiges ~ *auch* **Sicherheitspatent, Sicherstel-**

lung der Priorität, Vorbeugungspatent
E caveat *K*, precautional patent
F brevet de précaution
S patente precaucional *Arg*
R предварительный патент

24 Patentabteilung *f → auch im Anhang*
E patent division
F division *f* de brevets
S Sección *f* de Patentes *S*
R патентный отдел *m*

25 Patentamt *n (nationale Bezeichnungen:)* **Deutsches ~ BRD; Amt für Erfindungs- und Patentwesen** *DDR;* **Eidgenössisches Amt für Geistiges Eigentum** *CH;* **Patentamt** *Ö → auch im Anhang*
E patent office; Patent Office *GB, US*
F office *m* de brevets; Institut *m* national de la propriété industrielle (INPI) *F*, Bureau *m* fédéral de la propriété industrielle *CH*
S oficina *f* de patentes; Registro *m* de la Propiedad Industrial *S*, Dirección *f* Nacional de la Propiedad Industrial *Arg*, Oficina de Patentes *LA*
R патентное ведомство *n;* Государственный комитет *m* Совета Министров СССР по делам изобретений и открытий *SU*

26 patentamtlich; ~e Gebühren
E fees collected by the patent office
F taxes *f/pl* perçues par l'office de brevets

S tasas *f/pl* impuestas por la oficina de patentes
R пошлины *f/pl*, взимаемые патентным ведомством

27 Patentänderungsgesetz *n DDR →* **Gesetz zur Änderung des Patentgesetzes**

28 Patentanmaßung *f →* **Patentberühmung**

29 Patentanmelder *m*
E applicant for a patent
F demandeur *m*, déposant *m* d'une demande de brevet
S solicitante *m*, depositante *m* de una solicitud de patente
R заявитель *m*, подавший заявку на патент

30 Patentanmeldung *f*
E patent application *GB*, application for patents *US*
F demande *f* de brevet
S solicitud *f* de patente
R заявка *f* на патент

31 Patentanspruch *m (Einzelanspruch) DDR auch* **Erfindungsanspruch**
E patent claim
F revendication *f*
S reivindicación *f*
R формула *f*/предмет *m* изобретения

32 Patentansprüche *m/pl (ein Satz von Ansprüchen) → auch* **Hauptanspruch, Unteranspruch**
E patent claims
F revendications *f/pl*
S reivindicaciones *f/pl*
R многозвенная формула *f* изобретения

33 Patentanwalt *m (wenn nicht freiberuflich:* **Patentassessor** *BRD)*

E patent agent/attorney *GB*, patent agent *US*

F ingénieur-conseil *m* (en propriété industrielle), agent *m* de brevet

S agente *m* oficial de la propiedad industrial *S*

R патентный поверенный *m*

34 (Patentanwalt); als ~ tätig sein

E practise as patent agent

F exercer la profession d'un agent de brevet

S ejercer como agente de la propiedad industrial

R быть патентным поверенным

35 (Patentanwalt); ~ mit juristischer Befähigung *US*

E patent attorney

F avocat *m* et agent de brevet

S abogado *m* y agente de la propiedad industrial

R патентный поверенный с юридическим образованием

36 (Patentanwalt); eingetragener ~ *GB*

E chartered patent agent

F agent de brevet enregistré/assermenté/juré

S agente de patentes jurado/colegiado

R присяжный патентный поверенный

37 (Patentanwalt); nicht plädierender ~ *GB*, *US*

E patent solicitor

F agent de brevet agissant comme solliciteur

S agente de patentes que prepara asuntos de patentes, apoderado *m*, *(Kandidat)* pasante-apoderado *m;* agente *m* aspirante

R патентный поверенный, не выступающий в суде

38 Patentanwaltsbüro *n*

E patent agent's office *GB;* patent law firm *US;* patent agency/office

F bureau *m* d'ingénieurs-conseils, bureau/office *m* de brevets et de marques

S oficina *f* de los agentes de patentes, oficina de agentes de la propiedad industrial

R бюро *n* патентных поверенных

39 Patentanwaltschaftskandidat *m S*

E patent agent candidate

F agent *m* stagiaire de brevets

S pasante-apoderado *m;* agente *m* aspirante

R кандидат *m* в патентные поверенные

40 Patentanwaltsgesetz *n* → Patentanwaltsordnung

41 Patentanwaltskammer *f*

E Chartered Institute of Patent Agents *GB;* Patent Attorney's Society *US*

F Compagnie *f* des ingenieurs-conseils en propriété industrielle

S Colegio *m* Oficial de Agentes de la Propiedad Industrial *S*

R Палата *f* патентных поверенных

42 Patentanwaltsordnung *f*

E Patent Attorney Law

F Loi *f* sur les agents de brevet

S Ley *f* sobre Agentes de Patentes, disposiciones *f/pl* refe-

rentes a agentes de la propiedad industrial
R закон *m*/положение *n* о патентных поверенных

43 Patentanwaltsstand *m*
E patent bar
F corps/ordre *m* des agents de
brevets
S colegio *m* oficial de agentes de
la propiedad industrial, cuerpo *m* de ingenieros industriales
R коллегия *f* патентных поверенных

44 Patentassessor *m* → **Patentanwalt**

45 Patentausübung *f*
E patent use/exploitation/work-
ing
F exploitation *f* du brevet
S explotación *f* de la patente
R использование *n* патента

46 Patentbegehren *n*
E statement of *(patent)* claim
F déclaration *f* sur la protection
(conférée par le brevet) demandée
S declaración *f* sobre la protección *(conferida por la patente)* solicitada
R заявление *n* об испрашиваемой патентной охране

47 patentbegründend
E justifying the grant of a patent
F justifiant la délivrance d'un
brevet
S que justifica la concesión de
una patente
R обосновывающий выдачу
патента

48 Patentberichtigung *f DDR auch*
Berichtigung des/eines Patents
E amendment of patent, patent
amendment

F rectification *f*/redressement *m*
du brevet
S rectificación/corrección *f* de la
patente
R поправка *f* в описании изобретения к патенту

49 Patentberühmung *f*
E patent advertising
F mention *f* du brevet
S mención *f* de la patente
R ссылка *f* на обладание патен-
том

**50 (Patentberühmung); unberechtig-
te** ~
E unauthorized claim of patent
rights *GB;* false marking *US;*
arrogation of patent
F délit *m* de se prévaloir indûment de la qualité de propriétaire d'un brevet, mention *f*
du brevet
S arrogación *f* de una patente
R неправомерная / мошенниче-
ская ссылка на обладание
патентным правом

51 Patentbeschreibung *f (gedruckte*
→ **Patentschrift)**
E *(inkl. Patentansprüche)*
patent specification, *(ohne
Patentansprüche)* patent de-
scription
F description *f* de l'invention;
mémoire *m* descriptif
S descripción *f* de la invención;
Memoria descriptiva *S*
R описание *n* изобретения к па-
тенту

52 Patentbestimmungen *f/pl*
E patent regulations/provisions
F règlement *m*/arrêté *m*/pro-
visions *f/pl* portant sur les affaires de brevets d'invention

S reglamento *m*/prescripciones *f*/*pl*/disposiciones *f*/*pl* legales sobre las patentes

R положения *n*/*pl* о патентах и патентной охране

53 Patentblatt *n; CH:* **Schweizerisches Patent-, Muster- und Markenblatt** → *auch* **Warenzeichenblatt**

E patent gazette/journal, Official Gazette *US*

F Journal *m* des brevets, Feuille *f* Suisse des brevets et marques *CH*

S boletín *m* de patentes, Boletín Oficial de la Propiedad Industrial (B.O.P.I.) *S*

R патентный бюллетень *m*

54 Patentdauer *f*

E duration of the patent

F durée *f* du brevet

S duración *f* de la patente

R срок *m* действия патента

55 Patenteigentümer *m* → **Patentinhaber**

56 Patenteingriff *m* → **(Eingriff);** ...

57 Patenterteilung *f*

E grant of the patent

F délivrance *f* du brevet

S concesión *f*/expedición *f* de la patente

R выдача *f* патента

58 Patenterteilungsverfahren *n*

E procedure for the grant of a patent, patent granting procedure

F procédure *f* de délivrance du brevet

S procedimiento *m* de la concesión de patentes

R процедура *f* выдачи патента

59 (Patenterteilungsverfahren); beschleunigte Erledigung des ~s *BRD*

E acceleration of the patent granting procedure, compact prosecution in patent cases *US*

F procédure *f* accélérée de délivrance des brevets

S procedimiento *m* acelerado de la concesión de las patentes

R ускоренный процесс *m* выдачи патентов, ускоренное рассмотрение *n* заявок на изобретения

60 Patentfach *n*

E patent branch/profession

F spécialités *f*/*pl* de la propriété industrielle

S profesión *f*/ramo *m* de la propiedad industrial

R патентоведческая специальность *f*

61 patentfähig

E patentable

F brevetable

S patentable

R патентоспособный

62 Patentfähigkeit *f*

E patentability

F brevetabilité *f*

S patentabilidad *f*

R патентоспособность *f*

63 Patentfamilie *f BRD*

E group of patents granted in different countries for the same invention under the same title (i.e. for the same owner or his successor in title)

F groupe *m* de brevets délivrés dans des pays divers pour la même invention sous le même titre (au même titulaire ou à son ayant cause)

S grupo *m* de patentes concedidas en varios países para la misma invención al mismo título (al mismo titulario o a su sucesor legal)

R семейство *n* патентов; совокупность *f* патентов, выданных в разных странах на одно и то же изобретение

64 Patentgebühr *f;* **Tarif für ~en → Tarif**

65 Patentgemeinschaft *f*

E patent pool

F communauté *f* en brevets

S comunidad *f* en el dominio de patentes

R общество *n* по охране промышленной собственности

66 Patentgericht *n* → *auch im Anhang*

E patent court

F cour *f*/tribunal *m* de brevets

S tribunal *m* de patentes

R патентный суд *m*

67 Patentgesetz *n*

E patent law

F loi *f* sur les brevets

S ley *f* sobre les patentes

R патентный закон *m*

68 (Patentgesetz) *(nationale Bezeichnungen)*

E Patents Act *GB;* US Code Title 35, Patents *US*

F Loi tendant à valoriser l'activité inventive et à modifier le régime des brevets d'invention

S Estatuo *m* de la Propiedad Industrial *S;* Ley de Patentes

LA; Ley de Patentes de Invención *Arg*

R Положение *n* об открытиях, изобретениях и рационализаторских предложениях *SU*

69 Patentgesetzgebung *f*

E patent laws, legislation on patents

F législation *f* sur les brevets

S legislación *f* sobre las patentes

R патентное законодательство *n*

70 patentierbar → patentfähig

71 Patentierbarkeit *f* → **Patentfähigkeit**

72 patentieren

E patent

F breveter

S patentar

R патентовать/запатентовать

73 Patentieren *n* → **Patentierung**

74 patentiert

E patented

F breveté

S patentado

R патентованный, запатентованный

75 (patentiert); der ~e Teil einer Erfindung

E the patented part of an invention

F la partie brevetée d'une invention

S la parte patentada de una invención

R запатентованная часть изобретения

76 Patentierung *f*

E patenting, grant of patent

F acte *m* de breveter

S acto *m* de patentar

R патентование *n*

77 **Patentierungsverbot** *n*
E prohibition to patent
F défense *f* de breveter
S prohibición *f* de patentar
R запрещение *n* патентования

78 **Patentingenieur** *m*
E patent engineer
F ingénieur-conseil *m* en pro-
   priété industrielle
S ingeniero *m* calificado en asun-
   tos de la Propiedad Industrial
R инженер-патентовед *m*

79 **Patentinhaber** *m*
E patent owner/holder, patentee
F titulaire *m*/possesseur *m*/pro-
   priétaire *m* du brevet, breveté
   m
S titular *m*/poseedor *m* de la
   patente
R патентообладатель *m*, владелец *m* патента

80 **Patentinstitut** *n;* **Internationales**
   ~ → Internationales Patent-
   büro

81 **Patentjahr** *n;* **Gebühr für das**
   ... ~
E ... annual fee
F ... annuité *f*
S ... anualidad *f*
R пошлина *f* за ... год

82 **Patentjahresgebühr** *f* → **Jahresge-**
   bühr

83 **Patentjurist** *m*
E patent lawyer
F juriste *m* en matière de la pro-
   priété industrielle
S jurista *m* en asuntos de la pro-
   piedad industrial
R патентный юрист *m*, юрист-
   -патентовед *m*

84 **Patentklasse** *f*
E patent class

F classe *f* de brevets
S clase *f* de patentes
R патентный класс *m*, класс по
   системе классификации изобретений

85 **Patentklassifikation** *f*
E patent classification
F classification *f* des brevets
S clasificación *f* de las patentes
R патентная классификация *f*,
   классификация   изобрете-
   ний

86 **Patentprozeß** *m*
E patent action/litigation
F action *f*/litige *m*/procès *m* en
   brevet
S acción *f* en materia de
   patentes, juicio *m* sobre la propiedad industrial
R процесс *m* по патентному
   делу

87 **Patentprüfer-Körperschaft** *f* →
   Leiter der ~

88 **Patentprüfungsabteilung** *f* →
   Prüfungsstelle

89 **Patentprüfungsgruppe** *f* → **Leiter**
   der ~

90 **Patentprüfungsverfahren** *n*
E patent examination procedure
F procédure *f* d'examination des
   brevets
S procedimiento *m* de examen de
   patentes
R процедура *f* по проведению
   экспертизы

91 **Patentrecht** *n*
E patent law/laws
F droit *m* de brevets
S derecho *m* de patentes
R патентное право *n*

92 **patentrechtlich; der ~e Teil des**
   Vorabgesetzes *BRD*

E the part of the transitional law concerning patent law
F la partie relative aux droits des brevets de la loi transitoire
S la parte tocante al derecho de patentes en la ley transitoria
R часть, касающаяся патентного права в переходном законе

93 Patentregister *n (nationale Bezeichnungen)* **Patentrolle** *BRD;* **Patentregister** *DDR*
E Register of Patents *GB*
F Registre *m* national des brevets *F*
S Registro *m* de entrada y salida de expedientes y documentos de patentes S
R Государственный реестр *m* изобретений СССР *SU*

94 Patentreinheit *f*
E presumption that a given technical solution doesn't infringe patent rights of third persons
F présomption *f*/supposition *f* qu'une solution technique donnée ne porte atteinte aux droits conférés par des brevets de tiers
S presuposición *f* que una solución técnica no ataca derechos conferidos por patentes de terceros
R патентная чистота *f*

95 Patentrolle *f BRD* → **Patentregister**

96 Patentsache *f*
E patent case
F cause *f* en matière de brevets
S causa *f* en materia de patentes
R патентное дело *n*

97 (Patentsache); ~n *pl*
E patent affairs/cases
F affaires *f*/*pl* en matière de brevets
S asuntos *m*/*pl* en materia de patentes
R патентные дела

98 Patentschrift *f BRD*
E patent specification, printed patent specification
F fascicule *m* imprimé de brevet, fascicule du brevet *CH* (*ä* exposé *m* d'invention *CH)*
S descripción *f* impresa de patente
R описание *n* изобретения к патенту

99 Patentschutz *m*
E patent protection
F protection *f* conférée par le brevet
S protección *f* conferida por la patente
R патентная охрана *f*

100 Patentsenat *m;* **Oberster Patent- und Markensenat** *Ö* → *auch im Anhang*
E Supreme Chamber of Patent and Trademark Appeals
F Chambre *f* suprême d'appel en matière de brevets et marques
S Sala *f* Suprema de Patentes y Marcas
R Верховный сенат *m* по делам патентов и товарных знаков

101 Patentstreit *m*
E patent suit/litigation
F litige *m* en matière de brevets
S pleito *m*/litigio *m* en materia de patentes
R спор *m* по патентным делам

102 Patentstreitsache *f*
E patent litigation/case
F litige *m* en matière de brevet
S cosa *f* litigiosa en materia de patentes
R спорное дело *n* о патенте

103 Patentsucher *m* → **Patentanmelder**

104 Patentumgehung *f*
E circumvention of a patent
F acte *m* d'éluder un brevet
S acción *f*/acto *m* de eludir una patente
R обход *m* патента

105 Patenturkunde *f*
E patent; Letters Patent
F brevet *m*
S patente *f*
R патентная грамота *f*

106 Patentverfahren *n* → **(Verfahren) in Patentsachen**

107 Patentvergütung *f* → **Vergütung**

108 Patentverletzer *m*; **vermeintlicher** ~ **EU**
E assumed infringer
F contrefacteur *m* présumé
S falsificador *m* supuesto
R предполагаемый нарушитель *m* (патентных) прав

109 Patentverletzung *f* → *auch* **(Eingriff); ...**
E infringement (of patent)
F contrefaçon *f*
S usurpación *f*/falsificación *f* de patente, violación *f* de los derechos conferidos por la patente
R нарушение *n* патента

110 (Patentverletzung); mittelbare ~
E contributory infringement
F contrefaçon indirecte
S usurpación indirecta de patente

R косвенное нарушение патента

111 Patentverletzungsprozeß *m*
E patent infringement suit
F procès *m* en contrefaçon
S proceso *m* de usurpación/falsificación de patente
R судебный процесс *m* о нарушении патентных прав

112 Patentverletzungsstreit *m*
E patent infringement litigation
F litige *m* en contrefaçon
S acción *f* de usurpación/falsificación de patente
R спор *m* о нарушении патента

143 Patentverordnungen *f/pl*
E decrees on patents
F décrets *m/pl* relatifs aux affaires de brevets
S decretos *m/pl* sobre asuntos de patentes
R законодательные и нормативные акты *m/pl*, касающиеся патентов

114 Patentverwaltung *f*
E patent administration
F administration *f* des brevets
S administración *f* de patentes
R администрация *f* патентных дел; управление *n* патентами

115 Patentverwaltungsabteilung *f*
E department of patent administration
F département *m*/section *f* de l'administration des brevets
S sección *f* de la administración de patentes
R отдел *m* управления патентами

116 Patentverwertung *f*
E patent exploitation

F exploitation *f*|réalisation *f* de brevets
S explotación *f*|realización *f* de patentes
R использование *n*|реализация *f* патентов

117 Patentverwertungsbüro *n*
E patent broker's office
F agence *f* pour l'exploitation de brevets
S agencia *f* para la explotación de patentes
R бюро *n* по сбыту патентов

118 Patentwesen *n* → *auch* **Amt für Erfindungs- und ~ ...**
E patent system
F régime *m* des brevets d'invention
S sistema *m* de patentes
R патентное дело *n*, патентоведение *n*

119 Person *f*
E person
F personne *f*
S persona *f*
R лицо *n*

120 (Person); juristische ~
E juridical person
F personne morale/civile
S persona moral/jurídica
R юридическое лицо

121 (Person); natürliche ~
E natural person
F personne physique
S persona física
R физическое лицо

122 (Person); Änderung in der ~ des Berechtigten durch Tod → (Änderung); ...

123 Personalangaben *f*|*pl auch* **Personalien** *pl*
E personal data

F nom *m*, prénom *m* et qualités *f*|*pl*; état *m* civil, *(seltener)* personnalités *f*|*pl*
S datos *m*|*pl* personales
R личные/персональные данные *n*|*pl*

124 Personenidentität *f*; **~ zwischen Anmelder von Haupt- und Zusatzpatent**
E identity of the applicant of the main patent with the applicant of the patent of addition
F identité *f* du demandeur du brevet et du demandeur du certificat d'addition
S identidad *f* del solicitante de la patente y del solicitante del certificado de adición
R идентичность *f* лиц, подавших заявки на основной и дополпительный патенты

125 Personenvereinigung *f Ww*
E combine of natural persons
F entente *f* des personnes physiques
S asociación *f* de personas físicas
R сообщество *n* физических лиц, общество *n*

126 pfändbar
E distrainable
F saisissable
S embargable
R подлежащий аресту/запрещению

127 Pfandrecht *n*
E lien right
F droit *m* de gage
S derecho *m* pignoraticio
R право *n* залога

128 Pfändung *f*
E distraint, seizure
F saisie-gagerie *f*

S embargo *m*
R наложение *n* ареста, арест *m* имущества

129 Pflanzenbau *m* → **Pflanzenzüchtung**

130 Pflanzengruppe *f Ss*
E class of plants
F catégorie *f* de végétaux
S categoría *f* de plantas
R категория *f* растений

131 Pflanzenpatent *n*
E plant patent
F brevet *m* d'obtention végétale
S patente *f* de obtención vegetal
R патент *m* на растение

132 Pflanzenpatentgesetz *n*
E Plant Patents Act *GB*
F Loi *f* sur les brevets d'obtention végétale
S Ley *f* sobre las Patentes de Obtenciones Vegetales
R Закон *m* о патентной охране новых сортов растений

133 Pflanzensorte *f Ss*
E plant variety
F variété *f* végétale
S variedad *f* vegetativa
R сорт *m* растений

134 (Pflanzensorte); neue ~ *Ss*
E new plant variety
F obtention végétale
S variedad vegetativa nueva, obtención *f* vegetal
R новый сорт *m* растений

135 Pflanzenzüchtung *f Ss (Tätigkeit)*
E plant breeding/cultivation
F obtention *f* végétale, culture *f* des végétaux
S obtención *f* vegetativa, cultivo *m* de plantas
R селекция *f* растений, разведение *n* растений

136 (Pflanzenzüchtung) *(Zuchtergebnis)*
E variety of plant, plant variety *GB*
F obtention/variété *f* végétale
S obtención/variedad *f* vegetativa
R новый сорт *m* растений

137 Pflanzgut *n Ss*
E propagating material
F plant *m*
S plantón *m*, esqueje *m*
R посадочный материал *m*

138 Pflicht; treue Ausübung einer ~ → **(Ausübung); ...**

139 plädieren
E plead
F plaider
S informar *(abogado o fiscal)*
R выступать перед судом

140 Plädoyer *n*
E pleading
F plaidoyer *m*
S informe *m* de la defensa o del fiscal
R выступление *n (стороны)* перед судом

141 Plagiar *m* → **Plagiator**

142 Plagiat *n*
E plagiarism
F plagiat *m*
S plagio *m*
R плагиат *m*

143 Plagiator *m*
E pirate, plagiarist
F plagiaire *m*, auteur *m* plagiaire
S plagiario *m*
R плагиатор *m*

144 plagiieren → **entwenden**

145 Platz; es greift Artikel 17 der Hauptübereinkunft ~

E Article 17 of the General Convention shall apply
F l'article 17 de la Convention générale fait règle
S servirá de norma el artículo 17 del Convenio General
R применяется статья 17 основной/генеральной Конвенции

146 Postzustellung *f auch* **Postbestellung**
E delivery of post/mail
F remise *f* postale, signification *f* par la poste
S entrega *f* postal/por el correo
R почтовое вручение *n*

147 Präambel *f (des Patentanspruchs)* → **Oberbegriff**

148 Präfektur *f (Bezirksadministration) F*
E prefecture
F préfecture *f*
S prefectura *f*
R префектура *f*

149 Präjudiz *n (Vorentscheidung)*
E prejudice
F préjugé *m*
S prejuicio *m*
R преюдициальное судебное решение *n*, преюдициальный приговор *m*, судебный прецедент *m*

150 (Präjudiz) *(Nachteil)*
E prejudice
F préjudice *m*
S perjuicio
R вред *m*, убыток *m*

151 Präklusivfrist *f auch* **Ausschlußfrist**
E preclusive term, term/time of preclusion, time limit
F délai *m* d'exclusion/de forclusion, terme *m* de rigueur

S término *m* perentorio
R пресекательный срок *m*, преклюзивный срок

152 Präsident *m;* ~ **des Patentamtes**
E president of the Patent Office
F président *m* de l'Office de brevets
S presidente *m* de la Oficina de Patentes
R президент *m* Патентного ведомства

153 (Präsident); ~ **des Patentgerichts**
E president of the Patent Court
F président du Tribunal de brevets
S presidente del Tribunal de Patentes
R президепт Патентного суда

154 Präsidium *n;* ~ **des Patentamtes** *DDR*
E presidium of the Patent Office
F présidence *f*/présidium *m* de l'Office des brevets
S presidencia *f* de la Oficina de Patentes
R президиум *m* Патентного ведомства

155 (Präsidium); ~ **des Patentgerichts**
E presidium of the Patent Court
F présidence/présidium du Tribunal de brevets
S presidencia del Tribunal de Patentes
R президиум Патентного суда

156 Praxis *f (vor Gericht)*
E practice
F exercice *m*
S ejercicio *m*
R практика *f*

157 (Praxis) *(des Gerichts)*
E practice
F pratique *f*

S práctica *f*
R (судебная) практика

158 (Praxis) *(Klientel)*
E clientele
F clientèle *f*
S clientela *f*
R клиентура *f*

159 (Praxis); einen Anwalt von der ~ vor dem Patentamt zeitweilig oder endgültig ausschließen
E suspend or exclude an agent from further practice before the patent office
F suspendre ou exclure un agent de l'exercice près l'office des brevets
S imponer a un agente la separación temporal o la baja definitiva en el ejercicio de la profesión
R временно или на постоянно запретить поверенному выступать в патентном ведомстве

160 Präzedenzfall *m*
E leading case
F préjugé *m*, précédent *m*
S precedente *m*, prejuicio *m*
R прецедент *m*

161 präzisieren; den geltend gemachten Schaden postenweise ~
E specify the items of the loss claimed
F préciser les chefs de préjudice invoqués
S precisar los lotes de perjuicio invocados
R уточнять размер причинённого ущерба партиями

162 Preis *m Ww*
E price
F prix *m*

S precio *m*
R цена *f*

163 (Preis); „gesteuerter" ~
E „administered" price
F prix «gouverné»
S precio „administrado"
R регулируемая цена

164 Preisbemessung *f Ww auch* **Preisstellung**
E pricing
F taxation *f* du prix
S fijación *f* de precios
R определение *n* цены

165 Preisbestandteil *m Ww*
E price component
F composant *m* du prix
S componente *m* de un precio
R компонент *m* цены

166 preisbindend; ~es Unternehmen *BRD*
E enterprise prescribing fixed prices for retailers
F entreprise *f* prescrivant des prix fixés pour les revendeurs
S empresa *f* que prescribe precios estables/fijos para los revendedores
R предприятие *n*, устанавливающее перепродавцу твёрдые (розничные) цены

167 Preisbindung *f BRD*
E price fixing for retailers
F fixation *f* des prix pour les revendeurs
S fijación *f* de los precios para los revendedores
R установление *n* твёрдых (розничных) цен

168 Preisbindungsregister *n BRD*
E register of fixed retail prices
F registre *m* des prix de revente fixés

S registro *m* de precios fijos de
  reventa
R реестр *m* твёрдых цен
169 Preisermäßigung *f* → **Preis-
  senkung**
170 Preisfestsetzung *f Ww*
E price fixing
F fixation *f* de prix
S fijación *f* de precio
R установление *n* цен
171 Preisnachlaß *m Ww*
E discount, price allowance/a-
  batement
F rabais *m*
S rebaja *f*
R скидка *f*
172 Preisnachlaßarten *f/pl* → **Zu-
  sammentreffen . . .**
173 Preissenkung *f Ww*
E price-cutting/cut, price re-
  ducing/reduction
F réduction *f* de prix
S reducción *f* de precio
R снижение *n*/понижение *n* цен
174 Preisstellung *f Ww* → **Preisbemes-
  sung**
**175 (Preisstellung); besondere Art der
  ~**
E special system of pricing
F système/régime *m* spécial de la
  taxation du prix
S sistema *m* especial de la
  fijación de precios
R особая/специальная система
  f определения цен
176 Preiswettbewerb *m Ww*
E price competition, price war
F concurrence *f* des prix
S concurrencia/competencia *f* en
  el dominio de precios
R конкуренция *f* в области цен
177 Prinzip *n* → **(Behandlung); . . .**

178 Priorität *f*
E priority
F priorité *f*
S prioridad *f*
R приоритет *m*, первенство *n*
179 Prioritätsanspruch *m (Anrecht
  auf Priorität)* → **Prioritätsrecht**
180 (Prioritätsanspruch); *(Inanspruchnahme des Rechts)*
E priority claim
F revendication *f* de la priorité
S reivindicación *f* de la prioridad
R притязание *n* на приоритет
**181 (Prioritätsanspruch); jeder ~
  muß schriftlich belegt sein**
E any claim of priority shall be
  submitted in a written document
F toute revendication d'un droit
  de priorité doit être présentée
  dans un écrit
S cada reivindicación de un derecho de prioridad debe ser
  presentada por escrito
R каждое притязание на
  приоритет должно быть
  представлено в письменном
  виде
182 prioritätsbegründend
E giving rise to a right of priority
F donnant naissance/servant de
  base au droit de priorité
S que sirve de base al derecho de
  prioridad
R служащий основанием для
  права приоритета
183 Prioritätsbeleg *m* → **Prioritätsunterlage**
184 Prioritätserklärung *f*
E declaration of priority
F déclaration *f* de priorité

S declaración *f* de prioridad
R заявление *n* о приоритете; установление *n* приоритета

185 Prioritätsfrist *f*
E period of priority
F délai *m* de priorité
S plazo *m* de prioridad
R срок *m* приоритета

186 Prioritätsintervall *n* → *auch* **Prioritätsfrist**
E priority interval (period between the filing date and the date of the claimed priority)
F intervalle *m* de priorité (*période entre la date du dépôt et la date de la priorité demandée*)
S intervalo *m* de prioridad (*período entre la fecha del depósito y la fecha de la prioridad reivindicada*)
R приоритетный интервал *m* (*период между датой подачи заявки и датой испрашиваемого приоритета*)

187 Prioritätsrecht *n*
E right of priority
F droit *m* de priorité
S derecho *m* de prioridad
R право *n* о приоритета

188 Prioritätsstreit *m*
E suit on priority
F litige *m* en priorité
S pleito/litigio *m* sobre prioridad
R спор *m* приоритете

189 Prioritätstag *m*
E priority date
F date *f* de priorité
S fecha *f* de prioridad
R дата *f* приоритета

190 (Prioritätstag); frühester ~ *EU*
E earliest date of priority

F date *f* de la priorité la plus ancienne
S fecha *f* de la prioridad la más antigua
R дата *f* самого прежнего приоритета

191 Prioritätsunterlage *f EU auch* **Prioritätsbeleg** (*beglaubigte Abschrift der früheren Anmeldung*)
E priority document
F document *m* de priorité
S documento *m* de prioridad
R приоритетный документ *m*

192 Prioritätsvorrecht *n*
E benefit of the right of priority, benefit of priority
F bénéfice *m* du droit de priorité, bénéfice de priorité
S beneficio *m* del derecho de prioridad, beneficio de prioridad
R преимущественное право *n* приоритета

193 Privatkläger *m*
E civil suitor
F plaignant *m*
S particular *m* querellante, actor *m* civil, acusador *m* privado
R частный обвинитель *m*

194 Privatrecht *n* → *auch* **Zivilrecht**
E private law
F droit *m* privé
S derecho *m* privado
R частное право *n*

195 privatrechtlich
E by civil/common law
F de droit privé/civil
S de derecho privado/civil
R по частному праву

196 privatschriftlich → **(Vertrag); . . .**

197 Privileg *n*
E privilege, chartered right
F privilège *m*
S privilegio *m*
R привилегия *f*

198 Probezeichen *n* → *auch* **Prüf-zeichen,** *auch* **Gewährzeichen**
E mark of assay, hall-mark
F contremarque *f,* marque *f* d'essai, poinçon *m*
S punzón *m* de ensayo
R контрольное клеймо *n*

199 Problemlösung *f*
E solution of a problem
F solution *f* d'un problème
S solución *f* de un problema
R решение *n*/разрешение *n* проблемы

200 Produkt *n (Erzeugnis)*
E product
F produit *m;* production *f*
S producto *m*
R изделие *n*, продукт *m*

201 (Produkt) *(Multiplikationsergeb-nis)*
E product
F produit
S producto
R произведение *n*

202 (Produkt); patentiertes ~
E patented product
F produit breveté
S producto patentado
R запатентованное изделие

203 Produktionserfahrungen *f/pl* → **(Erfahrung); ...**

204 Programm *n (für Datenverarbei-tungsanlagen)*
E program
F programme *m* d'ordinateur
S programa *m*
R программа *f*

205 Programmbibliothek *f Ct*
E program library
F bibliothèque *f* de programmes
S biblioteca *f* de programas
R библиотека *f* программ

206 Programmierhilfen *f/pl* → **Software**

207 Prokura *f*
E procuration, proxy, general agency
F procuration *f,* (spéciale)
S procuración *f,* poder *m* general, poder *m*
R доверенность *f,* полномочие *n*

208 Protektorat *n*
E protectorate
F protectorat *m*
S protectorado *m*
R протектораг *m*

209 Protest *m*
E protest, protestation
F protestation *f*
S protesto *m*, protestación *f*
R протест *m*

210 Protokoll *n*
E minutes *pl,* protocol, record, report
F procès-verbal *m,* protocole *m*
S acta *f,* protocolo *m*, diligencia *f*
R акт *m*, протокол *m*

211 protokollarisch; ~ festhalten
E enter in the minutes
F inscrire au procès-verbal
S levantar acta, protocolizar
R фиксировать в протоколе

212 Prozeß *m*
E lawsuit, action
F procès *m,* cause *f,* litige *m,* action *f*
S pleito *m*, proceso *m*, causa *f,* juicio *m*
R процесс *m*, дело *n*

213 (Prozeß); ~ führen
E carry on a lawsuit, conduct a lawsuit/case
F être en procès, plaider, faire/mener/poursuivre un procès
S pleitear
R вести процесс/судебное дело, судиться

214 Prozeßakten *f/pl*
E minutes (of the case)
F pièces *f/pl*, dossier *m* (du procès)
S autos *m/pl*, documentos *m/pl* del caso
R процессуальные документы *m/pl*

215 Prozeßbevollmächtigte *m/f* → *auch* **Bevollmächtigte**
E authorized representative (in the suit), attorney
F mandataire *m* (dans le procès), avocat *m*
S procurador *m*, mandatario *m* en juicio, abogado *m*
R поверенный *m*, уполномоченный участвовать в процессе

216 Prozeßgegenstand *m*
E matter in dispute
F matière *f* du procès, objet *m* du litige
S objeto *m* del pleito/proceso
R предмет *m* дела/процесса

217 Prozeßhandlung *f*
E act in suit
F acte *m* en procès
S diligencia *f*, acto *m* (procesal)
R процессуальное действие *n*

218 Prozeßkosten *pl*
E costs of the proceedings, law costs
F frais *m/pl* du procès

S costas *f/pl* procesales/del proceso
R судебные расходы *m/pl*

219 Prozeßordnung *f* → *auch* **Zivilprozeßordnung**
E code of procedure, rules of procedure/the court
F code *m* de procédure, règlement *m* judiciaire
S ley *f* de enjuiciamiento, procedimiento *m* judicial y procesal
R процессуальный кодекс *m*

220 Prozeßparteien *f/pl*
E litigants, parties to the proceeding
F parties *f/pl* en cause/litige, parties plaidantes
S partes *f/pl* contendientes, litigantes *m/pl*
R стороны *f/pl* в процессе

221 Prozeßpatent *n*
E litigious patent
F brevet *m* en litige
S patente *f* en litigio
R патент *m*, являющийся предметом разбирательства

222 Prozeßsache *f*
E case, law business
F matière *f* de procès, affaire *f* judiciaire/contentieuse
S causa *f*, proceso *m*, asunto *m* contencioso
R судебное дело *n*, дело

223 Prozeßvergleich *m* → (**Vergleich**); ...

224 Prozeßvertretung *f*
E representation in suit
F représentation *f* en procès
S representación *f* en proceso
R представительство *n* в суде

225 (Prozeßvertretung);   *BRD*
Rechtsanwälte zur ~ *(beim Arbeitsgericht)* **zulassen**
E recognize attorneys as entitled to representation in suit
F admettre des avoués à exercer leùr profession près le tribunal
S reconocer a los abogados como apoderados a la representación en proceso
R допускать адвокатов к судебному разбирательству

226 **prüfen; Patentansprüche voneinander losgelöst ~**
E examine patent claims separately
F examiner des revendications séparément
S examinar las reivindicaciones separadamente
R рассматривать пункты формулы отдельно

227 **Prüfer** *m*
E examiner
F examinateur *m*
S examinador *m*
R эксперт *m*

228 **(Prüfer): ~ der Berufungsinstanz → Oberprüfer**

229 **(Prüfer); ~ für Klasse 12**
E examiner in charge of class 12
F examinateur en charge de classe 12
S examinador encargado de la clase 12
R эксперт, проводящий экспертизу по классу 12

230 **Prüferwechsel** *m*
E change of examiner
F échange *m* de l'examinateur
S cambio *m* del examinador
R смена *f* эксперта

231 **Prüfstelle** *f* → **Prüfungsstelle**

232 **Prüfstoff** *m*
E material to be examined, stock of references
F matière *f* faisant l'objet de l'examen
S material *m* que debe ser examinado
R прюфштоф *m*

233 **Prüfung** *f* → *auch* **Vorprüfung**
E examination
F examen *m*
S examen *m*
R экспертиза *f*

234 **(Prüfung); aufgeschobene/hinausgeschobene/verschobene ~**
E deferred examination
F examen différé
S examen diferido
R отложенная/отсроченная экспертиза

235 **(Prüfung); formelle ~ der Anmeldung**
E formal examination of the application
F examen de la demande quant à sa forme
S examen de la solicitud en cuanto a la forma
R формальное рассмотрение *n* заявки

236 **(Prüfung); nachträgliche ~**
E subsequent examination
F examen ultérieur
S examen con posteridad
R дополнительная экспертиза

237 **(Prüfung); sachliche ~**
E examination as to substance
F examen quant au fond
S examen en cuanto al fondo
R экспертиза по существу

238 (Prüfung); ~ der Patentanmeldung
E examination of the patent application
F examen de la demande
S examen de la solicitud de patente
R экспертиза заявки на патент

239 Prüfungsantrag *m*
E request for examination
F requête *f* en examen
S demanda *f* de examen
R ходатайство *n* о проведении экспертизы

240 Prüfungsbescheid *m*
E examination report, documentary report *F*, examiner's action *BRD*
F notification *f* de l'examen, avis *m* documentaire *F*, action/décision *f* de l'examinateur *BRD*
S notificación *f* del examen, aviso *m* documentario *F*, decisión *f* del examinador *BRD*
R заключение *n* экспертизы, сообщение *n* о результате предварительной экспертизы

241 Prüfungsordnung *f*
E rules of examination
F règlement *m* d'examen
S reglamento *m* de examen
R правила *n/pl* о проведении экспертизы

242 (Prüfungsordnung); ~ für Patentanwälte *BRD*
E rules of examination for patent agents
F règlement d'examen pour les agents de brevet
S reglamento de examen para los Agentes de la Propiedad Industrial
R правила о проведении испытания для патентных поверенных

243 Prüfungsstelle *f*, **Anmeldeabteilung** *f Ö*, **Prüfungsabteilung** *f EU auch* **Patentprüfungsabteilung** → *auch im Anhang*
E examining section, examination board; examining division *EU*
F section *f* des examens; division *f* d'examen *EU*
S sección *f* de exámenes
R орган *m*, проводящий экспертизу; экспертное бюро *n*, отдел *m* экспертизы

244 Prüfverfahren *n* → **Patentprüfungsverfahren**

245 Prüfzeichen *n*; **amtliches ~**
E official sign indicating control and/or warranty
F signe *m* officiel de contrôle et/ou garantie
S signo *m* oficial de control y/o de garantía
R официальное пробирное клеймо *n*, официальный знак *m* контроля и гарантии

246 Punkt *m*
E point
F point *m*
S punto *m*
R пункт *m*

247 (Punkt) *(Position, Posten)*
E item
F chef *m*
S partida *f*, lote *m*
R статья *f*

Q

1 **Qualifikation** *f*
  E qualification
  F qualification *f*
  S calificación *f*
  R квалификация *f*
2 **Qualität** *f*
  E quality
  F qualité *f*
  S calidad *f*
  R качество *n*
3 **Qualitätszeichen** *n* → *auch* **Prüf-zeichen, Gewährzeichen**
  E certification mark
  F signe *m* certificatif de qualité
  S signo *m*/marca *f* de calidad
  R знак *m* качества
4 **Quelle** *f*
  E source
  F source *f*
  S fuente *f*
  R источник *m*

5 **Quellenangabe** *f*
  E mention/indication of sources
  F indication *f* des sources
  S indicación *f* de fuentes
  R указание *n* источников
6 **Quellenforschung** *f*
  E research as to origin
  F recherche *f* quant à l'origine
  S búsqueda *f* de orígenes
  R поиск *m* источников
7 **Quellennachweis** *m*
  E index of sources
  F index *m* des sources
  S índice *m* de fuentes
  R указатель *m* источников
8 **Quellenverzeichnis** *n*
  E list of sources
  F liste *f* des sources
  S lista *f* de fuentes
  R список *m*/перечень *m* источников

R

1 **Rabatt** *m Ww*
E discount
F rabais *m*
S rebaja *f*, descuento *m*
R скидка *f*

2 **Rabattgesetz** *n Ww*
E Discount Act
F Loi *f* sur les rabais
S Ley *f* sobre Rebajas
R Закон *m* о скидках

3 **Rabattregelung** *f Ww BRD*
E discount regulation
F règlement *m* du rabais
S reglamentación *f* de rebajas
R регламентировапие *n* скидок

4 **Rat** *m (Körperschaft)*
E council
F conseil *m*
S consejo *m*
R совет *m*

5 **(Rat)** *(Person)*
E councillor
F conseiller *m*, membre *m* de conseil
S consejero *m*
R советник *m*, член *m* совета

6 **(Rat)** *(Ratschlag)*
E advice, counsel
F conseil

S consejo, aviso *m*
R совет, указание *n*

7 **(Rat); engerer ~**
E restricted council
F conseil restreint
S consejo restringido
R совет в узком составе

8 **(Rat); der engere ~ im Ausschuß der Leiter der nationalen Ämter**
E the restricted Council inside the Committee of the Directors of the National Offices
F le conseil restreint du Comité des directeurs des Offices nationaux
S el consejo restringido de la Comisión de Directores de las Oficinas Nacionales
R узкий совет членов Комитета директоров национальных ведомств

9 **Ratifikationsurkunde** *f*
E instrument of ratification
F instrument *m* de ratification
S instrumento *m* de ratificación
R ратификационная грамота *f*

10 **ratifizieren**
E ratify
F ratifier

S ratificar
R ратифицировать

11 Ratifizierung *f*
E ratification
F ratification *f*
S ratificación *f*
R ратификация *f*

12 Rationalisierungsverband *m* BRD
E society for rationalization
F société *f* de rationalisation
S sociedad *f* que se ocupa de racionalización
R общество *n* по рациопализации

13 Raubdruck *m* → (Nachdruck); ...

14 Räumung *f;* ~ **eines bestimmten Warenvorrats** *Ww*
E getting rid of a certain stock of goods
F débarras *m* d'un certain stock de marchandises
S libramiento *m* de una cierta reserva de mercancías
R сбыт *m* определённого запаса товара

15 realisieren *(eine Erfindung)* → **verwirklichen**

16 Recherche *f* → *auch* **Nachforschung**
E search
F recherche *f*
S búsqueda *f*, investigación *f*
R поиск *m*, решерш *m*

17 (Recherche); ~ **abbrechen**
E discontinue a search
F discontinuer une recherche
S discontinuar una búsqueda
R прекращать экспертизу/ поиск

18 (Recherche); isolierte ~ *BRD (in der verschobenen Prüfung)*

E isolated search *(in the deferred examination)*
F recherche isolée *(durant l'examen différé)*
S búsqueda aislada *(durante el examen diferido)*
R изолированный поиск *(при проведении отложенной экспертизы)*

19 Rechercheabteilung *f*
E Search Division *EU*
F division *f* de la recherche *EU*
S sección *f* de búsqueda
R поисковый отдел

20 Rechercheantrag *m*
E request for search
F requête *f* en recherche
S solicitud *f* de búsqueda
R ходатайство *n* о поиске

21 Recherchebericht *m*
E report on search; search report *EU*
F rapport *m* sur la recherche, avis *m* documentaire *F;* rapport *m* de recherche *EU*
S informe *m* de búsqueda
R сообщение *n* о поиске/решерше

22 Rechercheur *m*
E searcher
F chercheur *m*
S examinador *m*
R эксперт *m*, проводящий поиск

23 Rechnung *f*
E account
F compte *m*
S cuenta *f*
R счёт *m*, расчёт *m*

24 (Rechnung); eine Vergütung für ~ **des Patentinhabers an das Amt zahlen**

E pay a compensation to the Office to the account of the patentee
F verser l'indemnité à l'Office pour le compte du titulaire du brevet
S pagar la remuneración en la Oficina de Patentes para la cuenta del titulario de patente
R уплатить вознаграждение за изобретение на счёт патентообладателя в Патентном ведомстве

25 (Rechnung); der Zusammenfassung kann bei Bestimmung der Rechte nicht ~ getragen werden
E the abstract shall not be taken into account in defining the rights
F il ne peut être tenu compte de l'abrégé pour définir les droits
S el compendio no puede ser tenido en cuenta para definir los derechos
R извлечение не может быть принято во внимание для определения объёма прав

26 Rechnungslegungspflicht f
E obligation to render account
F obligation f de rendre compte
S obligación f de rendir cuenta(s)
R обязанность f предоставления отчётности

27 Recht n → auch **Schutzrecht, Patentrecht**
E right
F droit m
S derecho m
R право n

28 (Recht); älteres ~
E previous right
F droit antérieur
S derecho anterior
R предшествующее право

29 (Recht); bürgerliches ~ → Privatrecht, Zivilrecht

30 (Recht); dingliches ~
E real property rights
F droits réels
S derechos reales
R вещное право

31 (Recht); früheres ~
E prior right
F droit antérieur
S derecho anterior
R более раннее право

32 (Recht); gemeines ~
E common law
F droit commun
S derecho común
R общее право

33 (Recht); materielles ~
E substantive law
F droit matériel
S derecho material
R материальное право

34 (Recht); verbrieftes ~
E vested interest
F droit acquis
S derecho adquirido
R подтверждённое право

35 (Recht); verbriefte ~e
E chartered rights, charters, patents
F droits brevetés
S derechos garantizados por escrito
R документально подтверждённые права

36 (Recht); ~ auf das Patent
E right to the patent

F droit au brevet
S derecho a la patente
R право на патент

37 **(Recht); ~e aus dem Patent →** *auch* **(ausschließlich); ...**
E rights deriving from the patent
F droits découlant du brevet
S derechos que derivan de la patente
R права, вытекающие из патента

38 **(Recht); ~ Dritter**
E right of third parties
F droit de tiers
S derecho de terceros
R право третьих лиц

39 **(Recht); ~e, die von Dritten erworben sind**
E rights acquired by third parties
F droits acquis par des tiers
S derechos adquiridos por terceros
R права, приобретённые третьими лицами

40 **(Rechts); juristische Personen des öffentlichen ~s**
E legal entities constituted under public law
F personnes *f/pl* morales de droit public
S personas *f/pl* jurídicas de derecho público
R юридические лица *n/pl* публичного права

41 **(Recht); „alle ~e vorbehalten"**
E all rights reserved
F tous droits réservés
S quedan reservados todos los derechos
R все права зарезервированы

42 **(Recht); vom materiellen ~ her →** **materiell-rechtlich**

43 **recht**
E correct, proper, right
F juste, propre
S justo, propio
R правый, справедливый, правильный

44 **(recht); das ist nicht mehr als ~ und billig**
E that is only fair
F cela n'est que juste
S esto no es más que justo
R это только справедливо

45 **rechtfertigen**
E justify
F justifier
S justificar
R оправдывать/оправдать

46 **(rechtfertigen); in Ausnahmefällen mag es gerechtfertigt sein**
E it may be justified exceptionally
F il peut être justifié par exception
S puede ser justificado en caso excepcional
R может быть оправданием в исключительных случаях

47 **Rechtfertigung** *f;* **~ einer Behauptung**
E justification of an assertion
F justification *f* d'une allégation
S justificación *f* de una aserción/alegación
R обоснование *n* утверждения

48 **rechtlich**
E *adj* legal; *adv* legally
F *adj* juridique; *adv* juridiquement, de/en droit
S *adj* jurídico; *adv* jurídicamente
R *adj* юридический, правовой; *adv* юридически

49 **(rechtlich); ~ erörten**
   E discuss question of law
   F instruire en droit, discuter des
       points de droit
   S discutir jurídicamente
   R рассматривать юридически
50 rechtmäßig *adj*
   E legal, legitimate
   F légal, légitime; juste
   S legítimo, legal
   R законный, легальный
51 Rechtmäßigkeit *f;* **~ des**
   Gebrauchs von Marken-
   bestandteilen
   E legitimacy of the use of certain
       elements included in marks
   F légitimité *f* de l'usage de cer-
       tains éléments contenus dans
       les marques
   S legitimidad *f* de uso de ciertos
       elementos contenidos en las
       marcas
   R законность *f* использования
       отдельных элементов зна-
       ков
52 Rechtsabteilung *f auch* **Justi-**
   tiarabteilung
   E legal department
   F section *f* juridique, bureau *m*
       de contentieux, contentieux
       m
   S oficina *f* jurídica, *(im Patent-*
       amt) Asesoría *f* Jurídica
   R юридический отдел *m*
53 Rechtsanordnung *f*
   E legal order
   F ordonnance *f* (légale)
   S disposición *f* legal
   R законоположение *n*
54 Rechtsanspruch *m*
   E legal claim/title
   F titre *m*, droit *m*

   S título *m* legal, derecho *m*
   R правовое притязание *n*
55 Rechtsanwalt *m*
   E attorney at law, lawyer
   F avocat *m*, avoué *m*
   S abogado *m*
   R адвокат *m*
56 Rechtsanwaltsstand *m*
   E the Bar
   F le barreau
   S abogacía *f*, foro *m*
   R адвокатура *f*
57 Rechtsanwendung *f;* **einheitlich**
   ~
   E uniform application of the la
   F application *f* uniforme d
       droit
   S aplicación *f* uniforme d
       derecho
   R единообразное применени
       n права
58 Rechtsauffassung *f* → *aus*
   Rechtsauslegung
   E legal conception
   F conception *f* juridique
   S concepción *f* jurídica
   R юридическое толкование *n*
59 Rechtsausdruck *m* → *aus*
   (Fachausdruck); ...
   E legal term/expression
   F terme *m*/expression *f* juridiqu
   S término *m* jurídico, expresión
       jurídica
   R юридический термин *n*
       юридическое выражение *n*
60 Rechtsauslegung *f*
   E interpretation of law
   F interprétation *f* de la loi
   S interpretación *f* de la ley
   R толкование *n* закона
61 Rechtsbefugnis *f*
   E competence

F compétence *f*
S competencia *f*
R юрилическое полномочие *n*

62 Rechtsbegriff *m*
E legal notion
F principe *m* de droit
S noción *f* jurídica
R юридическое понятие *n*

63 Rechtsbehelf *m*
E legal remedy
F recours *m* légal
S recurso *m* legal
R законные средства *n/pl* защиты

64 Rechtsbeistand *m* → **Rechtsberater**

65 Rechtsbelehrung *f*
E caution; summing-up
F avis *m* donné sur une question de droit; instruction *f* (des jurés par le juge)
S aviso *m* sobre una cuestión de derecho; instrucción *f* (de los jurados por el juez)
R предупреждение *n* судьи; инструктаж *m* присяжных судьёю

66 Rechtsberater *m auch* **Rechtsbeistand**
E legal adviser
F conseiller *m* juridique
S asesor *m* jurídico, asistencia *f* judicial
R юрисконсульт *m*

67 Rechtsbeschränkung *f*
E limitation of a right
F limitation *f* d'un droit
S limitación *f* de un derecho
R ограничение *n* права

68 Rechtsbeschwerde *f BRD*
E appeal on points of law

F pourvoi *m* devant la Cour fédérale de justice
S apelación *f* ante el Tribunal Supremo Federal
R кассационная жалоба *f*

69 (Rechtsbeschwerde); eine ~ kann nur darauf gestützt werden, daß der Beschluß auf einer Verletzung des Gesetzes beruht
E the only basis for an appeal on a point of law shall be the argument that the decision is founded on a breach of law
F un pourvoi ne peut se fonder que sur le fait que la décision est basée sur une violation de la loi
S una apelación puede ser fundada solo en el hecho que la decisión está basada en una violación de la ley
R кассационная жалоба может основываться только на том, что определение/решение нарушает закон

70 Rechtsbeständigkeit *f*
E legal validity
F validité *f* juridique
S validez *f* jurídica
R юридическая надёжность *f*/неуязвимость *f*

71 Rechtsbruch *m*
E breach of the law
F violation *f* d'un droit
S violación *f* del derecho
R нарушение *n* права

72 Rechtseingriff *m*
E infringement (of a right)
F contrefaçon *f*
S usurpación *f* (de un derecho)
R нарушение *n* (права)

73 Rechtseinwand *m*
E demurrer, *(gegen einen Gerichtsbeschluß)* exception
F exception *f* juridique
S objeción *f* jurídica
R правовое возражение *n*

74 rechtserheblich; ~e Erklärungen der Beteiligten
E legally material declarations of the parties concerned
F déclarations *f/pl* juridiquement importantes des intéressés
S declaraciones *f/pl* jurídicamente importantes de las partes
R юридически важные заявления *n/pl* сторон

75 rechtsfähig
E legally capable/competent, personable
F capable (d'exercer des droits)
S capaz, que posee capacidad jurídica
R правоспособный

76 Rechtsfähigkeit *f* → *auch* **Geschäftsfähigkeit**
E legal capacity
F capacité *f* juridique
S capacidad *f* jurídica
R правоспособность *f*

77 Rechtsfolge *f;* **wenn eine andere ~ vorgeschrieben ist**
E where a different sanction is provided for
F si une sanction différente est prévue
S si una sanción diferente está prevista
R если другая санкция предусмотрена

78 Rechtsfrage *f*
E question of law
F question *f* de droit
S cuestión *f* de derecho
R юридический вопрос *m*

79 (Rechtsfrage); ~ von grundsätzlicher Bedeutung
E question of law of basic significance
F question de droit d'importance fondamentale
S cuestión de derecho de importancia fundamental
R юридический вопрос принципиального значения

80 Rechtsgelehrte *m/f*
E jurist, lawyer
F jurisconsulte *m*, légiste *m*
S jurisconsulto *m*, legista *m*
R юрист *m*, законовед *m*

81 Rechtsgeschäft *n*
E legal act/transaction/business
F acte *m* juridique, engagement *m* de droit
S acto *m* jurídico, negocio *m* jurídico
R сделка *f*

82 Rechtsgewohnheit *f*
E legal custom/usage
F coutume *f* (de droit), usage *m*
S uso *m*/costumbre *f* (legal)
R правовой обычай *m*

83 Rechtsgrund *m*
E legal ground
F motif *m* juridique
S fundamento *m* legal
R юридическое основание *n*

84 (Rechtsgrund); ~ für die Löschung
E legal ground for cancellation
F motif juridique de radiation

S fundamento legal de la anulación
R юридическое основание для аннулирования

85 Rechtsgrundlage *f*
E legal ground/title/cause
F base *f*/titre *m* juridique
S fundamento *m* legal/jurídico
R законное/юридическое основание *n*

86 Rechtsgrundsatz *m*
E legal maxim
F principe *m* de droit/juridique
S principio *m* de derecho/jurídico
R юридический принцип *m*

87 rechtsgültig
E valid
F valable, valide
S válido, auténtico
R действительный

88 Rechtsgültigkeit *f;* **Anerkennung der ~**
E recognition of validity
F admission *f* de validité
S admisión *f* de la validez
R признание *n* действительности

89 Rechtsgutachten *n*
E legal opinion
F avis *m* (d'expert juridique)
S dictamen *m* jurídico
R юридическое экспертное заключение *n*

90 Rechtshandel *m* → **Rechtsstreit**

91 Rechtshandlung *f*
E legal act/proceeding
F acte *m* juridique
S acto *m* jurídico
R юридический акт *m*

92 Rechtshilfe *f*
E legal assistance

F aide *f* juridique, assistance *f* légale
S asistencia *f* judicial
R юридическая помощь *f*

93 Rechtsinhaber *m*
E proprietor of a right
F titulaire *m* d'un droit
S derechohabiente *m,* titular *m*
R правообладатель *m,* обладатель *m* права

94 (Rechtsinhaber); der frühere ~
E the former proprietor of a right
F le titulaire d'un droit précédent
S el precedente derechohabiente/titular
R правопредшественник *m*

95 Rechtsirrtum *m* → *auch* **Justizirrtum**
E mistake in law
F erreur *f* de droit
S error *m* de derecho
R правовая ошибка *f*

96 Rechtskenntnis *f*
E legal knowledge
F connaissance *f* en droit
S conocimiento *m* jurídico
R правовые знания *n/pl*

97 Rechtskraft *f*
E validity, legal validity, force of law
F validité *f* (juridique), force *f* de loi
S fuerza *f* (de ley), firmeza *f*
R законная сила *f*

98 (Rechtskraft); Eintritt der ~
E coming into force, becoming valid
F commencement *m* de la validité, entrée *f* en vigueur

S entrada *f* en vigor
R вступление *n* в законную силу

99 rechtskräftig
E valid
F valable
S válido
R имеющий законную силу

100 (rechtskräftig); ~e Entscheidung → (unanfechtbar); ..., (Urteil); ...

101 rechtskundig → auch (Mitglied); ...
E qualified in law
F versé dans la jurisprudence
S instruido en el derecho
R имеющий юридическое образование

102 Rechtskundige *m/f* → auch Rechtsgelehrte
E legal practitioner
F praticien *m*
S practicante *m* de derecho
R лицо *n*, проводящее юридическую практику

103 Rechtslage *f*
E legal position, legal status
F situation *f* juridique/légale, condition *f* juridique
S situación *f* jurídica, condición *f* jurídica
R правовое положение *n*

104 Rechtslehre *f*
E jurisprudence
F jurisprudence *f*
S jurisprudencia *f*
R юриспруденция *f*

105 Rechtsmißbrauch *m*
E abuse of justice, improper use of a right
F abus *m* (de droit), mauvais usage *m* d'un droit

S abuso *m* del derecho
R злоупотребление *n* правом

106 Rechtsmittel *n*
E means of recourse, legal remedy
F moyens *m/pl* de recours/de droit
S medio *m* de recurso, medio *m* legal
R процессуальные/правовые средства *n/pl*, обжалование *n*

107 (Rechtsmittel); außergewöhnliches/außerordentliches ~
E extraordinary remedy
F recours *m* extraordinaire
S recurso *m* extraordinario
R чрезвычайные правовые средства *n/pl*

108 (Rechtsmittel); → einleiten; Einlegung

109 Rechtsmittelbelehrung *f*
E instruction on legal remedy
F instruction *f* sur la possibilité des voies légales
S instrucción *f* sobre la posibilidad/los medios de recurso
R сообщение *n* о возможных правовых действиях/процессуальных средствах

110 Rechtsmittelverfahren *n*
E appeal proceedings
F procédure *f* de recours
S procedimiento *m* de recurso
R процедура *f* правовых действий

111 Rechtsnachfolge *f*
E succession in title
F succession *f* en titre
S sucesión *f* en derecho
R правопреемство *n*

112 Rechtsnachfolger *m*
E successor in title

F ayant cause *m*
S causahabiente *m*
R правопреемник *m*

113 Rechtsnachteil *m*
E detriment (to a right)
F préjudice *m* (d'un droit),
préjudice *m* légal
S perjuicio *m* de derecho
R правовой ущерб *m*

114 Rechtsnorm *f*
E rule of law
F disposition *f* légale
S regla *f* de derecho
R правовая норма *f*

**115 (Rechtsnorm); Bezeichnung der
verletzten ~**
E indication of the violated rule
of law
F désignation *f* de la disposition
légale violée
S indicación *f* de la regla de
derecho violada
R указание *n* нарушенной
правовой нормы

116 rechtsnotwendig
E compulsory by law
F obligatoire par la loi
S obligatorio por la ley
R обязательный по закону

117 Rechtsordnung *f*
E legal order
F ordre *m* légal, légalité *f*
S orden *m* legal
R правовой порядок *m*

118 Rechtspersönlichkeit *f*
E legal entity/personality *EU*
F personnalité *f* civile/morale/
juridique *EU*
S personalidad *f* jurídica
R юридическое лицо *n*

**119 (Rechtspersönlichkeit); als eigene
~ teilnehmen**

E participate as a legal entity
F participer en sa qualité de personne civile
S participar como/en calidad de
una personalidad jurídica
R участвовать в качестве
юридического лица

120 Rechtspflege *f*
E administration of justice
F administration *f* de la justice,
justice *f*
S administración *f* de la justicia
R правосудие *n*, отправление *n*
правосудия

121 Rechtsprechung *f*
E judicial practice, juris-
prudence
F jurisprudence *f*, juridiction *f*
S jurisprudencia *f*, jurisdic-
ción *f*
R юрисдикция *f*, судебная
практика *f*

**122 (Rechtsprechung); einheitliche ~
auch Spruchpraxis**
E uniform judicial practice/
jurisprudence
F jurisprudence/juridiction
uniforme
S jurisprudencia/jurisdicción
uniforme
R единообразная судебная
практика

123 Rechtsschutz *m*
E legal protection
F protection *f* légale
S protección *f* legal
R правовая охрана *f*/защита *f*

124 (Rechtsschutz); gewerblicher ~
E legal protection of industrial
property
F protection légale de la propriété industrielle

S protección legal de la pro-
   piedad industrial
R охрана промышленной соб-
   ственности
125 Rechtsschutzbedürfnis *n*
E necessity of legal protection
F nécessité *f* de protection légale
S necesidad *f* de protección legal
R необходимость *f* правовой
   охраны/защиты
126 Rechtssprache *f*
E legal terminology
F langue *f* juridique de la
   jurisprudence
S terminología *f* legal
R юридическая терминология
   f
127 Rechtsspruch *m*
E judgement, sentence
F jugement *m*, sentence *f*
S sentencia *f*, fallo *m*
R судебное решение *n*, при-
   говор *m*
128 Rechtsstellung *f*
E legal status *EU*
F statut *m* juridique *EU*
S situación *f* jurídica
R правовое положение *n*
129 Rechtsstreit *m*
E suit, lawsuit, litigation
F litige *m*, action *f*, procès *m*
S litigio *m*, proceso *m*
R гражданский судебный про-
   цесс *m*, спор *m*
130 (Rechtsstreit); anhängiger ~
E pending lawsuit
F procès pendant
S pleito *m* pendiente
R рассматриваемый процесс/
   спор
131 (Rechtsstreit); früherer ~
E earlier suit/lawsuit/litigation

F action précédente, litige/pro-
   cès précedent
S litigio/proceso precedente
R предыдущий процесс
132 Rechtsstreitigkeit *f* → **Rechts-
   streit**
133 Rechtstitel *m*
E legal title
F titre *m* légal
S título *m* legal
R правовой титул *m*
134 Rechtsübergang *m*
E transfer of a right
F transfert *m* d'un droit
S transferencia *f* de un derecho
R перевод *m* права
135 Rechtsübertragung *f*
E assignment; transfer(ence) of a
   right
F cession *f*/transmission *f*/trans-
   fert *m* d'un droit
S cesión *f*/transmisión *f* de un
   derecho
R передача *f* права/прав
136 Rechtsverfahren *n*
E legal proceedings
F procédure *f* (juridique)
S procedimiento *m* jurídico
R юридическая процедура *f*
137 Rechtsverfolgung *f*
E prosecution of a right
F poursuite *f* d'un droit
S prosecución *f* legal
R осуществление *n* права/прав
138 Rechtsverhältnis *n*
E legal relationship
F rapport *m*/relation *f* juridique
S relación *f* jurídica
R правовые отношения *n/pl*
139 Rechtsverletzer *m*
E infringer
F contrevenant *m*

S contraventor *m*
R правонарушитель *m*

140 Rechtsverletzung *f*
E infringement
F infraction *f*
S violación *f* de un derecho
R правонарушение *n*

141 (Rechtsverletzung); eine ~ begehen
E commit a breach of law
F commettre une violation de la loi
S cometer una violación del derecho
R совершать правонарушение

142 (Rechtsverletzung); eine ~ fortsetzen
E continue an abusive activity
F continuer l'activité abusive
S continuar una actividad abusiva
R продолжать нарушение права

143 Rechtsverlust *m*
E loss of right
F perte *f* de droit
S privación *f* de derechos
R потеря *f* прав

144 Rechtsverordnung *f*
E statutory order
F ordonnance *f*
S ordenanza *f*, reglamento *m*
R постановление *n*, декрет *m*

145 Rechtsverteidigung *f*
E defense of a right
F défense *f* d'un droit
S defensa *f* de un derecho
R правовая защита *f*/охрана *f*, защита права

146 Rechtsvertreter *m*
E legal representative

F avoué *m*, représentant/agent *m* juridique
S representante/agente *m* legal
R юридический представитель *m*

147 Rechtsvorbehalt *m* (*rechtl. Vorbehalt, Einschränkung*)
E legal reservation
F réservation *f* juridique
S reserva *f* jurídica
R юридическая оговорка *f*

148 (Rechtsvorbehalt) (*Vorbehalt eines Rechtes*)
E reservation of a right
F réservation d'un droit
S reserva de un derecho
R оговорка о сохранении права

149 Rechtsvorgänger *m*
E predecessor in title
F prédécesseur *m* (en titre)
S causante *m*, titular *m* anterior
R правопредшественник *m*

150 Rechtsvorschrift *f*
E provision of/by law
F prescription *f* juridique/légale
S disposición *f* legal
R законоположение *n*, правовое положение *n*

151 Rechtsweg *m* (*Gerichtsweg, Prozeß*)
E legal action
F voie *f* des tribunaux/de procès
S vía *f* judicial
R судебный процесс *m*/порядок *m*

152 (Rechtsweg) (*Rechtsmittel*)
E recourse to law
F recours *m* aux tribunaux
S recurso *m*
R судебная процедура *f*

153 (Rechtsweg); unter Ausschluß des ~es
  E to the exclusion of legal remedy
  F à l'exclusion des moyens légaux
  S con/a la exclusión de vía judicial
  R без судебной процедуры

154 rechtswidrig
  E illegal, contrary to law
  F illégal, contraire à la loi
  S antijurídico, ilegal
  R противозаконный, незаконный

155 rechtswirksam
  E having legal effect
  F avec effet légal, d'effet légal
  S con efecto legal
  R имеющий законную силу

156 Rechtswirkung *f*; mit voller ~
  E with full validity
  F de plein droit
  S de pleno derecho
  R с полной юридической силой

157 Rechtswissenschaft *f*
  E jurisprudence
  F jurisprudence *f*
  S ciencia *f* del derecho, jurisprudencia *f*
  R юриспруденция *f*, наука *f* о праве, юридические науки *pl*

158 rechtzeitig *adv*
  E in due time/course
  F en temps utile, dans le délai prévu
  S en tiempo hábil, a tiempo, en el plazo fijado
  R своевременно, в срок, вовремя

159 Rechtzeitigkeit *f*; über die ~ der Zahlung entscheiden
  E judge on whether the payment has been effected in due time
  F déterminer si le payement est intervenu à temps
  S decidir si el pago fue efectuado a tiempo
  R решать о своевременности уплаты

160 Redaktion *f* (*Tätigkeit*)
  E wording, drafting, draft
  F rédaction *f*
  S redacción *f*, formulación *f*
  R редактирование *n*

161 (Redaktion) (*Kollektiv*)
  E editorial staff
  F rédaction
  S redacción
  R редакция *f*

162 (Redaktion) ~ der Unterlagen (*redaktionelle Überarbeitung*)
  E amendment/revision of the papers
  F correction *f* de la rédaction des pièces
  S corrección *f* de la redacción de los documentos
  R редакция/правка *f* материала

163 Redewendung *f*; juristische ~ → Rechtsausdruck

164 redigieren
  E edit
  F rédiger
  S redactar
  R издавать/издать, редактировать/отредактировать

165 redlich; ~e Verkehrsgepflogenheiten des Landes
  E the bona fide practices of the trade of the country

F les habitudes *f/pl* loyales du commerce du pays
S las costumbres *f/pl* honradas del comercio del país
R честные обычаи страны в торговых делах

166 Referent *m*
E reporter expert, referee
F rapporteur *m*, référendaire *m*
S ponente *m*, relator *m*
R референт *m*

167 Referenz *f*
E reference
F référence *f*
S referencia *f*
R ссылка *f*

168 Regel *f*
E rule
F règle *f*
S regla *f*
R правило *n*

169 Regelfall *m*
E ordinary case
F cas *m* ordinaire
S caso *m* ordinario
R общий случай *m*

170 (Regelfall); im ~
E ordinarily
F ordinairement, en règle
S ordinariamente, en caso ordinario
R обычно, как правило

171 regelmäßig *adj*
E regular
F régulier
S regular
R правильный

172 Regelung *f*
E regulation, arrangement
F règlement *m*
S reglamentación *f*
R регламентирование *n*

173 (Regelung); auf Grund der ~ nach Absatz 2
E based on the arrangement under paragraph (2)
F en vertu du paragraphe (2)
S en virtud del párrafo (2)
R на основе положений абзаца (2)

174 Regierung *f*
E government
F gouvernement *m*
S gobierno *m*
R правительство *n*

175 Regierungsbeamte *m*
E civil servant, government official *US*
F fonctionnaire gouvernemental
S funcionario *m* de gobierno
R государственный служащий *m*

176 Regierungsrat *m BRD (im Patentamt)*
E lower officer of the patent office
F fonctionnaire *m* subalterne de l'office de brevets
S funcionario *m* subalterno de la oficina de patentes
R правительственный советник *m*

177 regional
E regional, regionary
F régional
S regional, local
R районный, областной

178 Register *n; ~* **der durch Verkauf oder Lizenzgabe zugänglichen Patente** *US*
E register of patents available for licensing or sale
F registre *m* des brevets offerts à la vente ou la cession de licence

S registro *m* de patentes accesibles por la venta o la concesión de licencia
R список *m* патентов, предлагаемых к продаже или лицензированию

179 registrieren
E register
F enregistrer
S registrar
R регистрировать/зарегистрировать

180 Registrierung *f*
E registration
F enregistrement *m*
S registro *m*
R регистрация *f*

**181 (Registrierung); ältere ~ →
(Eintragung); …**

182 (Registrierung); internationale ~
Wr
E international registration
F enregistrement international
S registro internacional
R международная регистрация

183 (Registrierung); vorhergehende ~
E previous registration
F enregistrement précédent
S registro precedente
R предшествующая регистрация

184 Registrierungsgesuch *n*
E application for registration
F demande *f* d'enregistrement
S petición *f* de registro
R заявка *f* на регистрацию

**185 (Registrierungsgesuch); die im ~
enthaltenen Angaben**
E the particulars contained in the application for registration

F les indications contenues dans la demande d'enregistrement
S las indicaciones que figuran en la petición de registro
R данные *n/pl*, содержащиеся в заявке на регистрацию

186 Registrierungsnummer *f* → *auch*
Aktenzeichen
E registration number
F numéro *m* d'enregistrement
S número *m* de registro
R номер *m* регистрации

187 (Registrierungsnummer); nationale ~
E national registration number
F numéro d'enregistrement national
S número de registro nacional
R номер национальной регистрации

188 Reichsgericht *n hist (Dtschld. vor
1945)*
E Supreme Court of the German Empire
F Cour. *f* suprême de l'Empire allemand
S Tribunal *m* Supremo de Justicia del Imperio Alemán
R Имперский суд *m* Германии

189 Reichspatent *n;* **Deutsches ~** *hist*
E German patent
F brevet *m* allemand
S patente *f* alemana
R германский государственный патент *m*

190 Reihe *f;* **eine ~ von Patenten auf
eine Erfindung** → *auch* **Patentfamilie**
E a series of patents on one invention
F une série de brevets pour une invention

S un serie de patentes para una invención
R патенты, выданные на одно и то же изобретение

191 (Reihe); die Eingänge werden der ~ nach bearbeitet
E the entries are worked up by turns
F les dépôts arrivés seront réglés successivement
S los depósitos llegados serán despachados sucesivamente
R поступившие дела будут рассмотрены в порядке очереди

192 Reihenfolge *f;* **~ der Ansprüche**
E succession of the claims
F suite *f* des revendications
S sucesión *f* de las reivindicaciones
R последовательность *f* пунктов формулы

193 (Reihenfolge); in der ~ der obigen Aufzählung
E following the order of arrangement set out above
F dans l'ordre de l'énumération ci-dessus
S en orden de la enumeración arriba mencionada
R в вышеуказанной последовательности

194 Reinertrag *m;* **der jährliche ~ an Gebühren**
E the net annual proceeds from fees
F le produit net annuel des taxes
S el producto neto anual de los derechos
R чистый годовой доход от поступления пошлин

195 Reinschrift *f*
E fair copy
F mise/copie *f* au net
S ejemplar *m*/copia *f* en limpio
R чистовой экземпляр *m*, чистовик *m*

196 reissue *f US auch* **erneute Erteilung/Neuauflage eines Patents** *(für die Dauer des ursprünglichen Patents)*
E reissue (of a patent)
F nouvelle délivrance *f* (d'un brevet)
S concesión *f* nueva (de una patente), la patente concedida en vez de la patente original
R замена *f* патента *(его исправление в рамках первоначального сообщения изобретения путём новой выдачи)*

197 Reklame *f Ww*
E advertising, advertisement
F réclame *f*
S reclamo *m*, publicidad *f*, *auch* reclame *f LA*
R реклама *f*

198 Reklamebeilage *f Ww*
E advertising folder
F supplément *m* de réclame
S suplemento *m* de anuncios
R рекламное приложение *n*

199 Reklamegegenstand *m Ww*
E advertising article
F article *m* de réclame
S artículo *m* de reclamo
R рекламное изделие *n*

200 reklametreibend; die ~e Firma *Ww*
E the firm that is advertising
F la maison laquelle fait de réclame

S la casa que ejerce reclamo
R рекламная фирма *f*

201 Reproduktion *f*
E copy, reproduction
F copie *f*, reproduction *f*
S copia *f*, reproducción *f*
R воспроизведение *n*, копия *f*

202 Reproduktionsrecht *n*
E right to copy, copyright
F droit *m* de multiplication
S derecho *m* de reproducción
R право *n* на воспроизведение

203 Republik *f*
E republic
F république *f*
S república *f*
R республика *f*

204 Restbetrag *m*
E balance outstanding
F solde *m*
S atrasos *m/pl*
R недоимка *f*

**205 (Restbetrag); der ~ einer Gebühr
wird eingefordert**
E the whole of the balance outstanding   fee   shall   be
demanded
F le paiement du solde entier
d'une taxe sera réclamé
S el pago de los atrasos enteros
de una tasa será reclamado
R будут взысканы все недоимки по пошлинам

206 Restgrundbetrag *m*
E balance of the basic fee
F solde *m* d'émolument de base
S saldo *m* de la cuota básica
R остаток *m* суммы основной
пошлины

207 revidieren; eine Übereinkunft ~
E revise a convention
F réviser une convention

S revisar un convenio
R пересмотреть конвенцию

208 Revision *f*; **periodische ~**
E periodical revision
F révision *f* périodique
S revisión *f* periódica
R периодический пересмотр *m*

209 revisionsfähig
E appealable, liable to appeal
GB
F susceptible d'appel
S susceptible de apelación, ape-
lable
R подлежащий обжалованию

**210 (revisionsfähig); der Bescheid ist
nicht ~**
E the decision is not appealable
F la décision n'est pas sus-
ceptible d'appel
S la decisión no es apelable
R решение не подлежит обжа-
лованию

211 Revisionsinstanz *f*
E appeal instance
F instance *f* en révision
S instancia *f* que entiende en el
recurso de casación
R ревизионная/кассационная
инстанция *f*

212 Revisionskonferenz *f*
E Diplomatic Conference of revision
F Conférence *f* diplomatique de
révision
S Conferencia *f* Diplomática de
revisión
R Дипломатическая конфе-
ренция *f* по пересмотру

213 richten *(adressieren)*
E direct, address
F diriger, adresser
S dirigir, adresar

R направлять/направить, адресовать

14 (richten) *(urteilen)*
E judge
F juger
S juzgar, sentenciar
R судить, выносить решение/приговор

15 (richten); der Vorschlag ist an das Internationale Büro zu ~
E the proposal must be notified to the International Bureau
F la proposition doit être adressée au Bureau International
S la propuesta debe ser dirigida a la Oficina Internacional
R предложение *n* должно направляться в Международное бюро

16 Richter *m*
E judge
F juge *m*
S juez *m*
R судья *m*

17 (Richter); abgeordneter ~
E temporarily delegated judge
F juge délégué
S juez delegado
R делегированный судья

18 (Richter); mit der Beweiserhebung beauftragter ~
E judge commissioned to take evidence
F juge mandaté, chargé de l'administration des preuves
S juez mandatario encargado de la administración de pruebas
R судья, проводящий обеспечение доказательств

19 (Richter); ~ kraft Auftrags
E judge employed on temporary appointment

F juge extraordinaire
S juez extraordinario
R чрезвычайный судья

220 Richteramt *n*
E judicial office
F fonction *f* judiciaire/de juge
S judicatura *f*
R судебная должность *f*

221 (Richteramt); Ausübung des ~s
E exercise of judicial office
F exercice *m* de la fonction judiciaire/de juge
S ejercicio *m* de la judicatura
R исполнение *n* судебной должности

222 (Richteramt); Befähigung zum ~
E qualification required for judicial office
F capacités *f/pl* d'exercer des fonctions judiciaires
S calificación *f* de ejercer una judicatura, capacidad *f* requerida para ejercer la función del juez
R пригодность *f* к замещению судебной должности

223 Richtergesetz *n;* **Deutsches ~** *BRD*
E German Law relating to Judges
F Statut *m* de la magistrature d'Allemagne
S Estatuto *m* Alemán sobre los Jueces
R Закон *m* о судьях ФРГ

224 richterlich
E judiciary
F judiciaire
S judicial
R судебный

225 Richtigkeit *f*
E correctness, justness

21*

F exactitude *f*, justesse *f*
S exactitud *f*
R правильность *f*

226 (Richtigkeit); ~ einer Behauptung
E correctness/justness of an allegation
F exactitude/justesse d'une allégation
S exactitud de una alegación
R правильность утверждения

227 Richtigstellung *f*; **~ von Schreibfehlern**
E correction of clerical errors
F rectification *f* des erreurs d'écriture
S rectificación *f* de los errores de escritura
R исправление *n* описок

228 Richtlinien *f/pl*
E directives, guidelines
F directives *f/pl*
S instrucciones *f/pl*, directivas *f/pl*
R директивы *f/pl*, инструкция *f*

229 (Richtlinien); ~ für die Prüfung von Patentanmeldungen *BRD*
E Manual for the Handling of Patent Applications *US*
F Directives concernant/sur l'examen des demandes de brevet
S Directivas para el examen de solicitudes de patente
R Инструкция о проведении экспертизы заявок на патенты

230 (Richtlinien); die Durchführung der Recherche in die ~ einbeziehen
E incorporate the accomplishment of the search into the rules/instructions
F incorporer l'accomplissement de la recherche dans les instructions
S incorporar la ejecución de la búsqueda en el reglamento/en las instrucciones
R включать в инструкцию проведение поиска

231 (Richtlinien); die ~ sind zum Teil überholt
E the guidelines are partially out-of-date/outdated
F les directives sont partiellement désuètes
S las directivas quedan caducas parcialmente
R инструкция является частично устаревшей

232 Rolle *f* (*Register*) *BRD*
E register
F registre *m*
S registro *m*
R реестр *m*

233 (Rolle); das Patentamt führt eine ~
E the patent office maintains a register
F l'office de brevets tient un registre
S la oficina de patentes lleva un registro
R патентное ведомство ведёт реестр

234 Rubrum *n* → **(Vermerk); ...**

235 Rückgabetermin *m* (*von Schriftstücken*)
E term for return (*of papers*)
F délai *m* à retourner (*des pièces*)
S plazo *m* para volver (*escritos*)
R срок *m* возврата (*документов*)

236 Rücknahme *f* → **Zurücknahme**

237 Rücknahmeerklärung *f*
E declaration of withdrawal
F déclaration *f* de retrait
S declaración *f* de retiración
R заявление *n* о взятии обратно/об отзыве заявки

238 Rücktritt *m*
E withdrawal, retreat, resignation
F abandon *m*, retraite *f*
S dimisión *f*, abandono *m*, retirada *f*
R отказ *m*, отступление *n*, отставка *f*

239 Rücktrittserklärung *f*
E declaration of withdrawal/resignation
F déclaration *f* de retraite/d'abandon
S declaración *f* de dimisión/retirada/abandono
R заявление *n* об отказе

240 Rücktrittsrecht *n*
E right of withdrawal
F droit *m* à la retraite
S derecho *m* a la retirada
R право *n* на отказ

241 rückwirkend
E retroactive
F rétroactif
S retroactivo
R имеющий обратную силу

242 (rückwirkend); ~e Kraft einer Rechtsbeschränkung
E retroactive effect of the limitation of a right
F effet rétroactif de la limitation d'un droit
S efecto retroactivo de una limitación de derecho
R обратная сила ограничения права

243 Rückzahlung *f;* ~ **von Gebühren**
E repayment of fees
F remboursement *m* des taxes
S reembolso *m* de tasas
R возврат *m* пошлин

244 Rückziehung *f* → **Zurückziehung**

245 Ruf *m*
E fame
F célébrité *f*
S celebridad *f*
R репутация *f*

246 (Ruf); von schlechtem ~
E disreputable
F malfamé, de mauvaise réputation
S de mala fama, de mala reputación
R пользующийся дурной репутацией

247 rügen; vom Prüfer gerügte Mängel → *auch* (Beanstandung); . . .
E deficiencies censured/criticized by the examiner
F défauts *m/pl* censurés par l'examinateur
S defectos *m/pl* censurados por el examinador
R недостатки *m/pl*, отмеченные экспертом

248 Rundschreiben *n auch* **Zirkular**
E circular (letter)
F circulaire *f*, lettre *f* circulaire
S carta/nota *f* circular, circular *m*
R циркуляр *m*, циркулярное письмо *n*

S

1 Saatgut *n Ss*
E sowing seed, seed
F semence *f*
S simiente *f*
R семенной материал *m*, семена *n/pl*

2 Saatgutgesetz *n Ss*
E Seeds Act
F Loi *f* sur les semences
S Ley *f* sobre las Simientes
R Закон *m* о семенном материале

3 Sachantrag *m*
E motion pertaining to the matter
F conclusion *f* en matière de procés
S petición *f* en cuanto al fondo del litigio
R предложение *n* по существу дела

4 Sachbearbeiter *m*
E referee, official in charge
F fonctionnaire *m* en charge, rapporteur *m*
S funcionario *m* encargado del asunto, ponente *m/f*
R делопроизводитель *m*, референт *m*

5 sachdienlich → tunlich

6 (sachdienlich); Anträge werde
zurückgewiesen, wenn sie nich
für ~ erachtet werden
E requests shall be rejected
they are not considered to b
apprropriate
F des requêtes seront rejetées,
elles ne sont pas estimées util
S requerimientos serán r
chasados/rehusados, si ell
no se consideran convenient
R предложения будут откло
нены, если не будут при
знаны целесообразными

7 Sache *f (Angelegenheit)*
E case; matter, affair
F cause *f*, affaire *f*
S causa *f*, asunto *m*
R дело *n*

8 (Sache) *(Ding)*
E thing
F chose *f*
S cosa *f*
R вещь *f*

9 (Sache); hinterlegte ~
E deposit
F dépôt *m*
S depósito *m*
R депонированный (предме
документ и т. п.), депозит

10 (Sache); in ~n...
E in the case/matter of...
F concernant le procès de ...contre, au sujet de...
S tocante al asunto de...
R по делу...

11 Sachgebiet *n;* **~ der Technik**
E branch of technology, specific art
F secteur/domaine *m* spécialisé de la technique
S dominio *m* de la técnica
R отрасль *n* техники

12 sachgerecht
E proper, pertinent
F répondant aux faits, propre, pertinent
S pertinente a los hechos
R относящийся к делу

13 Sachkenntnis *f*
E material knowledge
F connaissance *f* positive/de cause/des faits
S conocimiento *m* de causa
R знание *n* предмета/дела, профессиопальные знания *n/pl*

14 Sachpatent *n*
E product patent
F brevet *m* pour un produit
S patente *f* para un producto
R патент *m* на изделие

15 Sachtitel *m (eines Buches)*
E title
F titre *m*
S título *m*
R заглавие *n*

16 Sachverhalt *m*
E facts of the case, state of affairs
F faits *m/pl,* état *m* de l'affaire/des choses
S hechos *m/pl,* cuestión *f* de hecho
R фактические обстоятельства *n/pl*

17 sachverständig
E expert, competent
F expert, compétent
S perito, experto
R экспертный, компетентный

18 Sachverständige *m/f (auf einem Gebiet der Technik)* **Pr** → *auch* **Fachmann**
E expert, person ordinarily skilled in the art
F expert *m,* homme *m* du métier
S persona *f* experta *m* en la materia, experto *m*
R специалист *m,* эксперт *m*

19 (Sachverständige) *(vor Behörden)*
E expert
F expert
S experto
R эксперт

20 Sachverständigenausschuß *m*
E committee of experts
F comité *m* d'experts
S comité *m* de expertos
R комитет *m* экспертов

21 Sachverständigengutachten *n*
E expert testimony
F expertise *f*
S dictamen *m* de peritos, informe *m* pericial
R экспертное заключение *n*

22 Sachverständigenverein *m*
E society/association of experts
F société *f*/association *f* des experts
S sociedad *f*/asociación *f* de expertos
R общество *n*/ассоциация *f* экспертов

23 Sachwalter *m (frei bestellter)*
E fiduciary, trustee, curator, executor
F avoué *m*, syndic *m*
S procurador *m*, síndico *m*, abogado *m*
R управляющий *m* делами, адвокат *m*

24 (Sachwalter) *(für Unmündige)*
E guardian, curator
F curateur *m*
S curador *m*, tutor *m*
R попечитель *m*

25 (Sachwalter) *(für Verhinderte)*
E administrator
F administrateur *m*, défenseur *m*
S administrador *m*, defensor *m*
R попечитель *m*

26 Sammelanzeige *f*
E collective notification
F notification *f* collective
S notificación *f* colectiva
R совокупное уведомление *n*

27 (Sammelanzeige); ~ aller Marken
E collective notification of all marks
F notification collective de toutes les marques
S notificación colectiva de todas las marcas
R совокупное уведомление о всех знаках

28 Sammelhinterlegung *f* → **Mengenhinterlegung**

29 Sammelstelle *f (für Kulturen von Mikroorganismen)*
E culture collection *(of micro-organisms)*
F organisme *m* détenant une collection *(de micro-organismes)*
S institución *f* guardando una colección *(de micro-organismos)*
R учреждение *n* по депонированию *(микроорганизмов)*

30 Satz *m;* **Sätze, nach denen Gebühren berechnet werden** → *auch* **Gebührensatz**
E rates *pl* according to which the fees shall be calculated
F normes *f/pl* selon lesquelles les taxes seront calculées
S normas *f/pl* conforme a las cuales serán calculadas las tasas
R нормы *f/pl*, по которым устанавливается размер уплачиваемых пошлин

31 Satzung *f*
E regulation, rule, statute
F statut *m*, règlement *m*
S estatuto *m*, reglamento *m*
R устав *m*, регламент *m*, статут *m*

32 Säumnis *f*
E delay
F retard *m*
S retraso *m*
R задержка *f*

33 (Säumnis); eine ~ entschuldigen
E explain a delay
F justifier un retard
S justificar un retraso
R оправдывать задержку

34 Schaden *m*
E damage, loss
F dommage *m*, perte *f*
S daño *m*, pérdida *f*
R вред *m*, убыток *m*, ущерб *m*

35 (Schaden); den geltend gemachten ~ → präzisieren

36 Schadenersatz *m*
E compensation (of damage), damages *pl*
F réparation *f* (du dommage), dommages-intérêts *m/pl*
S daños *m/pl* y perjuicios, resarcimiento *m* de daños y perjuicios
R возмещение *n* убытков/вреда

37 Schädigung *f* → (immateriell); …

38 Schadloshaltung *f* → **Entschädigung**

39 schaffen
E create
F créer
S crear
R создавать/создать

40 (schaffen); die durch Artikel 3 geschaffene Befugnis
E the power under Article 3
F la faculté ouverte par l'Article 3
S la facultad otorgada en virtud del Artículo 3
R предусматриваемое статьёй 3 право

41 Schätzung *f;* ~ **des Wertes einer Erfindung**
E estimate of the value of an invention
F estimation *f* de la valeur d'une invention
S estimación *f* del valor de una invención
R оценка *f* стоимости/ценности изобретения

42 Schau *f;* **auf amtlich anerkannten Ausstellungen zur** ~ **gestellte Erfindungen**
E inventions exhibited at officially recognized exhibitions
F inventions qui figurent aux expositions officiellement reconnues
S invenciones que figuran en las exposiciones' oficialmente reconocidas
R изобретения, экспонируемые на официально признанных выставках

43 Schausteller *m*
E exhibitor
F exhibiteur *m*, exposant *m*, exposante *f*
S expositor *m*, exponente *m/f*
R экспонент *m*

44 Schaustellung *f;* ~ **von Waren**
E display of goods/commodities
F étalage *m* des marchandises
S exposición/exhibición *f* de mercancías
R выставка *f* товаров

45 (Schaustellung); Beginn der ~
E commencement of a display
F date *f* de la mise en exposition
S fecha *f* de la exposición al público
R начало *n* экспонирования

46 Schicksal *m;* **ungeachtet des späteren** ~**s der Anmeldung**
E whatever may be the outcome of the application
F quel que soit le sort ultérieur de la demande
S cualquiera que sea la suerte posterior de la solicitud
R какова бы ни была дальнейшая судьба этой заявки

47 Schiedsgericht *n*
E court of arbitration
F tribunal *m* arbitral
S tribunal *m* de arbitraje

R третейский суд *m*, арбитраж *m*

48 Schiedsrichter *m*
E arbiter, arbitrator, umpire
F arbitre *m*, juge *m* arbitral
S árbitro *m*, juez *m* árbitro
R арбитр *m*, третейский судья *m*

49 Schiedsspruch *m*
E arbitrage, arbitration, umpirage, award
F arbitrage *m*, sentence *f* arbitrale
S bando *m*, sentencia *f* arbitral
R решение *n* третейского суда/арбитража

50 Schiedsstelle *f*
E board of arbitration, arbitral authority
F organe *m* d'arbitrage, autorité *f* d'arbitrage
S órgano *m* de arbitraje, autoridad *f* de arbitraje
R арбитражный орган *m*, арбитраж *m*

51 Schiedsverfahren *n*
E arbitration (procedure)
F procédure *f* arbitrale
S procedimiento *m* arbitral
R арбитраж *m*, процедура *f* арбитража

52 Schiedsvertrag *m*
E treaty of arbitration, arbitration
F traité *m* d'arbitrage
S tratado *m* de arbitraje
R договор *m* об арбитраже

53 schlichten → (Streit); ...

54 Schlichtungsstelle *f*
E conciliation/arbitration board
F organe/comité *m* conciliatoire/de conciliation

S órgano/comité *m* de conciliación
R арбитражная комиссия *f*

55 schließen; einen Vertrag ~ → **(abschließen);** ...

56 Schlußabschnitt *m*
E closing paragraph
F paragraphe *m* final
S artículo/párrafo *m* final
R заключительная статья/часть *f*

57 Schlußbestimmung *f*
E final provision
F disposition *f* finale
S disposición *f* final
R заключительное положение *n*

58 Schlußvorschrift *f* → **Schlußbestimmung**

59 Schnittblume *f* Ss
E cut flower
F fleur *f* coupée
S flor *f* cortada
R срезанный цветок *m*

60 Schonfrist *f*
E preclusive period/term
F délai *m* de défense/faveur
S plazo *m* de defensa
R льготный срок *m*

61 schöpferisch → (Leistung); ...

62 Schranke *f*; **gesetzliche** ~
E statutory bar
F limite *f* légale
S límite *m* legal
R законное ограничение *n*

63 (Schranke); vor die ~**n des Gerichts zitieren**
E summon before the bar of the court
F citer devant la barre du tribunal

S citar al juzgado/ante el tribunal
R вызвать в суд

64 Schreibfehler *m*
E clerical error
F erreur/faute *f* d'écriture
S error *m*/falta *f* de escritura
R описка *f*

65 Schriftform *f*; **besondere** ~
E special drawing
F graphisme *m* spécial
S grafismo *m* especial
R специальное графическое написание *n*

66 Schriftführer *m*
E keeper of the minutes
F rédacteur *m* du procès-verbal, secrétaire *m*
S secretario *m*, persona *f* que levanta acta
R лицо *n*, ведущее протокол; секретарь *m*

67 schriftlich
E in writing
F par écrit
S por escrito
R в письменном виде

68 (schriftlich); alle Geschäfte mit dem Patentamt sind ~ zu erledigen *US*
E all business with the Patent Office should be transacted in writing
F toutes les affaires avec l'Office des brevets seront arrangées en écriture/par écrit
S todos los asuntos con la Oficina de Patentes deben ser arreglados por escrito
R все дела должны быть представлены в Патентное ведомство в письменном виде

69 Schriftsatz *m*
E written statement, memorandum
F mémoire *m*
S pieza *f*, acta *f*, memorandum *m*
R документ *m*, процессуальный документ

70 (Schriftsatz); vorbereitender ~
E preliminary written statement
F mémoire préparatoire
S pieza preparatoria
R подготовительный акт *m*

71 Schriftwechsel *m*
E correspondence, exchange of letters
F correspondance *f*, échange *m* d'écrits
S correspondencia *f*
R переписка *f*, корреспонденция *f*

72 Schuld *f* (*Verpflichtung*)
E debt, obligation
F dette *f*
S deuda *f*
R долг *m*

73 (Schuld) (*culpa*)
E fault, guilt
F faute *f*, culpabilité *f*
S culpa *f*, culpabilidad *f*
R вина *f*, виновность *f*

74 schuldig
E *adj* guilty, culpable; *adv* culpably
F *adj* coupable; *adv* coupablement
S *adj* culpable; *adv* culpablemente
R *adj* преступный, виновный; *adv* преступно

75 (schuldig); sich ~ **bekennen**
E plead guilty
F s'avouer coupable

    S declararse culpable
    R признавать себя виновным

76 Schutz *m*
    E protection
    F protection *f*
    S protección *f*
    R охрана *f*, защита *f*

77 (Schutz); beanspruchter ~ →
    (festlegen); ...

78 (Schutz); einstweiliger ~
    E provisional protection
    F protection provisoire
    S protección provisional
    R временная охрана

79 (Schutz); gesetzlicher ~
    E legal protection
    F protection légale
    S protección legal
    R законная охрана

80 (Schutz); ~ des gewerblichen
    Eigentums
    E protection of industrial property
    F protection de la propriété industrielle
    S protección de la propiedad industrial
    R охрана промышленной собственности

81 (Schutz); zeitweiliger ~
    E temporary protection
    F protection temporaire
    S protección temporal
    R временная охрана

82 (Schutz); unter ~ stellen *bzw.*
    stellen lassen
    E allow/claim the benefit of protection
    F accorder/revendiquer le bénéfice de protection
    S otorgar/reivindicar el beneficio de la protección

    R предоставлять охрану, ходатайствовать о предоставлении охраны

83 (Schutz); unumschränkt unter ~
    stellen
    E place wholly under protection
    F placer, d'une façon absolue, sous protection
    S colocar, de una manera absoluta, bajo protección
    R поставить в полном объёме под охрану

84 (Schutz); den der Marke gewährten ~ schmälern
    E diminish the protection granted to the trademark
    F diminuer la protection accordée à la marque
    S disminuir la protección concedida a la marca
    R ограничивать охрану, предоставленную знаку

85 Schutzanspruch *m*
    E claim for protection
    F revendication *f* de protection
    S reivindicación *f* de la protección
    R притязание *n* на охрану

86 Schutzbegehren *n*
    E statement on the protection claimed
    F déclaration *f* sur la protection demandée
    S declaración *f* sobre la protección solicitada
    R заявление *n* об испрашиваемой охране

87 Schutzbereich *m* *EU* →
    Schutzumfang

88 Schutzdauer *f*
    E duration/period of protection
    F durée *f* de protection

S duración *f* de la protección
R срок *m* правовой охраны/действия патента

89 (Schutzdauer); Verlängerung der ~ → Verlängerung

90 schützen
E protect
F protéger
S proteger
R охранять

91 (schützen); → *auch* geschützt

92 schutzfähig
E eligible for protection, capable of being protected
F susceptible de protection
S susceptible de protección
R могущий быть предметом охраны, охраняемый

93 Schutzfähigkeit *f*; die ~ einer Marke würdigen → würdigen

94 (Schutzfähigkeit); selbständige ~ eines Unteranspruchs ist im Bescheid eigens zu erwähnen
E independent patentability of a subclaim shall be mentioned expressly in the notice
F la brevetabilité indépendante d'une sous-revendication sera ‑mentionnée tout exprès dans la notification
S la patentabilidad independente de una subreivindicación será mencionada expresamente en la notificación
R о самостоятельной охраноспособности дополнительного пункта формулы должно быть упомянуто в решении

95 Schutzfrist *f*
E period of protection
F période *f* de protection

S período *m* de protección
R период *m* охраны

96 (Schutzfrist); erste ~
E first period of protection
F première période de protection
S primer período de protección
R первый период охраны

97 Schutzmarke *f* → Warenzeichen

98 Schutzrecht *n*
E protective right
F droit *m* protectif
S derecho *m* de protección
R право *n* охраны

99 (Schutzrecht); kollidierende ~e
E interfering protective rights
F droits de protection étant en collision
S derechos de protección que están en colisión
R коллидирующие права охраны

100 Schutzrechtanmeldung *f*
E application for a protective right
F demande *f* d'un droit protectif
S solicitud *f* de un derecho de protección
R ходатайство *n* о предоставлении правовой охраны

101 Schutzrechtskomplex *m* → *auch* Gesamtgestaltung
E complex of protective rights
F complexe *m* des droits protectifs
S complejo *m*/complexo *m* de derechos de protección
R комплекс *m* правовой охраны

102 Schutzrechtübertragung *f*
E assignment of a protective right

F cession *f* d'un droit protectif
S cesión *f* de un derecho de protección
R передача *f* охранных прав

103 Schutzumfang *m auch* **Schutzbereich** *EU*

E extent *EU*/scope *PCT* of protection
F étendue *f EU*/portée *f PCT* de la protection
S alcance *m*/esfera *f* de la protección
R объём *m*/сфера *f* охраны

104 (Schutzumfang); Beurteilung des ~s der Marke

E judgement on the extent of protection of the trademark
F appréciation *f* de l'étendue de la protection de la marque
S apreciación *f* del alcance de la protección de la marca
R определение объёма охраны знака

105 Schutzverweigerung *f*

E refusal of protection
F refus *m* de protection
S denegación *f* de protección
R отказ *m* в предоставлении охраны

106 Schutzverweigerungserklärung *f*

E declaration of refusal of protection
F déclaration *f* de refus de protection
S declaración *f* denegatoria de protección
R уведомление об отказе в предоставлении охраны

107 (Schutzverweigerungserklärung); in dieser Weise mitgeteilte ~

E declaration of refusal so notified

F déclaration de refus ainsi notifiée
S declaración negativa así notificada
R сообщённый таким образом отказ от предоставления охраны

108 Schutzvoraussetzungen *f/pl DDR Pr*

E requirements for patent protection
F termes *m/pl* de brevetabilité
S condiciones *f/pl* de patentabilidad
R предпосылки *f/pl* охраноспособности (патентоспособности)

109 schutzwürdig

E worthy of protection
F digne de protection
S digno de protección
R охраноспособный

110 schwebend

E pending
F pendant
S pendiente
R неразрешённый, нерассмотренный

111 (schwebend) → **Anmeldung; ...**
112 Schwebezustand *m;* **während des ~es der Anmeldung**

E during the pendency of the application
F durant l'état de souffrance de la demande
S hasta que la solicitud está en trámite
R пока заявка не рассмотрена

113 Schweigepflicht *f*

E duty of secrecy

F obligation *f* du secret
S obligación *f* de mantener secreto
R обязанность *f* неразглашения

114 (Schweigepflicht); berufliche ~
E professional discretion
F obligation *f* professionnelle du secret
S obligación *f* profesional de mantener secreto
R профессиональная обязанность неразглашения

115 Schweizerische Eidgenossenschaft *f*
E Swiss Confederation
F Confédération *f* helvétique
S Confederación *f* Helvética
R Швейцарская Конфедерация *f*

116 schwören
E swear
F jurer
S jurar
R клясться, присягать/присягнуть

117 Schwur *m* → Eid
118 Seite *f* (*Papier*)
E page
F page *f*
S página *f*
R страница *f*

119 (Seite) (*Partei*)
E side, party
F côté *m*, partie *f*
S lado *m*, parte *f*
R сторона *f*

120 (Seite); ~ 4 der Beschreibung
E the fourth page of the description
F la quatrième page de la description
S la cuarta página de la descripción/Memoria descriptiva
R четвёртая страница описания

121 selbständig
E independent
F indépendant
S independiente
R независимый, самостоятельный

122 Selbstkosten *pl*
E prime/manufacturing/first costs
F prix *m* de revient
S precio *m* de coste/costo
R себестоимость *f*

123 Selbstverständlichkeiten *f/pl* im Patentanspruch
E obvious features *pl* specified in claims
F caractéristiques *f/pl* évidentes indiquées dans les revendications
S características *f/pl* evidentes indicadas en las reivindicaciones
R очевидные признаки *m/pl*, указанные в пунктах формулы

124 Senat *m* (*Kammer eines Gerichts*)
E chamber, division
F chambre *f*
S Sala *f S;* cámara *f Arg*
R палата *f*, коллегия *f*, сенат *m*

125 (Senat); der Große ~ des Patentamts *BRD, Ö*
E Grand Senate of the Patent Office
F Grande Chambre de l'Office des brevets
S Sala Grande de la Oficina de Patentes

R Большой сенат/Большая коллегия Патентного ведомства

126 Senatspräsident *m*
E president of the chamber
F président *m* de la chambre
S presidente *m* de la sala
R председатель *m* сената

127 Senatsrat *m BRD*
E member of the Court of Appeal
F juge *m* de la Cour d'appel
S miembro *m* del Tribunal de Apelación
R член *m* апелляционного суда

128 Serie *f*
E series
F série *f*
S serie *f*
R серия *f*

129 (Serie); die erste Marke jeder ~
E the first mark of each series
F la première marque de chaque série
S la primera marca de cada serie
R первый знак каждой серии

130 Sicherheit *f*
E security
F garantie *f*, sécurité *f*
S fianza *f*, garantia *f*, seguridad *f*
R гарантия *f*

131 (Sicherheit) → *auch* **Bürgschaft, Kaution**

132 Sicherheitsleistung *f*
E furnishing of security
F dépôt *m* d'une caution
S prestación *f* de fianza/caución
R предоставление *n* гарантии

133 Sicherheitspatent *n auch* **Sicherstellung der Priorität** → **(Patent); ...**

134 Siegel *n*
E seal
F sceau *m*
S sello *m*
R печать *f*

135 Sinn *m*
E meaning
F sens *m*
S sentido *m*
R смысл *m*

136 (Sinn); im ~e des Absatzes 2
E within the meaning of paragraph (2)
F au sens de l'alinéa (2)
S en el sentido del párrafo (2)
R в смысле абзаца (2)

137 sinngemäß → **(anwenden); ...**

138 sinngetreu → **(Übersetzung); ...**

139 Sitte *f;* **gegen die guten ~n verstoßen**
E be contrary to morality, offend morality
F être contraire à/offenser la moralité
S ser contrario a la moral, faltar a/atentar contra las buenas costumbres
R противоречить морали

140 (Sitte); den guten ~n zuwiderlaufend
E contrary to morality
F contraire aux bonnes mœurs/à la moralité
S contrario a la moral/las buenas costumbres
R противоречащий нравственности

141 sittenwidrig → *auch* **(Sitte); ...**
E immoral, offending against morals
F immoral
S inmoral, contrario a la moral

R безнравственный, противоречащий морали

142 Sittlichkeit *f;* **Gefährdung der ~**
E endangering of morality
F péril *m* à la moralité
S peligro *m* a la moralidad
R угроза нравственности

143 Sitz *m (Residenz)*
E seat
F siège *m*
S sede *f,* residencia *f*
R местопребывание *n,* место-
нахождение *n*

144 (Sitz); ~ der WIPO
E headquarters of WIPO
F siège de l'OMPI
S sede de la OMPI
R штаб-квартира *f* ВОИСа

145 Sitzung *f*
E session, meeting
F séance *f*
S reunión *f,* sesión *f*
R заседание *n*

146 Sitzungen *pl (eines Senats)*
E sessions *pl*
F cours *m* des audiences
S sesiones *f/pl*
R заседания *n/pl*

147 Sitzungsperiode *f*
E term
F session *f*
S sesión *f*
R сессия *f*

148 (Sitzungsperiode); ~ des Gerichts
E term of court
F session de la cour
S sesión del tribunal
R сессия суда

149 Sitzungspolizei *f;* **Anordnungen
über die ~**
E provisions relating to the
maintenance of order in court

F prescriptions *f/pl* relatives à la
police de l'audience
S reglamento sobre la policía de
la audiencia
R положения *n/pl* о поддержании порядка заседаний суда

150 Sitzungsprotokoll *n*
E minutes *pl* of the session
F procès-verbal *m* de l'audience
S acta *f* de la sesión
R протокол *m* заседания

151 sklavisch → (Nachahmung); ...
152 so wie es ist *Wr* **→ (geschützt); ...**
153 Software *f Ct auch* **Systemunterlagen**
E software
F périgramme *m,* programmerie
f, software *m*
S ayudas *f/pl* para la progra-
mación, software *m*
R математическое / про-
граммное обеспечение *n*
(ЭВМ)

154 sogenannt → (Erfinder); ...
155 Sonderabkommen *n → auch* **(Ab-
kommen); ...**
E special arrangement
F arrangement *m* spécial
S arreglo *m* particular
R специальное соглашение *n*

**156 (Sonderabkommen); die dem ~
beigetretenen Länder**
E the countries of the restricted/
special Union
F les pays de l'Union restreinte/
particulière
S los países de la Unión restrin-
gida/particular
R страны-участницы Союза
специального соглашения

157 Sonderbericht *m*
E special report

F rapport *m* spécial/particulier
S informe *m* especial/particu-
lar
R специальное / особое сообщение *n*

158 Sondernachlaß *m*
E special discount
F rabais *m* spécial
S rebaja *f* especial
R специальная скидка *f*

159 Sonderpreis *m*
E special price
F prix *m* spécial
S precio *m* especial
R особая цена *f*

160 Sorgfalt *f* *(Emsigkeit, Streb-*
samkeit)
E diligence
F diligence *f;* soin *m*
S diligencia *f*
R усердие *n;* заботливость *f*

161 (Sorgfalt) *(Achtsamkeit, Vor-*
sicht)
E care
F précaution *f*
S cuidado *m*
R осторожность *f;* заботли-
вость *f*

162 (Sorgfalt); gewöhnliche/notwen-
dige/übliche ~ **Zr, Hr**
E ordinary/proper care, due care
and caution, due diligence
F précaution nécessaire, due diligence, tout le soin requis
S cuidado necesario
R обычная/средняя осторожность; требуемая заботли-
вость

163 (Sorgfalt); die vernunftmäßig er-
forderliche/gebotene ~ **des Er-**
finders wird in Betracht gezo-
gen *US Pr*

E the reasonable diligence of the
inventor shall be considered
F la diligence requise de l'inventeur sera considérée
S hay que tomar en consideración la diligencia requerida/
debida del inventor
R следует учитывать должное
усердие изобретателя

164 Sorte *f Ss*
E variety, plant variety
F variété *f,* obtention *f* (végétale)
S variedad *f,* obtención *f* (vege-
tal)
R сорт *m* (растений)

165 Sortenbezeichnung *f Ss*
E name/denomination of a plant
variety
F dénomination *f* d'une variété
végétale
S denominación *f* de una
variedad vegetativa
R обозначение *n* сорта

166 Sortenliste *f Ss* → **Sortenverzeich-**
nis

167 Sortenschutz *m Ss*
E variety protection, plant variety protection
F protection *f* des variétés/ob-
tentions végétales
S protección *f* de las obtenciones
vegetales
R охрана *f* новых сортов
растений

168 Sortenschutzgesetz *n Ss*
E Plant Variety Act
F loi *f* sur la protection des
variétés/obtentions végétales
S Ley *f* sobre la Protección de las
Obtenciones Vegetales
R закон *m* об охране новых
сортов растений

169 Sortenschutzrecht *n Ss* → **Züchterrecht**

170 Sortenschutzrolle *f Ss*
E plant variety protection register
F registre *m* de variétés/obtentions végétales protégées
S registro *m* de variedades/obtenciones vegetativas so protección
R реестр *m* охраняемых новых сортов растений

171 Sortenverzeichnis *n Ss*
E plant variety catalogue
F liste *f* des variétés
S lista *f* de las variedades/obtenciones
R список *m*/лист *m* сортов растений

172 (Sortenverzeichnis); besonderes ~ *Ss*
E special plant variety catalogue
F liste spéciale des variétés
S lista especial de las variedades/obtenciones
R специальный список / лист сортов растений

173 Souveränität *f* → **Staatshoheit**

174 Sozialminister *m* → **(Staatsminister); ...**

175 Spalte *f*
E column
F colonne *f*
S columna *f*
R колонна *f*

176 später → **(Anmeldung); ...**

177 Sperrpatent *n*
E blocking patent
F brevet *m* de blocage
S patente *f* de bloqueo
R блокирующий патент *m*

178 Spezialgebiet *n;* **~ der Technik**
E special branch of technology
F secteur *m* spécial de la technique
S sector *m* especial de la técnica
R отрасль *f* техники

179 Spezialpatent *n;* **~ für Medikamente** *F*
E special medicine patent
F brevet *m* spécial de médicament
S patente *f* especial de medicamentos
R специальный медицинский патент *m*

180 Spitzenorganisation *f*
E top organization
F association *f* générale/centrale
S asociación *f* central
R головная организация *f*

181 (Spitzenorganisation); ~ der Arbeitgeber bzw. Arbeitnehmer
E top organization of employers or employees
F association générale/centrale des employeurs ou employés
S asociación central de empleadores o empleados
R головная организация работодателей или работников

182 Sprachgebrauch *m;* **allgemeiner ~**
E current language
F langage *m* courant/usuel
S lenguaje *m* corriente
R обиходный язык *m*

183 Sprachreinheit *f*
E purity of language
F pureté *f* de langage
S puridad *f* de lenguaje

R чистота/правильность *f* языка

184 Spruch *m R*
E decision, judgement
F décision *f*, jugement *m*
S fallo *m*, veredicto *m*
R решение *n*, (im Strafprozeß:) приговор *m*

185 Spruchpraxis *f* → **Rechtsprechung**

186 Spruchstelle *f*; ~ **für die Löschung von Warenzeichen** *DDR* → *auch im Anhang*
E board of trademark cancellation proceedings
F commission *f* de procédés en radiation de l'enregistrement des marques
S comisión *f* de procedimientos en anulación de marcas
R отдел *m* по аннулированию товарных знаков

187 (Spruchstelle); ~ **für Nichtigkeitserklärungen** *DDR*, **Nichtigkeitsabteilung** *f Ö* → *auch im Anhang*
E board of patent annulment proceedings
F commission de procédés en annulation des brevets
S comisión de procedimientos en anulación de patentes
R отдел *m* аннулирования патентов

188 (Spruchstelle); ~ **für Patentberichtigungen** *DDR* → *auch im Anhang*
E board of patent amendments
F commission de rectifications des brevets
S comisión de rectificaciones de patentes

R отдел *m* по поправкам в описаниях изобретений к патентам

189 Staat *m*; ~, **der Neuheitsprüfung vornimmt**
E state having a novelty examination
F État *m* procédant à un examen de nouveauté
S Estado *m* que práctica un examen de novedad
R государство *n*, проводящее экспертизу на новизну

190 Staatsangehörige *m/f*
E national, subject, citizen
F ressortissant *m*, sujet *m*, citoyen *m*
S nacional *m*, ciudadano *m*, súbdito *m*
R гражданин *m*

191 Staatsangehörigkeit *f* → *auch* **Nationalität**
E nationality
F nationalité *f*
S nacionalidad *f*, ciudadanía *f*
R гражданство *n*

192 Staatsanwalt *m*
E public prosecutor, prosecuting attorney *US*
F ministre *m* public
S fiscal *m*, representante *m* del Ministerio Público
R прокурор *m*, государственный прокурор

193 Staatsanwaltschaft *f*
E prosecuting authority, Public Prosecution
F ministère *m* public
S fiscalía *f*, Ministerio *m* Público
R прокуратура *f*, государственная прокуратура

194 Staatsanzeiger *m* → **Amtsblatt**

195 Staatsbeamte *m*
E government/state official
F fonctionnaire *m* (public)
S funcionario *m* del Estado/público
R государственный служащий *m*

196 Staatsflagge *f*
E state flag
F drapeau *m* d'État
S bandera *f* del Estado
R государственный флаг *m*

197 Staatsgeheimnis *n*
E state secret
F secret *m* d'État
S secreto *m* de Estado
R государственная тайна *f*

198 Staatshoheit *f auch* **Souveranität**
E state authority, sovereignty
F autorité *f* d'État, souveraineté *f*
S autoridad *f* de Estado, soberanía *f*
R суверенитет *m*, суверенная власть *f* государства

199 Staatskasse *f auch* **Fiskus**
E treasury, public/state treasury, fisc, exchequer
F caisse *f* de l'État, fisc *m*, le Trésor *m*, trésor public/de l'État
S tesoro *m* público/de Estado, fisco *m*
R государственная казна *f*

200 Staatsminister *m* → *auch* **Minister**
E state minister
F ministre *m* d'État
S ministro *m* de Estado
R государственный министр *m*, министр

201 (Staatsminister); ~ **für kulturelle Angelegenheiten**
E State Minister of Cultural Affairs
F ministre d'État chargé des Affaires culturelles
S ministro de Estado encargado de Asuntos Culturales
R министр культуры / просвещения

202 (Staatsminister); ~ **für soziale Angelegenheiten** *auch* **Sozialminister**
E State Minister of Social Affairs
F ministre d'État chargé des Affaires sociales
S ministro de Estado encargado de Asuntos Sociales
R министр социального обеспечения

203 (Staatsminister); ~ **für Wirtschaft und Finanzen** *F* → **(Minister); . . .**

204 Staatspräsident *m*
E president of state
F président *m* de l'État, Président de la République
S presidente *m* del Estado
R президент *m* государства

205 Staatsrat *m (Körperschaft)*
E council of state; Privy Council *GB*
F Conseil *m* d'État
S Consejo *m* de Estado
R Государственный совет *m*

206 (Staatsrat) *(Person)*
E councillor of state; Privy Councillor *GB*
F conseiller *m* d'État
S consejero *m* de Estado
R государственный советник *m*

207 Staatsvertrag *m*
E international agreement
F traité *m* conclu entre États
S tratado *m* internacional
R межгосударственный догово́р *m*

208 Staatswappen *n* → *auch* **Wappen**
E armorial bearings *pl* of the state
F armoiries *f/pl* de l'État
S escudo *m*/armas *f/pl* del Estado
R государственный герб *m*

209 Staffel *f;* ~ **zur degressiven Gestaltung des Lizenzsatzes**
E gradation to obtain a degressive licence rate
F échelon *m* pour obtenir un taux dégressif de redevances
S gradación *f* para obtener una norma degresiva de las rentas de licencias
R градация *f* для дегрессивной разработки лицензионного вознаграждения/роялти

210 Stamm *m (botanischer* ~ *)* **SS**
E stock
F souche *f*
S tronco *m*
R подвой *m;* штамм *m*

211 Stammanmeldung *f auch* **ursprüngliche Anmeldung**
E initial application
F demande *f* initiale
S solicitud *f* inicial
R первоначальная заявка *f*

212 Stand *m;* **der letzte** ~ **der vorhergehenden Registrierung** *Wr*
E the last form of the previous registration
F le dernier état de l'enregistrement précédent
S el último estado del registro precedente
R окончательная форма *f* предшествующей регистрации

213 (Stand); der vorige ~
E the former position/state
F l'état antérieur
S el estado anterior
R прежнее/первоначальное состояние

214 (Stand); ~ **der Technik**
E prior art
F état *m* de la technique
S estado *m* de la técnica
R известный уровень *m* техники, состояние *n* техники

215 ständig → **(Mitglied); ..., (Verkehrsgepflogenheiten); ...**

216 Standpunkt *m*
E point of view, standpoint
F point *m* de vue
S punto *m* de vista
R точка *f* зрения

217 stattfinden
E take place, happen
F avoir lieu, se faire
S tener lugar, ocurrir
R иметь место, происходить/произойти

218 (stattfinden); findet der Gebrauch patentierter Einrichtungen an Bord von Schiffen statt, ...
E if the use of patented devices takes place on board vessels
F si l'emploi des moyens brevetés a lieu à bord des navires
S si el empleo de los medios patentados tiene lugar a bordo de navíos

R если запатентованные устройства используются на борту судов

219 (stattfinden); gegen den Beschluß findet die Beschwerde statt *Pr*

E an appeal shall lie from the decision

F la décision est susceptible de recours

S la decisión es susceptible de recurso

R решение может быть обжаловано

220 (stattfinden); gegen den Beschluß findet die Erinnerung statt *Wr*

E an objection may be raised to the decision

F la décision peut donner lieu à une réclamation

S contra la decisión puede ser interpuesto un recurso

R против решения может быть представлено возражение

221 stattgeben; einem Antrag ~

E grant a request

F faire droit à une requête

S admitir una demanda/petición

R удовлетворять ходатайство

222 statthaft

E admissible

F recevable

S procedente, lícito

R допустимый

223 (statthaft); ist die Beschwerde nicht ~

E if the appeal is not admissible

F si le recours n'est pas recevable

S si el recurso no es procedente/lícito

R если обжалование не допускается...

224 Statuten *pl; Ww* **die ~ einer Vereinigung** → *auch* **Satzung**

E standing rules *pl* of a combine

F statut *m*/constitution *f* d'une entente

S estatutos/reglamentos *m/pl* de una asociación

R устав *m*/статут *m* объединения

225 Stelle *f;* **nachgeordnete ~ einer obersten Behörde**

E subordinate agency of a highest authority

F autorité *f* subordonnée à une autorité supérieure

S autoridad *f* subordinada a una autoridad más alta

R орган *m*, подчинённый высшему органу

226 (Stelle); an die ~ einer Eintragung treten

E be substituted for a registration

F être substitué à un enregistrement

S sustituir a un registro

R заменять регистрацию

227 stellen → **(Abrede);..., (Antrag);..., (Schutz);...**

228 Stellung *f;* **~ eines Antrags**

E filing of a request

F dépôt *m* d'une requête

S presentación *f* de un requerimiento

R представление *n* ходатайства

229 (Stellung); ~ des Arbeitnehmers im Betrieb

E the position of the employee in the works

F la position de l'employé dans l'usine

S la posición del empleado en la empresa
R положение *n* работника на заводе/предприятии

230 Stellungnahme *f*
E attitude, observation
F observation *f*, position *f*, attitude *f*
S observación *f*, posición *f*, actitud *f*
R позиция *f*, точка *f* зрения

231 (Stellungnahme); sachliche ~
E opinion on the merits
F position sur le fond
S actitud meritoria
R мнение *n* по существу

232 (Stellungnahme); ~n erheblicher Tragweite müssen schriftlich erfolgen
E observations being considerably important shall be given in writing
F des observations d'une portée considérable seront faites par écrit
S observaciones de importancia considerable deben ser presentadas por escrito
R существенные замечания должны быть сообщены в письменном виде

233 Stellvertreter *m* → **(Vertreter); ...**

234 Stempel *m*
E stamp, mark
F estampille *f*, marque *f*, *(Trokkenstempel)* timbre *m*
S sello *m*, estampilla *f*, *(Trokkenstempel)* timbre *m*
R печать *f*, штамп *m*, штемпель *m*, клеймо *n*

235 Stempelgebühr *f*
E stamp-duty
F droit *m* de timbre, timbre *m*
S derecho *m* de sello
R гербовый сбор *m*

236 Stempelmarke *f* → **Gebührenmarke**

237 Stenographie *f* → **Kurzschrift**

238 Steuer *f*
E duty, tax
F impôt *m*, contribution *f*
S impuesto *m*, contribución *f*
R налог *m*

239 Stichtag *m*
E fixed day, key-date
F date *f* fixée
S data *f* fija
R определённая дата *f*, день *m* поставки/уплаты

240 Stichwort *n*
E key-word, entry
F mot *m* rubrique, entrée *f*
S entrada *f*, palabra *f* de rúbrica; voz-guía *f*
R ключевое слово *n*

241 Stichwörterverzeichnis *n*
E head-word index, key-word index
F index *m* des mots rubriques
S índice *m* de palabras de rúbrica, índice *m* de las voces-guía
R указатель *m* ключевых слов; предметный указатель *m*

242 Stimme *f*; → *auch* **Ausschlag**
E vote
F voix *f*
S voto *m*
R голос *m*

243 (Stimme); ausschlaggebende ~
E casting vote
F voix prépondérante

S voto decisivo
R решающий голос

244 (Stimme); beschließende ~ haben
E have a deliberative voice
F avoir une voix délibérative
S disponer de un voto deliberativo
R иметь право решающего голоса

245 Stimmengleichheit *f*
E equality of votes
F égalité *f* (des voix)
S empate *m*/igualdad *f* de votos
R равенство *n* голосов

246 Stimmenmehrheit *f*
E majority vote
F majorité *f* (des voix)
S mayoría *f* de votos
R большинство *n* голосов

247 Stimmenwägung *f EU*
E weighting of votes
F pondération *f* des voix
S ponderación de los votos
R взвешивание *n* голосов

248 Stoff *m* (*Substanz, Wesen*)
E substance
F substance *f*
S substancia *f*
R вещество *n*

249 (Stoff) (*Material*)
E material
F matière *f*
S materia *f*
R материал *m*

250 Stoffanspruch *m*
E claim relating to a new substance, substance claim
F revendication *f* portant sur une substance nouvelle
S reivindicación *f* tocante a una nueva substancia

R пункт *m* формулы, касающийся нового вещества

251 Stoffpatent *n*
E patent for a new substance, substance patent
F brevet *m* pour/d'une substance nouvelle
S patente *f* de substancia
R патент *m* на вещество

252 Stoffschutz *m*
E substance protection
F protection *f* d'une substance
S protección *f* de una substancia
R охрана *f* вещества (*получаемого химическим путём*)

253 Strafandrohung *f*; Vorladung unter ~
E subpoena
F citation *f* à comparaître sous menace d'une peine d'amende
S emplazamiento *m*/citación *f* so pena de una multa
R вызов *m* в суд под угрозой штрафа

254 Strafe *f* (*Bestrafung*)
E punishment
F punition *f*
S castigo *m*
R наказание *n*

255 (Strafe) (*Sanktion*)
E penalty, pain
F peine *f*
S pena *f*
R наказание *n*

256 (Strafe) (*Geldstrafe, Buße*)
E fine
F amende *f*
S multa *f*
R штраф *m*

257 (Strafe); wird auf ~ erkannt, so...

E in the case of conviction...
F en cas de condamnation...
S en caso de condenación...
R если вынесен обвинительный приговор, то...

258 (Strafe); bei ~ *(bez. Geld-, Ordnungsstrafe)*
E on pain of a fine, under/on penalty
F sous peine d'amende
S so pena de multa
R под угрозой штрафа

259 Strafgesetzbuch *n*
E Penal Code
F Code *m* pénal
S Código *m* penal
R Уголовный кодекс *m*

260 Strafrecht *n*
E penal/criminal law
F droit *m* pénal/criminel
S derecho *m* penal
R уголовное право *n*

261 Strafrechtsänderungsgesetz *n*
E Act Amending the Penal Law
F loi *f* tendant à modifier le droit pénal
S ley *f* tocante a la modificación del derecho penal
R закон *m* об изменении уголовного кодекса

262 Strafverfahren *n*
E criminal proceedings
F procédure *f* pénale/criminelle
S causa *f*/juicio *m*/procedimiento *m* criminal
R уголовное судопроизводство *n*, уголовный процесс *m*

263 Strafverfolgung *f*
E criminal prosecution
F poursuite *f* pénale
S prosecución *f* criminal
R уголовное преследование *n*

264 Streichung *f* → **Löschung**

265 Streit *m*
E controversy, dispute
F différend *m*, litige *m*
S litigio *m*
R спор *m*, процесс *m*

266 (Streit); einen ~ außergerichtlich schlichten
E settle a controversy out of court
F accomoder/vider un différend/litige extrajudiciairement
S arreglar un litigio fuera del/sin el tribunal
R разрешать спор во внесудебном порядке

267 Streitfall *m;* **im ~**
E in the case of suit
F en cas d'un procès/litige
S en caso de conflicto
R в спорном случае

268 Streitgegenstand *m*
E matter at issue
F objet *m* du litige
S objeto *m* del pleito
R предмет *m* дела/процесса

269 Streitgenosse *m (bei Klageverbindung)*
E joint party
F cointéressé *m*
S litisconsorte *m*
R соучастник *m* в деле/процессе

270 streitig → *auch* **strittig**
E contentious
F contentieux
S contencioso
R спорный

271 Streitigkeit *f EU* → **Streit**

272 Streitwert *m*
E value in dispute

F valeur *f* litigieuse/du litige
S cuantía *f* litigiosa, valor *m* de la demanda
R стоимость *f* иска

273 Streitwertfestsetzung *f*
E assessment of value in dispute
F fixation *f* de la valeur litigieuse
S fijación *f* del valor de la demanda
R определение *n* стоимости иска

274 strittig → *auch* **streitig**
E debatable, disputable, disputed
F discutable, disputable, disputé
S disputable, litigioso
R спорный, оспоримый

275 Strukturformel *f*
E structural formula
F formule *f* de structure
S fórmula *f* de estructura
R структурная формула *f*

276 Stück *n* (*Exemplar*)
E copy
F exemplaire *m*
S ejemplar *m*
R экземпляр *m*

277 (Stück); ∼**e eines Antrags**
E papers a request consists of
F pièces *f/pl* constituant une requête
S escritos *m/pl* que constituyen una petición
R документы *m/pl*, приложенные к ходатайству

278 (Stück); ∼**e eines Musters oder Modells**
E copies of a design or model
F exemplaires d'un dessin ou d'un modèle
S ejemplares del dibujo o del modelo

R экземпляры образца или модели

279 (Stück); weitere ∼**e des Blattes**
E additional copies of the journal
F exemplaires supplémentaires de la feuille
S ejemplares suplementarios de la hoja
R дополнительные экземпляры бюллетеня/журнала

280 (Stück); aus freien ∼**en**
E of one's free will, voluntarily
F de plein gré
S espontáneamente, voluntariamente
R добровольно

281 Stufe *f*
E stage, degree
F échelon *m*, degré *m*
S escalón *m*, grado *m*
R степень *f*, ступень *f*

282 Stundung *f;* ∼ **einer Gebühr**
E deferment (of a fee)
F sursis *m* (au payement d'une taxe)
S prórroga *f* (de pagar una tasa)
R отсрочка *f* (уплаты ношлины)

283 (Stundung); eine ∼ **gewähren**
E grant deferment
F accorder un sursis
S dar prórroga
R давать отсрочку

284 (Stundung); um ∼ (*der Gebühren*) **einkommen**
E apply for a deferment
F demander un sursis
S solicitar/presentar una solicitud de aplazamiento
R ходатайствовать об отсрочке

285 Subroutine *n* → **Unterprogramm**
286 Syndikat *n*
  E syndicate
  F syndicat *m*
  S sindicato *m*
  R синдикат *m*
287 Syndikus *m* *(i. allg.)* → *auch* **Justitiar**
  E syndic
  F syndic *m*
  S síndico *m*
  R юрисконсульт *m*
288 System *n*
  E system
  F système *m*
  S sistema *m*
  R система *f*
289 Systemunterlagen *f/pl* → **Software**

T

1 **Tabulogramm** *n* *(Dokumenta-*
   tionshilfe)
   E tabulogram
   F tabulogramme *m*
   S tabulograma *m*
   R табуляграмма *f*
2 **Tag** *m*
   E day
   F jour *m*
   S día *m*
   R день *m*
3 **(Tag); vor dem ~ der Anmeldung**
   in diesem Lande
   E prior to the date of application
   in this country
   F avant la date du dépôt dans ce
   pays
   S antes de la fecha de la presen-
   tación de la solicitud en este
   país
   R до дня подачи заявки в дан-
   ной стране
4 **tagen**
   E hold a session
   F siéger, être réuni
   S reunirse, estar sesionando
   R заседать
5 **Tagfahrt** *f CH* → **(Termin);** . . .
6 **Tagsatzung** *f Ö Li* → **(Ter-**
   min); . . .

7 **Tagung** *f*
   E conference, meeting, session
   F session *f*, conférence *f*
   S sesión *f*, reunión *f*, conferencia
   f
   R сессия *f*, заседание *n*
8 **Tarif** *m;* **~ für Patentgebühren**
   E schedule of patent fees/charg-
   es
   F tableau *m* des taxes perçues en
   matière de brevets d'invention
   S tarifa *f* de tasas en asuntos de
   patentes
   R тариф *m* патентных пошлии
9 **tarifmäßig** → **Zuschlag**
10 **Tatbestand** *m*
   E facts *pl* of the case, matter of
   fact
   F faits *m/pl* de la cause, ma-
   térialité *f* des faits
   S hechos *m/pl*, resultados *m/pl*
   de la sentencia
   R фактическое положение *n*
   дел, обстоятельства *n/pl* де-
   ла
11 **Täter** *m*
   E perpetrator, doer, committer
   F coupable *m*, auteur *m*
   S culpable *m*, autor *m*
   R преступник *m*, совершитель *m*

12 Tätigkeit *f*
  E activity
  F activité *f*
  S actividad *f*
  R деятельность *f*

13 Tatsache *f*
  E fact
  F fait *m*
  S hecho *m*
  R факт *m*

14 (Tatsache); offensichtliche ~n
  E obvious facts
  F faits évidents
  S hechos evidentes
  R очевидные факты

15 (Tatsache); ~n entstellen
  E distort/misrepresent facts
  F défigurer/dénaturer des faits
  S desfigurar hechos
  R искажать факты

16 (Tatsache); ~n erweisen
  E prove facts
  F établir des faits
  S probar los hechos
  R доказывать факты

17 (Tatsache); neue ~n geltend machen
  E introduce new facts
  F présenter des faits nouveaux
  S presentar hechos nuevos
  R представлять новые факты

18 (Tatsache); die ~ steht fest, daß
  E it is an established fact that...
  F il est de fait que...
  S el hecho es que...
  R остаётся налицо тот факт, что...

19 tatsächlich; eine Sache ~ erörtern
  E discuss a case as to the material facts
  F instruire une cause sur la matérialité des faits
  S oír una causa conforme a los hechos
  R слушать дело с учётом фактических обстоятельств

20 Tatumstand *m*
  E factual circumstance
  F circonstance *f* de fait
  S circumstancia *f* de hecho
  R фактическое обстоятельство *n*, обстоятельства *n/pl* дела

21 täuschend *adj*
  E deceptive
  F trompeur, décevant
  S falso, engañoso
  R обманчивый, вводящий в заблуждение, ложный

22 Täuschung *f* → *auch* **(arglistig);** ...
  E deception, confusion
  F déception *f*, tromperie *f*
  S engaño *m*
  R ввод *m* в заблуждение

23 (Täuschung); Gefahr einer ~ des Publikums *Ww*
  E danger of causing confusion to the public
  F risque *m* de tromper le public
  S riesgo *m* de inducir al público a error, peligro *m* de confusión del público
  R опасность *f* введения публики в заблуждение

24 Taxe *f* → **Steuer, Gebühr**

25 Technik *f*
  E engineering; technics; skill; technology
  F technique *f*; technologie *f*
  S técnica *f*; tecnología *f*
  R техника *f*; технология *f*

26 technisch → **Verbesserungsvorschlag**

27 Teil *m*
  E part

F partie *f*, part *f*, fraction *f*
S parte *f*, fracción *f*
R часть *f*

**28 (Teil); kennzeichnender ~ →
    Kennzeichenteil**

**29 (Teil); der verbleibende ~ des
    Anmeldegegenstands** *(bei Tei-
    lung)*
E the remaining part of the subject
    matter
F la partie restante de l'objet de la
    demande
S la parte que queda del objeto de
    la solicitud
R остающаяся часть предмета
    заявки

**30 (Teil); nur einen ~ der inter-
    nationalen Gebühr entrichten**
    Wr
E pay part of the international fee
    only
F ne verser qu'une fraction de
    l'émolument international
S satisfacer solo una fracción de la
    cuota internacional
R уплатить только часть
    международной пошлины

31 Teilanmeldung *f auch* **Aus-
    scheidungsanmeldung**
E divisional application
F demande *f* divisionnaire
S solicitud *f* parcial
R выделенная заявка *f*

**32 (Teilanmeldung); die Unterlagen
    der ~ dürfen keine Hin-
    zufügungen enthalten**
E in the documents of the divi-
    sional application there shall be
    no additions
F le dossier de la demande
    divisionnaire ne doit pas con-
    tenir des adjonctions

S los documentos de la solicitud
    parcial no deben contener
    complementos
R материалы выделенной
    заявки не должны содержать
    дополнений

33 teilen
E divide
F diviser
S dividir
R делить/разделить

**34 (teilen); Aufforderung, die Anmel-
    dung zu ~ → (Aufforde-
    rung); . . .**

35 Teilfortführungsanmeldung *f US*
E continuation-in-part applica-
    tion *(CIP)*
F demande *f* de continuation en
    partie
S solicitud *f* para la continuación
    parcial
R заявка *f* о частичном про-
    должении

36 Teilnahme *f*; **persönliche ~ an der
    Verhandlung**
E attendance at the hearing
F présence *f* à l'audience
S asistencia *f* en la audien-
    cia
R присутствие *n* в судебном
    разбирательстве

37 teilnehmen
E participate in, take part in
F participer à, prendre part à
S participar en
R участвовать

**38 (teilnehmen); Länder, die an der
    Übereinkunft nicht ~**
E countries which are not parties
    to the Convention
F pays qui n'ont point pris part à
    la Convention

S países que no hayan tomado parte en el Convenio
R страны, не участвующие в настоящей Конвенции

39 Teilung *f Pr*
E division
F division *f*
S división *f*
R разделение *n*

40 (Teilung); ~ der Anmeldung
E division of the application
F division de la demande
S división de la solicitud
R разделение заявки

41 teilweise
E partially
F partiellement
S parcialmente
R частично

42 Teilzahlung *f*
E instalment, payment of instalments
F payement *m* d'acompte/par acomptes
S pago *m* parcial
R уплата *f* рассрочку, в частичная уплата

43 Tenor *m* → **(Inhalt); …**
44 Termin *m (Fälligkeitstag, Frist)*
E term, appointed date, deadline
F terme *m*, délai *m*
S término *m*, plazo *m*
R срок *m*

45 (Termin) *(Verhandlung);* **Tagfahrt** *f CH;* **Tagsatzung** *f Ö, Li*
E hearing
F audience *f*
S audiencia, *f*, vista *f*
R слушание *n* дела

46 (Termin) *(Vorladung)*
E summons
F ajournement *m*, assignation *f*

S aplazamiento *m*
R вызов *m* в суд

47 (Termin); einen ~ abhalten
E hold a hearing
F tenir une audience
S tener/hacer audiencia
R слушать дело

48 Terminbestimmung *f*
E fixation of a period/term, time limit
F fixation *f* de délai
S señalamiento *m*
R назначение *n* срока

49 termingerecht → fristgemäß
50 Terminologie *f*
E terminology,. technical language
F terminologie *f*
S terminología *f*
R терминология *f*, профессиопальный язык *m*

51 Testament *n*
E will, testament
F testament *m*
S testamento *m*
R завещание *n*

52 Testamentsvollstrecker *m*
E executor (of the will)
F exécuteur *m* testamentaire
S albacea *m*, ejecutor *m* testamentario, testamentario *m*, testamentaria *f*
R исполнитель *m* завещания, душеприказчик *m*

53 Textstelle *f* → **Passage**
54 Titel *m*
E title
F titre *m*
S título *m*
R *(Rechtsanspruch)* (юридический) титул *m; (Patentschrift)* заглавие *n; (Gesetz)* раздел *m*

55 Tod; Änderung der Person des Berechtigten durch ~ → (Änderung); ...

56 tragen → (bestreiten) *(Kosten)*

57 Transithandel *m*
- *E* transit-trade
- *F* transit *m*, commerce *m* transitaire/de transit
- *S* comercio *m* de tránsito
- *R* транзитная торговля *f*

58 Transitverkehr *m*
- *E* through traffic
- *F* transit *m*
- *S* tránsito *m*
- *R* транзит *m*, транзитное движение *n*

59 treffen → (Abmachung); ..., (Entscheidung); ..., (Maßnahme); ...

60 trennen
- *E* divide, separate
- *F* détacher, séparer
- *S* dividir, separar
- *R* разделять/разделить, отделять/отделить

61 treu; ~e Rechenschaft über erhaltenes Geld geben
- *E* give true account of money received
- *F* rendre de comptes exacts de la monnaie/somme reçue
- *S* rendir cuentas exactas del dinero recibido
- *R* давать точный отчёт о полученных деньгах

62 Treubruch *m*
- *E* breach of faith
- *F* violation *f* de la foi
- *S* abuso *m* de confianza
- *R* обман *m*, злоупотребление *n* доверием

63 Treuhänder *m*
- *E* custodian, trustee
- *F* agent *m* d'affaires/fiduciaire, dépositaire *m/f*
- *S* agente *m* fiduciario, depositario *m*
- *R* хранитель *m*, доверенный *m*

64 tunlich → *auch* (sachdienlich)
- *E* feasible, practicable; expedient
- *F* faisable, praticable; opportun
- *S* hacedero, practicable; oportuno; factible
- *R* целесообразный

U

1 überarbeiten
E revise
F réviser
S revisar
R перерабатывать / переработать

2 (überarbeiten); die Klassifikation ~
E revise the classification
F réviser la classification
S revisar la clasificación
R переработать классификацию

3 Überarbeitung *f;* **~ der Unterlagen → (Redaktion); …**

4 Übereinkunft *f* **→** *auch* **Abkommen, Vereinbarung**
E convention
F convention *f*
S convenio *m*
R конвенция *f*

5 (Übereinkunft); die gegenwärtige ~
E the present Convention
F la présente Convention
S el presente Convenio
R настоящая Конвенция

6 (Übereinkunft); internationale ~
E international convention
F convention internationale
S convenio internacional
R международная конвенция

7 übereinstimmen *(Warenzeichen)*
E be identical
F être analogue
S ser análogo
R быть аналогичным/сходным

8 übereinstimmend; als ~ bescheinigte Abschrift
E copy certified as correct
F copie *f* certifiée conforme
S copia *f* de conformidad certificada
R копия *f* с заверенной идентичностью

9 Übereinstimmung *f;* **Nachweis der ~**
E proof of identity
F preuve *f* de l'identité
S prueba *f* de la identidad
R доказательство *n* идентичности

10 (Übereinstimmung); wird die ~ der Zeichen festgestellt
E if the trademarks are found to be analogous then…
F si l'office constate que les marques sont analogues,…

S si la identidad de las marcas será constatada,...
R если тождество знаков будет установлено,...

11 Überführung *f (Ortswechsel)*
E transfer
F transfert *m*
S transferencia *f*
R перенесение *n*

12 (Überführung) *(Schuldigsprechung)*
E conviction
F preuve *f* conaincante
S desenmascaramiento *m*, prueba convincente
R изобличение *n*

13 (Überführung); ～ von Waren aus einer Klasse in eine andere
E transfer of goods from one class to another
F transfert de produits d'une classe à une autre
S transferencia de productos de una clase a otra
K перенесение изделий из одного класса в другой

14 Übergang *m (eines Rechts)* → *auch* **Heimfall**
E transfer
F transfert *m*
S traspaso *m*, alienación *f*
R уступка *f*; передача *f*

15 (Übergang) *(von einer Rechtslage auf eine andere)*
E transition
F transition *f*
S transición *f*
R переход *m*

16 Übergangsbestimmung *f*
E transitional provision
F disposition *f* transitoire

S cláusula *f* transitoria
R переходные положения *n/pl*

17 übergehen; das Schutzrecht geht auf die Erben über
E the protective right shall pass on to the heirs
F le droit protectif passe aux héritiers
S el derecho de protección pasa a los sucesores
R охранное право переходит к наследникам

18 überholt → (Richtlinien); ...

19 Überlassung *f*
E cession
F cession *f*
S cesión *f*
R передача *f*

20 (Überlassung); ～ der Benutzungsrechte einer Marke
E permission to use a trademark
F permission *f* d'utiliser une marque
S permiso *m* de usar una marca
R передача права пользования знаком

21 Überlegung *f*
E consideration; reflection
F considération *f*; réflexion *f*
S consideración *f*; premeditación *f*
R рассуждение *n*

22 Überleitungsgesetz *n*
E transitory law
F loi *f* transitoire
S ley *f* transitoria
R переходный закон *m*

23 übermitteln; eines der Stücke einer Erklärung ～
E transmit one of the copies of a declaration

23*

24 **Übermittlung** *(europäischer Patentanmeldungen)* *EU*

F transmettre un des exemplaires d'une déclaration
S transmitir uno de los ejemplares de una declaración
R пересылать один из экземпляров уведомления

24 Übermittlung *(europäischer Patentanmeldungen)* *EU*
E forwarding
F transmission *f*
S transmisión *f*
R пересылка *f*

25 überprüfen; eine Anmeldung ~ *US*
E reexamine an application
F réviser une demande
S revisar una solicitud
R пересмотреть заявку

26 (überprüfen); einen abschlägigen Bescheid des Prüfers ~ *US*
E review an adverse decision of the examiner
F réviser une décision négative de l'examinateur
S revisar una decision negativa del examinador
R пересмотреть отказное решение эксперта

27 Überprüfung *f*
E reexamination, review
F révision *f*
S revisión *f*
R пересмотр *m*

28 überschreiten → übersteigen

29 (überschreiten); Zeitabstände, die fünf Jahre nicht ~ dürfen
E intervals of not more than five years
F intervalles *m/pl* ne dépassant pas cinq années
S intervalos *m/pl* que no excedan de cinco años
R периоды *m/pl*, не превышающие пяти лет

30 Übersetzung *f*
E translation
F traduction *f*
S traducción *f*
R перевод *m*

31 (Übersetzung); amtliche ~
E official translation
F traduction officielle
S traducción oficial
R официальный перевод

32 (Übersetzung); beglaubigte ~
E certified translation
F traduction certifiée
S traducción certificada
R заверенный перевод

33 (Übersetzung); einfache ~
E uncertified translation
F traduction non certifiée
S traducción no certificada
R незаверенный перевод

34 (Übersetzung); sinngetreue ~
E faithful rendering
F traduction fidèle
S traducción fiel
R точный перевод

35 Übersicht *f;* **~ über die Eintragungen in die Rolle**
E review of the entries in the register
F liste *f* des inscriptions contenues dans le registre
S lista *f* de inscripciones contenidas en el registro
R обзор *m* записей, внесённых в реестр

36 übersteigen
E exceed
F dépasser
S exceder
R превышать/превысить

37 (übersteigen); eine Größe/Menge ~

E exceed a quantity
F dépasser une quantité
S exceder de una cantidad
R превышать определённое количество

38 übertragen; der Anmelder hat sein Recht auf das Patent ~

E the applicant has assigned his right to the patent
F le demandeur a cédé son droit au brevet
S el solicitante ha cedido su derecho a la patente
R заявитель передал своё право на патент

39 (übertragen); eine Ermächtigung kann durch Rechtsverordnung ~ werden

E a power may be delegated by statutory order
F une compétence peut être déléguée par voie d'ordonnance
S una competencia puede ser delegada por vía de ordenanza
R уполномочие может быть передано на основе распоряжения

40 (übertragen); ein Recht unbeschränkt ~

E assign a right without restriction
F céder un droit sans restrictions
S ceder un derecho sin restricción
R передавать/переуступать право без ограничения

41 Übertragung *f*

E transfer, assignment
F transfert *m*, cession *f*
S transferencia *f*, cesión *f*
R передача *f*, переуступка *f*

42 (Übertragung); beschränkte ~

E assignment with restriction
F cession avec restrictions
S cesión con restricciones
R передача с ограничениями

43 (Übertragung); ~ eines Schutzrechts

E assignment of a protective right
E cession d'un droit protectif
S cesión de un derecho de protección
R переуступка охранного права

44 (Übertragung); ~ eines Rechts verlangen

E demand the assignment of a right
F réclamer le transfert d'un droit
S reclamar la transferencia/delegación de un derecho
R потребовать передачи права

45 Übertragungsempfänger *m* → *auch* Rechtsnachfolger

E assignee
F cessionnaire *m/f*
S cesionario *m*
R правопреемник *m*

46 Übertreter *m (einer Rechtsnorm)* → Rechtsverletzer

47 überwachen

E supervise
F surveiller
S vigilar
R следить

48 (überwachen); die Ausgaben und die Abrechnung ~

E supervise the expenditure and the accounts

F surveiller les dépenses et les comptes
S vigilar los gastos y las cuentas
R следить за расходами и за расчётами

49 überzeugen
E convince
F convaincre
S convencer
R убеждать/убедить

50 (überzeugen); den Prüfer von der Richtigkeit der Angaben ~
E satisfy the examiner of the correctness of the statement
F convaincre l'examinateur de l'exactitude des indications
S convencer al examinador de la exactidud de las indicaciones
R убеждать эксперта в правильности утверждений

51 Überzeugung *f;* **richterliche ~**
E judicial conclusion
F conviction *f* judiciaire
S convicción *f* judicial
R судейское убеждение *n*, убеждение судьи

52 üblich *adj* → *auch* **gewöhnlich**
E customary, usual
F usuel
S usual
R общепринятый, обычный

53 Umfang *m (Ausdehnung, Bereich)*
E scope, extent
F étendue *f*
S extensión *f*
R объём *m*

54 (Umfang); ~ der Bekanntmachung
E scope of the publication
F étendue de la publication
S extensión de la publicación
R объём публикации

55 (Umfang); ~ des beantragten Schutzes *auch* **Schutzumfang**
E scope of protection sought for
F étendue de la protection demandée
S extensión de la protección solicitada
R объём испрашиваемой охраны

56 (Umfang); vermeintlicher ~ des Patentes
E presumed scope of the patent protection
F étendue présumée de la protection conférée par le brevet
S extensión supuesta/alcance *m* supuesto de la protección conferida por la patente
R предполагаемый объём патентной охраны

57 umfassen; Kosten ~
E include expenses
F comprendre des frais
S comprender los gastos
R содержать в себе расходы

58 Umformung *f* → **Umwandlung**

59 umgehen; eine Erfindung kann umgangen werden
E an invention may be circumvented
F une invention peut être éludée
S una invención puede ser eludida
R изобретение можно обойти

60 Umgehung *f*
E circumvention
F acte *m* d'éluder
S acto *m* de eludir
R обход *m*

61 (Umgehung); ~ einer Vorschrift
E circumvention of an order
F acte d'éluder un ordre, évasion *f* d'un ordre

S acto de eludir un orden
R обход предписания

62 (Umgehung); ~ eines Patents →
Patentumgehung

63 Umhüllung *f*
E cover, wrapping, envelope
F pli *m*, enveloppe *f*
S pliego *m*, sobre *m*
R конверт *m*, обёртка *f*

64 Umsatzsteigerung *f*
E raising of turnover, increase of turnover
F accroissement *m* du chiffre d'affaires
S aumento *m* del comercio
R увеличение *n* оборота

65 Umschlag *m* → **Umhüllung**

66 Umschreibung *f*; ~ **eines Waren-**
zeichens
E recording assignment of a trademark
F inscription *f* de transfert d'une marque de fabrique/de commerce
S inscripción *f* de transferencia de una marca de fábrica/de comercio
R регистрация *f* передачи товарного знака

67 umstritten
E contested, disputed, controversial
F contesté, discuté, débattu
S disputado, contencioso
R оспариваемый

68 Umwandlung *f*; ~ **einer Pa-**
tentanmeldung in eine An-
meldung für ein Nützlich-
keitszertifikat *F Pr*
E conversion of a patent application into an application for a certificate of utility
F transformation *f* d'une demande de brevet en demande de certificat d'utilité
S transformación *f* de una solicitud de patente a una demanda de certificado de utilidad
R преобразование *n* заявки на патент в заявку на свидетельство о полезности

69 (Umwandlung); ~ eines Aus-
schließungspatents in ein
Wirtschatspatent *DDR*
E conversion of an exclusive patent into an economic patent
F transformation d'un brevet exclusif en un brevet économique
S transformación de una patente exclusiva en una patente económica
R замена *f* патента исключительного права экономическим патентом

70 unabänderlich
E irrevocable, unalterable
F irrévocable, irréformable
S irrevocable, invariable
R неизменяемый

71 unabdingbar; ~e Vorschrift →
auch **(abdingen);** ..., *(Gegen-*
teil:) **Kannvorschrift**
E cogent/mandatory *US, EU* provision
F provision *f* cogente, prescription/clause *f* indispensable; disposition *f* impérative *EU*
S disposición *f* obligatoria/indispensable
R обязательное распоряжение *n*

72 Unabdingbarkeit *f* (*einer Vor-*
schrift)

E prohibition to derogate from..., indispensability of...
F prohibition *f* de déroger à..., indispensabilité *f* de...
S prohibición *f* de derogar de...
R обязательность *f*

73 unabgelaufen
E unexpired
F non échu
S no vencido
R не утративший силу

74 unabhängig
E *adj* independent; *adv* independently
F *adj* indépendant; *adv* indépendamment
S *adj* independiente; *adv* independientemente
R *adj* независимый; *adj* независимо

75 unabwendbar
E unavoidable, inevitable
F inévitable
S inevitable
R неизбежный

76 (unabwendbar); → **Zufall**

77 unanfechtbar
E incontestable, final
F sans recours, incontestable
S sin recurso, incontestable
R неоспоримый, окончательный

78 (unanfechtbar); ~e Entscheidung
E final decision
F décision *f* finale/définitive
S decisión *f* firme/definitiva
R окончательное решение *n*

79 unbefugt
E unauthorized
F illicite, non autorisé
S ilícito, no autorizado
R незаконный, некомпетентный

80 unbegründet
E groundless, unfounded
F sans fondement, non fondé
S infundado, sin fundamento
R необоснованный, пеоправданный

81 unbemittelt
E being without means, impecunious
F peu aisé, sans fortune, indigent
S sin recursos, sin fortuna, indigente
R необеспеченный, неимущий

82 unberechtigt → **(auswerten);** ...

83 unberührt bleiben; diese Gesetzesparagraphen bleiben unberührt
E these articles of the law shall not be affected
F cela ne porte pas atteinte aux dispositions de ces articles de la loi
S estos artículos de la ley quedan intactos
R это не касается данных статей/параграфов закона

84 unbeschadet; ~ der besonders vorgesehenen Rechte
E without prejudice to the rights specially provided for
F sans préjudice des droits spécialement prévus
S sin perjuicio de los derechos especialmente previstos
R не затрагивая специально предусмотренных прав

85 unbescholten
E blameless, irreproachable
F sans casier, irréprochable

    S irreprochable, sin antecedentes penales, de acreditada honestidad
    R безупречный, безукоризненный

86 unbeschränkt
    E without restriction
    F sans restrictions
    S sin restricción
    R без ограничения

87 unbestellbar *(Sendung)*
    E undeliverable
    F mis/tombé au rebut, en souffrance
    S no entregado/distribuido
    R недоставленный

88 unbestimmt; auf ~e Zeit → *auch* **Vertagung**
    E for an indefinite time
    F pendant/pour un temps indéterminé
    S durante/por un tiempo indeterminado
    R на неопределённое время

89 unbestreitbar
    E incontestable
    F incontestable
    S incontestable
    R неоспоримый

90 unbestritten
    E uncontested
    F incontesté
    S incontestado
    R неоспоренный

91 unbeteiligt
    E not concerned/involved
    F désintéressé
    S desinteresado
    R незаинтересованный

92 unbillig; ~e Härte
    E iniquitous/unjust hardship
    F rigueur *f* inique/injuste
    S rigor *m* inicuo/injusto
    R несправедливая строгость *f*

93 Uneinheitlichkeit *f*
    E lack of unity
    F défaut *m* d'unité
    S falta *f* de unidad
    R отсутствие *n* единства

94 unentgeltlich
    E adj/adv free (of charge), gratis
    F adj gratuit; *adv* gratuitement
    S adj gratuito; *adv* gratuitamente
    R adj безвозмездный, бесплатный; *adv* безвозмездно, бесплатно

95 unerläßlich
    E indispensable
    F indispensable
    S indispensable
    R необходимый, обязательный

96 unersetzlich
    E irreparable
    F irréparable
    S irreparable
    R непоправимый

97 (unersetzlich); um ~en Schaden zu vermeiden
    E to prevent irreparable damage
    F pour éviter des dommages irréparables
    S para evitar un daño irreparable
    R во избежание непоправимого вреда

98 Unfähigkeit *f;* **gesetzliche ~** *auch* **Unvermögen**
    E legal incapacity
    F incapacité *f* légale
    S incapacidad *f* jurídica
    R юридическая недееспособность *f*

99 Unfolgsamkeit f → **Ungehorsam**

100 Ungebühr f **vor Gericht** → **Mißachtung des Gerichts**

101 Ungehorsam m; ~ **dem Gericht gegenüber**
E disobedience to the court
F désobéissance f envers/à la cour
S desobediencia f al tribunal
R неповиновение n суду

102 ungerechtfertigt
E unjustified
F injustifié
S injustificado
R неоправданный

103 (ungerechtfertigt); ~e Bereicherung → auch **(Bereicherung); . . .**
E unjust/unjustified enrichment
F enrichissement m non justifié/sans cause
S enriquecimiento m sin causa
R неосновательное обогащение n

104 ungerügt; ~e Mängel → auch **(Mangel); . . .**
E defects/deficiencies pl not censured/criticized
F défauts m/pl non censurés
S defectos m/pl no censurados
R не отмеченные недостатки m/pl

105 ungültig
E invalid
F invalide
S inválido, nulo
R недействительный

106 (ungültig); für ~ erklären
E invalidate, cancel
F invalider
S invalidar
R признавать недействительным

107 Ungültigerklärung f
E pronouncing of invalidation
F prononciation f de l'invalidation
S declaración f de nulidad
R решение n о признании недействительным

108 Ungültigkeit f
E invalidity
F invalidité f
S invalidación f
R недействительность f

109 (Ungültigkeit); ~ der Eintragung nach sich ziehen
E entail invalidation of the registration
F entraîner l'invalidation de l'enregistrement
S ocasionar la invalidación del registro
R влечь за собой недействительность регистрации

110 (Ungültigkeit); die Last der Begründung der ~ verbleibt der Partei, die solche behauptet
E the burden of establishing invalidity rests upon the party asserting it
F la charge de fonder l'invalidité reste à la partie qui le prétend
S la carga de fundar la nulidad queda a la parte que lo afirma
R обязанность доказывания недействительности принадлежит стороне, утверждающей её

111 Union f
E union
F union f
S unión f
R союз m

112 Unionspriorität *f*
E convention priority
F priorité *f* conventionnelle
S prioridad *f* convencional
R конвенционный приоритет *m*

113 Unkenntnis *f*
E ignorance, lack of knowledge
F ignorance *f*, manque *m* de connaissance
S ignorancia *f*, falta *f* de conocimientos
R неведение *n*, недостаток *m* знаний

114 Unklarheit *f*; ~en im Tatbestand der Entscheidung
E obscurities *pl* in the statement of facts of the decision
F obscurités *f/pl* dans l'exposé des faits du jugement
S oscuridades *f/pl* en los hechos de la decisión
R неясности *f/pl* в описательной части решения

115 Unkosten *pl* → **Kosten**

116 unlauter; ~es Verhalten
E unfair conduct/attitude, misconduct
F conduite/attitude *f* illicite/déloyale
S conducta *f* desleal/ilícita
R недобросовестное поведение *n*

117 (unlauter); ~er → **(Wettbewerb)**; ...

118 unlesbar → **(Unterschrift)**; ...

119 unmündig
E under age; minor
F mineur
S menor de edad
R несовершеннолетний

120 Unparteiische *m/f*
E umpire
F arbitre *m*, juge *m* arbitral
S árbitro *m*
R третейский судья *m*, арбитр *m*

121 (Unparteiische); sich dem Spruch eines ~n unterwerfen
E submit to an umpire's award
F se soumettre à un arbitrage
S someterse a un arbitraje
R подчиняться решению арбитража

122 Unrecht *n*
E injustice
F injustice *f*
S injusticia *f*
R несправедливость *f*

123 (Unrecht); die zu ~ benannte Person
E the person wrongly mentioned
F la personne indûment nommée
S la persona injustamente nombrada
R неправильно названное лицо

124 Unrichtigkeit *f*
E mistake, incorrectness
F inexactitude *f*
S inexactitud *f*
R неточность *f*, неправильность *f*

125 (Unrichtigkeit); offenbare ~
E obvious error
F erreur *f* évidente
S error *m* evidente
R явная неточность

126 (Unrichtigkeit); ~en in einer Entscheidung
E mistakes in a decision
F inexactitudes dans une décision

S inexactitudes en una decisión
R неточности в решении

127 unschuldig; sich ~ bekennen
E plead not guilty
F s'avouer non coupable
S declararse inculpable
R считать себя невиновным

128 Unteranspruch *m*
E subclaim, sub-claim
F sous-revendication *f*
S subreivindicación *f*
R дополнительный / зависимый / подчинённый пункт *m* формулы

129 (Unteranspruch); selbständiger Patentschutz für einen ~
E independent patent protection for a subclaim
F protection *f* indépendante conférée pour une sous--revendication du brevet
S protección *f* independiente conferida por una sub-reivindicación de patente
R независимая патентная охрана *f*, предоставленная подчинённому пункту формулы

130 (Unteranspruch); Unteransprüche sind auf vorangehende Ansprüche rückbezogen
E subclaims shall be referred to preceding claims
F les sous-revendications doivent se référer à des revendications précédentes
S las subreivindicaciones deben referirse a las reivindicaciones precedentes
R подчинённые пункты формулы должны быть отнесены к предыдущим пунктам формулы

131 Unterbevollmächtigte *m/f*
E subagent, substitute
F sous-agent *m*, substitut *m*
S substituto *m*, apoderado *m*
R заместитель *m* поверенного

132 unterbleiben
E remain undone, not to take place
F ne pas avoir lieu
S no tener lugar
R не иметь место; не состояться

133 (unterbleiben); die Redaktion der Beschreibung von Amts wegen kann nicht ~
E the official redaction of the description may not be omitted
F la rédaction de la description par l'Office ne peut être omise
S la redacción de la descripción por la Oficina no puede ser omitida
R редакция описания со стороны Ведомства необходима

134 (unterbleiben); wenn die Zahlung der Gebühr unterbleibt
E if the fee is not paid
F à défaut du payement de la taxe
S en caso del impago de tasas
R в случае неуплаты пошлин

135 Unterbrechung *f;* **~ der Verjährung**
E discontinuance / interruption of limitation / prescription
F discontinuation/interruption *f* de la prescription
S interrupción *f* de las prescripción
R перерыв *m* срока давности

136 Unterdrückung *f;* ~ **falscher oder irreführender Herkunftsangaben** → *auch* **Zwangsvorschrift**
E repression of false or deceptive indications of source
F répression *f* d'indications de provenance fausses ou fallacieuses
S represión *f* de las falsas indicaciones de procedencia
R пресечение *n* ложных или вводящих в заблуждение указаний о происхождении

137 (Unterdrückung); ~ **des unlauteren Wettbewerbs**
E repression of unfair competition
F répression de la concurrence déloyale
S represión de la competencia desleal/ilícita
R пресечение недобросовестной конкуренции

138 unterentwickelt; ~**e Länder** → **Entwicklungsländer**

139 unterfertigen → **unterzeichnen**

140 untergeordneter Patentanspruch → **Unteranspruch**

141 Untergruppe *f*
E sub-group
F sous-groupe *m*
S subgrupo *m*
R подгруппа *f*

142 Unterklasse *f*
E subclass
F sous-classe *f*
S subclase *f*
R подкласс *m*

143 Unterlagen *f/pl*
E papers, documents
F pièces *f/pl*

S piezas *f/pl,* documentos *m/pl*
R документация *f*

144 (Unterlagen); bekanntmachungsreife ~
E papers apt to be published
F pièces aptes à être publiées
S documentos aptos para ser publicados
R подготовленные к публикации материалы *m/pl*

145 unterlassen; die weitere Benutzung ~
E cease/stop the further use
F abandonner de continuer l'exploitation
S abandonar de explotar en lo sucesivo
R прекращать дальнейшее использование

146 (unterlassen); die Verwertung der patentfähigen Erfindung ~
E refrain from the exploitation of the patentable invention
F s'abstenir d'exploiter l'invention brevetable
S abstenerse de explotar la invención patentable
R воздерживаться от использования патентоспособного изобретения

147 Unterlassung *f;* ~ **der Erfinderbenennung**
E omission of mentioning/naming the inventor
F omission *f* de la mention de l'inventeur
S omisión *f* de la mención del inventor
R пропуск *m* наименования изобретателя

148 (Unterlassung); bei Eingriff auf ~ **in Anspruch nehmen**

E in case of infringement sue *(the infringer)* to enjoin the use of the invention
F en cas de contrefaçon poursuivre *(l'usurpateur)* en cessation de l'utilisation de l'invention
S en caso de usurpación perseguir *(al usurpador)* en abandono de usar la invención
R при нарушении патентного права требовать прекращения *(от нарушителя)* судебным путём

149 unterliegen; der Beschwerde ~
E subject/liable to appeal
F être susceptible de recours
S ser susceptible de recurso
R подлежать обжалованию

150 (unterliegen); unterliegt einer Gebühr
E .... is liable to a fee
F donne lieu/est sujet au payement d'une taxe
S dar lugar al pago de una tasa
R подлежать обложению пошлиной

151 Unterlizenz *f*
E sub-license, sub-licence
F sous-licence *f*
S sublicencia *f*
R сублицензия *f*

152 Unternehmen *n*
E enterprise, undertaking, business, firm
F entreprise *f*
S empresa *f*, establecimiento *m*
R предприятие *n*

153 Unternehmer *m*
E contractor
F entrepreneur *m*
S empresario *m*, contratista *m*
R предприниматель *m*

154 Unternehmerlohn *m BRD*
E employer's award
F récompense *f* d'employeur
S recompensa *f* de empleador
R вознаграждение *n* предпринимателю

155 (Unternehmerlohn); kalkulatorischer ~
E employer's award to be taken into account when assessing the employee's award for an invention
F récompense d'employeur comme poste dans le compte sur lequel la récompense de l'employé pour une invention est fondée
S recompensa de empleador como una de los lotes en la cuenta que sirve de base para determinar la remuneración al empleado por la invención
R вознаграждение предпринимателя, как одна из калькуляционных статей, принимаемых во внимание при определении вознаграждения за служебное изобретение

156 Unterprogramm *n Ct auch* **Zweigprogramm, Subroutine, Hilfsprogramm**
E subroutine
F sous-programme *m*, sous-routine *f*
S subprograma *m*, subrutina *f*
R подчинённая программа *f*, подпрограмма *f*

157 unterrichten
E inform

F informer
S informar
R информировать

**158 (unterrichten); von einer Ent-
scheidung ~**
E inform of a decision
F faire part d'une décision
S informar de/sobre una de-
cisión
R извещать о решении

159 Unterrichtung *f;* **gegenseitige ~**
E mutual information
F information *f* mutuelle
S información *f* mutual
R взаимная информация *f*

160 untersagen
E prohibit
F interdire
S prohibir
R запрещать/запретить

**161 (untersagen); insbesondere sind zu
~**
E the following in particular
shall be prohibited:
F notamment devront être
interdits:
S principalmente deberán pro-
hibirse:
R особенно подлежат запрету:

162 Untersagung *f*
E prohibition
F interdiction *f*
S prohibición *f*
R запрещение *n*

163 (Untersagung) *US Pr (Hinderungsgrund)*
E estoppel
F «estoppel» *m (interdiction
d'alléguer ou de nier un fait
après une action contraire précédente)*

S interdicción *f* de afirmar o de
negar un hecho después de una
acción contraria precedente
R лишение *n* права отступать
от прежнего заявления о
фактах

**164 (Untersagung); ~ des Gebrauchs
der Marke**
E prohibition of the use of the
trademark
F interdiction de l'usage de la
marque
S prohibición del uso de la
marca
R запрещение использования
знака

**165 unterscheiden; eigene Waren von
den Waren anderer ~**
E distinguish own goods from the
goods of other enterprises
F différencier les propres produits des produits d'autres
entreprises
S distinguir propios productos
de los de otros
R отделять собственные товары от товаров другого
происхождения

166 Unterscheidung *f*
E distinguishing, distinction
F distinction *f*
S distinción *f*
R отличительность *f,* разли-
чение *n*

167 Unterscheidungskraft *f;* **~ einer
Marke**
E distinctive character of a
trademark
F caractère *m* districtif d'une
marque
S carácter *m* distintivo de una
marca

R отличительный характер *m* знака, отличительность *f* знака

168 Unterschiedsbetrag *m;* ~ **zwischen der entrichteten und der zu entrichtenden Gebühr**
E the difference between the fee already paid and the total to be paid
F montant *m* de différence entre la taxe versée et le total à verser
S monto *m* de diferencia entre la tasa pagada y el total a pagar
R разница *f* между уплаченной пошлиной и полной суммой пошлины

169 unterschreiben → **unterzeichnen**

170 Unterschrift *f*
E signature
F signature *f*
S firma *f*
R подпись *f*

171 (Unterschrift); unlesbare ~
E illegible signature
F signature illisible
S signatura/firma *f* ilegible
R неразборчивая подпись

172 Unterstützung *f;* ~ **einer Partei im Rechtsstreit**
E support of a party in the law suit
F appui *m* d'une partie dans le procès
S prestación *f*/apoyo *m* a una parte en el proceso
R оказание *n* поддержки стороне в процессе

173 unterwerfen
E submit
F soumettre
S someter
R подвергать/подвергнуть

174 (unterwerfen); der Oberhoheit eines Verbandslandes unterworfene Gebiete
E territories under sovereignty of a country of the Union.
F territoires *m*/*pl* sous la souveraineté d'un pays de l'Union
S territorios *m*/*pl* bajo soberanía de un país
R территории *f*/*pl*, находящиеся под суверенитетом страны-участницы Конвенции

175 (unterwerfen); Bedingungen, denen die Ausnutzungshandlungen unterworfen sind
E conditions *pl* to which the acts of exploitation are subject
F conditions *f*/*pl* auxquelles les actes d'exploitation sont soumis
S condiciones *f*/*pl* a las cuales los actos de explotación son sometidos
R условия *n*/*pl*, с которыми связаны действия по использованию

176 (unterwerfen); sich ~
E submit oneself to
F se soumettre à
S someterse
R подчиняться

177 unterzeichnen *auch* **unterschreiben**
E sign
F signer
S firmar
R подписывать/подписать

178 Unterzeichnung *f*
E signature
F signature *f*
S firma *f*
R подпись *f*

179 unvereinbar
E incompatible
F incompatible
S incompatible
R несовместимый

180 Unvermögen *n;* **gesetzliches ~ →**
Unfähigkeit

181 unverzüglich *adv*
E without delay, forthwith
F sans retard/délai
S sin demora, inmediatamente
R незамедлительно, немедленно

182 unvollständig *adj*
E incomplete, insufficient
F incomplet, insuffisant
S incompleto, insuficiente
R неполный, некомплектный

183 unwiderruflich
E irrevocable
F irrévocable
S irrevocable
R окончательный

184 unwirksam; erweist sich ein Antrag als ~,...
E if a request is found to be ineffective...
F si une requête se révèle sans effet...
S si un requerimiento se revela sin efecto...
R если ходатайство окажется недействительным...

185 (unwirksam); die Hinterlegung kann nicht ~ gemacht werden
E the filing shall not be invalidated
F le dépôt ne pourra être invalidé
S el depósito no puede ser invalidado

R подача заявки не может быть признана недействительной

186 (unwirksam); eine Vereinbarung ist ~, wenn...
E an agreement shall be invalid if...
F une convention est/sera sans effet si...
S un convenio será sin efecto si...
R соглашение будет недействительным, если...

187 unzulässig
E inadmissible
F irrecevable, inadmissible
S inadmisible, improcedente
R недопустимый, непозволительный

188 (unzulässig); die Erklärung ist ~
E the declaration is inadmissible
F la déclaration est irrecevable
S la declaración es inadmisible
R заявление не допускается

189 Unzuständigkeit *f*
E incompetency
F incompétence *f*
S incompetencia *f*
R некомпетентность *f*

190 Urheber *m*
E author
F auteur *m*
S autor *m*
R автор *m*

191 Urheberrecht *n*
E copyright
F droit *m* d'auteur
S derecho *m* de autor, copyright *m*
R авторское право *n*

192 Urheberschein *m SU*
E inventor's/author's certificate

F certificat *m* d'auteur
S certificado *m* de autor/de inventor
R авторское свидетельство *n*

193 Urkund; zu ~ dessen → (urkundlich); ...

194 Urkunde *f*
E instrument, document, deed
F instrument *m*, document *m*
S instrumento *m*, documento *m*
R документ *m*, грамота *f*

195 (Urkunde); das Patentgericht kann ~n heranziehen
E the patent court may order the consultation of documents
F le tribunal des brevets peut ordonner la production de pièces
S el tribunal de patente puede ordenar la producción de documentos
R патентный суд может потребовать предоставления документов

196 urkundlich
E *adj* documentary; *adv* by documents
F *adj* fondé sur des documents; *adv* pièces à l'appui
S *adj* documental, fundado sobre documentos; *adv* a base de documentos
R *adj* документальный, достоверный; *adv* документально

197 (urkundlich); ~ dessen
E in witness/faith thereof/whereof
F en foi de quoi
S en fe de lo cual
R в удостоверение этого

198 Urkundsbeamte *m;* **~ des Gerichts**
E registrar/clerk of the court
F greffier *m* du tribunal
S oficial *m* del juzgado, actuario *m*
R секретарь *m* суда

199 Ursache *f;* **materielle ~**
E material cause
F cause *f* matérielle
S causa *f* material
R материальная причина *f*

200 Ursächlichkeit *f;* **~ von Eigenschaften eines Zwischenprodukts für Wirkungen beim Endprodukt**
E causality of features of an intermediate product for effects with the final product
F causalité *f* des caractéristiques d'un produit intermédiaire pour des effets sur le produit final
S causalidad *f* de las características de un producto intermedio para efectos en el producto final
R причинная свявь *f* между свойствами промежуточного продукта и эффектами у конечного продукта

201 Urschrift *f;* **~ einer Urkunde**
E original of an instrument
F original *m* d'un instrument
S escrito/documento *m* original
R оригинал *m* документа

202 Ursprung *m*
E origin
F origine *f*
S origen *m*
R происхождение *n*

203 ursprünglich
 E original, initial
 F original, initial
 S original, originario, inicial
 R первоначальный
204 (ursprünglich); ~e Anmeldung →
  Stammanmeldung
205 (ursprünglich); der ~e und erste
  Erfinder → (Erfinder); …
206 (ursprünglich); die ~en Unter-
  lagen → bestehen bleiben; …
207 Ursprungsbezeichnung *f*
 E appellation of origin
 F appellation *f* d'origine
 S denominación *f* de origen
 R наименование   *n*   места
  происхождения
208 Ursprungsland *n*
 E country of origin
 F pays *m* d'origine
 S país *m* d'origen
 R страна *f* происхождения
209 Urteil *n*
 E judgement, sentence
 F jugement *m*
 S sentencia *f*, fallo *m*, juicio
  m
 R решение *n;* (*im Strafprozeß*)
  приговор *m*

210 (Urteil); rechtskräftiges ~
 E final judgement
 F jugement définitif, jugement
  ayant acquis force de la chose
  jugée
 S sentencia definitiva
 R окончательное/вступившее
  в силу решение *n* суда
211 (Urteil); das ~ wird aufgehoben
 E the judgement is reversed
 F le jugement vient d'être cassé
 S la sentencia es casada
 R решение аннулировано
212 (Urteil); Berufung gegen das ~ →
  (Berufung); …
213 urteilen
 E judge
 F juger
 S juzgar
 R судить, выносить решение/
  приговор
214 Urteilsgründe *m/pl*
 E grounds *pl* for judgement
 F considérants/attendus *m/pl* du
  jugement
 S considerandos/motivos *m/pl*
  de la sentencia
 R обоснование *n*/мотивировка
  f решения/приговора

V

1 Variante *f*
E variant
F variante *f*
S variante *f*
R вариант *m*

2 Verabschiedung *f*
E enactment
F promulgation *f*
S aprobación *f*, adopción *f*
R принятие *f*

3 (Verabschiedung); ~ eines Gesetzes
E enactment of a law
F promulgation d'une loi
S aprobación/adopción de una ley
R принятие закона

4 verallgemeinern; den Erfindungsgedanken ~
E generalize the inventive idea
F généraliser l'idée inventive
S generalizar la idea inventiva
R обобщать изобретательскую мысль

5 veralten
E grow obsolete
F tomber en désuétude
S anticuarse
R устареть

6 (veralten); der veraltete Wortlaut eines Gesetzes
E the out-of-date wording of a law
F la rédaction désuète d'une loi
S la redacción anticuada de una ley
R устарелая редакция закона

7 verändern→ abändern

8 Veränderung *f* → **Änderung**

9 veranlassen *(jmdn zu etwas bewegen)*
E induce
F engager à, porter à
S inducir a
R побуждать/побудить

10 (veranlassen) *(etwas bewirken, initiieren)*
E initiate, suggest
F initier, suggérer
S iniciar
R распоряжаться / распорядиться

11 (veranlassen); die Benachrichtigung ~
E initiate the notification
F initier la notification
S iniciar la notificación
R распорядиться об уведомлении

12 (veranlassen); Entsprechendes ~
E take adequate/corresponding measures
F prendre les mesures nécessaires/qui s'imposent
S tomar medidas, prover lo necesario
R принимать надлежащие/соответствующие меры

13 (veranlassen); Ladung des Zeugen ~
E cause the witness to be summoned
F faire citer le témoin
S ocasionar la citación/el emplazamiento del testigo
R распорядиться о вызове свидетелей

14 Veranlassung *f*; auf ~ der Regierung einberufen werden
E be convened by government initiative
F être convoqué sur l'initiative du gouvernement
S ser convocado a iniciativa del gobierno
R быть созванным по инициативе правительства

15 Veranstaltung *f*; ~en zur Benutzung der Erfindung
E arrangements/preparations to use the invention
F mesures *f/pl*/préparatifs *m/pl* à exploiter l'invention
S medidas *f/pl* preparativas/preparaciones *f/pl* para explotar la invención
R подготовительные меры *f/pl* для использования изобретения

16 (Veranstaltung); als Ausverkauf ankündbare ~en *Ww*
E arrangements allowed to be advertised as clearance sales
F arrangements *m/pl* dont l'annonce comme vente totale est permise
S actos *m/pl* cuyo anuncio como venta total es permitido
R мероприятия *n/pl*, объявленные, как распродажа

17 Verantwortung *f*
E responsibility
F responsabilité *f*
S responsabilidad *f*
R ответственность *f*

18 veräußern
E alienate
F aliéner
S enajenar
R отчуждать/отчуждить

19 (veräußern); eine Befugnis ~
E alienate a right
F aliéner un droit
S enajenar un derecho
R отчуждать право

20 Verband *m*
E association, syndicate
F association *f*, syndicat *m*; (*selten:*) collectivité *f*
S asociación *f*, sindicato *m*; (*selten:*) colectividad *f*
R федерация *f*, союз *m*; (*auch*) коллектив *m*

21 Verband zum Schutze des gewerblichen Eigentums
E Union for the Protection of Industrial Property
F Union *f* pour la protection de la Propriété industrielle
S Unión *f* para la Protección de la Propiedad Industrial
R Союз *m* по охране промышленной собственности

22 Verband *m* **zum Schutz von Pflanzenzüchtungen** *Ss*
E Union for the Protection of New Plant Varieties
F Union *f* pour la protection des obtentions végétales
S Unión *f* para la Protección de las Obtenciones Vegetales
R Союз *m* по охране новых сортов растений

23 Verbandsangehörige *m/f (PVÜ)*
E person entitled to the benefits of the Union, member
F ressortissant *m* de l'Union, membre *m* (de l'Union)
S súbdito *m* de la Unión
R гражданин *m* страны, входящей в Союз/Конвенцию, гражданин страны Союза

24 Verbandsanmeldung *f*
E convention application
F application *f* conventionnelle
S solicitud *f* convencional
R конвенционная заяавка *f*

25 Verbandsland *n*
E country of the Union, convention country
F pays *m* de l'Union, pays signataire
S país *m* de la Unión
R страна-участница *f* Союза/Конвенции, страна Союза

26 Verbandsmarke *f auch* **Verbandszeichen**
E collective mark
F marque *f* collective
S marca *f* colectiva
R коллективный знак *m*

27 Verbandsübereinkunft *f*
E convention
F convention *f*

S convenio *m*
R конвенция *f*

28 Verbandszeichen *n* → **Verbandsmarke**

29 Verbesserung *f*
E improvement
F perfectionnement *m*, amélioration *f*
S perfeccionamiento *m*, mejora *f*
R усовершенствование *n*, улучшение *n*

30 (Verbesserung); ~ einer anderen Erfindung
E improvement of another invention
F perfectionnement d'une autre invention
S perfeccionamiento de una otra invención
R усовершенствование другого изобретения

31 (Verbesserung); wünschenswerte ~en
E suitable amendments/improvements
F améliorations *f/pl* désirables
S mejoras *f/pl* convenientes
R желательные поправки *f/pl*

32 Verbesserungserfindung *f*
E invention of improvement
F invention *f* de perfectionnement
S invención *f* de perfeccionamiento
R изобретение *n*, относящееся к усовершенствованию

33 Verbesserungspatent *n*
E patent of improvement
F brevet *m* de perfectionnement
S patente *f* de perfeccionamiento

R патент *m* на усовершенствование

34 Verbesserungsvorschlag *m (tech-*
nischer)
E innovation, proposal for a
technical improvement
F innovation *f,* proposition *f* de
perfectionnement technique
S innovación *f,* propuesta *f* de
un perfeccionamiento técnico
R рационализаторское предложение *n*

35 verbinden → *auch* **vereinigen**
E connect
F lier
S ligar
R связывать/связать

36 (verbinden); mit der Anmeldung
verbundene Rechte
E rights deriving from the filing
F droits *m/pl* attachés au dépôt
de la demande
S derechos *m/pl* que derivan del
depósito de la solicitud
R права *n/pl,* вытекающие из
заявки

37 verbindlich
E binding, obligatory, com-
pulsory
F obligatoire
S obligatorio
R обязательный

38 Verbindung *f;* **~ zwischen dem**
Benutzer eines Warenzeichens
und einer Organisation
E connection between the user of
a trademark and an or-
ganization
F lien *m* entre l'utilisateur d'une
marque et une organisation
S relación *f* entre el que utiliza la
marca y una organización

R связь *f* между пользова-
телем товарного знака и
организацией

39 Verbindungssatz *m*
E connecting sentence
F phrase *f* de liaison
S oración *f* de ligazón
R связующее предложение *n*

40 verblüffend; ~e Wirkung →
(Wirkung); . . .

41 Verbot *n*
E prohibition
F interdiction *f,* défense *f*
S prohibición *f,* interdicción *f*
R запрет *m,* запрещение *n*

42 verboten; es ist ~
E it is prohibited
F il est interdit
S se prohibe
R запрещается

43 Verbotsmaßnahme *f*
E measure taken to implement
the prohibition
F mesure *f* d'interdiction/pro-
hibitoire
S medida *f* de interdicción;
medidas *f/pl* prohibitivas
R запретительные меры *f/pl*

44 Verbotszeitraum *m;* **laufender ~**
E current period of prohibition
F période *f* d'interdiction en
cours
S período *m* de prohibición
corriente
R текущий период *m* запрета

45 Verbrauch *m*
E consumption
F consommation *f*
S consumo *m,* consumición *f*
R потребление *n*

46 Verbraucher *m*
E consumer

F consommateur *m*
S consumidor *m*
R потребитель *m*

47 (Verbraucher); letzer ~ *Ww*
E last/small consumer
F dernier consommateur
S último/pequeño consumidor
R последний потребитель

48 Verbraucherkreis *m*
E customers *pl*
F clientèle *f*
S clientela *f*, parroquia *f; LA* casería *f*
R покупатели *m/pl*, клиентура *f*

49 Verbrauchsabschnitt *m Ww*
E consumption cycle
F cycle *m* de consommation
S ciclo *m* de consumo
R период *m* использования

50 Verbreitung *f auch* **Verbreiten** *n*
E spread, spreading, propagation; circulation; dissemination, diffusion, distribution
F propagation *f*, dissémination *f*; mise *f* en circulation; diffusion *f*
S propagación *f*, difusión *f*, distribución *f*; circulación *f*, puesta *f* en circulación
R распространение *n*, пуск *m* в оборот

51 (Verbreitung); gewerbsmäßige ~
E professional dissemination
F diffusion professionnelle
S difusión profesional
R распространение промышленным способом

52 (Verbreitung); gewerbsmäßige ~ von Waren
E commercial distribution of goods
F mise en circulation/commercialisation *f* de marchandises
S distribución comercial de mercancías
R пуск товаров в торговый оборот

53 (Verbreitung); einem Warenzeichen allgemeine ~ verschaffen
E put a trademark into common use
F rendre une marque notoirement connue
S hacer una marca notoriamente conocida
R сделать знак общеизвестным

54 verbrieft → (Recht); ...
55 verbürgen
E guarantee, answer/vouch for
F garantír, répondre de
S garantizar, responder
R гарантировать, обеспечивать/обеспечить

56 Verdienst *m (Einkommen, Gewinn)*
E gain, profit
F gain *m*, profit *m*
S ganancia *f*, provecho *m*
R заработок *m*

57 Verdienst *n (Leistung)*
E merit
F mérite *m*
S mérito *m*
R заслуга *f*

58 (Verdienst); erfinderisches ~
E inventive merit
F mérite inventif
S mérito inventivo, mérito del inventor
R изобретательская заслуга

59 vereiden *(jmdn)*
E put s.o. upon his oath

   F faire prêter serment à qn, as-
      sermenter qn
   S tomar juramento de alguien
   R приводить к присяге кого-л.;
      брать клятву с кого-л.

60 Verein *m*
   E association, society; union
   F association *f*, société *f*; union *f*,
      réunion *f*
   S asociacion *f*, sociedad *f*; unión
      f
   R союз *m*, общество *n*

61 vereinbar
   E compatible
   F compatible
   S compatible
   R совместимый

62 (vereinbar); nicht ~ → **unverein-**
   bar

63 Vereinbarung *f* → *auch* **Abkom-**
   men, Übereinkunft
   E agreement, arrangement
   F accord *m*, arrangement *m*
   S acuerdo *m*, arreglo *m*
   R соглашение *n*

64 Vereinheitlichung *f*
   E unification
   F unification *f*
   S unificación *f*
   R унификация *f*

65 vereinigen → *auch* **verbinden**
   E unite; associate; compile
   F unir; combiner; réunir
   S unir; combinar; reunir
   R соединять / соединить, объ-
      единять / объединить, соче-
      тать, собирать / собрать

66 (vereinigen) *(mit etw.)*
   E join
   F joindre
   S juntar
   R соединять/соединить

67 (vereinigen); Mitteilungen ~
   E compile information
   F réunir des informations
   S reunir informes
   R обобщать сведения

68 Vereinigte Internationale Büros
   zum Schutze des geistigen
   Eigentums
   E United International Bureaux
      for the Protection of Intellec-
      tual Property (BIRPI)
   F Bureaux internationaux réunis
      pour la protection de la pro-
      priété intellectuelle (BIRPI)
   S Oficinas Internacionales Reu-
      nidas para la Protección de la
      Propiedad Intelectual (BIRPI)
   R Объединённые международ-
      ные бюро по охране интел-
      лектуальной собственности
      (БИРПИ)

69 Vereinigung *f*; *Ww* ~ **von**
   Unternehmen
   E association of enterprises
   F association/entente *f* des en-
      treprises
   S asociación *f* de empresas
   R объединение *n* предприятий

70 Verfahren *n (vor Behörden)*
   E proceedings, action
   F procédure *f*, actes *m/pl*; *(ge-*
      richtlich) action *f*
   S procedimiento *m*, acción *f*
   R процедура *f*, действие *n*

71 (Verfahren) *(technisches)*
   E process, method
   F procédé *m*
   S procedimiento *m*
   R способ *m*

72 (Verfahren); einseitiges ~
   E ex parte case
   F procédure unilatérale

    S procedimiento unilateral
    R односторонняя процедура

73 (Verfahren); gerichtliches ~ →
auch Gerichtsverfahren
    E judicial action
    F action (judiciaire)
    S acción/actuación *f* judicial
    R судебный процесс *m*

74 (Verfahren); patentiertes ~
    E patented process/method
    F procédé breveté
    S procedimiento patentado
    R запатентованный способ

75 (Verfahren); vorausgegangenes ~
    E precedent proceedings
    F procédure antérieure
    S procedimiento anterior
    R предшествующая процедура

76 (Verfahren); ~ auf Verfall oder
Zurücknahme eines Patents
    E proceedings for the forfeiture
    or revocation of a patent
    F action en déchéance ou en
    révocation d'un brevet
    S acción de caducidad o de re-
    vocación de una patente
    R процедура по лишению прав
    или аннулированию патен-
    та

77 (Verfahren); ~ in Patentsachen
→ auch Bestimmungen für das
patentrechtliche Verfahren
    E proceedings in patent cases,
    patent proceedings
    F procédure en matière de bre-
    vet
    S procedimiento en materia de
    patentes, tramitación *f* de
    patentes
    R процедура по патентным
    делам

78 (Verfahren); ~ vor dem Patent-
amt
    E proceedings before the patent
    office
    F procédure devant l'office de
    brevets
    S procedimiento ante la oficina
    de patentes
    R процедура в патентном
    ведомстве

79 (Verfahren); ~ wegen Erteilung
einer Zwangslizenz → auch
Zwangslizenzverfahren
    E proceedings for the grant of a
    compulsory licence
    F procédure en concession d'une
    licence obligatoire
    S procedimiento de concesión de
    una licencia obligatoria
    R поцедура/производство по
    выдаче принудительной
    лицензии

80 Verfahrensabschnitt *m*
    E phase of process
    F phase *f* du procédé
    S fase *f* de procedimiento
    R стадия *f* процедуры

81 Verfahrensbestimmungen *f/pl*; ~
beachten
    E comply with the rules of im-
    plementation *GB*; observe the
    rules of practice *US*
    F satisfaire/se conformer aux
    modalités d'exécution
    S cumplir las formalidades
    fijadas en la ley/en el regla-
    mento de la Oficina de Pa-
    tentes de Invención *Arg*
    R соблюдать положения о
    процедуре

82 verfahrensfördernd
    E advancing the proceedings

F avançant la procédure
S promoviendo el procedimiento
R способствующий процедуре

83 Verfahrensführung *f*
E conduct/direction of the proceedings
F conduite *f* de la procédure
S dirección *f*/gestión *f* del procedimiento
R ведение *n* процедуры

84 Verfahrenspartei *f*
E party of the suit
F partie *f* à l'instance
S parte *f* en el proceso/procedimiento
R сторона *f* в процессе

85 Verfahrenspatent *n*
E process patent
F brevet *m* de procédé
S patente *f* de procedimiento
R патент *m* на способ

86 Verfahrenssprache *f EU*
E language of the proceedings
F langue *f* de la procédure
S lengua *f* del procedimiento
R язык *m* процедуры

87 Verfahrensstand *m*
E state/stage of proceedings
F état *m* de la procédure
S estado *m* del procedimiento
R процедурная ситуация *f*

88 Verfahrensverzögerung *f*
E retarding of proceedings
F retardement *m* de la procédure
S retraso *m* del procedimiento
R замедление *n*/задержка *f* процедуры

89 Verfahrensvorschriften *f/pl*
E rules of procedure; Rules of Practice *US*

F dispositions *f/pl* de la procédure
S disposiciones *f/pl* de procedimiento
R правила *n/pl* процедуры

90 Verfall *m*
E forfeiture
F déchéance *f*
S caducidad *f*
R потеря *f* прав

91 (Verfall); ~ des Patents
E forfeiture of the patent
F déchéance du brevet
S caducidad de la patente
R потеря прав на патент

92 verfallen → *auch* ablaufen
E become forfeited, lapse
F tomber en déchéance, déchoir
S caducar
R терять силу, становиться недействительным

93 (verfallen); das empfangene Geschenk verfällt dem Staat
E the gift received shall devolve on the State
F le présent reçu doit échoir à l'État
S el regalo recibido debe recaer al Estado
R полученный подарок переходит к государству

94 (verfallen); ein Muster für ~ erklären
E declare a design lapsed/forfeited
F constater la déchéance d'un dessin
S declarar un dibujo caducado
R объявлять об утрате прав на образец

95 Verfolgung *f*
E prosecution, pursuance

F poursuite *f*, persécution *f*
S persecución *f*, seguimiento *m*
R преследование *n*, предъявление *n* иска

96 (Verfolgung); ~ eines Rechtsanspruchs → Rechtsverfolgung

97 (Verfolgung); strafgerichtliche ~ → Strafverfolgung

98 Verfügung *f* (*Anordnung, Maßnahme*)
E order, provision, disposal, disposition
F prescription *f*, disposition *f*, arrêté *m; (für Einzelfälle auch)*: ordre *m*
S orden *m*, provisión *f*, disposición *f*
R распоряжение *n*, положение *n*

99 (Verfügung); einstweilige ~
E provisional order/injunction, interim/interlocutory/temporary injunction
F mesure *f* provisionnelle, injonction *f* provisoire
S medida *f*/disposición provisional
R временная мера *f*, временное мероприятие *n*

100 Vergabe *f; ~ von Lizenzen
E grant of licences
F accord *m*/cession/concession *f* de licences
S concesión *f* de licencias
R выдача *f* лицензий

101 Vergleich *m; ~ von technischen Lösungen
E comparison of technical solutions
F comparaison *f* des solutions techniques

S comparación *f* de soluciones técnicas
R сопоставление *n* технических решений

102 (Vergleich); ~ zwischen Streitparteien *auch* Prozeßvergleich
E settlement between two parties in a lawsuit, compromise in court
F accommodement *m* entre deux parties litigantes, compromis *m* judiciaire
S transacción *f*/arreglo *m* entre dos partes litigantes
R соглашение *n*, заключённое между двумя спорящими сторонами

103 Vergleichbarkeit *f*
E possibility of comparison
F comparabilité *f*
S comparabilidad *f*
R сравнимость *f*

104 Vergleichsprüfstoffanfrage *f*
E request for comparable references to examiners in charge of other patent classes
F requête *f* en références comparables aux examinateurs chargés d'autres classes de brevets
S demanda *f* de referencias comparables a los examinadores encargados de otras clases de patentes
R затребование *n* сопоставимых материалов от исследователей, проводящих поиск в других классах патентов

105 Vergünstigung *f*
E benefit
F bénéfice *m*

S beneficio *m*
R преимущество *n*

106 (Vergünstigung); zu den ~en dieser Übereinkunft zugelassene Person
E person entitled to the benefits of the present Convention
F personne *f* admise à bénéficier de la présente Convention
S persona *f* que pueda beneficiarse del presente Convenio
R лицо *n*, пользующееся преимуществами настоящей Конвенции

107 Vergütung *f*
E remuneration, compensation, reimbursement
F remboursement *m*, compensation *f*, indemnité *f*
S remuneración *f*, compensación *f*, indemnización *f*
R вознаграждение *n*, возмещение *n*, возмещение *n* убытков

108 (Vergütung); angemessene ~
E reasonable compensation
F indemnité adéquate/équitable
S remuneración adecuada/equitativa
R соответствующее / разумное вознаграждение

109 Vergütungsanspruch *m* (*Forderung*
E claim for award/reimbursement
F revendication *f* de compensation/remboursement
S reivindicación *f* de recompensa/reembolso
R притязание *n* на вознаграждение/возмещение

110 (Vergütungsanspruch) (*Berechtigung*)
E right of award/reimbursement, title to reimbursement
F droit *m* de compensation/remboursement
S derecho *m* de compensación/reembolso
R право *n* на вознаграждение/возмещение

111 Vergütungsnachzahlung *f*
E additional payment of remuneration
F payement *m* additionnel de remboursement
S pago *m* adicional de remuneración
R дополнительная выплата *f* вознаграждения

112 Vergütungsrichtlinien *f/pl*
E directives/guidelines *pl* relating to the award
F directives *f/pl* relatives à la compensation
S directivas *f/pl* relativas a la compensación
R указания *n/pl*/инструкции *f/pl* по вознаграждению

113 Verhalten *n* → (diskriminierend); ..., unlauter; ...., wettbewerbsbeschränkend; ...

114 Verhältnis *n* (*Proportion*)
E proportion
F proportion *f*
S proporción *f*
R пропорция *f*

115 (Verhältnis) (*Beziehung*)
E relation
F relation *f*
S relación *f*
R отношение *n*

116 (Verhältnis); geschäftliche ~e
E business circumstances
F circonstances *f/pl* commerciales
S circunstancias *f/pl* comerciales
R торговые отношения

117 (Verhältnis); tatsächliche ~se
E actual facts, real circumstances
F circonstances effectives/réelles
S circunstancias efectivas/reales
R фактические обстоятельства *n/pl*

118 verhandeln *(vor Gericht)* → *auch* **(Ausbleiben); ...**
E try; hear
F procéder
S celebrar el juicio oral
R слушать

119 (verhandeln) *(geschäftlich)*
E negotiate
F négocier
S negociar
R вести переговоры

120 Verhandlung *f (Verfahrenshandlung)*
E hearing, session, trial
F audience *f*, débats *m/pl*
S debates *m/pl*, audiencia *f*, sesión *f*
R слушание *n*, суд *m*, разбирательство *n*

121 (Verhandlung) *(Unterhandlung)*
E negotiation
F négociation *f*
S negociación *f*
R переговоры *m/pl*

122 (Verhandlung); mündliche ~
E hearing
F audience
S vista *f*, audiencia
R устное разбирательство

123 (Verhandlung); die mündliche ~ führen
E conduct the hearing, preside over the hearing
F diriger la procédure orale
S dirigir la vista
R вести устное разбирательство

124 (Verhandlung); öffentliche ~
E public proceedings
F procédure *f* publique
S debates públicos
R открытое судебное разбирательство

125 (Verhandlung); ohne vorgängige mündliche ~ entscheiden
E decide without a previous hearing
F décider sans procédure orale préalable
S decidir sin previo procedimiento oral
R принимать решение без предварительного слушания

126 verhängen; eine Buße über jmdn ~
E inflict a penalty upon s.o.
F frapper qn d'une sanction pécuniaire, infliger une sanction pécuniaire à qn
S imponer una pena a alguien
R налагать штраф на кого-л.

127 Verhinderung *f*
E prevention
F empêchement *m*
S impedimento *m*
R задержка *f*, препятствие *n*

128 (Verhinderung); dauernde ~
E permanent prevention
F empêchement durable
S impedimento durable

R продолжительная задержка, длящееся препятствие

129 Verhör *n* → *auch* **Vernehmung**
E examination, interrogation
F interrogatoire *m*
S interrogatorio *m*
R допрос *m*

130 verhören → **vernehmen**

131 Verjährung *f*
E limitation, prescription
F prescription *f*
S prescripción *f*
R давность *f*

132 Verkauf *m*
E sale
F vente *f*
S venta *f*
R продажа *f*

133 verkaufen
E sell
F vendre
S vender
R продавать/продать

134 Verkaufsstelle *f*
E stand, stall
F boutique *f*, magasin *m*, poste *m* de vente, stand *m*
S tienda *f*, almacén *m*
R торговая точка *f*, магазин *m*

135 (Verkausstelle); unselbständige ~ eines Geschäftsbetriebs → **Filiale**

136 Verkehr *m* *(Handelsverkehr)*
E commerce, trade; traffic
F commerce *m*; circulation *f*; trafic *m*
S comercio *m*; circulación *f*
R торговля *f*, оборот *m*

137 (Verkehr) *(persönlicher Kontakt, Verbindung)*
E relations *pl*, communication
F relation *f*; communication *f*

S relación *f*; comunicación *f*
R отношение *n*, связь *f*, контакт *m*

138 (Verkehr) *(Transport)*
E traffic, communication
F service *m*; communication
S servicio *m*; comunicación, tráfico *m*
R коммуникация *f*, движение *n*

139 (Verkehr); unmittelbarer ~ zwischen Rechercheur und Patentsucher findet nicht statt
E there shall be no direct communication between searcher and applicant
F il n'y aura pas une relation directe entre le chercheur et le demandeur
S no tiene lugar una relación directa entre el examinador y el solicitante
R между экспертом и заявителем прямого контакта нет

140 (Verkehr); Waren in ~ setzen
E place goods on the market
F mettre des produits en circulation/sur le marché, commercialiser des produits
S poner mercancías en circulación
R пускать товары в оборот

141 Verkehrsgepflogenheiten *f/pl* *(im Handel)*
E practices of trade
F habitudes *f/pl* du commerce, usages *m/pl* commerciaux
S costumbres *f/pl* del comercio
R торговые обычаи *m/pl*

142 (Verkehrsgepflogenheiten); ständige ~
E established practices of the trade

F habitudes constantes du commerce, usages établis
S costumbres constantes del comercio
R установившиеся торговые обычаи

143 Verkehrskreis *m*
E trade circle, circle of users
F milieu *m* commercial
S medio *m* comercial
R торговые круги *m/pl*

144 verklagen
E sue, bring an action against s.o.
F poursuivre, intenter une action contre qn
S demandar, presentar una acción contra alguien
R возбудить иск, представлять иск

145 verkörpern
E embody, represent
F représenter
S representar
R воплощать/воплотить

146 (verkörpern); eine Erfindung ~
E embody/represent an invention
F représenter une invention
S representar una invención
R воплощать изобретение

147 Verkündung *f;* **~ des Urteils**
E pronouncing of the judgement
F prononciation *f* du jugement
S pronunciamiento *m*/lectura *f* de la sentencia/del fallo (en audiencia pública)
R объявление *n* решения/приговора

148 Verlag *m* *(Unternehmen)*
E publishers *pl,* publishing house/company

F maison *f* d'édition
S editorial *f,* casa *f* editorial
R издательство *n*

149 Verlagserzeugnis *n*
E publishers' product
F produit *m* d'une maison d'édition
S producto *m* de una casa editorial
R продукция *f* издательства

150 Verlagsrecht *n* *(Rechtsgebiet)*
E legislation on publishing right
F réglementation *f* des contrats d'édition
S legislación *f* editorial
R издательское право *n*

151 Verlagsunternehmen *n* → **Verlag**

152 verlangen → **(Entschädigung); ..., (Nachweis); ..., (Übertragung); ...**

153 verlängern *(zeitlich)*
E prolong, extend
F prolonger, proroger
S prolongar, prorrogar
R продлевать / продлить, отсрочивать / отсрочить

154 Verlängerung *(der Schutzdauer von Patenten, Mustern)*
E extension, prolongation
F prolongation *f,* prorogation *f*
S prórroga *f*
R продление *n*

155 (Verlängerung) *(von Mustern, Warenzeichen)*
E renewal
F renouvellement *m*
S renovación *f*
R продление

156 (Verlängerung); ~ der Schutzdauer wegen Kriegsverluste
E extension of the term of the patent on ground of war loss

F prolongation de la durée du brevet à cause des pertes occasionnées par la guerre
S prórroga de la duración de la patente por causa de pérdida de guerra
R продление срока охраны из--за военных убытков

157 Verlängerungsgebühr *f*
E prolongation/renewal fee
F taxe *f* de prolongation/renouvellement
S derecho *m* de prórroga/renovación
R пошлина *f* за продление

158 Verlängerungsgesuch *n*
E application for prolongation
F demande *f* de prorogation
S solicitud *f* de prórroga
R ходатайство *n* о продлении

159 verleihen; jmdm ein Recht ~
E vest a right in a person *US*
F accorder un droit à qn
S conceder un derecho a alguien
R присваивать право кому-л.

160 Verlesung *f;* ~ **der Entscheidungsgründe**
E reading of the grounds for the decision
F lecture *f* des considérants de l'arrêt
S lectura *f* de los considerandos de la decisión
R оглашение *n* обоснования решения/постановления

161 verletzen; ein Gesetz ~
E break/violate a law
F violer la loi
S violar la ley
R нарушать закон

162 (verletzen); ein Patent ~
E infringe a patent
F porter atteinte à un brevet
S violar una patente
R нарушать право на патент

163 (verletzen); Vorschriften ~
E offend against the regulations
F violer le règlement
S ofender/violar el reglamento, contravenir a las disposiciones
R нарушать правила, несоблюдать указания

164 Verletzer *m*
E offender
F offenseur *m*, personne *f* qui viole/a violé qc
S violador *m;* ofensor *m*
R нарушитель *m*

165 Verletzte *m/f*
E injured party/person
F partie/personne *f* lésée, lésé *m*, lésée *f*
S persona *f*/parte *f* agraviada/lesionada
R потерпевший *m*

166 Verletzung *f;* ~ **des Gesetzes**
E breach of law
F violation *f* de la loi, infraction *f* aux lois
S violación *f* de la ley, infracción *f* a la ley
R нарушение *n* закона

167 Verletzungsprozeß *m* → **Patentverletzungsstreit**

168 (Verletzungsprozeß); Aussetzung eines Verletzungsprozesses wegen einer gleichzeitig anhängigen Nichtigkeitsklage
E suspension of an infringement litigation with regard to a co-pending action for revocation
F suspension d'une affaire en contrefaçon à cause d'une action pendante en nullité

S suspensión de un pleito de usurpación a causa de una acción de nulidad simultáneamente pendiente

R приостановление *n* процесса о нарушении вследствие подачи иска о признании недействительности

169 Verlosung *f Ww*

E lottery, raffle

F tirage *m* (au sort), loterie *f*

S sorteo *m*, lotería *f*, rifa *f*

R розыгрыш *m* лотереи, жеребьёвка *f*

170 Verlust *m;* ~ **des Prioritätsrechts**

E loss of the right of priority

F perte *f* du droit de priorité

S pérdida *f* del derecho de prioridad

R потеря *f* прав на приоритет

171 (Verlust); ~ **der (bürgerlichen) Ehrenrechte**

E loss of civil/civic rights

F perte des droits civils

S privación *f* de los derechos cívicos

R поражение *n* в гражданских правах

172 Vermächtnisnehmer *m*

E legatee

F légataire *m/f*

S legatario *m*

R легатарий *m*

173 Vermehrer *m Ss*

E person dealing with the propagation of plants

F personne *f* s'occupant de la propagation des végétaux

S persona *f* que se ocupa de la propagación/del cultivo de plantas/vegetales

R лицо *n*, занимающееся размножением/разведением растений

174 Vermehrungsmaterial *n Ss*

E propagating material; reproductive material *GB*

F matériel *m* de reproduction / de multiplication végétative

S material *m* de reproducción/de multiplicación vegetativa

R материал *m* (для) размножения

175 (Vermehrungsmaterial); generatives ~ *Ss*

E reproductive material

F matériel de reproduction végétative

S material de reproducción vegetativa

R материал (для) воспроизводства

176 (Vermehrungsmaterial); vegetatives ~ *Ss*

E vegetative material

F matériel de multiplication végétative

S material de multiplicación vegetativa

R материал (для) вегетативного размножения

177 Vermehrungssystem *n Ss;* **übliches** ~

E normal manner of reproduction/multiplication

F système *m* habituel de reproduction/multiplication

S sistema *m* acostumbrado de reproducción/multiplicación

R обычная система *f* воспроизводства или размножения

178 Vermehrungszweck *m Ss*
E propagation purpose
F but *m*/fin *f* de multiplication
S finalidad *f* de multiplicación
R цель *f* размножения/разведения

179 vermeintlich; ~er Erfinder
E presumed inventor
F inventeur *m* présumé
S inventor *m* supuesto
R предполагаемый изобретатель *m*

180 Vermerk *m*
E mention
F mention *f*
S mención *f*
R отметка *f;* заметка *f*

181 (Vermerk); eingetragener ~ *auch* **Rubrum**
E note, entry
F notation *f,* annotation *f,* mention
S anotación *f*
R запись *f,* примечание *n*

182 (Vermerk); ~ auf der Rückseite *auch* **Indossament**
E endorsement, indorsement
F endossement *m*
S endoso *m*
R передаточная надпись *f,* индоссо *n*

183 vermerken → (Änderung); …
184 Vermittlung *f*
E intermediary, medium, mediation
F intermédiaire *m,* entremise *f,* médiation *f*
S mediación *f*
R посредничество *n*

185 (Vermittlung); Beweise können durch ~ des Patentgerichts erhoben werden

E evidence may be taken through the medium/intermediary of the Patent Court
F l'administration des preuves peut se faire par l'entremise du Tribunal de brevets
S pruebas pueden ser realizadas por el vía del Tribunal de Patentes
R доказательства могут быть получены через Патентный суд

186 (Vermittlung); durch ~ des Internationalen Büros mitgeteilte Daten
E data communicated through the International Bureau
F données communiquées par l'intermédiaire du Bureau international
S datos comunicados mediante la Oficina Internacional
R данные, сообщаемые через Международное бюро

187 Vermögensgegenstand *m*
E assets *pl*
F biens *m/pl*
S bienes *m/pl*
R имущество *n*

188 Vermögensschaden *m* → **Schaden**
189 Vermutung *f;* **gesetzliche ~**
E legal presumption
F présomption *f* légale
S presunción *f* legal
R законная презумпция *f*

190 (Vermutung); ~ der Gültigkeit *(des Patents)* **US**
E presumption of validity
F présomption de la validité
S presunción de la validez
R презумпция действительности

191 vernehmen
  E examine, interrogate
  F interroger, questionner
  S interrogar, examinar, oír
  R допрашивать/допросить
192 (vernehmen); eidlich ~
  E examine under oath
  F interroger sous serment
  S interrogar bajo juramento
  R под присягой допрашивать
193 (vernehmen) → (Zeugen); ...
194 Vernehmung f → *auch* **Verhör**
  E examination, hearing
  F audition f, interrogatoire m
  S audición f, interrogatorio m
  R слушание n, допрос m, заслушивание n
195 (Vernehmung); ~ der Zeugen *auch* **Einvernahme der Zeugen** CH, Ö
  E examination/hearing of witnesses
  F interrogatoire/audition des témoins
  S examen m de testigos
  R слушание/опрос m свидетелей
196 verneinen
  E answer in the negative, deny
  F nier, dénier
  S negar
  R отрицать
197 (verneinen); die Patentfähigkeit kann wegen... nicht verneint werden
  E patentability shall not be negatived by...
  F la brevetabilité ne peut être déniée à cause de...
  S la patentabilidad no puede ser negada por...
  R патентоспособность не может отрицаться из-за...
198 (verneinen); wird die Übereinstimmung von Warenzeichen verneint,...
  E if the trademarks are not found to be analogous
  F s'il est décidé que les marques ne sont pas analogues
  S si las marcas no son consideradas de ser análogas
  R если знаки не признаны аналогичными
199 vernichten
  E destroy
  F détruire
  S destruir
  R уничтожать/уничтожить
200 (vernichten); nicht zurückverlangte Muster werden vernichtet
  E unclaimed designs shall be destroyed
  F les dessins non réclamés seront détruits
  S dibujos no reclamados serán destruidos
  R образцы, не истребованные обратно, будут уничтожены
201 Vernommene m/f
  E person examined
  F personne f interrogée
  S persona f examinada
  R допрашиванное лицо n
202 veröffentlichen
  E publish
  F publier
  S publicar
  R публиковать
203 Veröffentlichung f
  E publication
  F publication f

S publicación *f*
R опубликование *n*, публикация *f*

204 verordnen
E order, decree
F ordonner, décréter
S ordenar, decretar
R приказывать / приказать, постановлять / постановить

205 Verordnung *f*
E order, decree, regulation
F ordonnance *f*, décret *m*, règlement *m*
S orden *m*, decreto *m*, ordenanza *f*
R постановление *n*

206 Verpackung *f*
E packing
F emballage *m*
S embalaje *m*
R упаковка *f*

207 verpfänden
E pawn, pledge
F mettre en gage, engager
S empeñar, dar en prenda
R отдавать в залог, закладывать/заложить

208 Verpfändung *f*
E pledging
F engagement *m*, mise *f* en gage, nantissement *m*
S pignoración *f*, empeño *m*
R закладывание *n*

209 verpflichten
E engage, oblige
F engager, obliger
S obligar, comprometer
R обязывать/обязать

210 (verpflichten); der Anmelder ist verpflichtet, das Aktenzeichen der Hinterlegung anzugeben
E the applicant shall be required to specify the number of the application
F le demandeur sera tenu d'indiquer le numéro du dépôt
S el solicitante estará obligado a indicar el número del depósito
R заявитель должен указать номер заявки

211 Verpflichtete *m/f*
E obligor, obligant
F obligé *m*, obligée *f*
S obligado *m*, obligada *f*
R обязанный *m*

212 Verpflichtung *f*
E obligation, engagement, liability
F obligation *f*, engagement *m*
S obligación *f*
R обязательство *n*

213 (Verpflichtung); ∼en eingehen
E incur liabilities
F prendre un engagement
S contraer una obligación
R брать на себя обязательства

214 (Verpflichtung); einer ∼nachkommen
E meet an obligation
F remplir une obligation
S cumplir con una obligación
R выполнять обязательство

215 (Verpflichtung) → abnehmen; . . .

216 versagen; die Zwangslizenz wird versagt
E the compulsory licence shall be refused
F la licence obligatoire sera refusée
S la licencia obligatoria será rechazada
R в выдаче принудительной лицензии будет отказано

217 Versagungsbeschluß *m*
 E refusal, rejection
 F refus *m*, déni *m*
 S negativa *f*, resolución *f* denegatoria
 R решение *n* об отказе

218 versäumen; wird die Frist versäumt...
 E if the period has lapsed...
 F lorsque le délai n'a pas été observé...
 S si no observaron el plazo...
 R в случае несоблюдения срока...

219 Versäumnis *n;* **~ einer Frist**
 E non-observance of a term
 F inobservance *f* d'un délai
 S no observación/inobservancia *f* de un plazo
 R несоблюдение *n* срока

220 verschieben → hinausschieben

221 Verschiedene *m/f auch* **Verstorbene**
 E deceased
 F défunt *m*
 S difunto *m*
 R покойник *m*

222 verschoben → (Prüfung); ...

223 Verschulden *n;* **durch grobes ~ veranlaßte Kosten**
 E costs arising through gross negligence
 F frais *m/pl* provoqués par une faute lourde
 S gastos *m/pl* provocados por una falta enorme
 R расходы *m/pl/*издержки *f/pl,* вызванные грубой небрежностью *f*

224 versehen; ~ mit etwas
 E furnish/supply/provide with s.th.

 F munir/pourvoir de qc
 S abastecer/proveer de algo
 R снабжать чем-л.

225 (versehen); mit Zeichen ~e Erzeugnisse
 E goods bearing a trademark
 F produits munis d'une/portant une marque
 S productos que llevan una marca
 R изделия, снабжённые товарным знаком

226 Versehen *n;* **aus ~** *auch* **versehentlich**
 E through error, by mistake
 F par mégarde/inadvertance/erreur
 S por inadvertencia/descuido
 R по ошибке

227 Versicherung *f*
 E assurance, insurance
 F assurance *f*
 S seguro *m*
 R страхование *n*

228 Versicherungsanstalt *f*
 E insurance institute
 F assurance *f*
 S organismo *m* asegurador
 R страховое учреждение *n*

229 Versicherungsunternehmung *f*
 E insurance company/office
 F compagnie *f* d'assurance
 S compañía *f* aseguradora
 R страховая компания *f,* страховое общество *n*

230 versiegeln
 E seal up, seal
 F cacheter, *(gerichtlich)* sceller
 S sellar, lacrar
 R запечатывать/запечатать

231 (versiegeln); versiegelt hinterlegen
 E deposit under sealed cover

F opérer un dépôt sous pli cacheté
S efectuar un depósito en pliego sellado
R подавать/депонировать в запечатанном виде

232 verspätet; ~ eingereichte Zeichnungen *EU*
E late-filed drawings
F dessins déposés tardivement
S dibujos depositados tardíamente
R чертежа, поданные просроченными

233 Verspätung *f*
E delay
F retard *m*, retardement *m*
S retraso *m*
R просрочка *f*

234 (Verspätung); ~ der Zahlung
E delayed payment
F retard de paiement
S retraso del pago
R просрочка уплаты/платежа

235 Verspätungsgebühr *f*
E surcharge for late/delayed payment
F surtaxe *f* de retard
S sobretasa *f* de retraso
R добавочный сбор *m* за просрочку

236 Verständigung *f (Mitteilung)*
E notification, notice
F avis *m*, notification *f*
S notificación *f*
R уведомление *n*

237 (Verständigung) *(Übereinkunft)*
E agreement, arrangement, understanding
F accord *m*, entente *f*
S acuerdo *m*, entendimiento *m*
R соглашение *n*, понимание *n*

238 Verstorbene *m/f* → **Verschiedene**
239 Verstoß *m* → *auch* **Verletzung, Zuwiderhandlung**
E offence; offense
F faute *f*; infraction *f*
S falta *f*; contravención *f*; infracción *f*, transgresión *f*
R нарушение *n*

240 verstreichen; fünf Jahre sind verstrichen seit...
E five years have elapsed since...
F cinq ans se sont écoulés depuis...
S pasaron cinco años desde que...
R прошло пять лет с тех пор, как...

241 Versuch *m (Experiment)*
E experiment
F expérience *f*
S experimento *m*, experiencia *f*
R опыт *m*, эксперимент *m*

242 (Versuch) *(unvollendete Handlung)*
E attempt, trial
F essai *m*, tentative *f*
S tentativa *f*, intento *m*
R попытка *f*; покушение *n*

243 (Versuch); ~e anstellen
E make experiments
F faire des expériences
S hacer experimentos
R предпринимать попытки

244 vertagen → *auch* **aussetzen**
E adjourn
F ajourner
S prorrogar, aplazar
R отсрочивать/отсрочить, отлагать/отложить

245 Vertagung *f;* ~ **auf unbestimmte Zeit**

E adjournment sine die, indefinite postponement
F ajournement *m* indéfini
S aplazamiento *m* indefinido
R отсрочка *f* на неопределённое время

246 Verteidiger *m*
E advocate, defender
F avocat *m* plaidant, défenseur *m*
S defensor *m*, abogado *m* defensor
R защитник *m*, адвокат *m*

247 Verteidigung *f*
E defense
F défense *f*
S defensa *f*
R защита *f*

248 (Verteidigung); nationale ~
E national defense
F défense nationale
S defensa nacional
R оборона *f* страны/родины

249 (Verteidigung); ~ von Schutzrechten
E defense of protective rights
F défense des droits protectifs
S defensa de los derechos de protección
R защита охранных прав

250 Verteidigungsgründe *m/pl;* **aus ~n**
E for reasons of national defense
F pour des motifs de défense nationale
S por motivos de defensa nacional
R по мотивам безопаспости государства

251 Verteiler *m Ww;* **~ von Drucksachen**
E distributor of printed matters
F distributeur *m* des imprimés
S distribuidor *m* de impresos
R лицо *n*, распределяющее/распространяющее печатные материалы

252 Vertrag *m*
E contract, treaty
F contrat *m*, traité *m*
S contrato *m*, tratado *m*
R договор *m*, контракт *m*

253 (Vertrag); außergerichtlicher ~
E simple contract
F acte *m* sous seing privé
S contrato simple/extrajudicial
R частный неподсудный договор, внесудебный контракт

254 (Vertrag); einseitiger ~
E unilateral contract
F contrat unilatéral
S contrato unilateral
R односторонний договор

255 (Vertrag); privatschriftlich ausgefertigter ~
E simple contract
F acte sous seing privé
S documento *m* privado
R частный договор

256 Vertrag über die internationale Zusammenarbeit auf dem Gebiet des Patentwesens
E Patent Cooperation Treaty *(PCT)*
F Traité de coopération en matière de brevets
S Tratado de Cooperación en Materia de Patentes
R Договор о патентной кооперации

257 Vertragsbedingung *f*
E term of agreement/contract
F condition *f* de l'accord/du contrat

S condición *f* del contrato
R условие *n* договора

258 Vertragsbeteiligte *m/f*
E contracting party/partner
F partie *f* contractante
S parte *f* contratante
R договаривающаяся сторона
f

259 vertragschließend
E contracting
F contractant
S contratante
R договаривающийся

260 Vertragsgegner *m (der andere Vertragspartner)* → **Vertragspartei**

261 Vertragspartei *f auch* **Vertragspartner**
E party, contracting party/partner, party to the contract
F partie *f* (contractante)
S parte *f* (contratante)
R сторона *f* (в договоре), контрагент *m*

262 Vertragsverhältnis *n*
E contractual relationship
F relation *f* contractuelle
S relación *f* contractual
R договорные отношения *n/pl*

263 Vertrauen *n*
E confidence
F confiance *f*
S confianza *f*
R доверие *n*

264 vertraulich; Patentanmeldungen sollen ~ behandelt werden
E applications for patents shall be kept in confidence
F les demandes de brevet seront tenues en confidence

S las solicitudes de patentes serán tratadas confidencialmente
R заявки на патенты рассматриваются конфиденциально

265 vertreten
E represent
F représenter
S representar
R представлять/представить

266 Vertreter *m (Bevollmächtigte)*
E representative, agent
F représentant *m*, agent *m*
S representante *m*, agente *m*
R представитель *m*, поверенный *m*

267 (Vertreter) *(Stellvertreter)*
E substitute
F suppléant *m*
S suplente *m*, sustituto *m*
R заместитель *m*

268 (Vertreter); gemeinsamer ~ *EU*
E common representative
F représentant commun
S representante común
R совместный представитель

269 (Vertreter); gesetzlicher ~
E legal representative
F représentant constitué (légalement)
S representante legal
R законный представитель

270 (Vertreter); ständiger ~ *(Stellvertreter)*
E permanent substitute
F suppléant permanent
S suplente permanente
R постоянный заместитель

271 (Vertreter); zeitweiliger ~
E temporary substitute
F suppléant provisoire
S suplente temporal
R временный заместитель

272 (Vertreter); ~ einer Amtsperson
E substitute of an official
F suppléant d'un fonctionnaire
S sustituto de un funcionario
R заместитель должностного лица

273 (Vertreter); ~ einer Partei
E representative of a party
F représentant d'une partie
S representante de una parte
R представитель стороны

274 (Vertreter); das zum regelmäßigen ~ bestellte Mitglied des Senats
E the member of the Chamber appointed as regular substitute
F le membre de la chambre désigné comme suppléant régulier
S el miembro de la Sala designado como sustituto regular
R член сената, назначенный постоянным заместителем

275 (Vertreter) → (entheben); ...

276 Vertretung f *(Repräsentation)*
E representation
F représentation f
S representación f
R представительство n

277 (Vertretung) *(Stellvertretung)*
E substitution
F suppléance f
S sustitución f, substitución f
R замещение n

278 (Vertretung); ~ vor Behörden
E representation before authorities
F représentation devant des autorités
S representación ante autoridades

R представительство перед официальными учреждениями

279 (Vertretung); in ~ *auch* **i. V.**
E acting for..., for...
F pour...
S por..., en reemplazo
R за...

280 Vertretungsbefugnis f
E authorization to represent
F habilitation f à agir comme représentant
S derecho m/facultad f de representación
R право n на представительство

281 Vertretungstätigkeit f *auch* **Vertretungsgeschäft** n
E representation activity
F activité f de représentation
S actividad f de representación
R деятельность f в качестве представителя

282 Vertretungsvollmacht f
E power to represent
F pouvoir m de représenter
S poder m de representar
R доверенность f представителя

283 Vertrieb m; **der ~ des patentierten Produkts**
E the sale of the patented product
F la vente du produit breveté
S la venta del producto patentado
R продажа f запатентованного изделия

284 Vertriebseinrichtung f Ww
E sales establishment
F établissement m de vente
S establecimiento m de venta

   R организация *f*, занимающаяся сбытом

285 Verurteilte *m/f (i. allg.)*
E *(Strafprozeß)* party sentenced; *(Zivilprozeß)* party condemned
F condamné *m*, comdemnée *f*
S sentenciado *m*, sentenciada *f*; condenado *m*, condenada *f*
R *(Strafprozeß)* осуждённый *m*, *(Zivilprozeß)* ответчик *m*, проигравший процесс

286 Verurteilung *f (i. allg.)*
E *(strafrechtl.)* sentence; *(zivilrechtl.)* condemnation
F condamnation *f*
S condenación *f*, condena *f*
R *(strafrechtl.)* осуждение *n*, обвинительный приговор *m*; *(zivilrechtl.)* присуждение *n*

287 Vervielfältigung *f*
E reproduction
F reproduction *f*
S reproducción *f*
R воспроизведение *n*, размножение *n*

288 vervollkommnen
E improve, perfect
F perfectionner
S perfeccionar
R усовершенствовать

289 Vervollkommnung *f*
E improvement
F perfectionnement *m*
S perfeccionamiento *m*
R усовершенствование *n*

290 verwahrend → **(Beschlagnahme)**; …

291 Verwahrung *f (Treuhänderschaft)*
E keeping, custody
F garde *f*

S guarda *f*, custodia *f*
R сохранение *n*

292 (Verwahrung) *(Vorbehalt)*
E reservation
F réserve *f*
S reserva *f*
R оговорка *f*

293 (Verwahrung) *(Einspruch)*
E protest
F protestation *f*, opposition *f*
S protesta *f*
R протест *m*

294 (Verwahrung); ~ **einlegen**
E enter a protest
F protester, former une protestation, déposer sa protestation
S protestar, elevar una protesta
R опротестовывать / опротестовать, заявлять протест

295 (Verwahrung); **unter** ~ **meiner Rechte** → *auch* **Vorbehalt**
E with reservation of my rights
F sous la réserve de mes droits
S con reservación de mis derechos
R с сохранением моих прав

296 Verwahrungsstelle *f*; ~ **der Klassifikation der Waren und Dienstleistungen**
E depository of the classification of goods and services
F dépositaire *m* de la classification des produits et des services
S depositario *m* de la clasificación de los productos y servicios
R депозитарий *m*/место *n* хранения классификатора изделий и услуг

297 Verwaltung *f*
E administration
F administration *f*
S administración *f*
R администрация *f*

298 Verwaltungsbehörde *f*
E administrative authority
F autorité *f* administrative
S autoridad *f* administrativa
R административный орган *m*

299 Verwaltungsgebühren *f/pl* → **Verwaltungskosten**

300 Verwaltungskonferenz *f*
E administrative conference
F conférence *f* administrative
S conferencia *f* administrativa
R административная конференция *f*

301 Verwaltungskosten *pl*
E administrative fees *pl*
F taxes *f/pl* administratives
S derechos *m/pl* de administración
R административные расходы *m/pl/*пошлины *f/pl*

302 Verwaltungsrat *m*
E counsel of administration; Administrative Council *EU*
F conseil *m* d'administration
S consejo *m* de administración
R административный совет *m*

303 Verwaltungssache *f*
E administrative case
F affaire/cause *f* administrative
S causa *f* administrativa
R административное дело *n*

304 Verwaltungsverfahren *n*
E administrative procedure
F procédure *f* administrative
S procedimiento *m* administrativo

R административная процедура *f*

305 Verwaltungszustellungsgesetz *n*
E law on service in administrative procedure
F loi *f* sur les significations administratives
S ley *f* sobre las notificaciones administrativas
R закон *m* о порядке вручения официальных документов

306 verwarnen
E caution, admonish, warn
F avertir
S reprender
R делать замечание, предупреждать/предупредить

307 Verwarnung *f (Verweis)*
E caution, reprimand
F réprimande *f*
S reprensión *f*
R предупреждение *n*

308 (Verwarnung) *(Warnung)*
E warning
F avertissement *m*
S amonestación *f*
R предупреждение

309 Verwechslung *f*
E confusion
F confusion *f*
S confusión *f*
R смешение *n*, путаница *f*

310 verwechslungsfähig
E liable to create confusion
F susceptible de créer une confusion
S susceptible de crear una confusión
R способный ввести в заблуждение

311 (verwechslungsfähig) → **(Abbildung); . . .**

312 **verweigern**
E refuse
F refuser
S denegar, rehusar
R отклонять/отклонить, отказываться/отказаться

313 **(verweigern); der Beklagte kann
die Verhandlung zur Hauptsache ~**
E the defendant may refuse to be
heard on the main point
F le défendeur peut refuser d'être
examiné sur le fond/en
substance
S el demandado puede rehusar
de ser examinado/oído en el
fondo del pleito
R ответчик может отказаться
от рассмотрения основного
вопроса

314 **verweisen; einen Rechtsstreit an
ein anderes Gericht ~**
E transfer a case to another
court
F renvoyer un litige à un autre
tribunal
S remitir un litigio a un otro
tribunal
R передать правовой спор в
другой суд

315 **verwenden**
E apply, employ, use
F appliquer, employer, utiliser
S aplicar, emplear, utilizar
R применять/применить, использовать

316 **Verwendung** *f*
E use, application, employment
F usage *m*, application *f*, emploi
m
S uso *m*, aplicación *f*, utilización
f, empleo *m*

R использование *n*, применение *n*

317 **Verwendungsanspruch** *m*
E claim relating to an application
F revendication *f* concernant
une application
S reivindacación *f* tocante a una
aplicación
R формула, *f* относящаяся к
применению

318 **Verwendungsart** *f*
E manner/method of application
F manière *f*/méthode *f*/mode *m*
d'application
S manera *f*/método *m* de
aplicación
R способ *m*/метод *m* применения

319 **verwerfen**
E dismiss, overrule, reject
F rejeter, repousser, récuser
S rechazar, rehusar, recusar
R отклонять / отклонить, отказывать / отказать

320 **(verwerfen); eine Beschwerde als
unzulässig ~**
E dismiss an appeal as inadmissible
F rejeter un recours comme
irrecevable
S rehusar un recurso como
inadmisible
R отклонять жалобу как недопустимую

321 **(verwerfen) → (Einwand); ...,
(Klage); ...**

322 **Verwerfung** *f; ~ einer Gesetzvorlage*
E rejection of a bill
F rejet *m* d'un projet de loi

S rechazamiento *m* de un proyecto de ley
R отклонение *n* законопроекта

323 (Verwerfung); bei Strafe der ~ der Stellungnahme
E on pain of inadmissibility of the comments
F sous peine d'irrecevabilité des observations
S so pena de inadmisibilidad de las observaciones
R под угрозой отклонения замечаний

324 Verwertbarkeit *f*
E usefulness, possibility of exploitation
F utilité *f*, possibilité *f* d'exploiter
S utilidad *f*, posibilidad *f* de explotar
R применимость *f*, возможность *f* использования

325 (Verwertbarkeit); wirtschaftliche ~
E economic usefulness
F utilité économique
S utilidad económica
R промышленная применимость

326 Verwertung *f*
E utilization
F exploitation *f*, utilisation *f*
S explotación *f*
R использование *n*

327 (Verwertung); gewerbliche ~
E industrial use/application
F exploitation industrielle
S explotación industrial
R промышленное использование

328 Verwertungsgesellschaft *f*
E sales company, selling/marketing organization
F compagnie *f* de vente
S compañía *f* de venta
R общество *n* (*компания*) по сбыту

329 Verwertungsverbot *n*; ~e sind nicht patenthindernd
E the prohibition to sell the patented product shall not bar the patentability
F la défense *f* de la vente du produit breveté ne fera pas d'obstacle à la brevetabilité
S la prohibición *f* de la venta del producto patentado no impide la patentabilidad
R запрет *m* применения не препятствует патентованию

330 verwirken; der Anspruch wird verwirkt
E the claim shall be forfeited
F le droit s'éteint
S el derecho se extingue/caduca
R притязание теряет силу

331 verwirklichen (*eine Erfindung*) *auch* **realisieren**
E reduce into/to practice, realize
F mettre en œuvre, réaliser
S poner en práctica, realizar
R осуществлять/осуществить

332 Verwirklichung *f* (*einer Erfindung*)
E putting into practice, realization
F mise *f* en œuvre, réalisation *f*
S puesta *f* en práctica, realización *f*
R осуществление *n*

333 (Verwirklichung) → **(Mittel); ...**
334 Verzeichnis *n*
E list
F liste *f*

S lista *f*
R список *m*, перечень *m*

335 Verzicht *m*
E renunciation, abandonment
F renonciation *f*, désistement *m*
S renuncia *f*
R отказ *m*

336 (Verzicht); ~ auf einen Patent-anspruch
E disclaimer
F renonciation à une revendication
S renuncia a una reivindicación
R отказ от пункта формулы

337 verzichten
E renounce, waive; surrender
F renoncer, se désister
S renunciar, desistir
R отказываться/отказаться

338 Verzichtsvollmacht *f;* **besondere ~**
E special power (of attorney) for renunciation
F pouvoir *m* spécial de renonciation
S poder *m* especial de renuncia
R специальное полномочие *n* на отказ от прав

339 verzierend
E ornamental
F ornemental
S ornamental
R орнаментальный, украшательский

340 verzögern
E delay, retard
F retarder
S retardar, demorar
R замедлять/замедлить

341 Verzug *m*
E delay
F demeure *f*

S demora *f*
R просрочка *f*

342 Vieldeutigkeit *f*
E ambiguity, · multiplicity of meanings
F ambiguïté *f*
S ambigüedad *f*
R многозначность *f*

343 Völkerrecht *n*
E international law, law of nations
F droit *m* international
S derecho *m* de gentes/internacional
R международное право *n*

344 Vollendung *f (i. allg.)*
E finishing, achievement
F achèvement *m*, accomplissement *m*
S conclusión *f*, acabamiento *m*
R окончание *n*

345 (Vollendung) *(einer Straftat)*
E consummation, completion
F consommation *f*
S consumación *f*
R совершение *n*

346 (Vollendung); ~ der Verjährung
E expiration of the term of limitation
F expiration *f* du délai de prescription
S expiración *f* del plazo de prescripción
R истечение *n* срока давности

347 volljährig → majorenn

348 Vollmacht *f*
E power
F pouvoir *m*, pouvoirs *pl*
S poder *m*, plenos poderes
R полномочие *n*, доверенность *f*

349 vollständig
E *adj* complete; *adv* completely, wholly
F *adj* complet; *adv* complètement, en tout
S *adj* total; *adv* totalmente, en todo
R *adj* полный; *adv* полно

350 vollstreckbar
E executable
F exécutoire
S ejecutorio, ejecutable
R исполнимый

351 Vollzugsbestimmungen *f/pl;* ~ **zum Vertrag über die internationale Zusammenarbeit auf dem Gebiet des Patentwesens**
E Regulations under the Patent Cooperation Treaty
F Règlement *m* d'exécution du Traité de coopération en matière de brevets
S Reglamento *m* de ejecución del Tratado de Cooperación en Materia de Patentes
R Инструкция *f* к Договору о патентной кооперации

352 Vorabgesetz *n*
E transitory law
F loi *f* transitoire
S ley *f* transitoria
R переходный закон *m*

353 Voranmeldung *f*
E earlier application
F demande *f* antérieure, dépôt *m* antérieur
S depósito *m*/solicitud *f* anterior
R предшествующая заявка *f*

354 vorausdatieren *auch* **vordatieren**
E antedate
F antidater
S antedatar
R помечать задним числом

355 Voraussetzung *f* (*Annahme*)
E supposition
F supposition *f*
S suposición *f*
R предположение *n*

356 (Voraussetzung) *(Bedingung)*
E condition, requirement
F condition *f*
S condición *f*
R условие *n*

357 (Voraussetzung) *(Vorbehalt)*
E reservation
F réserve *f*
S reserva *f*
R оговорка *f*

358 (Voraussetzung); unter den ~**en des Absatzes (1)**
E subject to the reservations of paragraph (1)
F sous les réserves de l'alinéa (1)
S con las reservas del párrafo (1)
R при наличии условий, предусмотренных в абзаце (1)

359 (Voraussetzung); die ~**en des § 10 sind nicht gegeben**
E the requirements of Article 10 are not met
F les conditions prévues à l'article 10 ne sont pas remplies
S las condiciones previstas en el artículo 10 no se cumplen
R условия, предусмотренные статьёй 10 не удовлетворяются

360 Vorbehalt *m*
E reservation
F réserve *f*
S reserva *f*
R оговорка *f*

361 (Vorbehalt); unter ~ dieses Artikels
E subject to the reservations indicated in the present Article
F sous les réserves indiquées au présent article
S bajo las reservas indicadas en el presente artículo
R с оговорками, указанными в данной статье

362 (Vorbehalt); unter ~ der notwendigen Änderungen
E mutatis mutandis
F sous réserve des modifications nécessaires
S con la reserva de las modificaciones necesarias
R с необходимыми изменениями

363 vorbehalten
E reserve
F réserver
S reservar
R оговаривать / оговорить, сохранять за собой

364 (vorbehalten); sich selbst ~ *US* → (Befugnis); ...

365 (vorbehalten); „alle Rechte ~" → (Recht); ...

366 vorbehaltlich → (Erfüllung);

367 Vorbeugungs-Bekanntmachung *f* *US Pr*
E defensive publication
F publication défensive
S publicación *f* defensiva
R защитная / дефензивная публикация *f*

368 Vorbeugungspatent *n* → (Patent); vorläufiges ...

369 Vorbringen *n;* ~ der Parteien
E statements *pl* of the parties
F allégations *f/pl* des parties
S alegaciones *f/pl* de las partes
R утверждения *n/pl* сторон

370 vordatieren → vorausdatieren

371 Vordruck *m* → Formular

372 Vorführung *f;* ~ eines Zeugen
E enforcement of the summons served on a witness
F acte *m* d'amener un témoin
S comparecimiento *m* de un testigo ante el juez
R представление *n* свидетеля

373 Vorgang *m;* Vorgänge der Verhandlung
E processes *pl* of the hearing
F opérations *f/pl* de la procédure
S operaciones *f/pl* del procedimiento
R ход *m* процедуры

374 vorgeschrieben; ist der Gebrauch der Marke ~ ...
E if the use of the mark is compulsory
F si l'utilisation de la marque est obligatoire
S si fuese obligatoria la utilización de la marca
R если использование знака является обязательным

375 (vorgeschrieben) → (Anforderungen); ..., (Förmlichkeiten); ...

376 vorgesehen → (Frist); ..., unbeschadet

377 Vorhandensein *n*
E existence
F existence *f*
S existencia *f*
R наличие *n*

378 vorhergehend
E *adj* foregoing, preceding, previous; *adv* previously

F *adj* précédent; *adv* précédemment
S *adj* precedente; *adv* precedentemente
R *adj* предыдущий, предшествующий, предварительный; *adv* предварительно

379 Vorkaufsrecht *n*
E option right, right of preemption
F droit *m* de préemption
S derecho *m* de tanteo
R преимущественное право *n* покупки

380 vorladen → **laden**

381 Vorladung *f auch* **Ladung**
E summons
F citation *f* à comparaître, assignation *f*
S emplazamiento *m*, citación *f*
R вызов *m* (в суд)

382 (Vorladung) → **Strafandrohung**

383 Vorlage *f*; ~ **einer Bescheinigung**
E production of a certificate
F production *f* d'un certificat
S presentación *f* de un certificado
R предоставление *n* удостоверения

384 vorläufig → *auch* **einstweilig, zeitweilig**
E *adj* provisional, preliminary; *adv* provisionally, for the time being
F *adj* provisoire, préalable; *adv* provisoirement, préalablement, au préalable
S *adj* provisional, preliminar; *adv* provisionalmente, preliminarmente, por ahora
R *adj* предварительный, временный; *adv* временно

385 (vorläufig) → **(Patent)**; ...

386 vorlegen; ist vorzulegen
E shall be submitted
F doit être soumis
S debe ser presentado
R должно быть представлено

387 vorliegen; eine patentfähige Erfindung liegt offensichtlich nicht vor
E obviously no patentable invention exists
F il est évident qu'il ne s'agit pas d'une invention brevetable
S es evidente que no se trata de una invención patentable
R патентоспособное изобретение отсутствует

388 vornehmen → **(bewirken)**; ...

389 (vornehmen); die Beschlagnahme ~ → *auch* **Beschlagnahme**
E effect seizure
F effectuer la saisie
S efectuar el embargo/secuestro
R налагать арест

390 Vorprüfung *f*
E preliminary examination
F examen *m* préalable
S examen *m* previo
R предварительная экспертиза *f*

391 Vorprüfungsabteilung *f*
E division dealing with preliminary examination
F section *f* des examens préalables
S sección *f* de exámenes previos
R отдел *m* предварительной экспертизы

392 Vorprüfungsländer *n/pl auch* **Länder mit Vorprüfung**
E countries which make a preliminary examination

F pays à examen préalable
S paises con examen previo
R страны, проводящие предварительную экспертизу;
страны с предварительной
экспертизой

393 vorrätig → (Nachbildung); ...

394 Vorratspatent *n* → *auch* **Ausbaupatent**
E patent withheld from reduction to practice (in the hope of future use)
F brevet *m* encore non exploité (dans l'espoir de l'exploiter plus tard)
S patente *f* aún no explotada (en esperanza de explotarla más tarde)
R ещё не использованный патент *m (предназначенный для последующего использования)*

395 Vorratszeichen *n auch* **Vorsatzzeichen**
E trademark of reserve
F marque *f* de réserve
S marca *f* de reserva
R запасной знак *m*

396 Vorrecht *n* → **Privileg**

397 Vorrichtung *f (Technik)*
E device, appliance
F dispositif *m*, appareil *m*
S aparato *m*, dispositivo *m*, mecanismo *m*
R приспособление *n*, устройство *n*

398 Vorrichtungsanspruch *m*
E claim for a device
F revendication *f* pour un dispositif
S reivindicación *f* para un dispositivo

26*

R формула *f*, относящаяся к устройству; пункт *m* формулы, относящийся к устройству

399 vorsätzlich
E *adj* intentional; *adv* intentionally
F *adj* intentionnel; *adv* intentionnellement
S *adj* doloso; *adv* dolosamente
R *adj* умышленный; *adv* умышленно

400 (vorsätzlich); ~ handeln
E act intentionally
F agir avec intention
S obrar dolosamente
R действовать умышленно, поступать умышленно

401 Vorsatzzeichen *n* → **Vorratszeichen**

402 Vorschieben *n;* **~ von Waren**
E additional supply in advance to the commodity stock of a clearance sale
F délivrance *f* supplémentaire préalable augmentant un stock de vente totale
S entrega *f* suplementaria con anticipación para aumentar un stock de venta total
R дополнительная поставка *f* товаров

403 Vorschlag *m*
E proposal
F proposition *f*
S proposición *f*, propuesta *f*
R предложение *n*

404 vorschlagen
E propose
F proposer
S proponer
R предлагать/предложить

405 vorschreiben → **vorgeschrieben**
406 Vorschrift *f*
  E provision, prescription, rule
  F disposition *f*, prescription *f*, instruction *f*
  S disposición *f*, prescripción *f*, instrucción *f*
  R положение *n*, предписание *n*
407 (Vorschrift); allgemeine und institutionelle ~en *EU*
  E general and institutional provisions
  F dispositions générales et institutionnelles
  S disposiciones generales y institucionales
  R общие и учреждительные положения
408 (Vorschrift); weitergehende ~en
  E wider provisions
  F prescriptions plus larges
  S prescripciones más amplias
  R более широкие положения
409 (Vorschrift); Punkt 2 der ~
  E point 2 of the Regulations
  F point *m* 2 du Règlement
  S punto *m* 2 del Reglamento
  R пункт *m* 2 Регламента
410 (Vorschrift); ~en berücksichtigen
  E observe the rules
  F observer les instructions
  S observar las instrucciones
  R соблюдать указания
411 (Vorschrift) → **abdingen**
412 vorschriftsmäßig *auch* **vorschriftsgemäß**
  E *adj* regular; *adv* regularly, duly
  F *adj* régulier; *adv* régulièrement
  S *adj* regular; *adv* regularmente
  R предписанный; *adv* надлежащим образом

413 (vorschriftsmäßig); das Gericht war nicht ~ besetzt
  E the court was not properly constituted
  F la composition du tribunal n'était pas conforme aux prescriptions légales
  S el tribunal no fue compuesto regularmente
  R состав суда не соответствовал предписаниям
414 Vorschuß *m*
  E advance (payment)
  F avance *f*
  S anticipo *m*, adelanto *m*
  R аванс *m*
415 Vorsitz *m;* **den ~ führen**
  E preside
  F assumer la présidence, présider
  S presidir
  R председательствовать
416 Vorsitzende *m/f*
  E chairman, president
  F président *m*
  S presidente *m*
  R председатель *m*
417 (Vorsitzende); ordentlicher ~r im Senat
  E regular presiding judge
  F président régulier de la chambre
  S presidente regular de la Sala
  R постоянный председатель палаты/сената
418 vorsorglich → **Beschlagnahme**
419 Vorspruch *m* → **Oberbegriff**
420 vorstehend → **vorhergehend**
421 Vorteil *m;* **~e gewähren**
  E grant advantages
  F accorder des avantages
  S conceder ventajas

R предоставлять преиму-
щества

422 (Vorteil); die Anzeige sichert ~e
E the notification shall assure
benefits
F la notification assurera des
bénéfices
S la notificación garantizará
beneficios
R уведомление обеспечивает
преимущества

423 vorübergehend
E temporary
F temporaire
S temporal
R временный

424 (vorübergehend); ~ in das Land gelangen
E enter the country temporar-
ily
F pénétrer temporairement dans
le pays
S penetrar temporalmente en el
país

R временно находиться в
данной стране

425 Vorveröffentlichung *f Pr → auch*
Einwendbarkeit
E anteriority, publication of
prior art
F antériorité *f*
S anterioridad *f*, antecedente *m*
R предшествующая публика-
ция *f*, предварительная пуб-
ликация

426 vorweisen
E produce
F présenter
S presentar
R представлять/представить

427 (vorweisen) → Leumundszeugnis
US

428 Vorzugsstellung *f*
E preferential position
F position *f* préférentielle
S posición *f* de preferencia
R предпочтительное положе-
ние *n*

W

1 Wahl *f;* **~ des Wohnsitzes**
E election of domicile
F élection *f* de domicile
S elección *f* del domicilio
R выбор *m* местожительства

2 Wahlvertreter *m*
E mandatory
F mandataire *m*
S mandatario *m*
R уполномоченный представитель *m*

3 wahr → (Erfinder); . . .

4 wahren → (Geheimhaltung); . . .

5 Wahrheit *f*
E truth
F vérité *f*
S verdad *f*
R правда *f*

6 Wahrheitspflicht *f;* **~ im Verfahren**
E obligation to observe the truth in proceedings
F obligation *f* d'observer la vérité dans la procédure, devoir *m* de véracité dans la procédure
S deber *m* de la verdad en el procedimiento
R обязанность *f* заявлять правду в процедуре

7 Wahrnehmung *f;* **~ von Geschäften**
E performance of business handling of matters
F administration/gestion *f* de affaires, expédition *f* des acte
S administración *f*/trámite *m* d asuntos
R ведение *n*/рассмотрение дел

8 Wahrscheinlichkeit *f*
E probability, likelihood
F vraisemblance, *f*, probabilité
S probabilidad *f*, verosimilitud
R вероятность *f*

9 Wahrung *f*
E maintenance; observation protection
F préservation *f;* conservation *f* garde *f;* protection *f*
S mantenimiento *m;* conser vación *f;* protección *f*
R сохранение *n*, охрана *f*

10 (Wahrung); zweckentsprechend ~ der Rechte
E appropriate protection c rights
F défense *f* pratique des droit protection appropriée d droits

S defensa *f* práctica de derechos
R целесообразная охрана прав

11 (Wahrung); unter ~ besonderer Bestimmungen
E subject to special rules
F sous bénéfice des règles spéciales
S con el beneficio de las reglas especiales
R с учётом специальных поло-
жений

12 Währung *f*
E currency
F valeur *f* monétaire, monnaie *f*
S valor *m* de la moneda, unidad *f* monetaria, moneda *f*
R валюта *f*

13 Wappen *n* → *auch* **Staatswappen**
E armorial bearings *pl;* arms *pl,* coat of arms
F armoiries *f/pl*
S armas *f/pl,* escudo *m* de armas, blasón *m*
R герб *m*

14 Ware *f*
E goods *pl,* commodity
F marchandise *f*
S mercancía *f*
R товар *m*

15 (Ware) *Wr (Erzeugnis)*
E product
F produit *m*
S producto *m*
R изделие *n*

16 Warenbestand *m*
E stock (of goods)
F stock *m* (de marchandises)
S stock *m* (de mercancías)
R наличие *n* (товаров)

17 Warenbezeichnung *f* → **Warenzeichen**

18 Warengattung *f*
E kind of goods
F sorte/espèce *f* de marchandise
S especie *f* de mercancías
R вид *m* товаров

19 Warenklasse *f*
E class of goods
F classe *f* des produits
S clase *f* de productos
R класс *m* товаров

20 (Warenklasse); Bildung einer neuen ~
E creation of a new class of goods
F création *f* d'une nouvelle classe de produits
S creación *f* de una nueva clase de productos
R введение *n* нового класса товаров

21 Warenklasseneinteilung *f*
E classification of goods
F classification *f* des produits
S clasificación *f* de los produc-
tos
R классификация *f* товаров

22 Warenrückvergütung *f Ww*
E reimbursement in goods
F remboursement *m* en mar-
chandise
S reembolso *m* en mercancía
R возмещение *n*/компенсация *f* товарами

23 Warenverzeichnis *n Wr*
E list/specification of goods
F liste *f* des produits
S lista *f* de los productos
R список *m*/перечень *m* това-
ров

24 (Warenverzeichnis); das ~ ist in dem erforderlichen Ausmaß eingeschränkt worden *Wr*

E the list of goods has been reduced as necessary
F la liste des produits a été réduite dans la mesure nécessaire
S la lista de productos ha sido reducida en la medida necesaria
R перечень товаров был сокращён в необходимой мере

25 Warenzeichen *n*
E trademark, trade-mark
F marque *f* de⁻ fabrique/de commerce
S marca *f* (de fábrica), marca de fábrica y de comercio, marca de fábrica, de comercio y de agricultura *Arg*
R товарный знак *m*

26 (Warenzeichen); nationales/inländisches ~ *S*
E national trademark
F marque nationale
S marca nacional
R национальный знак

27 (Warenzeichen); übereinstimmendes ~
E trademark analogous with another one
F marque analogue à une autre
S marca análoga con una otra
R знак идентичный / аналогичный

28 Warenzeichenabteilung *f*
E trademark division
F division *f* des marques
S sección *f* de marcas
R отдел *m* товарных знаков

29 Warenzeichenanmeldung *f*
E trademark application
F demande *f* d'enregistrement de la marque
S solicitud *f* de registro de la marca
R заявка *f* на товарный знак

30 Warenzeichenblatt *n BRD, DDR:* **Österreichischer Markenanzeiger** *Ö;* → *auch* **Patentblatt** *CH*
E trademark gazette/journal, The Trade Marks Journal *GB*
E journal *m* des marques de fabrique ou de commerce
S gaceta *f*/boletín *m* de marcas de fábrica/de comercio
R бюллетень *m* товарных знаков

31 Warenzeichengesetz *n;* **Gesetz zum Schutz der Warenbezeichnungen** *BRD*
E trademark law
F loi *f* sur les marques
S ley *f* sobre las marcas
R закон *m* о товарных знаках

32 warenzeichenmäßig; der Gebrauch erfolgt nicht ~
E the use is not equivalent to the use of a trademark
F l'emploi ne se fait pas à titre de marque
S el uso no tiene carácter de una marca
R применение не имеет характер применения товарного знака

33 Warenzeichenregister *n auch* **Markenregister;** *(nationale Bezeichnungen:);* **Zeichenrolle** *f BRD;* **Warenzeichenregister** *DDR*
E trademark register, Trade Marks Register *GB*
F registre *m* des marques

S registro *m* de las marcas,libros *m/pl*/registros de entrada y salida de marcas

R реестр *m* товарных знаков

34 Warenzeichenstreitsache *f*

E trademark litigation

F litige *m* en matière de marques

S litigio *m* en materia de marcas

R спор *m* по товарным знакам

35 Wegfall *m;* ~ **des Hindernisses**

E vanishing of the impediment/ obstacle

F disparition *f* de l'obstacle

S desaparición *f* del impedimen-to/obstáculo

R исчезновение *n* препятствия

36 Weisung *f auch* **Anweisung;** ~ **an den menschlichen Geist**

E „directive for the intellectual powers"

F «préceptes *m/pl* à l'esprit humain»

S «instrucción *f* al espíritu humano»

R «указание *n,* относящееся к человеческому разуму» *(ис-полнимое умственной деятельностью)*

37 weisungsgebunden

E bound to directives

F tenu aux instructions

S obligado a las instrucciones

R связанный инструкцией

38 Weiterbenutzung *f;* ~ **einer Erfindung**

E further use of an invention

F poursuite *f* de l'exploitation d'une invention

S continuación *f* de la explotación de una invención

R дальнейшее использование *n* изобретения

39 Weitergabe *f;* ~ **der Akten von Hand zu Hand**

E manual unregistered transfer of the files

F tradition *f*/remise, *f* manuelle sans entérinement du dossier

S entrega *f*/ transmisión *f*/remisión *f* manual sin registro de los documentos / expedientes

R передача *f* документов из рук в руки (без регистрации/ учёта)

40 Weiterverarbeitung *f;* ~ **eines Zwischenprodukts**

E further manufacturing of an intermediate product

F fabrication *f* ultérieure d'un produit intermédiaire

S elaboración *f* ulterior de un producto intermedio

R дальнейшая обработка *f* промежуточного продукта

41 Weiterveräußerung *f auch* **Weiterverkauf**

E secondary alienation/sale

F aliénation *f* secondaire, re-vente *f*

S alienación *f* secundaria, re-venta *f*

R вторичное отчуждение *n,* перепродажа *f*

42 Weltorganisation für Geistiges Eigentum

E World Intellectual Property Organization (WIPO)

F Organisation Mondiale de la Propriété Intellectuelle (OMPI)

S Organización Mundial de la Propiedad Intelectual (OMPI)

R Всемирная организация интеллектуальной собственности (ВОИС)

43 Wende *f Ww;* ~ **eines Ver-**
brauchsabschnitts
E turn/turning of a consumption
cycle
F tournant *m* d'un cycle de
consommation
S vuelta *f*/giro *m* de un ciclo de
consumo
R поворот/поворотный пункт
m цикла потребления

44 Werbung *f Ww* → **Reklame**

45 Werk *n (geistiges ~)*
E work
F œuvre *f*
S obra *f*
R произведение *n*

46 (Werk) *(Anlage, Werke)*
E factory, works *pl*
F usine *f*, établissement *m*
S fábrica *f*, establecimiento *m*
R завод *m*, фабрика *f*

47 (Werk) *(Arbeit)*
E work
F ouvrage *m*
S trabajo *m*
R труд *m*

48 Werkserfindung *f* → **Betriebser-**
findung

49 Werksgeheimnis *n* → **Betriebsge-**
heimnis

50 Werkskonsumanstalt *f*
E consumption organization for
employees
F organisation *f* de consommation pour employés
S organización *f* de consumición
para los empleados
R организация *f* рабочего
снабжения заводов

51 Werktag *m*
E working day
F jour *m* ouvrable

S día *m* laborable
R рабочий день *m*, присутственный день *m*

52 Wesen *n;* **erfinderisches ~**
E inventive nature/character
F caractère *m* inventif
S carácter *m* inventivo
R изобретательский характер *m*

53 (Wesen); ~ **der Erfindung**
E essence/nature of the in-
vention
F essence *f*/caractère d'une in-
vention
S esencia *f*/carácter de una in-
vención
R сущность *f* изобретения

54 wesentlich → **(Bestandteil); ...,**
(Inhalt); ...

55 Wettbewerb *m*
E competition
F concurrence *f*
S competencia *f*
R конкуренция *f*

56 (Wettbewerb); unlauterer ~
E unfair competition
F concurrence déloyale/illicite
S competencia desleal/ilícita
R недобросовестная конкурен-
ция

57 Wettbewerber *m*
E competitor
F concurrent *m*
S competidor *m*
R конкурент *m*

58 wettbewerbsbeschränkend; **~es**
Verhalten
E practice restrictive to
competition
F pratique *f* restrictive à la
concurrence
S práctica *f* restrictiva a la
competencia

R практика *f*, ограничивающая конкуренцию

59 Wettbewerbsbeschränkung *f*
E restriction/restraint of competition
F restriction *f* de la concurrence
S restricción *f* de la competencia
R ограничение *n* конкуренции

60 Wettbewerbshandlung *f*
E act of competition
F acte *m* de concurrence
S acto *m* de competencia
R акт *m* конкуренции, конкурентное действие *n*

61 Wettbewerbsrecht *n*
E competition law
F droit *m* de concurrence
S derecho *m* de competencia
R конкурентное право *n*

62 Wettbewerbsregeln *f/pl*
E rules for competition
F règles *f/pl* sur la concurrence
S reglas *f/pl* de la competencia
R правила *n/pl*, регулирующие конкуренцию

63 Wettbewerbsstreitigkeit *f*
E competition litigation
F dispute *f* sur la concurrence
S litigio *m* de competencia
R конкурентный спор *m*

64 Widerklage *f* → **Gegenklage**

65 widerrechtlich
E *adj* unlawful, illegal; *adv* unlawfully, illegally
F *adj* illégal; *adv* illégalement, contrairement à la loi
S *adj* ilegítimo; *adv* ilegítimamente
R незаконный, противозаконный; *adv* незаконным образом

66 (widerrechtlich); ~e **Enteignung einer Erfindung**
E illegal appropriation of an invention
F appropriation *f* illégale d'une invention
S apropiación *f* ilícita de una invención
R незаконное присвоение *n* изобретения

67 (widerrechtlich); ~e **Entnahme einer Lösung aus Zeichnungen anderer**
E unlawful usurpation of a solution disclosed in others' drawings
F emprunt *m* illicite d'une solution de dessins des autres
S toma *f* ilícita de una solución de los dibujos de otros
R незаконное заимствование *n* решения из чертежей других лиц

68 Widerruf *m* → *auch* **Zurücknahme**
E withdrawal, retractation
F révocation *f*, rétractation *f*
S revocación *f*
R отмена *f*, отзыв *m*

69 widerrufen
E retract, revoke
F révoquer, rétracter
S revocar
R отменять/отменить, отзывать/отозвать

70 widersprechen *Wr, Mr*
E oppose
F opposer
S oponer
R возражать/возразить

71 (widersprechen); **einem Klageanspruch** ~
E oppose a claim in a lawsuit

F opposer . une revendication dans un procès
S oponer una reivindicación en un procedimiento
R подавать возражение на иск

72 Widersprechende *m/f Wr, Mr*
E opponent, opposing party
F opposant *m*
S oponente *m*
R лицо *n*, подающее возражение

73 Widerspruch *m (Rechtsmittel) Wr, Mr*
E opposition
F opposition *f*
S oposición *f*
R возражение *n*

74 (Widerspruch) *(des Beklagten)*
E contesting reply
F réponse *f* contestante, contradiction *f*
S contestación *f*, contradicción *f*
R возражение

75 (Widerspruch); ~ erheben
E lodge/enter opposition, make / raise objections
F former une opposition
S hacer oposición, oponer
R возражать, представлять возражение

76 (Widerspruch); ~ gegen die Eintragung eines Warenzeichens BRD
E opposition to the registration of a trademark
F opposition à l'enregistrement d'une marque
S oposición al registro de una marca
R возражение против регистрации знака

77 widerspruchsfähig; ~e Dokumente
E opposable instruments
F documents *m/pl* opposables
S documentos *m/pl* oponibles
R документы *m/pl*, которые могут быть оспорены

78 Widerspruchsfrist *f*
E time limit for opposition
F délai *m* d'opposition
S plazo *m* de oposición
R срок *m* подачи возражения

79 Widerspruchsverfahren *n*
E opposition proceedings
F procédure *f* en opposition
S procedimiento *m* de oposición
R процедура *f*/производство *n* по возражению

80 Wiederaufnahme *f*
E reopening, resumption
F reprise *f*, révision *f*
S reanudación *f*, revisión *f*, recurso *m* de revisión
R возобновление *n*, восстановление *n*

81 Wiederaufnahmeverfahren *n*
E rehearing procedure, retrial
F révision *f*, procédure *f* de révision
S juicio *m* de revisión
R производство *n* по возобновлению

82 Wiedereinsetzung *f; ~* **in den vorigen Stand**
E reinstatement/restitution to/of former position/state
F réintégration *f* dans l'état antérieur, restitution *f* en entier
S reposición *f* de una causa en su estado anterior

R восстановление *n* в первоначальное положение

83 Wiedereinsetzungsantrag *m*
E request on reinstatement / restitution
F requête *f* en réintégration / restitution
S demanda *f* de reposición
R ходатайство *n* о восстановлении

84 Wiedereröffnung *f*
E reopening
F reprise *f*
S continuación *f*, renovación *f*, reposición *f*
R возобновление *n*

85 (Wiedereröffnung); ~ einer Verhandlung
E reopening of a hearing
F reprise d'une procédure orale
S continuación / renovación / reposición de una audiencia
R возобновление слушания дела

86 Wiederherstellung *f*; **~ verfallener Patente und Patentanmeldungen**
E restoration of lapsed patents and patent applications
F restauration *f* de brevets et de demandes de brevet caducs/tombés en déchéance
S rehabilitación *f* de patentes y de solicitudes de patentes caducadas
R восстановление *n* патентов и заявок на патенты, утративших силу

87 (Wiederherstellung); ~ einer verfallenen Anmeldung *US*
E revival of an abandoned application

F restauration d'une demande abandonnée
S rehabilitación de una solicitud caducada
R восстановление заявки на патент, утративший силу

88 Wiederinkrafttreten *n*; **~ des Patents**
E re-entry of the patent into force
F remise *f* en vigueur du brevet
S rehabilitación *f* de la patente
R восстановление *n* патента

89 Willenserklärung *f*; **unabänderliche ~**
E irrevocable declaration of intent
F acte *m* déclaratoire irrévocable
S declaración *f* de voluntad irrevocable
R окончательное волеизъявление *n*

90 WIPO → Weltorganisation
91 wirken
E act
F agir
S obrar
R действовать

92 Wirklichkeit *f*
E reality
F réalité *f*
S realidad *f*, verdad *f*
R действительность *f*

93 wirksam
E effective
F effectif
S eficaz
R эффективный

94 (wirksam); der Beschluß wird ~
E the decision comes into force
F la décision devient valable/entre en vigueur

S la decisión entrará en vigor
R решение вступит в силу

95 Wirksamkeit *f;* **der Verzicht ist ohne rechtliche ~**
E the renunciation shall have no legal effect
F la renonciation est sans effet juridique
S la renuncia no tiene efecto jurídico
R отказ *m* не имеет законной силы

96 Wirksamwerden *n;* **der Zeitpunkt des ~s des Beitritts**
E the effective date of adhesion
F la date effective de l'adhésion
S la fecha efectiva de adhesión
R день *m*/дата *f* присоединения

97 Wirkung *f;* **aufschiebende ~**
E staying/delaying effect
F effet *m* suspensif
S efecto *m* dilatorio/retardante
R приостанавливающее действие *n*

98 (Wirkung); gesetzliche ~ des Patents
E the effects of the patent provided by law
F les effets légaux attachés au brevet
S los efectos legales de la patente
R законное действие патента

99 (Wirkung); die gesetzlichen ~en des Patents treten einstweilen ein
E the effects of the patent provided by the law shall provisionally enter into force
F les effets légaux attachés au brevet entrent provisoirement en vigueur

S los efectos legales pertenecientes a la patente entran provisionalmente en vigor
R законное действие патента вступает в силу временно

100 (Wirkung); verblüffende ~
E unexpected effects
F effets imprévus
S efectos imprevistos
R поразительный / неожиданный эффект *m*

101 (Wirkung); ~ des Patents
E effect of the patent
F effet du brevet
S efecto de la patente
R действие патента

102 (Wirkung); die ~ des Patents tritt nicht ein...
E the patent shall have no effect...
F le brevet ne produit pas d'effet...
S la patente tiene ningún efecto...
R патент не вступает в действие

103 (Wirkung); die ~ des Schutzes gilt als nicht eingetreten
E the effects of the protection shall be deemed not to have come into force
F la protection est considérée comme n'ayant jamais eu d'effet
S la protección será considerada como nunca entrada en vigor
R права охраны считаются не вступившими в действие

104 (Wirkung); ~ einer technischen Maßnahme
E effect/result of a technical measure

F effet/résultat *m* d'une mesure technique

S efecto/resultado *m* de una medida técnica

R эффект/результат *m* технического действия/мероприятия

105 Wirkungsanspruch *m*

E functional claim

F revendication *f* relative aux effets seulement

S reivindicación *f* relativa solamente a los efectos

R формула *f*, относящаяся только к эффекту; функциональная формула

106 Wirkungsweise *f*

E mode of operation. function

F mode *m*/manière *f* d'opération

S manera *f* de operación

R способ *n* действия

107 Wirtschaft *f*

E economy

F économie *f*

S economía *f*

R экономика *f*, хозяйство *n*

108 Wirtschaftslage *f*

E economic situation

F situation *f* économique

S situación *f* económica

R экономическое положение *n*

109 Wirtschaftspatent *n DDR*

E economic patent

F brevet *m* économique

S patente *f* económica

R экономический патент *m*

110 Wirtschaftsstufe *f (Grad)*

E grade of economic organizations

F degré *m* des organisations économiques

S grado *m* de las organizaciones económicas

R уровень *m* хозяйственных организаций

111 (Wirtschaftsstufe) *(Gruppe)*

E entirety of economic organizations belonging to the same grade

F totalité *f* des organisations économiques appartenant au même degré

S totalidad *f* de las organizaciones económicas que pertenecen al mismo grado

R совокупность *n* экономических организаций, относящихся к одному и тому же уровню

112 Wirtschaftsvereinigung *f*

E economic combine

F entente *f* économique

S asociación *f* económica

R хозяйственное объединение *n*

113 Wissenschaft *f*

E science

F science *f*

S ciencia *f*

R наука *f*

114 wissenschaftlich

E *adj* scientific; *adv* scientifically

F *adj* scientifique; *adv* scientifiquement

S *adj* científico; *adv* científicamente

R *adj* научный; *adv* научно

115 wohlerworben; ~e Rechte

E acquired rights

F droits acquis

S derechos adquiridos

R приобретённые права

116 wohnhaft; im Ausland ~

E domiciled abroad

F domicilié à l'étranger
S domiciliado en el extranjero
R проживающий за границей

117 (wohnhaft); in den Vereinigten Staaten ~
E domiciled in the USA
F domicilié aux États-Unis
S residente en los Estados Unidos
R проживающий в Соединённых Штатах

118 Wohnsitz *m*
E domicile
F domicile *m*
S domicilio *m*
R местожительство *n*

119 Wortlaut *m* → **(authentisch);** ...

120 Wortzeichen *n*
E word mark
F marque *f* verbale
S marca *f* verbal
R словесный товарный знак *m*

121 wünschenswert → **(Verbesserung);** ...

122 würdigen; die Schutzfähigkeit einer Marke ~ → *auch* **Schutzfähigkeit**
E determine whether a mark is eligible for protection
F apprécier si la marque est susceptible de protection
S apreciar si la marca es susceptible de protección
R определить, может ли быть знак предметом охраны

Z

1 Zahlung *f*
E payment
F payement *m*, paiement *m*
S pago *m*
R уплата *f*, платёж *m*

2 (Zahlung); ~ leisten
E pay, effect payment
F payer, verser, effectuer un payement
S pagar, efectuar un pago
R производить / произвести платёж, внести плату

3 Zahlungsaufforderung *f;* **amtliche ~**
E official demand for payment
F sommation *f* de payement
S requerimiento *m* oficial de pago
R платёжная повестка *f;* платёжное требование *n*

4 Zahlungsbedingungen *f/pl*
E conditions of payment
F conditions *f/pl* de payement
S condiciones *f/pl* de pago
R условия *n / pl* уплаты / платежа

5 Zahlungsform *f* → **Zahlungsweise**

6 Zahlungsnachweis *m*
E proof of payment
F justification *f* du payement
S justificación *f* del pago
R подтверждение *n* уплаты, платёжная квитанция *f*

7 Zahlungspflicht *f*
E obligation
F obligation *f* de payer
S obligación *f* del pago
R обязанность *f* платежа

8 Zahlungsweise *f*
E term/ terms *pl* of payment
F modalité *f/* modalités *pl* de payement
S modalidades *f/pl* del pago
R способ *m* уплаты / платежа

9 Zeichen *n*
E indication, sign, trademark
F signe *m*, marque *f*
S signo *m*, mención *f*
R знак *m*

10 (Zeichen); unterscheidungskräftige ~ zwischenstaatlicher Organisationen
E distinctive signs *pl* of intergovernmental organizations
F signes distinctifs des organisations intergouvernementales
S signos distintivos de las organizaciones intergubernamentales

R отличительные знаки межгосударственных организаций

11 Zeichenfehler *m*
E error in drawings
F erreur/faute *f* de dessins
S error *m*/falta *f* en los dibujos
R ошибочная позиция *f* на чертеже

12 Zeichenform *f Wr*
E form of the trademark
F forme *f* de la marque
S forma *f* de la marca
R форма *f* товарного знака

13 Zeicheninhaber *m Wr*
E proprietor of the trademark
F titulaire *m* de la marque
S titular *m* de la marca
R владелец *m* товарного знака

14 Zeichenrolle *f* → **Warenzeichenregister**

15 Zeichensatzung *f Wr*
E regulations governing the use of the marks
F statuts *m/pl* relatifs à l'usage des marques
S regla *f* fundamental que fija el uso de las marcas
R положение *n* о товарных знаках

16 Zeichnung *f*
E drawing
F dessin *m*
S dibujo *m*, diseño *m LA*
R чертёж *m*

17 Zeichnungsblatt *n*
E drawing-sheet
F planche *f* de dessin
S papel *m* de dibujo/dibujar
R лист *m* чертежа, чертёжная доска

18 Zeile *f*
E line
F ligne *f*
S línea *f*
R строка *f*

19 Zeitabschnitt *m*
E period
F période *f*
S período *m*
R период *m*

20 Zeitabstand *m* → **Zeitraum**

21 Zeitpunkt *m;* ~, **von dem an die Prioritätsfrist läuft**
E date which shall be the starting point of the period of priority
F date *f* qui sera le point de départ du délai de priorité
S fecha *f* que será el punto de partida del plazo de prioridad
R дата *f*, служащая днём отсчёта срока приоритета

22 (Zeitpunkt); zum frühesten ~
E at the earliest date
F au plus tôt
S lo más pronto
R в наиболее ранний срок

23 Zeitraum *m auch* **Zeitabstand** → *auch* **Zwischenzeit**
E interval/space of time, period
F intervalle *m*, espace *m* de temps
S intervalo *m*, período *m*, espacio *m* de tiempo
R промежуток *m* времени, интервал *m*

24 (Zeitraum); in dem ~ **zwischen...**
E during the interval between ...
F dans l'intervalle entre...
S en el intervalo entre...

R в период..., в промежутке...

25 Zeitschrift *f*
E periodical
F périodique *m*
S periódico *m*
R периодический бюллетень *m*, журнал *m*

26 Zeitspanne *f* → **Zeitabschnitt**

27 (Zeitspanne); während der ~ und danach noch ein Jahr lang
E during the period and for one year thereafter
F durant la période et encore pendant une année
S durante el período y por un año después
R на данный период и последующий годичный срок

28 zeitweilig → *auch* **einstweilig, vorläufig**
E adj temporary; *adv* temporarily
F adj temporaire; *adv* temporairement
S adj temporal; *adv* temporalmente
R adj временный; *adv* временно

29 (zeitweilig) → **(Praxis); ..., (Schutz); ...**

30 Zentralhinterlegungsstelle *f*
E central filing office
F dépôt *m* central
S depósito *m* central
R центральное хранилище *n*

31 Zessionär *m*
E assignee
F cessionnaire *m*
S cesionario *m*
R цессионарий *m* (*правопреемник*)

32 Zeuge *m*
E witness
F témoin *m*
S testigo *m/f*
R свидетель *m*

33 (Zeuge); ~n anführen
E call/adduce witnesses
F nommer des témoins
S citar/alegar/aducir testigos
R представлять свидетелей

34 (Zeuge); ~n vernehmen
E examine witnesses
F interroger des témoins
S interrogar testigos
R допрашивать свидетелей

35 Zeugenaussage *f*
E deposition (by a witness), testimony, evidence
F déposition *f* (d'un témoin), témoignage *m*
S deposición *f* (del testigo), testimonio *m*
R показание *n* (свидетелей), свидетельство *n*

36 (Zeugenaussage); eidliche ~
E deposition
F déposition affirmée par serment
S deposición bajo juramento
R показание под присягой

37 Zeugenvernehmung *f*; **zur ~ schreiten**
E proceed to the examination of witnesses
F procéder à l'audition des témoins
S proceder a la audición de testigos
R приступать к допросу свидетелей

38 Zeugnis *n*
E attestation, certificate

27*

F attestation *f,* certificat *m*
S certificado *m,* certificación *f*
R сертификат *m,* свидетельство *n*

39 (Zeugnis); ~ ablegen
E bear witness
F rendre témoignage
S dar testimonio
R дать показание

40 Zierbaum *m Ss*
E ornamental tree
F arbre *m* d'ornement
S árbol *m* de adorno
R декоративное дерево *n*

41 zierend → verzierend

42 Ziermuster *n → auch* **Geschmacksmuster, Kunstmuster**
E ornamental design
F dessin *m* ornemental
S dibujo *m* ornamental, diseño *m* ornamental *LA*
R образец *m* украшения, орнаментальный образец

43 Zierpflanze *f Ss*
E ornamental plant
F plante *f* ornementale / d'ornement
S planta *f* de adorno
R декоративное растение *n*

44 Zirkular *n →* **Rundschreiben**

45 Zivilgerichtsbarkeit *f*
E civil jurisdiction
F juridiction *f* civile
S jurisdicción *f* civil
R гражданская юрисдикция *f,* граждаская подсудность *f*

46 Zivilkammer *f*
E civil chamber
F chambre *f* civile
S Sala *f* de lo civil
R гражданская палата *f*

47 Zivilklage *f*
E civil action
F action *f* civile
S acción *f* civil
R гражданский иск *m*

48 Zivilprozeßordnung *f → auch* **Prozeßordnung**
E Code of Civil Procedure, Federal Rules of Civil Procedure *US*
F Code *m* de procédure civile
S Ley *f* de Enjuiciamiento Civil
R Гражданский процессуальный кодекс *m*

49 Zivilrecht *n → auch* **Privatrecht**
E civil/common law
F droit *m* civil
S derecho *m* civil
R гражданское право *n*

50 Zoll *m*
E duty, customs duty
F douane *f,* droits *m/pl* de douane
S aduana *f,* derechos *m/pl* de aduana
R пошлина *f,* таможенная пошлина

51 Zollbehörde *f*
E customs authorities *pl*
F autorités *f/pl* douanières
S autoridades *f/pl* de aduana
R таможенные власти *f/pl,* таможенные органы *m/pl*

52 Zoll- und Patentsachen *f/pl; →* **Gerichtshof für Beschwerden in ~**

53 Züchter *m Ss*
E breeder
F obtenteur *m*
S criador *m*
R селекционер *m*

54 Züchterrecht *n Ss*
E plant breeders' rights *GB*, right of the breeder/creator
F droit *m* de l'obtenteur/du créateur
S derecho *m* del criador
R право *n* селекционера

55 Zuchtsorte *f Ss*
E cultivar
F cultivar *m*
S cultivar *m*
R культурный сорт *m*

56 Züchtung *f Ss*
E breeding
F obtention *f*
S obtención *f*, cultivo *m*
R разведение *n*, выращивание *n*

57 Züchtungsverfahren *n Ss*
E breeding process
F procédé *m* d'obtention
S procedimiento *m* de obtención
R процесс *m* разведения / выращивания

58 zuerkennen; einem Anmeldetag ~
E accord a date of filing
F accorder une date de dépôt
S conceder una fecha de depósito
R признать дату подачи заявки

59 Zuerkennung *f;* **~ eines Rechts**
E recognition/accordance *EU* of a right
F reconnaissance *f* d'un droit
S reconocimiento *m* de un derecho
R признание *n* права

60 Zufall *m;* **unabwendbarer ~**
E unavoidable/inevitable circumstances
F événement *m* inévitable
S caso *m* fortuito inevitable, evento *m* inevitable
R случай *m*, неизбежная случайность *f*

61 (Zufall); es ist verboten, Zugaben vom ~ abhängig zu machen *Wn*
E it is prohibited to give extras into the bargain on contingent condition
F il est interdit de donner de suppléments dépendant de contingence
S se prohibe dar suplemento en dependencia de la causalidad
R запрещается делать дополнения зависящими от случайности

62 zufließen → (Nutzen); ...

63 Zugabe *f Ww*
E s.th. given into the bargain, extra, plus, surplus
F ce qu'on donne par-dessus le marché, extra *m*, supplément *m*
S añadidura *f*, suplemento *m*, yapa *f LA*
R прибавка *f*, добавка *f*, дополнение *n*

64 Zugabeleistung *f Ww*
E supplementary/additional service
F service *m* supplémentaire
S servicio *m* complementario/adicional
R дополнительная услуга *f*

65 Zugabeverordnung *f Ww*
E decree on supplementary services
F arrêté *m* sur les services supplémentaires

S decreto *m* sobre los servicios suplementarios/complementarios
R постановление *n* о дополнительных услугах

66 Zugabeware *f Ww* → *auch* **Hauptware**
E supplementary goods
F marchandise *f* supplémentaire
S mercancía *f* suplementaria, yapa *f LA*
R товар *m*, прилагаемый к основному

67 Zugabewesen *n Ww*
E system of extras/supplements
F système *m* des suppléments/extras
S sistema *m* de suplementos/extras
R система *f* добавок/прибавок

68 Zugang *m* → **Eingang**

69 zugänglich; öffentlich ~ machen
E make available to the public
F mettre à la disposition du public
S poner a disposición del público
R предоставлять для публичного ознакомления

70 zugegen sein; bei einer Verhandlung ~
E be present at a hearing
F assister à une procédure orale
S asistir a una audiencia
R присутствовать на разбирательстве

71 Zugehörigkeit *f*
E pertinency
F appartenance *f*, compétence *f*, convenance *f*
S pertenencia *f*
R принадлежность *f*

72 zugestehen; einem Zeugen Kostenvergütung ~
E grant a witness reimbursement of expenses
F reconnaître / concéder / accorder des dépenses à un témoin
S reconocer / conceder / acordar las costas de un testigo
R присудить свидетелю возмещение расходов

73 zugrunde legen; der neuen Entscheidung die rechtliche Beurteilung der Berufungsinstanz ~ → **Berufungsinstanz**

74 zugrunde liegen; Beschreibung und Zeichnungen, die der Bekanntmachung ~ → **(Bekanntmachung); ....**

75 zugunsten → *auch* **Gunst**
E for the benefit of
F au profit/en faveur de
S a favor/a beneficio de
R в пользу кого-л.

76 zulassen; die Marke soll, so wie sie ist, zur Hinterlegung zugelassen werden
E the mark shall be accepted for filing in its original form
F la marque sera admise au dépôt telle quelle
S la marca será admitida para su depósito tal cual es
R знак может быть заявлен таким как он есть

77 (zulassen); die zugelassenen Personen → **(Vergünstigung); ...**

78 Zulassung *f;* **~ eines Rechtsanwalts beim Bundesgerichtshof**
E admission of an attorney at

law to practise before the Federal Court of Justice

F habilitation *f* d'un avoué à procéder devant la Cour fédérale de justice

S admisión de un abogado para proceder ante el Tribunal Federal de Justicia

R разрешение *n* адвокату выступать перед Верховным судом ФРГ

79 zuleiten; Akten der Prüfungsstelle ~

E forward files to the examining board

F remettre les dossiers à la section d'examen

S transmitir actas/expedientes a la Sección de Examen

R направлять деловые бумаги органу экспертизы

80 zumuten; ihm kann zugemutet werden, den Schaden selbst zu tragen

E he can be expected to bear the damages himself

F il est possible d'exiger qu'il supporte soi-même le dommage

S es posible de exigir que él mismo indemnice los gastos

R от него можно потребовать, чтобы он сам возместил ушерб

81 Zuordnung *f;* **~ von Begriffen**

E association of ideas / notions

F association *f* d'idées/de notions

S asociación *f* de ideas/nociones

R ассоциация *f* идей/понятий

82 (Zuordnung); ~ von Haupt- und Zusatzanmeldung

E co-ordination of main and additional applications

F coordination *f* des demandes principale et d'addition

S coordinación *f* de las solicitudes de patentes principal y adicional

R координация *f* заявок, поданных на основной и дополнительные патенты

83 zurückerstatten; eine irrtümlich eingezahlte Summe ~

E refund a sum paid by mistake

F rembourser une somme payée par erreur

S reembolsar una suma pagada por error

R возвращать ошибочно выплаченную сумму

84 Zurücknahme *f;* **~ einer Anmeldung**

E withdrawal of an application

F retrait *m* d'une demande

S desistimiento *m* de una solicitud

R отзыв *m* заявки

85 (Zurücknahme); eines Patents, *auch* **Widerruf** *EU* **eines Patents**

E revocation of a patent

F révocation *f* d'un brevet

S revocación *f* de una patente

R аннулирование *n* патента

86 (Zurücknahme); ~ einer Zwangslizenz

E revocation of a compulsory licence

F révocation d'une licence obligatoire

S revocación de una licencia obligatoria
R аннулирование принудительной лицензии

87 Zurücknahmeverfahren *n*
E revocation proceedings
F procédure *f* en révocation
S procedimiento *m* de revocación
R производство *n* по отмене/аннулированию

88 zurücknehmen
E withdraw, revoke
E retirer
S retirar
R отказываться / отказаться, взять обратно, отменять/отменить

89 zurücktreten; ein Anwalt darf ~
E an agent may withdraw
F un agent peut se retirer/démettre
S un agente puede retirarse
R поверенный может отказаться

90 zurückverlangen; werden Muster nicht zurückverlangt, . . .
E if designs remain unclaimed
F si les dessins ne sont pas réclamés
S si no reclamaren los dibujos
R если образцы остаются невостребованными

91 zurückweisen
E reject, refuse
F rejeter, refuser
S rehusar, rechazar, denegar
R отклонять/отклонить, отказывать/отказать

92 (zurückweisen); eine Patentanmeldung ~; einen Patentanspruch ~ *US*

E refuse a patent application *GB;* reject a patent claim *US*
F rejeter une demande de brevet
S rehusar una solicitud de patente
R отклонять заявку на патент

93 Zurückweisung *f*
E rejection, refusal
F rejet *m*, refus *m*
S repulsa *f*, denegación *f*, (~ *der Rechtssache*) devolución *f* (de la causa)
R отклонение *n*

94 Zurückweisungsbeschluß *m*
E adverse decision
F décision *f* de rejet/portant rejet
S decisión *f* de denegación
R решение *n* об отказе / отклонении

95 zurückziehen
E withdraw
F retirer
S retirar
R взять обратно, снимать/снять

96 Zurückziehung *f*
E withdrawal
F retrait *m*
S retiro *m*
R отказ *m*

97 Zusammenfassung *f* → *auch* **Auszug**
E abstract *EU;* summary
F abrégé *m EU;* résumé *m*, sommaire *m*
S compendio *m;* resumen *m*, sumario *m*
R резюме *n*

98 zusammenhängen; mit den Arbeiten der Konferenzen ~
E relate to the work of the conferences

F être afférent aux travaux des conférences
S corresponder a las tareas de las conferencias
R быть связанным с работой конференции

99 Zusammenkunft *f*
E meeting
F réunion *f*
S reunión *f*
R собрание *n*

100 Zusammenschluß *m;* ~ **von Unternehmen** *Kr*
E combination of enterprises
F entente *f* des entreprises
S unión *f*/entente *f* de empresas
R объединене *n* предприятий

101 zusammensetzen
E compose, compound
F composer, assembler
S componer, formar
R составлять/составить

102 (zusammensetzen); Elemente, aus denen die Warenzeichen zusammengesetzt sind
E elements, the trademarks consist of
F éléments *m/pl* dont les marques sont composées
S elementos *m/pl* de los cuales las marcas están formadas
R элементы *m/pl,* из которых составлены знаки

103 Zusammensetzung *f Pr* → **Anhäufung**

104 Zusammentreffen *n;* ~ **mehrerer Preisnachlaßarten** *Ww*
E simultaneousness / simultaneity of several kinds of discounts
F simultanéité *f* de plusieurs sortes de rabais

S simultaneidad *f* de varios clases de rebajas
R совокупность *f* нескольких видов скидок

105 Zusatzanmeldung *f* → *auch* **(Zuordnung);** . . .
E application for a patent of addition, additional application
F demande *f* de certificat d'addition, demande d'addition
S solicitud *f* de patente adicional
R заявка *f* на дополнительный патент, дополнительная заявка

106 Zusatzbescheinigung *f F*
E certificate of addition
F certificat *m* d'addition
S certificado *m* de adición
R дополнительное свидетельство *n*

107 Zusatzgebühr *f* → *auch* **Ergänzungsgebühr**
E supplementary fee
F émoluments *m/pl* supplémentaires, taxe *f* additionnelle
S cuota *f* suplementaria
R дополнительная пошлина *f*

108 zusätzlich
E additional
F additionnel, supplémentaire
S adicional, suplementario
R дополнительный

109 Zusatzpatent *n*
E patent of addition
F brevet *m* d'addition, certificat *m* d'addition
S patente *f* de adición
R дополнительный патент *m*

110 Zusatzverhältnis *n;* ~ **zwischen Gegenständen zweier Anmeldungen**

E additional relation between the subject matters of two applications

F relation *f* d'addition entre l'objet de deux demandes

S relación *f* de adición entre el objeto de dos solicitudes

R зависимость *f* (*по причине дополнительного характера*) между предметами двух заявок

111 (Zusatzverhältnis); erkennbares Fehlen des ~es

E perceptible lack of additional relation

F manque *m* perceptible d'une relation d'addition

S falta *f* perceptible del carácter de adición

R ощутимое отсутствие *f* дополнительного характера

112 Zuschlag *m*; **tarifmäßiger ~**

E surcharge prescribed in the schedule

F surtaxe *f* prévue au tableau

S cuota *f* suplementaria prevista en la tarifa

R дополнительная пошлина *f*, предусмотренная шкалой (*положением*)

113 Zuschlagsgebühr *f* → *auch* **Zusatzgebühr**

E surcharge

F surtaxe *f*

S sobretasa *f*

R дополнительная пошлина *f*

114 Zustandekommen *n*; **~ einer Erfindung**

E creation of an invention

F réussite *f* d'une invention, création *f* d'une invention

S creación *f* de una invención

R создание *n* изобретения

115 zuständig → kompetent

116 Zuständigkeit *f*

E jurisdiction, competence

F juridiction *f*, compétence *f*

S jurisdicción *f*, competencia *f*

R юрисдикция *f*, компетенция *f*

117 zustehen; ein Anspruch auf Patenterteilung steht dem Patentsucher nicht zu

E the applicant has no right to the patent being granted

F le demandeur n'a pas de droit à la délivrance d'un brevet

S el solicitante no ha derecho de conceder una patente

R заявитель не имеет права на получение патента

118 Zustellung *f*; **~ einer amtlichen Nachricht**

E service of an official notification

F remise/signification *f* d'une notification officielle

S entrega *f* de una notificación oficial

R вручение *n* официального уведомления

119 (Zustellung); eigenhändige ~

E personal delivery

F remise de sa propre main

S entrega por su propia mano

R собственноручная доставка *f*

120 Zustellungsbevollmächtigte *m/f*

E authorized recipient

F récepteur *m* autorisé

S persona *f* habilitada para recibir notificaciones

    R лицо *n*, уполномоченное на вручение документа

121 Zustellungswesen *n DDR*
E delivery system
F système *m* des notifications judiciaires
S sistema *m* de notificaciones
R система *f* вручения документов

122 Zustimmung *f;* **die ~ der Parteien**
E the consent of the parties
F l'accord *m* des parties
S el consentimiento *m* de las partes
R согласие *n* сторон

123 (Zustimmung); ~ der Behörde einholen
E seek the consent of the administration
F demander l'assentiment *m* de l'administration
S pedir su consentimiento a la administración
R запрашивать согласие Администрации

124 (Zustimmung); ohne ~ des Inhabers
E without the authorization by the proprietor
F sans l'autorisation du titulaire
S sin la autorización del titular
R без разрешения владельца

125 zuteilen; einer Klasse ~
E place in a class
F ranger dans une classe, classer
S incluir en una clase
R относить к классу

126 Zutritt *m;* **~ zu Verhandlungen**
E access to hearings
F accès *m* aux procédures orales
S acceso *m* a las audiencias
R доступ *m* к слушанию дела

127 zuwider; Vorschriften ~ handeln
E contravene/act contrary to provisions
F contrevenir aux/agir à l'encontre des dispositions
S contravenir/ser contrario a las disposiciones
R противоречить предписаниям

128 Zuwiderhandlung *f;* **bei ~**
E in case of contravention/non--compliance
F en cas de contravention
S en el caso de contravención
R при нарушении предписания/положения

129 zuwiderlaufen
E be contrary
F être contraire
S ser contrario
R противоречить

130 zuziehen; Sachverständige ~
E call in experts
F adjoindre/s' adjoindre d'experts, faire appel à des experts
S consultar a los peritos/expertos
R привлекать экспертов

131 Zwangslizenz *f*
E compulsory license
F licence *f* obligatoire
S licencia *f* obligatoria
R принудительная лицензия *f*

132 (Zwangslizenz); rechtskräftige Erteilung einer ~
E grant of a compulsory licence by a final decision
F octroi *m* définitif d'une licence obligatoire
S concesión *f* definitiva de una licencia obligatoria

R окончательная выдача *f* принудительной лицензии

133 Zwangslizenzverfahren *n*
E compulsory licence proceedings
F procédure *f* en concession d'une licence obligatoire
S procedimiento *m* de concesión de una licencia obligatoria
R процедура *f* выдачи принудительной лицензии

134 Zwangsvermerk *m* „**Lizenz von Rechts wegen**" *GB* → *auch* **(Lizenzbereitschaft);** ...
E compulsory endorsement "licences of right"
F endossement *m* obligatoire «licence de plein droit»
S endoso *m* obligatorio „licencia de pleno derecho"
R принудительное внесение в реестр — «право на лицензию»

135 Zwangsversteigerung *f*: **öffentliche ~**
E public auction, compulsory auction
F adjudication *f* (publique), vente *f* publique/par adjudication
S subasta *f* forzosa, venta *f* judicial pública
R публичная принудительная распродажа *f*

136 Zwangsvollstreckung *f*
E execution, compulsory execution
F exécution *f* (forcée)
S ejecución *f* forzosa
R принудительное исполнение *n*

137 Zwangsvorschrift *f*: **~en zur Unterdrückung falscher Herkunftsangaben**
E special sanctions ensuring the repression of false indications of source
F sanctions *f/pl* spéciales assurant la répression des indications fausses
S sanciones *f/pl* especiales que aseguran la represión de las falsas indicaciones
R санкции *f/pl*, обеспечивающие пресечение ложных или неправильных обозначений происхождения

138 Zweck *m*
E purpose; aim; end; design
F but *m*; fin *f*; objectif *m*; dessein *m*
S fin *m*; finalidad *f*; destinación *f*; objeto *m*
R цель *f*, назначение *n*

139 zweckentsprechend *auch* **zweckmäßig**
E appropriate; expedient; suitable
F pratique; opportun
S conveniente; adecuado; oportuno; práctico
R целесообразный

140 Zwecksetzung *f*
E setting of objective/objectives
F objectif *m*, proposition *f* des objectifs
S objetivo *m*, propósito *m*
R цель *f*, целевая установка *f*

141 Zweig *m*; **~ der Technik** *auch* **Bereich der Technik**
E branch of technology
F secteur *m*/branche *f* de la technique

S sector *m*/rama *f* de la técnica

R отрасль *f* техники

142 Zweigniederlassung *f*

E branch (office)

F succursale *f*

S sucursal *f*

R филиал *m*, отделение *n*

143 Zweigprogramm *n Ct* → **Unterprogramm**

144 Zweigstelle *f;* ~ **des Amts** *EU*

E branch of the Office

F département *m* de l'Office

S departamento *m* de la Oficina

R филиал *m* ведомства

145 zweiseitig

E bilateral

F bilatéral

S bilateral

R двусторонний

146 zwingend; ~**e Vorschrift** *EU* → **unabdingbar**

147 Zwischenbescheid *m*

E interlocutory decision

F décision *f* interlocutoire

S decisión *f* interlocutoria

R частное определение *n*

148 Zwischenprodukt *n*

E intermediate product

F produit *m* intermédiaire

S producto *m* intermedio

R промежуточный продукт *m*

149 zwischenstaatlich

E inter-governmental; international

F intergouvernemental; international

S intergubernamental; internacional

R межправительственный; международный, межгосударственный

150 (zwischenstaatlich); ~**e Behörde**

E inter-governmental / international authority

F autorité *f* intergouvernementale / interétatique

S autoridad *f* intergubernamental / internacional

R межправительственное / международное учрежде́ние / ведомство *n*

151 (zwischenstaatlich); ~**e Einrichtung**

E inter-governmental / international organization

F organisation *f* intergouvernementale / entre États

S organización *f* intergubernamental / internacional

R межправительственная / международная организация *f*

152 Zwischenurteil *n;* **durch** ~ **vorabentscheiden**

E deliver a separate interim decision in the form of an interlocutory judg(e)ment

F porter un jugement interlocutoire par un jugement d'avant faire droit

S tomar una decisión con anticipación en la forma de una decisión interlocutoria

R предварительно решать

153 Zwischenzeit *f* → *auch* **Zeitraum**

E interval

F intervalle *m*

S intervalo *m*

R промежуток *m*, интервал *m*

154 (Zwischenzeit); in der ~

E in the meantime

F entre temps

S entretanto

R в промежутке

Teil II

Einzel-Wörterverzeichnisse

English index

additional costs **M 58**
additional payment **V 111**
additional relation **Z 110**
additional service **Z 64**
additional supply **N 26, V 402**
additional, perceptible lack of ~ relation **Z 111**
additionally, file statements **A 217**
address **A 106, 108, R 213**
address, change of **A 107**
addressee **A 105**
adduce **A 212**
adduce witnesses **Z 33**
adhesion **B 113**
adhesion, date of **W 96**
ad interim **E 136**
adjourn **H 83, V 244**
adjournment **A 509**
adjournment sine die **V 245**
adjudge **E 326**
adjudged **E 327**
administer an oath **E 5**
"administered" price **P 163**
administration **V 297**
administration of the director of the International Bureau **A 153**
administration of justice **J 22, R 120**
administration of licenses **L 72**
administration, counsel of **V 302**
administration, department of patent **P 115**
administration, judicial **G 137**
administration, patent **P 114**
administration, to the profit of the **G 309**
administrative **A 140**
administrative authorities **L 9**
administrative authority **V 298**
administrative case **V 303**
administrative conference **V 300**
Administrative Council **V 302**
administrative fees **V 301**

administrative and legal co-operation **A 163**
administrative procedure **V 304, 305**
administrative, collection of ~ fees **E 320**
administratively **A 137**
administrator **S 25**
admissible **S 222**
admissible, not **S 223**
admission to advantages **A 335**
admission to practise **Z 78**
admission to public inspection **O 18**
admit **A 191**
admit the validity of **A 194**
admonish **V 306**
advance **V 414**
advance in the art **F 124**
advancement of examination **B 238**
advantage **N 117**
advantages and disadvantages **A 519**
advantages, admission to **A 335**
advantages, grant **V 421**
advantages, statement of **A 522**
adverse decision **B 225, Z 94**
adverse party **A 557, G 67**
advertise **A 315, 419**
advertised as clearance sales **V 16**
advertisement **A 314, I 41, R 197**
advertising **R 197**
advertising article **R 199**
advertising firm **R 200**
advertising folder **R 198**
advertising, patent **P 49**
advice **R 6**
advice of receipt **E 183**
advice, follow an **A 45**
adviser **B 102**
adviser, inventor's **E 268**
adviser, legal **R 66**
adviser, technical **B 104**
advisor **B 102**
advisor, technical **F 8**

B

E

economy **W 107**
economy as a whole **G 174**
economy, national **G 174**
edict **E 343**
edit **R 164**
edition **A 492, 569, H 58**
edition of a book **A 572**
edition, country of **E 398**
edition, date of **E 394**
edition, pirated **N 14**
editor **H 61**
editor-in-chief **H 62**
editorial staff **R 161**
education **A 532**
education, professional **F 9**
effect an amendment **A 184**
effect the filing of an application **B 387**
effect the mentioning/designation of the inventor **N 19**
effect of the patent **W 101**
effect payment **Z 2**
effect seizure **V 389**
effect of a technical measure **W 104**
effect, combination **K 94**
effect, coming into **I 34**
effect, delaying **W 97**
effect, have an **E 441**
effect, have legal **R 155**
effect, have no legal **W 95**
effect, the patent shall have no **W 102**
effect, a request to that **D 44**
effect, retroactive **R 242**
effect, staying **W 97**
effect, unexpected ~s **W 100**
effect, the ~ of the patent shall extend to the product **E 412**
effect, the ~s of the patent shall enter into force **W 99**
effect, the ~s of the patent provided by law **W 98, 99**
effect, the ~s of the protection shall come into force **W 103**

effect, the ~s of the provisional protection **E 137**
effected, communication has been **E 311**
effected, the payment has been **R 159**
effected, the service has been **B 386**
effective **G 306, W 93**
effective date of adhesion **W 96**
elapse **V 240**
elected Office **A 132**
election of domicile **W 1**
element **B 299, E 177, Z 102**
element of a combination **K 92**
element of the description **G 293**
element included in the mark **M 19**
element, distinctive ~ of a trademark **M 72**
eligible for deposit **H 97**
eligible for protection **S 92, W 122**
embargo **L 51**
emblem **K 37**
emblem of sovereignty **H 115**
emblem, sovereign/national **H 115**
emblem, state **H 116**
embodiment **A 556**
embody **V 145**
embody an invention **V 146**
emergency, state of **N 108**
employ **V 315**
employed, judge ~ on temporary appointment **R 219**
employee **A 231, 428**
employee of an enterprise **A 232**
employee, consumption organization for ~s **W 50**
employee, declaration given to the **E 338**
employee, economical detriment of the **N 35**
employee, extent of the ~'s obligations **A 480**
employee, the position of the **S 229**

G

I

identity, the differences do not affect the ~ of the marks **A 99**
identity, proof of **U 9**
identity, prove one's **A 707**
ignorance **U 113**
illegal **A 658, R 154, W 65**
illegal appropriation **W 66**
illegible signature **U 171**
illicit imitations **N 11**
illicit pressure **D 75**
imitation **N 2, 11**
imitation, colourable/colorable/slavish **N 3**
imitation, constitute an **D 10**
immaterial **I 12**
immaterial goods **I 11**
immaterial, be **B 138**
immediately **F 147**
immoral **S 141**
impair **B 32**
impeachment of witnesses **A 52**
impecunious **U 81**
impediment **H 88**
impediment, ground for **H 90**
impediment, vanishing of the **W 35**
implement **G 127**
implement the prohibition **V 43**
implement, working **A 435**
implementation, comply with the rules of **V 81**
implementing decrees/regulations **A 561**
import duty **E 48**
importance **B 137**
importation **E 39**
importation of articles **G 74**
importation, article of **E 40**
importation, country of **E 43**
importation, patent of **E 46**
importation, prohibition of **E 47**
imported product **H 95**
imports **E 40**

impose **A 463**
imposed, conditions **A 464**
imposition **A 491**
impression **E 28**
imprisonment **A 448, H 1**
improper use of a mark **B 162**
improper use of a right **R 105**
improve **V 288**
improvement **V 29, 289**
improvement of another invention **V 30**
improvement, invention of **V 32**
improvement, patent of **A 529, V 33**
improvement, proposal for a technical **V 34**
improvement, suitable **V 31**
improvement, the ~ consists in **K 45**
inadmissibility, on pain of **V 323**
inadmissible **U 187**
inadmissible, dismiss as **V 320**
inadmissible, the declaration is **U 188**
incapacity, legal **U 98**
incidental expenses **N 67**
inclosure **E 83**
include **E 107**
include expenses **U 57**
include a patent application **E 210**
including the country of origin **E 108**
inclusive of the fees **I 15**
income tax **E 426**
incomes, balance of expenses and **K 138**
incompatible **U 179**
incompetency **U 189**
incomplete **U 182**
incontestable **E 155, U 77, 89**
incorporate into the rules/instructions **R 230**
incorporated law society **A 384**
incorporated, instruction ~ in the invention **L 34**
incorporation, professional **B 196**

inventor, mention of **E 267, N 19**
inventor, mention the ~ as such **B 155**
inventor, mentioned **E 261**
inventor, misjoinder of ~s **F 60**
inventor, naming of **E 267**
inventor, omission of mentioning / naming the **U 147**
inventor, the original and first **E 265**
inventor, presumed **V 179**
inventor, the pretended **E 264**
inventor, the reasonable diligence of the **S 163**
inventor, statement of the **F 78**
inventor, the true and first **E 266**
inventor, if the ~ cannot be found **A 470**
invest **A 259**
invest with a public office **A 135**
investigate **E 300**
investigate the facts of the case **E 301**
investigation **E 374**
investigation of the matter **A 490**
investment **A 255**
invitation **A 472, E 82**
invoke **B 191**
involved, not **P 10, U 91**
irregular **O 44**
irregularity **O 45**
irreparable **U 96**
irreparable damage **U 97**
irreproachable **U 85**
irrevocable **U 70, 183**
irrevocable declaration of intent **W 89**
isolated search **R 18**
issuance **A 567, 582**
issuance of an order/a decision **E 345**
issue **A 474, 567, 581, H 58**
issue of a patent **A 570**
issue, date of **E 395, 423**
issue, matter at **S 268**
issued by a board **A 494**
issued exceptionally **A 620**

issued in writing **A 546**
issues of a journal **N 115**
item **P 247**
item, principal **H 43**
item, specify the ~s of the loss claimed **P 161**

J

join **V 66**
joinder **K 69**
joinder in action **K 69**
joinder of causes of action **K 63**
joining **A 334, K 69**
joining in action **K 69**
joint **G 109**
joint applicants **G 110**
joint debtors **G 169**
joint inventor **M 102**
joint party **S 269**
joint possession **M 99**
joint signature **M 127**
joint user **M 98**
jointly **G 109**
joint-stock company **A 120**
journal **B 423**
Journal for the Patent, Design and Trademark System **B 428**
journal, additional copies of the **S 279**
journal, buyers' **K 159**
journal, the issues of a **N 115**
journal, official **A 146, B 425**
Journal, Official ~ of the European Patent Office **A 149**
Journal, Official ~ of the French Republic **A 148**
Journal, Official ~ for Industrial Property **A 151**
journal, official periodical **B 427**
journal, patent **P 53**
journal, trademark **W 30**

M

nominal working of a patent N 104
non-compliance Z 128
non-contentious jurisdiction G 136
non-exploitation N 81, 82
non-joinder K 71
non-joinder in action K 71
non-observance of a term V 219
non-obvious subject matter N 93
non-payment N 94
non-payment, by reason of M 14
non-working N 82
normal G 267
normal course G 268
normal expiration of a patent A 44
normal manner of reproduction multiplication V 177
notarial N 107
notarial attestation/certification B 70
notarial seal N 106
notary N 105
notary, public N 105
notations necessary to understand the invention A 524
note A 308, 523, V 181
note, by ~ of hand H 30
notice A 412, 583, B 154, M 116, V 236
notice announcing the grant of a patent E 429
notice of appeal B 214, 280
notice on calling up A 506
notice of correction B 185
notice of defects M 13
notice given in the patent gazette A 416
notice of an intention A 414
notice of reference F 156
notice, further A 620
notice, give A 417
notice, obligation to give M 119
notice, official A 145, M 117
notice, summons L 2
notification A 412, M 116, V 236

notification on formal insufficiencies F 113
notification referring to publications D 85
notification, the ~ shall assure benefits V 422
notification, calling up before publishing a A 505
notification, collective S 26
notification, collective ~ of all marks S 27
notification, initiate the V 11
notification, a ~ shall be issued A 474
notification, making the E 195
notification, official M 117, N 25
notification, postpone the dispatching of an official A 83
notification, service of an official Z 118
notify A 417
notify to the International Bureau R 215
notify of receipt A 422
notify the registration A 421
notify, obligation to M 64
notion B 73
notion, association of ~s Z 81
notion, generic G 4
notion, legal R 62
notorious N 109, O 17
notwithstanding the filing of redrafted claims F 48
notwithstanding the provisions of Article 34 A 100
novel N 69
novelty N 74
novelty examination S 189
novelty report N 76
novelty, prejudice to N 78
novelty, prejudicial as to A 595, M 50, N 77
null and void N 112

O

patent, European law for the grant of E 457
patent, exclusive A 645, U 69
patent, expiration of a A 44
patent, forfeiture of the V 76, 91
patent, German R 189
patent, grant of the P 57, 76
patent, the ~ will be granted A 673
patent, the granting of a E 248
patent, group of ~s P 63
patent, independent P 18
patent, independent ~ protection for a subclaim U 129
patent, industrial A 452, P 14
patent, infringe a V 162
patent, the ~ infringes a prior protective right E 64
patent, interdependent ~s P 22
patent, issue of a A 570
patent, justifying the grant of a P 47
patent, the ~ shall lapse E 363
patent, lapsed P 21, W 86
patent, legislation ~s P 69
patent, litigious K 64, P 221
patent, main E 280, H 42
patent, national P 15
patent, nominal working of a N 104
patent, notice announcing the grant of a E 429
patent, obtain ~s E 342
patent, plant P 131
patent, precautional P 23
patent, procedure for the grant of a P 58
patent, process V 85
patent, product S 14
patent, prohibition to P 77
patent, the provision shall apply to all ~s A 397
patent, re-entry of the ~ into force W 88
patent, regional P 17

patent, register of ~s R 178
patent, reissue of a R 196
patent, restoration of lapsed W 86
patent, revocation of a Z 85
patent, right to the R 36, U 38, Z 117
patent, right to grant a A 340
patent, rights deriving from the R 37
patent, secret G 86
patent, a series of ~s R 190
patent, special medicine S 179
patent, subsidiary H 79
patent, substance S 251
patent, term of the V 156
patent, unexamined P 20
patent, unexpired P 19
patent, unitary ~s E 72
patent, valid G 308
patent, vendee of a K 24
patent, this ~ has become void H 91
patent, the ~ will be voided A 487
patentability P 62
patentability of the invention B 33, 220
patentability shall not be negatived by ... V 197
patentability, bar the V 329
patentability, comments on the E 158
patentability, determination of B 354
patentability, is excluded from A 639
patentability, independent ~ of a subclaim S 94
patentability, prejudicial as to B 34
patentable P 61
patentable invention V 387
patentable, exploitation of the ~ invention U 146
patented P 74
patented devices S 218
patented invention E 279, G 73
patended method V 74
patented part of an invention P 75
patented process V 74

33*

S

safeguard, procedure to ~ legality **K 20**

safety, be detrimental to public **B 37**

sale **A 65, V 132**

sale, clearance **A 252, 703, N 26, V 16**

sale, contract of **K 28**

sale, offer for **F 64**

sale, the ~ of the patented product **B 253, V 283**

sale, putting on **F 63**

sale, regress/retrogression in ~s **A 66**

sale, secondary **W 41**

sales company **V 328**

sales establishment **V 284**

sales price **K 27**

same, at the ~ time **G 282**

sanction, where a different ~ is provided for **R 77**

sanctions, special **Z 137**

satisfactory **A 624**

satisfy a claim **B 53**

satisfy the court **G 271**

satisfy the examiner of the correctness of the statement **U 50**

satisfy the prescribed requirements **A 209**

save **A 617**

schedule **A 236**

schedule of patent fees/charges **T 8**

schedule, surcharge prescribed in the **Z 112**

school, technical **F 19**

science **W 113**

sciences, natural **N 64**

scientific **W 114**

scientifically **W 114**

scope **U 53**

scope of invention **A 400**

scope and nature of the invention **E 284**

scope of protection **S 103**

scope of protection sought for **U 55**

scope of protection, broadening of the **E 432**

scope of protection, interpret the **D 25**

scope of the publication **U 54**

scope, presumed ~ of the patent protection **U 56**

seal **S 134, V 230**

seal up **V 230**

seal, notarial **N 106**

seal, official **A 161**

sealed, deposit under ~ cover **V 231**

search **N 16, 29, 33, R 16**

search activity **E 378**

Search Division **R 19**

search for publications **E 375**

search report **R 21**

search, accomplishment of a **D 96, R 230**

search, discontinue a **R 17**

search, documentary **D 59**

search, isolated **R 18**

search, report on **R 21**

search, request for **R 20**

searcher **R 22, V 139**

seat **S 143**

seat of business **G 201**

seat of the competent court **G 151**

secondary alienation/sale **W 41**

secrecy **G 79**

secrecy, on condition to maintain **A 493**

secrecy, duty of **S 113**

secrecy, maintain **G 82**

secret **G 85**

secret application **G 77**

secret design **E 104, M 143**

secret matters **E 213**

secret patent **G 86**

secret procedure **G 87**

secret, business **B 341**

T

U

V

W

A

autorité des cartels **K 11**

autorité des cartels, l'~ fait ses considérations **F 56**

autorité, communiquer aux ~s **A 588**

autorité, constatation d'une **B 60**

autorité consulaire **K 118**

autorité douanière **Z 51**

autorité d'État **S 198**

autorité fédérale **B 445**

autorité fédérale supérieure / suprême **B 446**

autorité, haute **H 114**

autorité interétatique **Z 150**

autorité intergouvernementale **Z 150**

autorité judiciaire **J 18**

autorité locale **O 60**

autorité, de la part des ~s **B 92**

autorité, représentation devant des ~s **V 271**

autorité requérante **E 415**

autorité subordonnée à une autorité supérieure **S 225**

autorité de surveillance **A 510**

autorité de tutelle **A 510**

autres que les drapeaux **A 618**

avançant la procédure **V 82**

avance **V 414**

avancer **A 212**

avant **B 359**

avant que **B 359**

avantage **N 117**

avantages, admission aux **A 335**

avantages, accorder des **V 421**

avantages en comparaison de l'état de la technique **A 522**

avantages contrebalancés par les désavantages **A 519**

avenu, nul et non **N 112**

avertir **M 1, V 306**

avertissement **M 2, V 308**

avis **A 412, B 154, G 310, R 89, V 236**

avis, ajourner l'envoi d'un **A 83**

avis, à mon **E 250**

avis d'appel **A 506**

avis documentaire **D 58, P 240**

avis documentaire, établissement de l'~ **E 389**

avis documentaire, projet d'~ **G 313**

avis donné dans le journal des brevets **A 416**

avis donné sur une question de droit **R 65**

avis, émettre / donner un **G 312**

avis d'expert juridique **R 89**

avis d'intention **A 414**

avis de nouveauté **N 76**

avis officiel **N 25**

avis de réception **E 183**

avis technique **G 311**

avocat **A 382, P 215, R 55**

avocat conseil **J 15**

avocat et agent de brevet **P 35**

avocat, ordre / cour des ~s **A 384**

avocat plaidant **V 246**

avoir lieu **S 217**

avoir titre, personne ayant titre d'un droit **A 352**

avoué **A 382, R 55, 146, S 23**

avoué, admettre des ~s **P 225**

avoué, chambre des ~s **A 384**

avoué, habilitation d'un ~ à procéder **Z 78**

avouer **E 60**

avouer, s'~ coupable **S 75**

avouer, s'~ non coupable **U 127**

axiome **G 300**

ayant cause **R 112**

ayant droit **B 171**

ayant droit d'exploitation **N 126**

ayant droit universel **G 168**

B

bailleur de fonds **G 217**
balancer **A 580**
banque de prêts / crédit **K 146**
barre, citer devant la **S 63**
barreau **A 384, R 56**
base **B 9, G 289**
base de la plainte **K 61**
base, émolument de **G 295, R 206**
base juridique **R 85**
base, montant de **G 294**
bénéfice **N 117, 124, V 105**
bénéfice, assurer des ~s **V 422**
bénéfice de l'invention **E 293**
bénéfice du droit de priorité **P 192**
bénéfice de priorité **P 192**
bénéfice de protection, accorder un **S 82**
bénéfice, sous ~ des règles spéciales **W 11**
bénéfice, tiré du **N 118**
bénéficiaire **B 80**
bénéficiaire, partie **P 5**
bénéficier de la Convention **V 106**
besoin **B 22**
bibliothèque de programmes **P 205**
bien(s) **V 187**
bien commun **G 106**
bien public **G 116**
bilatéral **Z 145**
BIRPI **V 68**
blocage, brevet de **S 177**
bordereau **B 71**
boutique **V 134**
branche **F 5, G 259**
branche de commerce **H 25**
branche de l'industrie **G 259**
branche de la technique **Z 141**
brevet **P 12, 105**
brevet, acquéreur d'un **K 24**
brevet, acquisition du **E 434**

brevet, acte d'éluder un **P 104**
brevet, action en **P 86**
brevet, action en déchéance ou en révocation d'un **V 76**
brevet d'addition **Z 109**
brevet, administration des ~s **P 114, 115**
brevet admis valide **G 308**
brevet, affaires en matière de ~s **P 97**
brevet, agent de **P 33–37, 43**
brevet allemand **R 189**
brevet, avocat et agent de **P 35**
brevet de blocage **S 177**
brevet, bureau de ~s et de marques **P 38**
brevet caduc, restauration de **W 86**
brevet, catégorie de la protection conférée par le **K 22**
brevet, cause en matière de ~s **P 96**
brevet, classe de ~s **P 84**
brevet, classification des ~s **P 85**
brevet, classification internationale des ~s **I 60**
brevet, collection des ~s d'une année **J 9**
brevet, commencement de la durée du **B 63**
brevet, commission de procédés en annulations des ~s **N 88, S 187**
brevet communautaire **G 115**
brevet, communauté en ~s **P 65**
brevet contre lequel la plainte se porte **K 64**
brevet, cour de ~s **P 66**
brevet, cour d'appel de ~ **G 220**
brevet, date de la délivrance du **E 395**
brevet, déchéance du **V 91**
brevet, déchéance normale d'un **A 44**
brevet, décrets relatifs aux affaires de ~s **P 113**
brevet, se défaire d'un **E 193**

compétence officielle **A 144**
compétence technique **E 257**
compétence, transférer une **E 367**
compétent **F 15, K 97, S 17**
compétent, cour ~e **G 151**
compétitif au marché **M 30**
complément de l'action **E 306**
complément d'émoluments **E 308**
complément de l'opposition **E 125**
complément de la revendication **E 307**
complémentaire, mémoire ~ de recours **B 272**
complet **V 349**
complet, formation complète **G 161, 162**
complet pour prendre des décisions **B 245**
complètement **V 349**
complexe des droits protectifs **S 101**
comporter, le demande de brevet comporte **E 210**
composant du prix **P 165**
composer **Z 101**
composition de l'autorité d'arbitrage **E 431**
composition d'une chambre **B 285**
composition, substances de la même **B 222**
composition du tribunal **V 413**
comprendre **E 209**
comprendre des frais **U 57**
compris, le pays d'origine y **E 108**
compris, y ~ les taxes **I 15**
compromettant la nouveauté **N 77**
compromettre la sécurité nationale **B 37**
compromis judiciaire **V 102**
compte **A 61, R 23**
compte annuel **J 7**
compte courant **K 120**
compte, obligation de rendre **R 26**

compte sur lequel la récompense est fondée **U 155**
compte, rendre de ~s exacts **T 61**
compte rendu annuel **J 2**
compte, surveiller les dépenses et les ~s **U 48**
compte, tenir **R 25**
compte du titulaire du brevet **R 24**
concéder des dépenses à un témoin **Z 72**
concéder des privilèges similaires **E 97**
concept inventif général **I 3**
conception **A 466, B 73**
conception de la section des examens **A 467**
conception familière par son activité professionnelle **B 194**
conception générale d'invention **E 284**
conception inventive **E 283**
conception juridique **R 58**
conception originale **B 2**
concernant le procès de ... contre **S 10**
concerner **A 166, B 142, 331**
concerner, la disposition concerne l'ordre public **B 332**
concesseur de licence **L 63**
concession **E 350, G 247**
concession accordée **E 351, G 9**
concession d'un droit **E 98**
concession de licences **V 100**
concession de licences obligatoires **G 249**
concession d'une licence **L 70**
concession d'une licence obligatoire, procédure en **V 79, Z 133**
concevoir, étant le premier à ~ et le dernier à réaliser **A 540**
conciliatoire, organe / comité **S 54**
conclure **A 69**
conclure, pour **A 72**
conclusion **F 96**

D

demander **A 272, B 11, 16, E 74, 80, 413, F 97, N 30**

demander l'assentiment de l'administration **Z 123**

demander un brevet **N 31**

demander la confirmation judiciaire **N 32**

demander des justifications **N 40**

demander un sursis **S 284**

demander, tiers non habilité à **N 84**

demanderesse **K 66**

demandeur **A 274, K 66, P 29**

demandeur, avant que le ~ ne conçût son invention identique **G 275**

demandeur, identité du ~ du brevet et du ~ du certificat d'addition **P 124**

demandeur, permettre au ~ la possibilité de limitation **A 243**

demandeur, le ~ a cédé son droit au brevet **U 38**

demandeur, le ~ considère comme son invention **B 327**

demandeur, le ~ n'a pas de droit à la délivrance d'un brevet **Z 117**

demandeur, le ~ sera tenu d'indiquer le numéro du dépôt **V 210**

demandeur, pluralité des ~s **A 276**

demandeur en recours **B 275**

demandeur, relation directe entre le chercheur et le **V 139**

demandeur, requête du **K 57**

demandeur, seul **E 163**

démarches, faire des **E 114**

démarches, faire des ~ contre un abus **E 116**

démettre, un agent peut se **Z 89**

demeure **V 341**

demeure, il y a péril en la **G 51**

démonstration **B 373**

démontrable **B 147**

démontrer **A 706**

dénaturer **E 240**

dénaturer des faits **T 15**

déni **V 217**

dénier **A 62, V 196**

dénier la patentibilité à cause de . . . **V 197**

dénomination **B 393**

dénomination des organisations internationales intergouvernementales **B 399**

dénomination d'une variété végétale **S 165**

dénoncer **A 247, 418**

dénoncer l'accord **K 156**

dénoncer, apte à être dénoncé **K 155**

dénonciation **A 413, K 161**

dénonciation, délai de **K 162**

dénonciation, droit de **K 163**

dénonciation, faire la **A 676**

dénonciation, menace de **D 73**

dénotation des éléments d'un outillage **B 396**

dénuement **M 124**

département de l'administrations des brevets **P 115**

département de l'Office **Z 144**

dépassement du délai **F 148**

dépasser **U 36**

dépasser une quantité **U 37**

dépendance **A 32**

dépendant **A 31**

dépens, frais et **G 146**

dépense, fournir à la **B 319**

dépense de travail **A 432**

dépense, unité de **A 574**

dépenses **A 517, 568, 596**

dépenses, accord sur les **K 139**

dépenses, accorder des **Z 72**

dépenses communes **G 107**

dépenses communes de l'employeur **G 108**

dépenses, comparaison des ~ et des revenus **K 138**

émolument de base, solde d'~ **R 206**

émolument, complément d' ~s **E 308**

émolument international **T 30**

émolument supplémentaire **Z 107**

empêchement **H 88, V 127**

empêchement durable **V 128**

empêchement, motif d' ~ **H 90**

empêcher l'enregistrement de la marque **E 205**

empiéter **E 63**

emploi **A 438, D 30, G 10, V 316**

emploi, aptitude à l' ~ des marchandises **B 437**

emploi d'une marque **G 11**

emploi des moyens brevetés à bord des navires **S 218**

emploi qui ne se fait pas à titre de marque **W 32**

emploi simultané d'une marque **G 283, E 205**

employé **A 231, 428**

employé, association générale des ~s **S 181**

employé d'une entreprise **S 232**

employé, invention d' ~ **A 430, D 37, F 133, N 35, O 41**

employé, invention faite dans le cadre de la mission de l' ~ **A 430, D 37**

employé, organisation de consommation pour ~s **W 50**

employé, position de l' ~ dans l'usine **S 229**

employer **V 315**

employeur **A 427, D 39**

employeur, association générale des ~s **S 181**

employeur, dépenses communes de l' ~ **G 108**

employeur, récompense d' ~ **U 154, 155**

emprisonnement **A 448, H 1**

emprunt illicite d'une solution de dessins des autres **W 67**

encouragement des intérêts industriels **F 99**

endossement **V 182**

endossement sur une «licence de plein droit» **L 62**

endossement obligatoire «licence de plein droit» **Z 134**

endossement de l'offre de licences **L 61**

endroit **O 57**

engagé dans **B 41**

engagement **V 208, 212**

engagement de droit **R 81**

engagement, prendre un **V 213**

engager **V 9, 207, 209**

engager, s' ~ dans **B 41**

engager la procédure orale **E 386**

engins de locomotion **B 337**

énonciation **A 520**

énonciation des avantages en comparaison de l'état de la technique **A 522**

énonciation des caractéristiques techniques de l'invention **A 521**

enquête, procéder à une **E 377**

enquêter **E 300**

enquêter sur les faits de la cause **E 301**

enregistré, agent de brevet ~ **P 36**

enregistré, marque ~e **M 17**

enregistrement **E 140, R 180**

enregistrement accéléré d'une marque **E 142**

enregistrement antérieur **E 141**

enregistrement, apporter une modification dans l' ~ **A 184**

enregistrement définitif **E 189**

enregistrement, demande en/d' ~ **E 143, R 184, 185**

enregistrement du modèle d'utilité **G 21**

F

faculté, faire usage de la **G 13**
faculté de l'homme du métier **K 113**
faculté officielle **A 144**
faculté ouverte par l'Article ... **S 40**
faculté, pleine **H 6**
faillite **K 107**
faillite, actif de la **K 109**
faillite, administration de la **K 112**
faillite, législation sur les ~s **K 110**
faillite, loi sur les ~s **K 110**
faillite, masse de la **K 109**
faillite ouverte **K 107**
faillite, réclamation de l'actif de la **K 108**
faillite, syndic de la **K 111**
faire connaître **B 123**
faire connaître réclamations contre un brevet **E 159**
faire une déclaration **E 341**
faire des démarches **E 114**
faire des démarches contre un abus **E 116**
faire la dénonciation **A 676**
faire son devoir **A 693**
faire droit **A 33**
faire droit au grief **B 265**
faire droit à une requête **S 221**
faire écouler **A 171**
faire une modification à l'enregistrement **A 184**
faire un procès **P 213**
faire un rapport **B 178**
faire usage de la faculté **G 13**
faire valoir une revendication **A 343**
faire, se **S 217**
faisable **T 64**
faisant échec à la nouveauté **N 77**
fait **T 13**
fait, circonstance de **T 20**
fait, connaissance des ~s **S 13**
fait, constatation de ~s **F 79**
fait, défigurer/dénaturer des ~s **T 15**

fait, déposer des ~s supplémentairement **A 217**
fait, enquêter sur les ~s de la cause **E 301**
fait, établir des ~s **T 16**
fait, exposer des ~s **A 219**
fait, il est de ~ que ... **T 18**
fait, il va de même à un **G 279**
fait, matérialité des ~s **T 10**
fait, obscurités dans l'exposé des ~s du jugement **U 114**
fait, présenter des ~s nouveaux **T 17**
fait, répondant aux ~s **S 12**
faits **S 16**
faits de la cause **T 10**
faits évidents **T 14**
famille, nom de **F 37**
fascicule de brevet **P 98**
fascicule de la demande **A 612**
fascicule imprimé de brevet **P 98**
fascicule spécial d'exposition **A 612**
faute **F 53, S 73, V 239**
faute de dessins **Z 11**
faute due à l'inattention **F 93**
faute d'écriture **S 64**
faute d'impression **D 79**
fautes de langue, signalisation des **B 15**
faute lourde, frais provoqués par une **V 223**
faute typographique **D 79**
faveur, délai de **S 60**
faveur, en ~ de **Z 75**
fédéral, autorité ~e **B 445**
fédéral, autorité ~e supérieure/suprême **B 446**
fédéral, budget **B 455**
fédéral, conseiller **B 462**
fédéral, droit **B 463**
fédéral, gouvernement **B 464**
fédéral, ministre **B 456–459**
fédéral, république ~e **B 465**
fédéral, tribunal **B 448, 449**

G

H

I

J

K

M

manière d'opération **W 106**

manière de procéder de l'office de brevets **A 439**

manifestation, serment de **O 16**

manifeste **O 13**

manifester **A 662**

manque **M 8**

manque de connaissance **U 113**

manque perceptible d'une relation d'addition **Z 111**

manquement de la justice **J 20**

manuel, remise ~le du dossier **W 39**

manufacture **F 1**

manuscrit **H 30, M 15**

marchand **H 27, K 25**

marchand, valeur ~e **K 29**

marchandise **W 14**

marchandise, abandon de la ~ vendue **H 93**

marchandise, acquisition dès ~s **B 411**

marchandise, aptitude à l'emploi des ~s **B 437**

marchandise, commercialisation de ~s **V 52**

marchandise, confiscation des ~s **E 175**

marchandise, critère/critérium de la qualité de la **K 39**

marchandise, débarras d'un stock de ~s **R 14**

marchandise, espèce de **W 18**

marchandise, étalage des ~s **S 44**

marchandise, étaler des ~s **A 682**

marchandise étrangère **G 101**

marchandise de marque **M 24**

marchandise, marquer des ~s **K 44**

marchandise principale **H 49**

marchandise, remboursement en **W 22**

marchandise, sorte de **W 18**

marchandise, stock de ~s **W 16**

marchandise supplémentaire **Z 66**

marché **G 176, M 25**

marché, action d'influencer le **M 27**

marché, compétitif au **M 30**

marché, conditions du **M 31, 34**

marché, donner par-dessus le **Z 63, (H 49)**

marché, entreprise dominante dans le **M 28**

marché, intérêt dans le **M 26**

marché, introduire une marque dans le **E 42**

marché, mettre des produits sur le **V 140**

marché, partie en **M 29**

marché, structure du **M 33**

marque **E 449, M 16, S 234, Z 9**

marque admise au dépôt telle quelle **Z 76**

marque analogue (à une autre) **U 10, V 198, W 27**

marque, apposer une ~ de fabrique sur des produits **A 173**

marque, apposition illicite d'une ~ de fabrique **A 175**

marque, appréciation de l'étendue de la protection de la **S 104**

marque, apprécier si la ~ est susceptible de protection **W 122**

marque, article de **M 18**

marque, association des ~s **M 23**

marque, autoriser l'utilisation d'une **G 12**

marque, bureau de brevets et de ~s **P 38**

marque, caractère distinctif d'une **U 167**

marque collective **V 26**

marque de commerce **F 4, H 14, 24, W 25**

marque composée de lettres **B 442**

marque défensive **A 94**

marque, demande d'enregistrement de la **W 29**

O

obligation, domaine des ~s de l'employé **A 480**

obligation, exemption de l' ~ de payer **B 52**

obligation, exercice fidèle des ~s **A 702**

obligation de faire rapport **M 64**

obligation imposée par un office **A 494**

obligation d'informer **A 591**

obligation de notifier/de notification **M 64, M 119**

obligation d'observer la vérité dans la procédure **W 6**

obligation d'offrir le droit **A 169**

obligation de payer **Z 7**

obligation, prendre une ~ à qn **A 59**

obligation professionnelle du secret **S 114**

obligation, remplir une **V 214**

obligation de rendre compte **R 26**

obligation du secret **S 113**

obligation, soumis à l~ de payer par acomptes **A 465**

obligation de tenir l'invention secrète **G 84**

obligatoire **B 420, E 295, O 11, V 37**

obligatoire, caractère **O 12**

obligatoire, endossement ~ «licence de plein droit» **Z 134**

obligatoire, licence **G 249, V 79, 217, Z 86, 131, 132, 133**

obligatoire par la loi **R 116**

obligatoire, la notification n'est pas **E 297**

obligatoire, l'utilisation de la marque est **V 374**

obligé **H 2, V 211**

obligé de fournir des garanties **H 2**

obligé, personne ~e de fournir des renseignements **A 592**

obliger **V 209**

obreption d'un droit protectif **E 400**

obscurités dans l'exposé des faits du jugement **U 114**

observation **E 157, S 230**

observation sur la brevetabilité **E 158**

observation, sous peine d'irrecevabilité des ~s **V 323**

observation, des ~s d'une portée considérable seront faites par écrit **S 232**

observer, le délai n'a pas été observé … **V 218**

observer les instructions **V 410**

observer, obligation d'~ la vérité dans la procédure **W 6**

obstacle **H 88**

obstacle à la brevetabilité **V 329**

obstacle, disparition de l'~ **W 35**

obstacle à l'enregistrement **E 146**

obstacle, faire ~ à la délivrance d'un brevet **E 204**

obstacle, faire ~ à l'exercice d'une faculté **H 87**

obtenir des brevets **E 342**

obtenir un taux dégressif de redevances **S 209**

obtenteur **Z 53**

obtenteur, droit de l'~ **Z 54**

obtention **S 164, Z 56**

obtention, brevet d'~ végétale **P 131**

obtention d'un droit protectif **E 438**

obtention, procédé d'~ **Z 57**

obtention, protection des ~s végétales **S 167, 168**

obtention végétale **P 134, 135, 136, S 164**

obtention végétale, loi sur les brevets d'~ **P 132**

obtention végétale, registre des ~s ~s protégées **S 170**

octroi définitif d'une licence obligatoire **Z 132**

œuvre **E 45**

officiel, publication ~le **D 83**

officiel, remise d'une notification ~le **Z 118**

officiel, renseignement **A 586**

officiel, sceau **A 161**

officiel, secret **A 155**

officiel, signe ~ de contrôle et/ou garantie **P 245**

officiel, signification d'une notification ~le **Z 118**

officiel, surveillance ~le **D 36**

officiel, traduction ~le **U 31**

officiel, usage **A 154**

officiel, par (la) voie ~le **A 141**

officiellement **B 92**

officiellement reconnu **A 193**

officier de paix **F 139**

officier de paix de district **B 405**

offre **A 222**

offre de licence **L 60**

offre de licences, endossement de l'~ **L 61**

offrir **A 168**

offrir, obligation d'~ le droit **A 169**

omettre **A 80**

omettre, la publication a été omise **A 81**

omettre, on a omis la publication **A 81**

omettre, si le défendeur omet de répondre dans le délai … **E 334**

omis, acte **H 29**

omission de la désignation du coïntéressé **K 71**

omission des formalités prévues **N 83**

omission de la mention de l'inventeur **U 147**

OMPI **W 42**

OMPI, siège de l' **S 144**

opération **A 433, G 176**

opération commerciale **G 176**

opération, mode/manière d'~ **W 106**

opérations de la procédure **V 373**

opéré, saisie ~e conservatoirement **B 235**

opérer le dépôt d'une demande **B 387**

opérer un dépôt sous pli cacheté **V 231**

opinion, d'après l'~ de la section des examens **A 467**

opinion, changement de l'~ de l'examinateur **A 468**

opinion, divergence d'~ **M 62**

opportun **Z 139**

opposabilité, discuter l'~ des antériorités citées **E 156**

opposable, documents ~s **W 77**

opposant **E 121, 129, W 72**

opposé, argument **G 65**

opposé, partie ~e **G 67**

opposer **W 70**

opposer, s'~ **E 203**

opposer, intérêt qui s'oppose **I 45**

opposer des publications à la demande **E 200**

opposer une revendication dans un procès **W 71**

opposition **E 122, 201, V 293, W 73**

opposition, acte d'~ **E 130**

opposition, acte de former une **E 319**

opposition, complément de l'~ **E 125**

opposition, délai d'~ **E 127, W 78**

opposition, déposition d'une **E 319**

opposition à l'enregistrement d'une marque **W 76**

opposition, former **E 123, W 75**

opposition motivée **G 290**

opposition, procédure d'~ **E 131**

opposition, procédure en **W 79**

opposition, réplique à l'~ **E 126**

opposition, taxe d'~ **E 128**

oral **M 140**

oral, accès aux procédures ~es **Z 126**

oral, assister à une procédure ~e **Z 70**

oral, décider sans procédure ~e préalable **V 125**

part de la description **B 259**
part, la ~ modifiée de la description **B 260**
part, prendre ~ à **T 37**
partialité **B 40**
partialité, suspicion de **B 298**
participant **M 129**
participante **M 129**
participation **M 100**
participation des autres sections d'examen **M 101**
participation, taux de la **A 362**
participer **B 322, T 37**
participer à une procédure **M 128**
participer en sa qualité de personne civile **R 119**
particularités **B 295**
particularités de l'invention **E 13**
particularités de la procédure **B 296**
particulier **E 21**
particulier, arrangement **A 56, 57, 58**
particulier, cas **E 164**
particulier, mesures particulières **E 169**
particulier, rapport **S 157**
particulier, Union particulière **S 156**
partie **B 299, F 5, P 3, S 119, T 27, V 261**
partie, accommodement entre deux ~s **V 102**
partie, l'accord des ~s **Z 122**
partie adverse **P 8, G 67**
partie adverse à la/une pétition **A 373**
partie aînée **P 4**
partie, allégations des ~s **V 369**
partie, appui d'une ~ dans le procès **U 172**
partie bénéficiaire **P 5**
partie brevetée d'une invention **P 75**
partie brevetée, estimer la ~ avec l'ensemble de l'appareil **G 173**
partie, continuation en **T 35**

partie contractante **V 258, 261**
partie, demandes de différentes ~s **I 53**
partie désintéressée **P 10**
partie essentielle de la marque **B 300**
partie, frais que les ~s ont dû faire/supporter **E 427**
partie, frais supportés par une ~/l'une des ~s **L 19**
partie à l'instance **V 84**
partie intéressée **B 324, P 6**
partie intéressée, reconnu comme **A 195**
partie, intervenir en faveur d'une ~ **B 111**
partie lésée **G 175, V 165**
partie en marché **M 29**
partie opposée **G 67**
partie opposée, déductions de la **A 557**
partie principale **H 41**
partie professionnelle **F 5**
partie qui a la date d'effet de dépôt postérieure **P 9**
partie relative aux droits des brevets **P 92**
partie, représentant d'une **V 273**
partie, la ~ restante de l'objet de la demande **T 29**
partiellement **T 41**
partiellement, directives ~ désuètes **R 231**
parties en cause/litige **P 220**
parties plaidantes **P 220**
parution, date de **E 394**
passage, renvoi aux ~s **P 11**
passation **A 547**
passer **A 545**
passer un accommodement **E 79**
passer un accord **A 70**
passer, se faire ~ pour breveté **A 576**
payable à la partie lésée **B 476**
payement = paiement
payer **E 162, 358, Z 2**

plainte, porter **A 418, K 53, 62**
plainte, titre à porter **K 67**
planche de dessin **Z 17**
plant **P 137**
plante ornementale/d'ornement **Z 43**
plein droit, de **R 156**
plein droit, licence de **L 60**
pleine faculté **H 6**
pleine faculté, avoir ~ d'action **H 7**
plein, de ~ gré **S 280**
pleins pouvoirs **G 121**
plénipotentiaire **B 356**
pli **U 63**
pli cacheté, dépôt sous **H 106**
pli cacheté, opérer un dépôt sous **V 231**
pli, sous ce **A 263**
plume, correction des erreurs de **B 184**
plupart **M 56**
pluralité **M 60**
pluralité des demandeurs **A 276**
plus tard **N 37**
poinçon **G 250, P 198**
poinçons officiels de contrôle/de garantie **G 251**
poinçons officiels, signes et **A 142**
point **P 246**
point 2 du Règlement **V 409**
point cardinal **H 44**
point de droit, discuter des **R 49**
point de preuve **B 372**
point de preuve, indication du **B 395**
point de vue **S 216**
police, prescriptions relatives à la ~ de l'audience **S 149**
polir les revendications **A 544**
pondération des voix **S 247**
portée de la protection **S 103**
portée, des observations d'une ~ considérable **S 232**
porter **V 9**
porter atteinte **B 32, E 63**
porter atteinte à un brevet **V 162**

porter, le brevet porte atteinte à un droit protectif antérieur **E 64**
porter, cela ne porte pas atteinte aux dispositions de ces articles de la loi **U 83**
porter un jugement interlocutoire **Z 152**
porter plainte **A 418, K 53, 62**
porter préjudice **B 32**
porter recours **B 267**
porter un signe **B 402**
porteur de contraintes **G 157**
porteur de la licence **L 69**
positif, connaissance positive **S 13**
position **S 230**
position dominante **M 136**
position de l'employé dans l'usine **S 229**
position sur le fond **S 231**
position préférentielle **V 428**
position de la question **F 128**
posséder, droit de **B 292**
possesseur **B 290, E 20, I 24**
possesseur du brevet **P 79**
possesseur indirect **B 291**
possesseur de la maison **G 190**
possession **B 287**
possession commune **B 288**
possession, droit de ~ personnelle **B 293**
possession personnelle **B 289**
possession, en ~ des qualifications nécessaires **B 100**
possibilité, admettre la ~ de la publication **A 674**
possibilité d'application **A 406**
possibilité d'exploiter **V 324**
possibilité, instruction sur la ~ des voies légales **R 109**
possibilité de limitation **A 29**
possibilité de prendre connaissance du dossier **M 132**

préjudice légal **R 113**

préjudice, porter **B 32**

préjudice, préciser les chefs de ~ invoqués **P 161**

préjudice de la propriété intellectuelle **I 13**

préjudiciel, révision ~le **A 35**

préjugé **P 149, 160**

préjugé, cas **G 301**

premier, première demande **E 403**

premier dépôt **E 403**

premier, idée première de l'invention **G 297**

premier, première inspection de la demande **E 409**

premier, première instance **I 43**

premier inventeur **E 266**

premier, l'inventeur original et **E 265**

premier jour ouvrable qui suit **N 28**

premier, matières premières **A 575**

Premier ministre **M 90**

premier, première période de protection **S 96**

premier, première revendication **H 35**

prendre **A 375, E 74, 220**

prendre des arrangements particuliers **A 58**

prendre connaissance des dossiers **A 116, E 120**

prendre des décisions **B 245, 248, E 234**

prendre un engagement **V 213**

prendre des mesures **M 48**

prendre des mesures contre un abus **E 116**

prendre les mesures nécessaires/qui s'imposent **V 12**

prendre une obligation à qn **A 59**

prendre part à **T 37**

prendre séparément des arrangements particuliers **A 57**

prénom, nom, ~ et qualités **P 123**

préparatifs à exploiter l'invention **V 15**

préparatoire, mémoire **S 70**

prépondérant, voix ~e **S 243**

prépondérant, la voix du président est ~e **A 636**

prescription **V 98, 131, 406**

prescription, conforme aux ~s légales **V 413**

prescription, conforme aux ~s relatives aux modalités **F 109**

prescription, discontinuation de la **U 135**

prescription, expiration du délai de **V 346**

prescription indispensable **U 71**

prescription, interruption de la **U 135**

prescription juridique/légale **R 150**

prescription, satisfaire aux ~s légales **A 209**

prescriptions **A 208**

prescriptions plus larges **V 408**

prescriptions relatives aux demandes **A 268**

prescriptions relatives à la police de l'audience **S 149**

prescrire, entreprise prescrivant des prix fixés pour les revendeurs **P 166**

prescrit, formulaire ~ par le règlement **A 565**

présence **A 408**

présence à l'audience **T 36**

présent **G 75**

présent, la ~e Convention **U 5**

présent, le ~ reçu doit échoir à l'État **V 93**

présentation **D 11**

présentation, avant la ~ de toute défense sur le fond **H 47**

présentation, justification et ~ d'une feuille périodique **A 498**

présenter **A 170, V 426**

produit, apposer une marque de fabrique sur des ~s **A 173**
produit, apposer sa raison de commerce sur des ~s **F 88**
produit, brevet pour un **S 14**
produit breveté **P 202**
produit breveté, la vente du **V 283, 329**
produit, classe des ~s **W 19**
produit, classer des ~s **E 93**
produit, classification des ~s **W 21**
produit, commercialiser des ~s **V 140**
produit, création d'une nouvelle classe de ~s **W 20**
produit, dépositaire de la classification des ~s et des services **V 296**
produit, désignation des ~s **B 400**
produit, désignation de l'espèce des ~s **B 394**
produit, destination des ~s **B 312**
produit, différencier les propres ~s des ~s d'autres entreprises **U 165**
produit, l'effet du brevet s'étend aux ~s **E 412**
produit final **E 190**
produit industriel **I 21**
prodoit intermédiaire **Z 148**
produit intermédiaire, causalité des caractéristiques d'un **U 200**
produit intermédiaire, fabrication ultérieure d'un **W 40**
produit, introduction d'un ~ dans une exposition **E 25**
produit introduit, à l'égard du **H 95**
produit, liste des ~s **W 23, 24**
produit d'une maison d'édition **V 149**
produit, marque distinctive des ~s du déposant **D 101**
produit, mettre des ~s en circulation/sur le marché **V 140**
produit muni d'une marque **V 225**
produit naturel **L 25, N 58**

produit, le ~ net annuel des taxes **R 194**
produit du pays **L 6**
produit portant une marque **V 225**
produit, provenance du **H 66**
produit, réduire la liste des ~s **E 110**
produit, revendication pour un **E 446**
produit similaire **G 276**
produit, substitution des ~s dans la liste des ~s **A 689**
produit, tout ~ portant illicitement une marque de fabrique sera saisi **B 237**
produit, transfert de ~s d'une classe à une autre **U 13**
profession **B 189**
profession, exercer une **A 692**
profession, exercer la ~ d'un agent de brevet **P 34**
profession, exercer la ~ près le tribunal **P 225**
professionnel **B 193, G 263**
professionnel, activité ~le **B 194**
professionnel, diffusion ~le **V 51**
professionnel, école ~le **F 19**
professionnel, formation ~le **F 9**
professionnel, obligation ~le du secret **S 114**
professionnel, partie ~le **F 5**
professionnel, prestation ~le **L 39**
professionnel, secret **A 155, B 195, G 189**
professionnel, union ~le **B 196**
professionnellement **G 263**
profit **A 530, V 56**
profit, au ~ de **Z 75**
profit, au ~ de l'administration **G 309**
profit palpable/tangible **N 119**
programme, bibliothèque de ~s **P 205**
programme d'ordinateur **P 204**
programmerie **S 153**
progrès **F 121**

protectif, attaquer le droit **N 80**
protectif, cession d'un droit **S 102, U 43**
protectif, complexe des droits ~s **S 101**
protectif, défense des droits ~s **V 243**
protectif, demande d'un droit **S 100**
protectif, droit **S 98**
protectif, droit ~ antérieur **E 64**
protectif, le droit ~ passe aux héritiers **U 17**
protectif, durée d'un droit **L 22**
protectif, obreption d'un droit **E 400**
protectif, obtention d'un droit **E 438**
protection **S 76, W 9**
protection, accorder bénéfice de **S 82**
protection, appréciation de l'étendue de la ~ de la marque **S 104**
protection, apprécier si la marque est susceptible de **W 122**
protection appropriée des droits **W 10**
protection, atteinte aux intérêts dignes de **G 55**
protection conférée par le brevet **K 22, P 99**
protection, la ~ est considérée comme n'ayant jamais eu d'effet **W 103**
protection, déclaration de refus de **S 106**
protection, déclaration sur la ~ demandée **P 46, S 89**
protection, digne de **S 109**
protection, diminuer la ~ accordée à la marque **S 84**
protection, droit de ~ à l'étranger **A 605**
protection, droits de ~ étant en collision **S 99**
protection, durée de **S 88**
protection des éléments séparés d'une combinaison **E 178**
protection, étendue de la **S 103**

protection, étendue de la ~ demandée **U 55**
protection, étendue présumée de la ~ conférée par le brevet **U 56**
protection des étiquettes **E 450**
protection dans les expositions **A 687**
protection, extension de la **A 539**
protection, extension de l'étendue de la **E 432**
protection, fixer les limites de la ~ revendiquée **F 70**
protection indépendante conférée pour une sous-revendication du brevet **U 129**
protection, interpréter l'étendue de la **D 25**
protection, jouir de la ~ légale **G 122**
protection légale **R 123, S 79**
protection légale, avoir droit à la **A 342**
protection légale, nécessité de **R 125**
protection légale de la propriété industrielle **R 124**
protection, loi nationale du pays où la ~ est réclamée **G 219**
protection des marques **M 22**
protection des modèles d'utilité **G 27**
protection des obtentions végétales **S 167, 168**
protection, période de **S 95**
protection, placer, d'une façon absolue, sous **S 83**
protection, portée de la **S 103**
protection, première période de **S 96**
protection de la propriété industrielle **S 80**
protection provisoire **S 78**
protection provisoire, l'effet de la **E 137**
protection, refus de **S 105**
protection, revendication de **S 85**

réception, accusé/avis de **B 302, E 183**
réception, accuser **A 422**
réception, certificat de **E 51**
réception, date de la ~ de la lettre **G 95**
réception, après la ~ de la déclaration **E 50**
réception de lettres et pièces **A 312**
réception de la notification **E 180**
recette **E 90, E 361**
recette, excédent de ~s **E 92**
recette, les diverse ~s de l'enregistrement international **E 91**
recevable **S 222**
recevable, si le recours n'est pas **S 223**
recevoir, celui qui reçoit la décision **B 228**
recevoir, ouvert pour ~ le dépôt des demandes **E 202**
recherche **E 374, F 117, N 16, 33, R 16**
recherche, accomplissement de la **D 96**
recherche, activité de **E 378**
recherche, connaissable sans plus de **N 23**
recherche, discontinuer une **R 17**
recherche, division de **F 118, R 19**
recherche documentaire **D 59**
recherche, incorporer l'accomplissement de la ~ dans les instructions **R 230**
recherche isolée **R 18**
recherche quant à l'origine **Q 6**
recherche de publications **E 375**
recherche, requête en **R 20**
rechercher **N 29**
réciprocité **G 68**
réciprocité, clause de **G 70**
réciprocité, garantir la **G 69**
réclamant **B 275**
réclamation **B 13, E 322, F 98**
réclamation de l'actif de la faillite **K 108**

réclamation, la décision peut donner lieu à une **S 220**
réclamation contre les décisions des divisions des marques **E 323**
réclamation, faire connaître à l'office de brevets des ~s contre un brevet **E 159**
réclamation dans la procédure de fixation des frais **E 324**
réclame **R 197**
réclame, article de **R 199**
réclame, la maison laquelle fait de **R 200**
réclame, supplément de **R 198**
réclamer **A 205, B 11, E 35**
réclamer, si les dessins ne sont pas réclamés **Z 90**
réclamer le paiement d'une taxe **E 36**
réclamer, le paiement du solde entier d'une taxe sera réclamé **R 205**
réclamer, les pièces justificatives étant réclamées par des administrations **A 206**
réclamer la radiation d'une marque **L 74**
réclamer le transfert d'un droit **U 44**
recommandation à demander des prix définis/fixés **E 185**
recommandé, par envoi **E 59**
récompense **E 208**
récompense d'employeur **U 154, 155**
récompenser l'inventeur **B 152**
reconnaissance **A 196**
reconnaissance d'un droit **A 197, Z 59**
reconnaître **A 192**
reconnaître des dépenses à un témoin **Z 72**
reconnu comme droit par le présent acte **E 327**
reconnu, officiellement **A 193**
reconnu comme partie intéressée **A 159**

responsable **H 2**
responsable, être ~ de contrefaçon **H 3**
ressort **G 139**
ressortissant **S 190**
ressortissant d'un pays de l'Union **A 226**
ressortissant, ces personnes assimilées aux ~s des pays contractants **G 280**
ressortissant de l'Union **V 23**
restauration de brevets et de demandes de brevets caducs/tombés en déchéance **W 86**
restauration d'une demande abandonnée **W 87**
restitution **H 59**
restitution en cas d'enrichissement non justifié **B 176**
restitution en entier **W 82**
restitution, requête en **W 83**
restreindre **B 249, E 109**
restreint, conseil **R 7**
restreint, le conseil ~ du Comité des directeurs des Offices nationaux **R 8**
restreint, les pays de l'Union ~e **S 156**
restrictif, pratique restrictive à la concurrence **W 58**
restriction **B 251, E 111**
restriction, sans ~s **U 86**
restriction, sans aucune **E 112**
restriction, céder un droit sans **U 40**
restriction, cession avec ~s **U 42**
restriction de la concurrence **W 59**
restriction, possibilité de **A 29, 243**
restriction, la vente du produit breveté est soumise à des ~s ou limitations **B 253**
résultat **E 309**

résultat que l'invention vise à obtenir **E 310**
résultat d'une mesure technique **W 104**
résultat total **G 159**
résultat total du procédé **G 160**
résumé **Z 97**
retard **F 148, S 32, V 233**
retard, sans **U 181**
retard, conséquence d'un **F 94**
retard, justifier un **S 33**
retard de paiement **V 234**
retard, surtaxe de **V 235**
retardement **V 233**
retardement de la procédure **V 88**
retarder **V 340**
retirer **Z 88, 95**
retirer, se ~ de **A 630**
retirer, un agent peut se **Z 89**
retirer les pouvoirs du mandataire **A 385**
retourner, délai à **R 235**
rétractation **W 68**
rétracter **W 69**
retrait **Z 96**
retrait, déclaration de **R 237**
retrait d'une demande **Z 84**
retraite **R 238**
retraite, déclaration de **R 239**
retraite, droit à **R 240**
rétribution **H 117**
rétroactif **R 241**
rétroactif, effet ~ de la limitation d'un droit **R 242**
réuni, être **T 4**
réunion **V 60, Z 99**
réunir **V 65**
réunir des informations **V 67**
réussite d'une invention **Z 114**
révélation **E 214**
révélation de l'invention **O 15**
révéler **O 14**
révéler en public **O 29**

S

supplémentaire, émoluments ~s **Z 107**

supplémentaire, exemplaires ~s de la feuille **S 279**

supplémentaire, exemplaires ~s payés à part **B 388**

supplémentaire, frais ~s **N 67**

supplémentaire, livraison **N 26**

supplémentaire, marchandise **Z 66**

supplémentaire, service **Z 64, 65**

supplémentaire, service substantiel et service **H 39**

supplémentairement, déposer **A 217**

supplémentairement, déposer des faits **A 217**

supporter, les dépenses seront supportées en commun **A 571**

supporter, exiger qu'il supporte soi-même le dommage **Z 80**

supporter, les frais que les parties ont dû **E 427**

supposer **M 147**

supposition **A 310, V 355**

supposition qu'une solution ne porte atteinte aux droits conférés **P 94**

suprême, autorité fédéral **B 446**

suprême, cour **G 144**

suprême, tribunal de ~ instance **I 43**

surseoir à **A 666**

surseoir à la procédure **A 669**

sursis **S 282**

sursis, accorder un **S 283**

sursis, demander un **S 284**

sursis, montant **B 329**

sursis au payement d'une taxe **S 282**

surtaxe **Z 113**

surtaxe prévue au tableau **Z 112**

surtaxe de retard **V 235**

surveillance **O 2**

surveillance, autorité de **A 510**

surveillance, avoir la ~ d'un office **O 3**

surveillance, Haute Autorité de **H 113**

surveillance officielle **D 36**

surveiller **U 47**

surveiller les dépenses et les comptes **U 48**

survivant **H 96**

susceptible d'appel **B 209, R 209**

susceptible d'application industrielle **G 261**

susceptible de créer une confusion **V 310**

susceptible, décision ~s de recours **B 273, S 219**

susceptible, la décision n'est pas ~ d'appel **R 210**

susceptible, la décision n'est pas ~ d'un recours distinct/séparé **A 202**

susceptible d'être déposé **H 97**

susceptible d'être réalisé **A 551**

susceptible de protection **S 92**

susceptible, publications ~s de faire obstacle à la délivrance d'un brevet **E 204**

susceptible d'un recours **A 201, U 149**

susceptible, les références citées ne sont pas **B 33**

susceptible, résolutions ~s d'affecter la brevetabilité de l'invention **B 220**

suspendre **A 484, 666**

suspendre un agent de l'exercice de ses fonctions **E 212**

suspendre un agent de l'exercice près l'office des brevets **P 159**

suspendre, la procédure n'est pas suspendue … **A 485**

suspensif, effet **W 97**

suspension **A 672**

suspension d'une affaire en contrefaçon à cause d'une action pendante en nullité **V 168**

suspicion de partialité **B 298**

syndic **S 23, 287**

syndic de la faillite **K 111**

syndicat **S 286, V 20**

V

Indice alfabético español

acción **A 119, H 28, K 51, V 70**
acción, acumulación de acciones **K 63**
acción, aportar una **E 24**
acción civil **Z 47**
acción, complemento de la **E 306**
acción de anulación **L 76**
acción de caducidad o de revocación de una patente **V 76**
acción de eludir una patente **P 104**
acción de influir el mercado **M 27**
acción de nulidad **N 90**
acción de usurpación/falsificación de patente **P 112**
acción dirigida contra el titulario de la patente **K 55**
acción en materia de patentes **P 86**
acción, entablar una **E 24**
acción judicial **V 73**
acción, la ~ debe ser objeto de un juicio **E 230**
acción omitida **H 29**
acción, presentación de una **K 58**
acción, presentar una **K 53, V 144**
acción, responder a una **E 333**
aceleración del examen **B 238**
aceleración, demanda de **B 239**
aceptación **A 309**
aceptación de una descripción **A 311**
aceptar una decisión **B 244**
aclaración **E 355**
aclarar **E 300, E 354**
aclarar el estado de la cosa **E 301**
acompañante, carta **B 71**
acompañarse de una declaración **B 96**
acontecimiento, acarrear un **F 95**
acordar **B 240, G 246**
acordar, acto de ~ la nulidad **E 337**
acordar las costas de un testigo **Z 72**
acostumbrado en el comercio **H 22**
acostumbrado, sistema ~ de reproducción/multiplicación **V 177**

acreditado, de acreditada honestidad **U 85**
acreditar su identidad **A 707**
acreedor **G 272**
acreedor, concurso de ~es **K 107**
acta **A 114, N 102, P 210, S 69**
acta, contenido de las ~s **A 117**
acta de la sesión **S 150**
acta, efectuar un requerimiento para ser inscrito en la **N 103**
Acta, la ~ queda abierta a la firma hasta el … **O 24**
acta, levantar **P 211**
acta. número/seña de la **G 206**
acta, persona que levanta **S 66**
acta, posibilidad de conocer las ~s **M 132**
acta, posibilidad de consultar las ~s **A 505**
acta, suministrar informes sobre la base de las ~s **A 588**
acta, transmitir ~s a la Sección de Examen **Z 79**
actitud **S 230**
actidud meritoria **S 231**
actividad **T 12**
actividad comercial **E 436, K 26**
actividad, competencia de **G 192**
actividad, competencia de ~ de la Sección de Patentes **G 193**
actividad consultiva **B 169**
actividad, continuar una ~ abusiva **R 142**
actividad de búsqueda **E 378**
actividad de representación **V 281**
actividad, destituir al agente de su **E 212**
actividad, esfera de **A 434, G 192**
actividad, esfera de ~ de la Sección de Patentes **G 193**
actividad, esfera de ~ prevista por la ley **G 194**

actividad, instrucción para una ~ técnica **L 35**
actividad inventiva **E 270**
actividad profesional **B 104**
actividades intelectuales **G 48**
acto **H 28, P 217**
acto de acordar la nulidad **E 337**
acto de competencia **W 60**
acto de eludir **U 60**
acto de eludir un orden **U 61**
acto de eludir una patente **P 104**
acto de explotación **A 623**
acto de patentar **P 76**
acto de patentar en doble **D 61**
acto de uso **B 165**
acto jurídico **R 81, 91**
actor civil **P 193**
actos cuyo anuncio como venta total es permitido **V 16**
actos previstos por el artículo 1 **B 390**
actuación judicial **V 73**
actuario **U 198**
acuerdo **A 37, B 241, E 76, 149, V 63, 237**
acuerdo amigable **A 579, E 77**
acuerdo, concluir un **A 70**
acuerdo, de ~ con la Administración nacional **E 150**
acuerdo denunciado **K 156**
Acuerdo, detalles/pormenores relativos a la ejecución del presente **E 166**
acuerdo, propuesta de **E 79**
acuerdo sobre los gastos **K 139**
acuerdos internacionales en vigor **K 143**
acumulación de acciones **K 63**
acumular **A 241**
acusación **A 246**
acusación, capítulo de **H 33**
acusación, punto principal de **H 33**
acusado **A 227**
acusador fiscal **A 249**

acusador privado **P 193**
acusar **A 247, B 261**
acusatorio, auto **A 248**
acuse de recibo **B 302, E 183**
adaptación **A 326**
adaptar una descripción a la limitación **A 325**
adecuado **Z 139**
adecuado, remuneración adecuada **V 108**
adelanto **V 414**
adhesión **A 334, B 113**
adhesión a las cláusulas **A 335**
adhesión, fecha efectiva de **W 96**
adhesión, instrumento de **B 116**
adhesión, otros países serán admitidos para la **O 23**
adhesión, solicitud de **B 115**
adición **H 111**
adición, certificado de **Z 106**
adición, falta perceptible del carácter de **Z 111**
adición, patente de **Z 109**
adición, relación de ~ entre el objeto de dos solicitudes **Z 110**
adición ulterior de un nuevo producto a la lista **E 433**
adicional **Z 108**
adicional, pago ~ de remuneración **V 111**
adicional, reconocible sin una indagación **N 23**
adicional, servicio **H 39, Z 64**
adicional, solicitud de patente **Z 105**
adjuntar **A 233, B 95**
adjunto **A 256, 263**
adjunto, carta adjunta **B 71**
administración **A 130, B 91, V 297**
Administración, carácter mediano de la **D 32**
Administración, carácter mediano elevado de la **D 31**

administración, consejo de **V 302**
Administración, de acuerdo con la ~ nacional **E 150**
administración de asuntos **W 7**
administración de la justicia **R 120**
administración de las licencias **L 72**
administración de patentes **P 114**
administración de patentes, sección de la **P 115**
administración del concurso/de la quiebra **K 112**
administración, derechos de **V 301**
administración, en beneficio de la **G 309**
Administración interesada **B 323**
administración judicial **G 137**
administración, juez mandatario encargado de la ~ de pruebas **R 218**
administración jurídica **J 22**
administración, pedir su consentimiento a la **Z 123**
administración, percepción de derechos de **E 320**
Administración, rango mediano de la **D 32**
Administración, rango mediano elevado de la **D 31**
administrador **S 25**
administrativo **A 140, B 92**
administrativo, autoridad administrativa **V 298**
administrativo, autoridades administrativas del Estado federal **L 9**
administrativo, causa administrativa **V 303**
administrativo, conferencia administrativa **V 300**
admisión **A 334**
admisión de la validez **R 88**
admisión de un abogado **Z 78**
admisión para la inspección pública **O 18**

admitir **A 191**
admitir la marca para su depósito tal cual es **Z 76**
admitir la posibilidad de la publicación **A 674**
admitir la validez de una cesión **A 194**
admitir otros países para la adhesión **O 23**
admitir, razón de ~ que la patente sea concedida **A 673**
admitir una demanda/petición **S 221**
adopción **V 2**
adopción de una ley **V 3**
adoptar signos oficiales de control **E 41**
adorno, árbol de **Z 40**
adorno, planta de **Z 43**
adquirido, derecho **R 34, W 115**
adquirido, derechos ~s por terceros **R 39**
adquiridor **E 435**
adquiridor de una patente **K 24**
adquirir una participación en empresas **A 363**
adquisición **B 410**
adquisición de la patente **E 434**
adquisición de las mercancías **B 411**
adrede **A 86**
adresar **R 213**
aduana **Z 50**
aduana, autoridades de **Z 51**
aduana, tribunal de apelación en casos de ~ y de patentes **G 145**
aducir **A 212**
aducir testigos **Z 33**
adverso, parte adversa **P 8**
advertencia **M 2**
advertir **M 1**
afectar **B 219**
afectar, documento que afecta la novedad **M 50**

arreglo **A 19, 37, 55, 320, E 76, V 63, 237**
arreglo, con **M 38**
arreglo, concertar separadamente ~s particulares **A 57**
arreglo de empresa **B 346**
arreglo, ejecución del **A 553**
arreglo entre dos partes litigantes **V 102**
arreglo internacional **A 39**
Arreglo, países partes en el presente **A 225**
arreglo particular **A 56, 58, S 155**
arresto **H 1**
arriba, como lo ~ dicho **A 220**
arrogación de una patente **P 50**
arte **K 164**
arte, obra de **K 166**
artefacto **A 173**
artesanía **H 31**
artesano **H 32**
artículo **A 453, 454, 455, H 10, P 1**
artículo, actos previstos por el ~ 1 **B 390**
artículo, conforme al/en virtud del **A 456, N 1**
artículo de comercio **H 10**
artículo de la ley **G 223**
artículo de la ley, esto ~ queda intacto **U 83**
artículo de marca **M 18**
artículo de reclamo **R 199**
artículo, derogación al **F 135**
artículo, disposiciones del **A 100**
artículo final **S 56**
artículo, instancia prevista en el ~ 24 **G 152**
artículo, reservas indicadas en el presente **V 361**
artículos de importación **E 40**
artículos de primera necesidad **B 23**
artístico, dibujo **K 165**

artístico, obra artística **K 166**
asegurador, compañía aseguradora **V 229**
asegurador, organismo **V 228**
asegurar **G 246**
aserción, justificación de una **R 47**
asesor **B 102**
asesor jurídico **R 66**
asesor técnico **B 104, F 8, M 107**
Asesoría Jurídica **R 52**
asimilación, principio de **B 85**
asimilarse a los súbditos de los países contratantes **G 280**
asistencia **B 103**
asistencia administrativa y judicial **A 163**
asistencia en la audiencia **T 36**
asistencia judicial **R 66, 92**
asistencia mutua **H 76**
asistir **B 117**
asistir a una audiencia **Z 70**
asistir al procedimiento de la presentación de las pruebas **B 118**
asociación **G 214, V 20, 60**
asociación central **S 180**
asociación central de empleadores o empleados **S 181**
asociación de comunidades **G 104**
asociación de empresas **V 69**
asociación de expertos **S 22**
asociación de ideas/nociones **Z 81**
asociación de las marcas **M 23**
asociación de los productores **E 444**
asociación de personas físicas **P 125**
asociación de unidades comunales **K 96**
asociación económica **W 112**
asociación, estatutos de una **S 224**
Asociación Internacional para la Protección de la Propiedad Industrial **I 63**
asociación municipal **G 104**

B

bandera del Estado **S 196**
bandera, que no sean ~s **A 618**
bando **S 49**
basar la nueva decisión en el juicio de la instancia de apelación **B 212**
basarse, la decisión se basa en **B 217**
basarse, la petición se basa en hechos evidentes **B 8**
base **B 9, G 289**
base, cuota de **G 295**
básico, importe **G 294**
beneficiado, parte beneficiada **P 5**
beneficiario **B 80**
beneficiario de explotación **N 126**
beneficiarse del presente Convenio **V 106**
beneficio **N 117, V 105**
beneficio, a ~ de **Z 75**
beneficio, con el ~ de las reglas especiales **W 11**
beneficio de la invención **E 293**
beneficio de pobreza **A 446**
beneficio (del derecho) de prioridad **P 192**
beneficio, en ~ de la administración **G 309**
beneficio, la notificación garantizará ~s **V 422**
beneficio, obtener/sacar un **N 118**
beneficio, otorgar/reivindicar el ~ de la protección **S 82**
biblioteca de programas **P 205**
bien común **G 116**
bien público **G 106**
bienes **V 187**
bilateral **Z 145**
BIRPI **V 68**
blasón **W 13**
bloqueo, patente de **S 177**
boletín de marcas de fábrica/de comercio **W 30**
boletín de patentes **P 53**

Boletín del sistema de patentes, dibujos y marcas **B 428**
Boletín europeo de patentes **E 455**
Boletín Federal **B 443**
boletín oficial **A 146**
Boletín Oficial de la Oficina de Invenciones y Patentes de la RDA **B 128**
Boletín Oficial de la Oficina de Patentes de los Estados Unidos **A 150**
Boletín Oficial de la Oficina europea de patentes **A 149**
Boletín Oficial de la Propiedad Industrial **A 151, P 53**
Boletín oficial de la República Francesa **A 148**
Boletín oficial de las Comunidades europeas **A 147**
Boletín oficial del Estado **B 451**
boletín oficial, notificación publicada en el **A 416**
borrador **E 246**
botánico, especie botánica **A 451**
botánico, género **G 3**
buscar **N 29**
búsqueda **N 33, R 16**
búsqueda, actividad de **E 378**
búsqueda aislada **R 18**
búsqueda de orígenes **Q 6**
búsqueda de publicaciones **E 375**
búsqueda, discontinuar una **R 17**
búsqueda documental **D 59**
búsqueda, ejecución de la **D 96**
búsqueda, informe de **R 31**
búsqueda, sección de **R 19**
búsqueda, solicitud de **R 20**

C

caducado, dibujo **V 94**
caducado, patente caducada **H 91, P 21**
caducar **E 362, V 92**

caracterizado por el hecho de que **K 45**
caracterizar **C 2**
caracterizar una invención **K 43**
carbón, copia al **D 98**
carecer, la solicitud carece de cualquiera invención **B 4**
careo **K 152**
carga **B 144, L 17**
carga de fundar la nulidad **U 110**
carga de pruebas **B 375**
carga, deducción de los gastos y ~s **A 104**
cargamento **B 144**
cargar los errores en la Oficina **F 54**
cargo **A 131**
cargo, dar un ~ oficial a **A 135**
cargo, desempeño de un **A 697**
cargo, desempeñar un ~ oficial **A 134**
cargo, imputar el ~ de la prueba a **A 460, B 376**
cargo, sucesor en el **A 158**
cargo, toma de posesión de un **A 143**
carta acompañante/adjunta **B 71**
carta blanca **H 6**
carta blanca, tener **H 7**
carta certificada **E 59**
carta circular **R 248**
carta, data y hora del recibo de la **G 95**
carta, recepción de las ~s **A 312**
cartel **A 332, 583, K 10**
cartel, autoridad de ~es **K 11, F 56**
cartel, contrato que establece un **K 16**
cartel, decisión de carácter de ~es **K 12**
cartel, derecho sobre los ~es **K 13**
cartel, publicar por ~es **A 333**
cartel, registro de ~es **K 14**
cartel, sala en asuntos de **K 15**
casa de comercio **F 85, G 184**
casa de comercio, propietario de **G 190**
casa editorial **V 148**
casa editorial, producto de una **V 149**
casa, jefe de la **F 87**

casa, principal de la **G 190**
casa proveedora **B 414**
casa que ejerce reclamo **R 200**
casa, sede de la **G 201**
casación **K 18**
casación, procedimiento de **K 20**
casación, recurso de **N 96, R 211**
casación, sala de **K 19**
casar **A 486**
casar, la sentencia es casada **U 211**
casería **V 48**
casilla **A 36**
casilla, depósito en **N 101**
caso **F 27**
caso de comercio **H 21**
caso de necesidad/emergencia/fuerza mayor **N 108**
caso, documentos del **P 214**
caso, en los ~s previstos por el artículo **F 28**
caso, en ~ semejante **F 29**
caso excepcional **A 619**
caso excepcional, decisión ulterior emitida en **A 620**
caso excepcional, justificarse en **R 46**
caso fortuito inevitable **Z 60**
caso ordinario **R 169**
caso ordinario, en **R 170**
caso particular **E 164**
caso prejuzgado **G 301**
castigar **A 111**
castigo **S 254**
categoría **K 21**
categoría de plantas **P 130**
categorías de la protección **K 22**
caución **K 31**
caución, prestación de **S 132**
causa **G 289, P 212, 222, S 7**
causa administrativa **V 303**
causa, conocimiento de **S 13**
causa criminal **S 262**
causa de nulidad y caducidad **G 292**

circular **R 248**
circular, carta/nota **R 248**
circunstancia de hecho **T 20**
circunstancia, representar las ~s **D 9**
circunstancias comerciales **V 116**
circunstancias efectivas/reales **V 117**
citación **E 201, F 156, V 381**
citación bajo la conminación **B 46**
citación del testigo **V 13**
citación, plazo de la **L 2**
citación so pena de una multa **S 253**
citado, las referencias citadas **B 33**
citar **A 211**
citar al juzgado **S 63**
citar ante el tribunal **S 63**
citar impresos **A 213**
citar testigos **Z 33**
citar y oír a los interesados **L 1**
ciudadanía **S 191**
ciudadano **S 190**
cívico, privación de los derechos ~s **V 171**
civil, acción **Z 47**
civil, actor **P 193**
civil, año **K 1**
civil, código **B 472**
civil, de derecho **P 195**
civil, derecho **Z 49**
civil, jurisdicción **Z 45**
civil, trimestre **K 2**
clase **K 74**
clase de patentes **P 84**
clase de productos **W 19**
clase de productos, creación de una nueva **W 20**
clase, examinador de la ~ 12 **P 229**
clase, incluir en ~(s) **O 36, Z 125**
clase, lista de las ~s **G 305, K 75**
clase, número disputado de las ~s **B 321**
clase, simultaneidad de varios ~s de rebajas **Z 104**

clase, tasa prevista para toda **K 76**
clase, transferencia de productos de una ~ a otra **U 13**
clasificación **G 304, K 79**
clasificación auxiliar **N 66**
clasificación de las patentes **P 85**
clasificación de las solicitudes llegadas **K 80**
clasificación de los productos **W 21**
clasificación, depositario de la ~ de los productos y servicios **V 296**
clasificación indicada por el depositante **E 95**
clasificación inicial **E 408**
clasificación internacional **I 59**
clasificación internacional de las patentes **I 60**
clasificación, modificación de la **K 77**
clasificación principal **H 37**
clasificación, revisar la **U 2**
clasificar los productos en las clases correspondientes **E 93**
clasificar solicitudes de patente **A 711**
cláusula **K 81**
cláusula, adhesión a las ~s **A 335**
cláusula de concurrencia **K 105**
cláusula de reciprocidad **G 70**
cláusula sobre la entrada en vigor **I 33**
cláusula transitoria **U 16**
cliente **A 514, K 82, 157, M 4**
clientela **P 158, V 48**
clisé **D 89**
clone **K 83**
cobrar los gastos **B 110**
codepositantes **G 110**
codificación **K 85**
código civil **B 472**
Código de Comercio **H 12**
Código penal **S 259**
coexplotador **M 98**
coinventor **M 102**
colección anual de patentes **J 9**

complementario, decreto sobre los servicios ~s **Z 65**
complementario, servicio **Z 64**
complemento **H 111**
complemento, contener ~s **T 32**
complemento de cuota **E 308**
complemento de la acción **E 306**
complemento de la oposición **E 125**
complemento de la reivindicación **E 307**
completo, formación completa **G 161, 162**
complexo de derechos de protección **S 101**
componente **B 299**
componente de un precio **P 165**
componente, disposición de los ~s **A 322**
componer **Z 101**
composición de la autoridad de arbitraje **E 431**
composición de una sala **B 285**
composición, substancias de la misma **B 222**
compostura y presentación de un periódico **A 498**
compra **B 410**
compra, institución común de **B 223**
compra, movimiento de ~s y ventas **G 205**
compra, precio de **K 27**
comprador **K 23**
comprador de una patente **K 24**
comprador, periódico de los ~es **K 159**
comprador, servicio a los ~es **K 158**
compraventa, contrato de **K 28**
compraventa, precio de **K 27**
comprender **E 107, 209**
comprender los gastos **U 57**
comprendiéndose en ello el país de origen **E 108**

comprensión **A 466**
comprobar **B 352, N 22**
comprometer **V 209**
comprometiente, configuración **N 11**
compulsa **A 76**
común **G 109**
común, bien **G 116**
común, conocimientos comunes **A 126**
común, derecho **R 32**
común, en **G 109**
común, gastos comunes **G 107**
común, gastos comunes del empleador **G 108**
común, invención **E 278**
común, posesión **B 288**
común, propiedad **G 114**
común, representante **V 268**
común, utilidad **N 120**
comunicación **M 116, V 137, 138**
comunicación, una ~ tuvo lugar **E 311**
comunicar **A 380, M 113**
comunicar una invención ocultada **A 381**
comunidad, asociación de ~es **G 104**
comunidad de intereses **I 49**
comunidad en el dominio de patentes **P 65**
comunidatorio, patente comunidatoria **G 115**
concebir, estando el primero en ~ y el último en realizar **A 540**
conceder **A 90, E 416, G 245**
conceder la palabra **E 313**
conceder las costas de un testigo **Z 72**
conceder privilegios semejantes **E 97**
conceder un derecho **V 159**
conceder una fecha de depósito **Z 58**
conceder una patente **Z 117, A 673**
conceder ventajas **V 421**
concedido, apto para ser **G 244**
concepción **B 73**

D

decisión de una limitación **A 323**
decisión definitiva **E 188, 232, U 78**
decisión del examinador **P 240**
decisión del gobierno federal **A 324**
decisión del tribunal **G 138**
decisión, dictar una **E 233**
decisión, el que recibe la **B 228**
decisión, el recurso será objeto de una **E 229**
decisión, el tribunal es atado por una ~ previa **G 45**
decisión, emisión de una **E 345**
decisión, estructura de la **G 285**
decisión firme **U 78**
decisión fundamental **G 301**
decisión, inexactitudes en una **U 126**
decisión, informar de **U 158**
decisión interlocutoria **Z 147, 152**
decisión judicial **G 140**
decisión, la ~ entrará en vigor **W 94**
decisión, la ~ no es susceptible de un recurso distinto **A 202**
decisión, la ~ obliga el tribunal **B 421**
decisión, la ~ se basa en **B 217**
decisión, las decisiones deben ser redactadas por escrito **A 546**
decisión, lectura de los considerandos de la **V 160**
decisión, modificación de una **B 182**
decisión, motivar una **B 77**
decisión negativa **B 225**
decisión negativa, revisar una ~ del examinador **U 26**
decisión no apelable **R 210**
decisión oficial **A 145**
decisión, oscuridades en los hechos de la **U 114**
decisión, pronunciar una **E 233**
decisión relativa a la fijación de las costas **K 134**
decisión sobre la concesión **E 422**
decisión sobre la cosa principal **H 46**

decisión sobre la imposición de una multa **B 477**
decisión sobre las costas **K 132**
decisión susceptible de recurso **B 273, S 219**
decisión, texto de la **B 229**
decisión, tomar una **E 234**
decisión, tomar una ~ con anticipación **Z 152**
decisión ulterior emitida solamente en caso excepcional **A 620**
decisión única, problemas tratados en una **E 171**
decisivo **A 637, M 42**
decisivo, voto **S 243**
declaración **A 625, 665, D 11**
declaración, acompañarse de una **B 96**
declaración dada al empleado **E 338**
declaración de abandono **R 239**
declaración de anulación **N 89**
declaración de dimisión **R 239**
declaración de división **A 635**
declaración de nulidad **U 107**
declaración de prioridad **P 184**
declaración de retiración **R 237**
declaración de retirada **R 239**
declaración de voluntad irrevocable **W 89**
declaración denegatoria de protección **S 106**
declaración, después del recibo de la **E 50**
declaración, emitir una **E 341**
declaración en lugar del juramento **E 6**
declaración escrita **E 340**
declaración, hacer una **E 341**
declaración, inadmisible **U 188**
declaración, juramento de **O 16**
declaración negativa así notificada **S 107**
declaración sobre la protección solicitada **P 46**

E

enajenar un derecho **V 19**
encarcelación **A 448**
encarcelamiento **H 1**
encargar de llevar los asuntos **B 330**
encargarse de la obligación **A 59**
encontrar **A 469**
encontrar, si es imposible de ~ al inventor **A 470**
endoso **V 182**
endoso del ofrecimiento de licencias **L 61**
endoso obligatorio "licencia de pleno derecho" **Z 134**
endoso sobre la "licencia de pleno derecho" **L 62**
enfrentarse **E 203**
engañar al público **I 71**
engaño **I 73, T 22**
engañoso **I 72, T 21**
enjuiciado **A 230**
enjuiciamiento, ley de **P 219**
enmendar **A 1**
enmienda **A 4**
enriquecimiento **B 175**
enriquecimiento ilegítimo **B 176**
enriquecimiento sin causa **U 103**
ensayo **E 387**
ensayo, punzón de **P 198**
entablar una acción **E 24**
entablar una demanda **K 52**
entender, queda entendido que **E 152**
entender, se entiende que **E 152**
entendimiento **V 237**
entente de empresas **Z 100**
entrada **E 39, S 240**
entrada de la declaración **E 50**
entrada, derechos de **E 48**
entrada en funciones **A 143**
entrada en vigor **I 34, R 98**
entrada en vigor, cláusula sobre la **I 33**
entrada, fecha de la **E 53**
entrada y salida de marcas **W 33**

entrañar una modificación respecto del registro **A 184**
entrar **A 375**
entrar en detalles **E 56**
entrar en el territorio del campo de aplicación **G 101**
entrar en funciones **A 376**
entrar en vigor **K 144**
entrega **A 21, 582, H 58**
entrega al consumidor **A 22**
entrega, condiciones de **L 52**
entrega, contrato de **L 53**
entrega de la mercancía vendida **H 93**
entrega de una notificación oficial **Z 118**
entrega efectuada **B 386**
entrega hacienda correr un plazo **L 20**
entrega manual sin registro **W 39**
entrega por su propia mano **Z 119**
entrega postal/por el correo **P 146**
entrega suplementaria al stock de liquidación **N 26**
entrega suplementaria con anticipación **V 402**
entregado, no **U 87**
entregar **A 581, L 49**
entretanto **Z 154**
enumeración **A 520**
enumeración de las características técnicas **A 521**
enumeración de las ventajas **A 522**
enumeración, en orden de la **R 193**
envío **A 82, 477**
envío, aplazar el ~ de un aviso oficial **A 83**
envoltura **H 119**
equidad **B 418**
equidad, según los principios de la **E 372**
equipo de fábrica, conocimientos adquiridos como miembro del **K 34**
equipo de fábrica, pertenencia al **B 347**

falsificador supuesto **P 108**
falso **T 21**
falso, conclusión falsa **F 57**
falso, falsa designación de una coparticipación procesal **K 70**
falso, falsa interpretación **M 95**
falso, juramento **M 61**
falta **F 53, M 8, V 239**
falta de conocimientos **U 113**
falta de escritura **S 64**
falta de explotación **N 81, 82**
falta de medios **M 124**
falta de pago **N 94**
falta de unidad **U 93**
falta en los dibujos **Z 11**
falta enorme, gastos provocados por una **V 223**
falta, objeción de las ~s **B 14**
falta, objeción de las ~s de lenguaje **B 15**
falta perceptible del carácter de adición **Z 111**
falta por ligereza **F 93**
faltar a las buenas costumbres **S 139**
fallo **E 127, S 184, U 209**
fallo errado **F 59**
fallo, lectura del **V 147**
fallo, pronunciamiento del **V 147**
fama, de mala **R 246**
familia, nombre de **F 37**
fase de procedimiento **V 80**
favor, a ~ de **Z 75**
fe, de buena **G 269, 315**
fe, de mala **B 429**
fe, digno de **G 270**
fe, en ~ de lo cual **U 197**
fe, mala **B 430**
fecha **D 16**
fecha de depósito **H 108**
fecha de depósito, conceder una **Z 58**
fecha de depósito de la solicitud **A 281**
fecha de depósito posterior **P 9**

fecha de entrada **E 53**
fecha de la expiración **A 45**
fecha de la expiración, recordar la **E 321**
fecha de la exposición al público **S 45**
fecha de la presentación de la solicitud **T 3**
fecha de la solicitud **A 281, 301**
fecha de llegada **E 53**
fecha de prioridad **P 189**
fecha de prioridad más antigua **P 190**
fecha del plazo de prioridad **Z 21**
fecha determinante **M 43**
fecha, determinar la **F 71**
fecha efectiva de adhesión **W 96**
fecha, indicación de la **D 17**
fecha inicial **A 199**
fecha inicial de la patente principal **A 200**
federal, autoridad **B 445**
federal, autoridad ~ suprema **B 446**
federal, consejero **B 462**
federal, decisión del gobierno **A 324**
federal, derecho **B 463**
federal, gobierno **B 464**
federal, ministro **B 456**
federal, república **B 465**
federal, tribunal **B 448**
federal, tribunal ~ autónomo e independiente **B 449**
fenómeno **N 57**
feriado, día legalmente **F 61, 62**
fiador **B 471**
fianza **K 31, S 130**
fianza, prestación de **S 132**
fichero **K 9**
ficticio **F 80**
fiduciario, agente **T 63**
fiel **G 240**
fiel, ejercicio ~ de deberes **A 702**
fiel, traducción **U 34**
figurativo, marca figurativa **B 416**

G

gaceta **A 146**

gaceta de marcas de fábrica/de comercio **W 30**

ganancia **A 530, V 56**

garante **B 471**

garantía **B 473, G 242, H 4, S 130**

garantía de la plenitud **G 243**

garantía, punzones oficiales de **G 251**

garantía, signo oficial de **P 245**

garantizar **V 55**

garantizar, la notificación ~á beneficios **V 422**

garantizar la reciprocidad **G 69**

gasto de trabajo **A 432**

gasto excesivo **M 58**

gasto, unidad de **A 574**

gastos **A 517, 568, 596, K 127**

gastos accesorios **N 67**

gastos, acuerdo sobre los **K 139**

gastos, balance de los **K 138**

gastos causados por una publicación **K 131**

gastos, cobrar los **B 110**

gastos, comprender los **U 57**

gastos comunes **G 107**

gastos comunes del empleador **G 108**

gastos cubiertos por las partes **E 427**

gastos, cubrir **K 129**

gastos de la Oficina de Patentes **A 599**

gastos debidamente justificados **A 597**

gastos, deducción de los **A 104**

gastos desembolsados **A 596**

gastos extrajudiciales **A 656**

gastos necesarios a la procedura de la concesión **A 598**

gastos ordinarios de la Oficina Internacional **O 34**

gastos previsibles **A 573**

gastos provocados por una falta enorme **V 223**

gastos sufragados en común **A 571**

gastos, suma total de **G 171**

gastos, vigilar los **U 48**

general, competencia **B 56**

general, poder **P 207**

general, procurador **G 120**

general, referencia **B 413**

general, referencia a los principios ~es **H 57**

generalizar la idea inventiva **V 4**

genérico, denominación genérica **F 136**

genérico, designación genérica **G 5**

genérico, noción genérica **G 4**

genérico, reivindicación genérica **G 6**

género **G 2**

género botánico **G 3**

genial, idea **E 33**

gente, derecho de ~s **V 343**

gestión del director de la Oficina Internacional **A 153**

gestión del procedimiento **V 83**

giro de un ciclo de consumo **W 43**

gobierno **R 174**

gobierno, convocado a iniciativa del **V 14**

gobierno del Estado federal **L 10**

gobierno federal **B 464**

gobierno federal, decisión del **A 324**

goce **N 124**

goce de derecho de propiedad industrial **G 126**

gozar de protección legal **G 122**

gracia, plazo de **N 18**

gradación para obtener una norma degresiva de las rentas de licencias **S 209**

grado **S 281**

grado de las organizaciones económicas **W 110**

gráfica **B 416**

grafismo especial **S 65**

H

I

indemnización reivindicada ulteriormente **E 225**
indemnizar **E 402**
indemnizar las pérdidas **E 402**
indemnizar los gastos **Z 80**
independiente(mente) **S 121, U 74**
independiente, inventor **E 263**
independiente, patentabilidad ~ de una subreivindicación **S 94**
independiente, patente **P 18**
independiente, protección **U 129**
independiente, tribunal federal autónomo e **B 449**
indeterminado, durante un tiempo **U 88**
indicación **A 215, B 392**
indicación de fuentes **Q 5**
indicación de procedencia **H 67**
indicación de referencia **B 415, E 38**
indicación de la fecha **D 17**
indicación de la regla de derecho violada **R 115**
indicación de las cuestiones que deben ser demostradas **B 395**
indicación de los motivos **G 291**
indicación de los productos **B 400**
indicación del lugar **O 59**
indicación distintiva de los productos del depositante **D 101**
indicación, exactitud de las indicaciones **U 50**
indicación, la ~ no es de naturaleza tal como para ... **B 401**
indicación, indicaciones previstas en ... son obligatorias **O 12**
indicación, indicaciones que figuran en la petición de registro **R 185**
indicación, represión de las falsas indicaciones de procedencia **U 136**
indicado, características evidentes indicadas en las reivindicaciones **S 123**

indicado, la clasificación indicada por el depositante **E 95**
indicar **A 218, 420, B 389**
indicar, la descripción debe **E 211**
indicar las reivindicaciones **A 188**
indicar sucesivamente **A 187**
índice **I 32**
índice anual **J 8**
índice de fuentes **Q 7**
índice de palabras de rúbrica **S 241**
índice de voces-guía **S 241**
indíces técnicos de la invención **A 521**
indicio **A 410**
indicio de la existencia de un hecho **A 411**
indicio, prueba por ~s **I 16**
indígena **I 37**
indigencia **M 124**
indigente **U 81**
indirecto, poseedor **B 291**
indirecto, pruebas indirectas **B 364**
indirecto, usurpación indirecta de patente **P 110**
indispensable **U 95**
indispensable, disposición **U 71**
indispensable, tasa **M 78**
individual, riesgo **E 174**
inducir **V 9**
inducir, riesgo de ~ al público a error **T 23**
industria **G 254, I 18**
industria extractiva **G 266**
industria, rama de la **G 259**
industria y comercio **G 255**
industrial **G 258, 260, I 23**
industrial, aplicación **G 261**
industrial, dibujo **G 209**
industrial, distrito **I 20**
industrial, establecimiento **I 19**
industrial, explotación **V 327**
industrial, ingeniero **P 43**
industrial, intereses ~es **B 141**

interés **B 139, I 44**

interés, comunidad de intereses **I 49**

interés contrario **I 45**

interés creado **I 49, 50**

interés de la seguridad de la República Federal **I 48**

interés digno de protección **G 55**

interés en la causa **B 40**

interés en la causa, temor de que el recusado tenga **B 298**

interés en el mercado **M 26**

interés, hay que temer que la publicidad viole intereses … **O 30**

interés industrial **B 141**

interés industrial, promoción de los intereses industriales **F 99**

interés legítimo **I 47**

interés legítimo de una fábrica **B 140**

interés opuesto **I 45**

interés personal **E 15**

interés, probar un **D 13**

interés público **I 46**

interesado **B 171, 324, 350**

interesado, citar y oír a los ~s **L 1**

interesado, demanda dirigida contra varios ~s **B 325**

interesado, informe de los ~s sobre sus derechos **B 151**

interesado, organización interesada **B 333**

interesado, parte interesada **B 324, I 51, P 6**

interesado, ser **B 322**

intereses públicos mandan con urgencia la otorgación inmediata de la concesión **E 351**

interferencia **I 52**

interferencia entre solicitudes de diferentes partes **I 53**

interferencia, examinador en asuntos de **I 54**

interferencia, procedimiento de **I 56**

interferente, solicitud **A 291**

intergubernamental **Z 149**

intergubernamental, autoridad **Z 150**

intergubernamental, organización **B 399, O 48, Z 10, 151**

interior (del país) **I 35**

interior, embargo en el **B´234**

interior, legislación **G 228, M 41**

interlocutorio, decisión interlocutoria **Z 147**

interlocutorio, revisión ~a **A 35**

intermedio, producto **Z 148**

internacional **I 57, Z 149**

internacional, acuerdos ~es en vigor **K 143**

internacional, arreglo **A 39**

internacional, autoridad **Z 150**

internacional, clasificación **I 59**

internacional, clasificación ~ de las patentes **I 60**

internacional, convenio **U 6**

internacional, cuota **T 30**

internacional, derecho **V 343**

Internacional, director de la Oficina **D 50**

internacional, funcionamiento de la oficina **G 186**

internacional, oficina **I 64**

internacional, organización **B 399, O 48, Z 151**

internacional, registro **E 91, I 61, R 182**

internacional, relaciones ~es **I 58**

internacional, tratado **S 207**

interno, legislación interna **G 228**

interponer demanda **K 52**

interponer recurso contra la decisión **S 220**

interponer recurso de reposición **E 84**

interposición de recurso **E 85**

interposición del recurso, plazo de **B 274**

J

justificar un retraso **S 33**
justificativo, documento **B 145, 370, 382**
justo **R 43**
justo, esto no es más que **R·44**
juzgado **G 129**
juzgado, citar al **S 63**
juzgado de primera instancia e instrucción **A 156**
juzgado, el ~ no puede oír el caso antes... **B 42**
juzgado, oficial del **U 198**
juzgar **E 247, 326, R 214, U 213**
juzgar, el tribunal que juzga **G 130**
juzgar, la oficina juzga que concesión de la patente no es excluida **E 248**

K

know-how **E 257**

L

laborable, día **W 51**
laborable, primer día ~ que siga **N 28**
lacrar **V 230**
lado **S 119**
land **L 4**
lanzar al mercado **A 171**
lectura de la sentencia **V 147**
lectura de la sentencia en audiencia pública **V 147**
lectura de los considerandos de la decisión **V 160**
legal **G 230, 233, L 27, R 50**
legal, agente **R 146**
legal, aplicación de una disposición **A 395**
legal, apreciación **B 355**
legal, audiencia ~ rehusada **G 89**
legal, con efecto **R 155**
legal, costumbre **R 82**

legal, disfrutar de protección **G 122**
legal, disposición **B 313, R 53, 150**
legal, efecto ~ de la patente **W 98, 99**
legal, fundamento **R 83, 85**
legal, fundamento ~ de la anulación **R 84**
legal, gozar de protección **G 122**
legal, límite **S 62**
legal, medida **M 46**
legal, medio **R 106**
legal, necesidad de protección **R 125**
legal, nueva reglamentación **N 79**
legal, orden **R 117**
legal, por vías ~es **A 141**
legal, presunción **V 189**
legal, prosecución **R 137**
legal, protección **R 123, S 79**
legal, protección ~ de la propiedad industrial **R 124**
legal, recurso **R 63**
legal, representante **V 269**
legal, situación **G 225**
legal, terminología **R 126**
legal, texto **F 42**
legal, título **R 54, 133**
legal, uso **R 82**
legalización **B 68, L 28, 29**
legalización, certificados dispensados de toda otra **B 51**
legalización consular **B 69**
legalizar **B 66**
legalmente **K 141**
legalmente, protegido **G 211**
legalmente exigible **K 50**
legatario **V 172**
legislación **G 227, L 30**
legislación editorial **V 150**
legislación interior **G 228**
legislación interior, en virtud de la **M 41**
legislación nacional **G 229, L 8**
legislación sobre las patentes **P 69**

legista **R 80**

legitimarse **A 707**

legitimidad de uso de ciertos elementos **R 51**

legítimo **G 233, L 31, R 50**

legítimo, interés **I 47**

legítimo, intereses ~s de una fábrica **B 140**

lengua de la oficina **A 162**

lengua del procedimiento **A 162, V 86**

lengua extranjera **F 137**

lengua extranjera, de **F 138**

lenguaje corriente **S 182**

lenguaje de tribunales **G 149**

lenguaje, objeción de las faltas de **B 15**

lenguaje, puridad de **S 183**

lenguaje técnico **F 20**

lesionada, persona/parte **V 165**

letra **B 440**

letras que no constituyen una palabra pronunciable **B 442**

levantar acta **P 211**

levantar, persona que levanta acta **S 66**

ley **G 218**

ley, aprobación/adopción de una **V 3**

ley, artículo de la **G 223**

ley, artículos intactos de la **U 83**

ley, conforme a la **G 233**

ley, contrario a la **G 221**

ley de enjuiciamiento **P 219**

Ley de Enjuiciamiento Civil **Z 48**

ley de hacienda/finanzas **F 83**

ley de introducción **E 45**

ley de la Oficina de Patentes de Invención **V 81**

ley de las sociedades anónimas **A 121**

Ley de Patentes de Invención **P 68**

Ley de quiebras **K 110**

ley, desviarse de las prescripciones de la **A 11**

ley, en el sentido de la **M 40**

ley, en virtud de la **K 141**

ley, en vista de la **H 86**

ley, esfera de actividad prevista por la **G 194**

ley, fuera de la esfera de aplicación de una **G 100**

ley, fuerza de **R 97**

ley, infracción a la **V 166**

ley, interpretación de la **R 60**

ley, interpretación discutable de una **G 224**

ley nacional del país donde la protección se reclama **G 219**

ley natural **N 59**

ley natural, contrario a las ~es ~es **N 60**

ley, número previsto por la **G 231**

ley, obligatorio por la **R 116**

Ley Orgánica del Poder Judicial **G 156**

ley, por la **G 230**

ley, previsto por la **M 40**

ley, promulgación de una **E 346**

ley, proyecto de **G 222**

ley, rechazamiento de un proyecto de **V 322**

ley, redacción anticuada de una **V 6**

Ley sobre Agentes de Patentes **P 42**

Ley sobre la Protección de las Obtenciones Vegetales **S 168**

ley sobre las costas judiciales **G 147**

ley sobre las invenciones del empleado **A 431**

ley sobre las marcas **W 31**

ley sobre las notificaciones administrativas **V 305**

ley sobre las patentes **P 67**

ley sobre las patentes de invención, ley que modifica la **G 220**

Ley sobre las Patentes de Obtenciones Vegetales **P 132**

LL

marca de comercio **F 4, H 14, 24, M 16, W 25**

marca de comercio, boletín de ~s ~ **W 30**

marca de comercio, inscripción de transferencia de una **U 66**

marca de defensa **A 94**

marca de fábrica **F 4, M 16, W 25**

marca de fábrica, aplicación ilícita de una **A 175**

marca de fábrica, aplicar una ~ a los productos de un comercio **A 173**

marca de fábrica, boletín de ~s ~ **W 30**

marca de fábrica, inscripción de transferencia de una **U 66**

marca de fábrica, llevar ilícitamente una **B 237**

marca de fábrica protegida tal cual es **G 212**

marca de fábrica, registro internacional de ~s ~ **I 61, N 54**

marca de reserva **V 395**

marca de servicio **D 40**

marca, descripción de una **D 12**

marca desprovista de todo carácter distintivo **E 194**

marca, determinada **B 309**

marca, disminuir la protección concedida a la **S 84**

marca, elemento contenido en la **M 19**

marca, elemento distintivo de una **M 72**

marca, elementos de **Z 102**

marca, empleo de una **G 11**

marca, empleo simultáneo de una **E 205**

marca, establecimiento del registro de ~s **E 103**

marca en letras que no constituyen una palabra pronunciable **B 442**

marca figurativa **B 416**

marca, forma de la **Z 12**

marca, hacer una ~ notoriamente conocida **V 53**

marca, ~s idénticas **I 8**

marca, identidad de las ~s **U 10**

marca, introducir una ~ en el mercado **E 42**

marca, legitimidad de uso de ciertos elementos contenidos en las ~s **R 51**

marca, ley sobre las ~s **W 31**

marca, libros de entrada y salida de ~s **W 33**

marca, litigio en materia de ~s **W 34**

marca, mercancía de **M 24**

marca nacional **W 26**

marca, ~s no consideradas análogas **V 198**

marca, notificación colectiva de todas las ~s **S 27**

marca notoriamente conocida **N 110**

marca, oposición al registro de una **W 76**

marca, parte esencial de la **B 300**

marca, permiso de usar una **U 20**

marca, primera ~ de cada serie **S 129**

marca, productos que llevan una **V 225**

marca, prohibición del uso de la **U 164**

marca, protección de ~s **M 22**

marca, reclamar la anulación de una **L 74**

marca registrada **M 17**

marca, registro acelerado de una **E 142**

marca, registro de entrada y salida de las ~s **W 33**

marca, registro de las ~s **W 33**

marca, regla fundamental del uso de las ~s **Z 15**

marca, relación entre el que utiliza la ~ y una organización **V 38**

marca, renovación del registro de una **E 384**

marca, sección de ~s **W 28**

marca, solicitud de registro de la **W 29**

marca susceptible de crear confusión **A 8**

marca, titular de una **I 26, Z 13**

marca, uso abusivo de una **B 162**

marca, uso de la **B 161, G 11**

marca, uso de la ~ no induce a error **I 74**

marca, uso no tiene carácter de una **W 32**

marca, utilización de la **B 320**

marca, utilización obligatoria de la **V 374**

marca verbal **W 120**

marcar **B 389**

marcar mercancías **K 44**

marcha esencial de procedimiento **G 1**

masa de la quiebra/del concurso **K 109**

materia **M 51, S 249**

materia, experto en la **D 100, S 18**

materia prima **A 575**

materia, tabla de ~s **I 32**

materia, versado en **F 12**

material **M 49, 52**

material, causa **U 199**

material de multiplicación vegetativa **V 174, 176**

material de reproducción vegetativa **V 174, 175**

material, derecho **R 32**

material, error **I 75**

material que debe ser examinado **P 232**

máximo, plazo **H 112**

mayor, consumidor al por **G 288**

mayor de edad **M 3**

mayor, fuerza **G 253**

mayor, parte **P 4**

mayoría **M 56**

mayoría de votos **S 246**

mayoría, decisión de la **M 57**

mecanismo **V 397**

mediación **V 184**

mediante **M 125**

mediante remuneración **G 59**

medicamento **H 50, M 55**

medicamento, patente especial de **S 179**

medida **M 44**

medida, comiso llevado a cabo como ~ de conservación **B 235**

medida de interdicción **V 43**

medida, fijación de la ~ de la indemnización **B 153**

medida legal **M 46**

medida oficial **A 157, M 45**

medida oficial, aplazamiento de una **H 84**

medida preparativa para explotar la invención **V 15**

medida, prever ~s **M 48**

medida prohibitiva **V 43**

medida provisional **V 99**

medida, reemplazar las ~s inglesas por las métricas **E 401**

medida separada aún necesaria **E 169**

medida técnica **M 47**

medida técnica, efecto de una **W 104**

medida, tomar ~s **E 114, M 48, V 12**

medida, tomar ~s contra un abuso **E 116**

medio **M 111, 120**

medio comercial **V 143**

medio de prueba **B 377, M 121**

medio de recurso **R 106**

medio de recurso, instrucción sobre los ~s ~ **R 109**

medio, falta de ~s **M 124**

medio legal **R 106**

medio para ejecutar un funcionamiento especificado **M 122**

medio patentado, empleo del ~ a bordo de navíos **S 218**

medio, por ~ de **M 125**
medio subsidiario **B 90**
mejora **V 29**
mejoras convenientes **V 31**
memorandum **S 69**
memoria descriptiva **B 255, P 51, S 120**
memoria descriptiva para la imprenta **D 77**
mención **V 180, Z 9**
mención de la concesión **H 109**
mención de la concesión de la patente **E 429**
mención de la patente **P 49**
mención del inventor **E 267**
mencion del inventor, omisión de la **U 147**
mención especial, petición objeto de una **E 428, G 239**
mencionado **A 223**
mencionado, inventor **E 261**
mencionado, inventor ~ por el solicitante **E 262**
mencionar **A 218**
mencionar el inventor como tal **B 155**
mencionar expresamente **E 428**
menor, comercio al por **E 173**
menor de edad **M 77, U 119**
mercader **K 25**
mercado **M 25**
mercado, apto para el **M 30**
mercado, condiciones del **M 31, 34**
mercado, empresa dominante en el **M 28**
mercado, estructura del **M 33**
mercado, interés en el **M 26**
mercado, introducir una marca en el **E 42**
mercado, lanzar al **A 171**
mercado, parte en el **M 29**
mercado, situación del **M 31**
mercado, valor de **K 29, M 35**

mercancía **W 14**
mercancía, abandono de la ~ vendida **H 93**
mercancía, adquisición de ~s **B 411**
mercancía, aptitud en el empleo de las ~s **B 437**
mercancía, compra de ~s **B 411**
mercancía, confiscación de las ~s **E 175**
mercancía, criterio de la calidad de la **K 39**
mercancía de marca **M 24**
mercancía, distribución comercial de ~s **V 52**
mercancía, especie de ~s **W 18**
mercancía, exponer ~s **A 682**
mercancía, exposición de ~s **S 44**
mercancía extranjera **G 101**
mercancía, libramiento de una cierta reserva de ~s **R 14**
mercancía, marcar ~s **K 44**
mercancía, poner ~s en circulación **V 140**
mercancía principal **H 49**
mercancía, reembolso en **W 22**
mercancía, signos distintivos de las ~s **A 98**
mercancía, stock de ~s **W 16**
mercancía suplementaria **Z 66**
mérito **V 57**
mérito del inventor **V 58**
mérito inventivo **V 58**
meritorio, actitud meritoria **S 231**
método **M 75**
método de aplicación **V 318**
método de solución **L 83**
método de tratamiento **H 51**
métrica **M 76**
métrica, medidas ~s **E 401**
miembro **M 104**
miembro auxiliar de la oficina de patentes **H 78**

modelo, reproducción de un **N 9**
modelo, sistema de la protección de ~s **M 131**
moderar **E 368**
modificación **A 4, 178**
modificación, con la reserva de las modificiones necesarias **V 362**
modificación de clasificación **K 77**
modificación de decisión **B 182**
modificación de reivindicaciones **A 181**
modificación de una substancia **E 396**
modificación del derecho penal, ley tocante a la **S 261**
modificación, implicar una ~ respecto del registro **A 184**
modificaciones entre los signos distintivos de las mercancías **A 98**
modificaciones posteriores **A 180**
modificar **A 1**
modificar, solicitud parcial modificada **A 3**
modo de ejecución **A 559**
modo de fabricación **H 72**
modo de tratamiento **H 51**
moneda **W 12**
moneda, valor de la **W 12**
monetario, unidad monetaria **W 12**
monopolio **M 134**
monopolio, dominación de **M 135**
monopolio, posición de **M 136**
monta **B 328**
monta/monto anual **J 3**
monto de contribución **D 92**
monto de diferencia entre la tasa pagada y el total a pagar **U 168**
moral, contrario a la **S 139, 140, 141**
moral, persona **P 120**
moral, según el uso y la **B 434**
moralidad, peligro a la **S 142**
morosidad, consecuencia de una **F 94**
motivación **B 79**

motivación de apelación **B 207**
motivar **B 75**
motivar la decisión **B 77**
motivar, la oposición debe ser motivada **G 290**
motivo **B 361, G 289, M 137**
motivo de dibujo **M 138**
motivo de impedimento **H 90**
motivos de la sentencia **U 214**
motivos, explicando los **D 4**
motivos, exposición de los **B 79**
motivos, indicación de los **G 291**
motivos, por ~ de defensa nacional **V 250**
móvil **B 361**
movimiento de compras y ventas **G 205**
multa **B 475, O 43, S 256**
multa a pagar al damnificado **B 476**
multa, citación su pena de una **S 253**
multa, decisión sobre la imposición de una **B 477**
multa, la ~ imposta excluye otras pretensiones **E 328**
multa, pagar una **E 360**
multa, procedimiento de la imposición de una **B 478**
multa, responder solidariamente de la multa **G 169**
multa, su pena de **S 258**
multilaterial **M 59**
múltiple, depósito **M 67**
multiplicación, finalidad de **V 178**
multiplicación, sistema acostumbrado de **V 177**
multiplicación vegetativa, material de **V 174, 176**
multitud **M 60**
municipal, asociación **G 104**
mutación del titular por defunción **A 182**
mutuo, asistencia mutua **H 76**

obligado a indicar el número del depósito **V 210**

obligado a las instrucciones **W 37**

obligar **V 209**

obligar, la decisión obliga el tribunal **B 421**

obligatorio **B 420, E 295, O 11, V 37**

obligatorio, disposición obligatoria **U 71**

obligatorio, indicaciones ... obligatorias **O 12**

obligatorio, licencia obligatoria **G 249, V 216, Z 132**

obligatorio, notificación obligatoria **E 297**

obligatorio por la ley **R 116**

obligatorio, utilización obligatoria **V 374**

obra **W 45**

obra artística/de arte **K 166**

obra original **O 56**

obrar **W 91**

obrar con maldad **B 432**

obrar dolosamente **V 400**

obrar en calidad de miembro de la sala de apelación **B 206**

obrero **A 428**

observación **E 157, S 230**

observación de un plazo **V 219**

observación, inadmisibilidad de las observaciones **V 323**

observaciones de importancia considerable presentadas por escrito **S 232**

observaciones sobre la patentabilidad **E 158**

observar instrucciones **V 410**

observar el plazo ... **V 218**

obstáculo **H 88**

obstáculo al registro **E 146**

obstáculo, constituir ~ para el ejercicio de una facultad **H 87**

obstáculo, desaparición del **W 35**

obtención **S 164, Z 56**

obtención de derecho de protección **E 438**

obtención, lista de las obtenciones **S 171**

obtención, lista especial de las obtenciones **S 172**

obtención, procedimiento de **Z 57**

obtención vegetal **P 134, S 164**

obtención vegetal, patente de **P 131**

obtención vegetal, ley sobre la protección de las obtenciones vegetales **S 168**

obtención vegetal, protección de **S 167**

obtención vegetativa **P 135, 136**

obtención vegetativa, registro de obtenciones vegetativas so protección **S 170**

obtener patentes **E 342**

obtener patentes, documentos para **E 210**

obtenido, beneficio/provecho **N 118**

obvio **O 13**

ocasionar la citación/el emplazamiento del testigo **V 13**

ocasionar la invalidación del registro **U 109**

ocular, prueba **B 378**

ocurrir **S 217**

ofender el reglamento **V 163**

ofensor **V 164**

oferta **A 222**

ofertar **A 168**

oficial **A 140, B 92, O 31**

oficial, agente ~ de la propiedad industrial **P 33**

oficial, aviso **N 25**

oficial, boletín **A 146**

oficial, cargo **A 135**

oficial, colegio ~ de agentes **P 43**

público **O 17, 25**
público, admisión para la inspección pública **O 18**
público, bien **G 106**
público, corporación pública **K 125**
público, debates ~s **V 124**
público, divulgar/dar a conocer al **O 29**
público, engañar al **I 71**
público, exclusión del **A 647**
público, exponer a inspección pública **A 609**
público, fecha de la exposición al **S 45**
público, función pública **D 33**
público, funcionario **S 195**
público, impreso accesible al **D 84**
público, institución de derecho **A 357**
público, interés **I 46**
público, intereses ~s mandan con urgencia la otorgación inmediata de la concesión **E 351**
público, orden **O 38, B 332**
público, peligro de confusión del **T 23**
público, poner a disposición del **Z 69**
público, servicio **D 33**
público, sugerir en el espíritu del ~ que **E 29**
público, tesoro **S 199**
público, utilidad pública **G 116**
pueblo **O 62**
puerta, a ~s cerradas **A 648**
puesta a la venta **F 63**
puesta en circulación **V 50**
puesta en peligro **G 53**
puesta en práctica **V 332**
pulir las reivindicaciones **A 544**
punto **P 246**
punto capital **H 44**
punto de vista **S 216**
punto 2 del Reglamento **V 409**
punto principal **H 44**
punto principal de acusación **H 33**

punzón **G 250**
punzón de ensayo **P 198**
punzón oficial **A 142**
punzón oficial de control y de garantía **G 251**
puridad de lenguaje **S 183**

Q

queja **B 263**
queja, formular una **B 266**
queja, tener **K 53**
querellante, particular **P 193**
querellarse **K 53**
quiebra **K 107**
quiebra, administración de la **K 112**
quiebra, créditos de la **K 108**
quiebra, masa de la **K 109**
quiebra, síndico de la **K 111**
quórum **B 246**
quórum, el consejo no tiene el **B 248**

R

racionalización, sociedad que se ocupa de **R 12**
rama de la industria **G 259**
rama de la técnica **Z 141**
ramo **F 5**
ramo de comercio **H 25**
ramo de la propiedad industrial **P 60**
ramo de la técnica **B 173**
rango mediano de la Administración **D 32**
rango mediano elevado de la Administración **D 31**
ratificación **R 11**
ratificación, instrumento de **R 9**
ratificar **R 10**
raza **L 54**

simultaneidad de varios clases de rebajas **Z 104**

simultáneo, empleo ~ de la marca **E 205**

sindicato **S 286, V 20**

síndico **S 23, 287**

síndico de la quiebra/del concurso **K 111**

singular **E 30**

sistema **S 288**

sistema acostumbrado de reproducción / multiplicación **V 177**

sistema de notificaciones **Z 121**

sistema de patentes **P 118**

sistema de protección de dibujos / diseños **M 146**

sistema de protección de modelos **M 131**

sistema de suplementos/extras **Z 67**

sistema especial de la fijación de precios **P 175**

sitio **O 57**

situación del/en el mercado **M 31**

situación económica **W 108**

situación jurídica **R 103, 128**

situación legal **G 225**

soberanía **O 6, S 198**

soberanía, emblema de **H 115**

soberanía, territorios bajo ~ de un país **U 174**

sobre **U 63**

sobre doble **D 64**

sobre doble con número de control **D 65**

sobre, reincorporar un dibujo secreto al **E 104**

sobreseer el procedimiento **E 132**

sobretasa **Z 113**

sobretasa de retraso **V 235**

social, razón **F 86, 88, 89**

sociedad **G 214, V 60**

sociedad anónima **A 120**

sociedad anónima, ley de las ~es ~s **A 121**

sociedad cooperativa **G 123**

sociedad cooperativa, ley sobre las ~es ~s **G 124**

sociedad de expertos **S 22**

sociedad de responsabilidad limitada **G 215**

sociedad del crédito mutuo **K 148**

sociedad que se ocupa de racionalización **R 12**

socio **G 216**

socio capitalista **G 217**

software **S 153**

solicitado en la apelación **B 204**

solicitado, protección solicitada **P 46, U 55**

solicitante **A 274, P 29**

solicitante, antes que el ~ haya inventado lo mismo **G 275**

solicitante, el ~ considera como su invención **B 329**

solicitante, el ~ debe ser oído si lo pida

solicitante, el ~ ha cedido su derecho a la patente **U 38**

solicitante, el ~ no ha derecho de conceder una patente **Z 117**

solicitante, el ~ será obligado a indicar el número del depósito **V 210**

solicitante, indentidad del ~ de la patente y del ~ del certificado de adición **P 124**

solicitante, más de un **A 276**

solicitante, no tiene lugar una relación directa entre el examinador y el **V 139**

solicitante, posibilidad de limitación del **A 243**

solicitante único **E 163**

solicitar **A 272, B 16, E 74, 80, 413, N 30**

50*

solicitud, hasta que la ~ está en trámite **S 112**

solicitud inicial **S 211**

solicitud interferente **A 291**

solicitud, insuficiencias formales de la ~ de invención **M 10**

solicitud, interferencia entre ~es de diferentes partes **I 53**

solicitud, junta equivocada de los inventores en ~es de patentes **F 60**

solicitud mantenida **A 500**

solicitud nueva **N 70**

solicitud, objeto de la **A 305, 405, T 29**

solicitud, oponer publicaciones a la **E 200**

solicitud para la continuación parcial **T 35**

solicitud parcial **T 31**

solicitud parcial, documentos de la **T 32**

solicitud parcial modificada **A 3**

solicitud, parte adversa contra la **A 373**

solicitud pendiente **A 285**

solicitud, persona que no tiene el derecho de presentar una **N 84**

solicitud posterior **A 290, 294, N 5**

solicitud presentada en el extranjero **A 603**

solicitud, primera inspección de la **E 409**

solicitud principal **H 34**

solicitud provisional de modelo de utilidad **G 24**

solicitud, provisiones relativas a las ~es **A 268**

solicitud, publicación de la **B 125**

solicitud que carece de cualquiera invención **B 4**

solicitud regional **A 293**

solicitud, rehabilitación de patentes y de ~es de patentes caducadas **W 86**

solicitud, relación de adición entre el objeto de dos ~es **Z 110**

solicitud renovada **A 299**

solicitud, requisitos de la **E 299**

solicitud, revisar una **U 25**

solicitud secreta **G 77**

solicitud simultáneamente pendiente **A 286**

solicitud, subsanar los defectos en la documentación de la **O 39**

solicitud, tasa de la **A 270, N 54**

solicitud, tramitación de una **E 357**

solidariamente, responder ~ de la multa **G 169**

solo objeto de la solicitud divisional **E 176**

solo, sucesor **G 168**

solución **L 78**

solución, comparación de soluciones técnicas **V 101**

solución de un problema **P 199**

solución de un problema técnico **L 81**

solución, método de **L 83**

solución, principio de la **L 82**

solución técnica **L 80**

solución técnica, presuposición que una ~ no ataca derechos conferidos por patentes de terceros **P 94**

solución, toma ilícita de una ~ de los dibujos de otros **W 67**

solvente **K 147**

someter **A 328, U 173**

someter al tribunal arbitral **A 330**

someter, condiciones a las cuales los actos de explotación son sometidos **U 175**

someter, sin haber estado sometida a inspección pública **A 611**

someterse **U 176**

someterse a un arbitraje **U 121**

someterse a un derecho **B 148**

T

V

Y

администрация; в пользу администрации **G 309**

Администрация; заинтересованная **B 323**

администрация лицензий **L 72**

администрация патентных дел **P 114**

администрация; по запросу администрации таможни **B 334**

администрация; совместно с национальной Администрацией **E 150**

адрес **A 106**

адрес; перемена ~а **A 107**

адресат **A 105**

адресовать **A 108, R 213**

аккумулировать **A 241**

аксиома **G 300**

акт **P 210**

акт; возможность просмотра ~ов **M 132**

Акт; выполнение указанного ~а **A 555**

акт; законодательные и нормативные ~ы, касающиеся патентов **P 113**

акт использования **B 165**

акт; касающиеся патентов ~ы **P 113**

акт конкуренции **W 60**

акт о присоединении **B 116**

акт; обвинительный **A 248**

акт; подготовительный **S 70**

Акт; страны-участницы настоящего ~а **F 44**

акт; юридический **R 91**

акционерное общество **A 120**

акционерный; закон об акционерных обществах **A 121**

акция **A 119**

альтернативные возможности реализации **A 563**

аналогичный; быть аналогичным **U 7**

аналогичный; знак **W 27**

аналогичный процесс **A 165**

аналогия **A 164**

аналогия с лицензией **L 59**

английский; заменять английские единицы измерения метрическими **E 401**

аннулирование **A 317, L 73, N 86**

аннулирование; заявление об аннулировании **L 75**

аннулирование; иск об аннулировании **L 76**

аннулирование; комиссия по аннулированию патентов **N 88**

аннулирование; объявление аннулирования **N 89**

аннулирование; отдел аннулирования патентов **S 187**

аннулирование; отдел патентного суда, ведающий ~м патентов **N 91**

аннулирование; отдел по аннулированию товарных знаков **S 186**

аннулирование патента **V 76, Z 85**

аннулирование; подавать заявление об аннулировании знака **L 74**

аннулирование; признание аннулирования **N 89**

аннулирование принудительной лицензии **Z 86**

аннулирование; производство по аннулированию **Z 87**

аннулирование; процедура по аннулированию **L 77**

аннулирование; процедура по лишению прав или аннулированию патента **V 76**

аннулирование; требование об аннулировании **A 186**

аннулирование; угроза подачи требования об аннулировании **A 186** аннулирование: юридическое основание для аннулирования **R 84**

аннулированный **N 85**

аннулировать **A 316, 486, E 216**

аннулировать; патент аннулирован органом, проводящим экспертизу **A 487**

аннулировать; решение аннулировано **U 211**

апеллянт **B 213, 275**

апелляционная инстанция **B 205, 206**

апелляционное производство **A 425**

апелляционный; действовать как член апелляционной инстанции **B 206**

апелляционный суд **A 424, B 210, 277, G 145**

апелляционный суд по таможенным и патентным делам **G 145**

апелляционный суд; член апелляционного суда **S 127**

апелляция **A 423, B 198**

апелляция; делопроизводство по апелляции **B 216**

апелляция; комиссия по ~м **B 215**

апелляция; обоснование апелляции **B 207**

апелляция; ответчик по апелляции **B 208**

апелляция; податель апелляции **B 213**

апелляция; письменная **B 214**

апелляция решения суда **B 201**

апелляция; ходатайство об апелляции **B 204**

арбитр **S 48, U 120**

арбитраж **S 47, 50, 51**

арбитраж; договор об ~е **S 52**

арбитраж; подчиняться решению ~а **U 121**

арбитраж; процедура ~а **S 51**

арбитраж; решение ~а **U 121**

арбитраж; решение третейского ~а **S 49**

арбитраж; учреждение органа ~а **E 390**

арбитражная комиссия **Z 54**

арбитражный орган **S 50, E 431**

арбитражный; расширение состава арбитражного органа **E 431**

аргумент **A 445, B 374**

аргумент; подтверждать ~ы документами **E 317**

аргументы противоположной стороны **A 557**

арест **A 448, H 1**

арест внутри страны **B 234**

арест имущества **A 449, B 233, 235, P 128**

арест; каждое изделие, незаконно снабженное товарным знаком, подвергаетсу ~у **B 237**

арест; налагать **B 236, V 389**

арест; наложение ~а **P 128**

арест; подвергаться ~у **B 237**

арест; подлежащий ~у **P 126**

арест; превентивный ~ имущества **B 235**

артикул **A 454**

архив **A 442**

архив департамента **D 22**

ассимиляция; принцип ассимиляции **B 85**

ассоциация идей **Z 81**

ассоциация муниципалитетов **G 104**

ассоциация понятий **Z 81**

ассоциация экспертов **S 22**

аутентично **A 716**

аутентичный **A 716**

аутентичный текст **A 717**

аутентичный текст патента **F 49**

афиша **A 332**

Б

база **B 9, G 289**
банк; кредитный **K 146**
банкротство **K 107**
банкротство; инстанция, проводящая конкурсы по банкротству **K 112**
банкротство; конкурс по банкротству **K 111, 112**
банкротство; лицо, проводящее конкурс по банкротству **K 111**
баланс расходов и доходов **K 138**
бедность **M 124**
бедность; процесс, проводящийся по праву бедности **A 447**
бедственное положение **N 108**
безвозмездно **U 94**
безвозмездный **U 94**
безнравственный **S 141**
безопасность; интересы безопасности Федеративной Республики **I 48**
безопасность; по мотивам безопасности государства **V 250**
безрезультатное истечение срока **F 151**
безукоризненный **E 155, U 85**
безупречный **E 155, U 85**
Бернская конвенция по охране художественных произведений и произведений прикладного искусства **B 188**
бесплатно **G 286, K 137, U 94**
бесплатный **G 286, K 137, U 94**
беспошлинный **G 36**
бессрочно **F 147**
библиотека программ **P 205**
БИРПИ **V 68**
благо; общественное **G 106, 116**
благосостояние **G 116**

бланк **F 114**
бланк для ходатайства **A 372**
бланк заявки **A 280**
бланк, предусмотренный регламентом по выполнению **A 565**
бланк; снабжать ~и деловых бумаг отличительными знаками **K 40**
блокирующий патент **S 177**
Большая коллегия жалоб **B 278**
Большая коллегия Патентного ведомства **S 125**
больше чем один заявитель **A 276**
большинство **M 56**
большинство голосов **S 246**
Большой сенат жалоб **B 278**
Большой сенат Патентного ведомства **S 125**
борт; если запатентованные устройства используются на ~у судов **S 218**
ботанический род **G 3**
брать **E 220**
брать клятву с кого-л. **V 59**
бремя **L 17**
бремя доказывания **B 375**
бремя; возлагать ~ доказывания **A 460, B 376**
буква **B 440**
буква; знак состоит исключительно из букв, не образующих произносимое слово **B 442**
буквы знака **B 442**
бумага; деловая **G 198**
бумага; направлять деловые бумаги органу экспертизы **Z 79**
бумага; снабжать бланки деловых бумаг отличительными знаками **K 40**
бундесрат **B 461**
бухгалтерия; вести бухгалтерию **B 439**

бытность; знания, полученные в ~ членом коллектива предприятия **K 34**

бюджет; закон о ~е **F 83**

бюджет; федеральный **B 455**

бюллетень **B 423**

Бюллетень Ведомства по делам изобретений и патентов ГДР **B 128**

бюллетень; ведомственный **A 146**

бюллетень; дополнительные экземпляры бюллетеня **S 279**

бюллетень; издавать бюллетени **H 60**

бюллетень; номера бюллетеня **N 115**

бюллетень; официальный **A 146, B 425**

бюллетень; официальный периодический **B 427**

бюллетень; патентный **A 416, P 53**

бюллетень; периодический **Z 25**

бюллетень; публикация в патентном бюллетене **A 416**

бюллетень товарных знаков **W 30**

бюллетень; экземпляры бюллетеня **S 279**

бюро **A 130, G 199, 202, K 5**

бюро; делопроизводство международного **G 186**

бюро; директор Международного **A 153, D 50**

бюро; международное **G 186, I 64**

бюро открыто для приёма заявок **E 202**

бюро патентных поверенных **P 38**

бюро по сбыту патентов **P 117**

бюро; служебные действия директора Международного **A 153**

бюро; экспертное **P 243**

B

важность **B 137**

валюта **W 12**

вариант **A 5, 562, V 1**

введение **E 88**

введение; закон о введении в действие **E 45**

введение нового класса товаров **W 20**

введение; опасность введения публики в заблуждение **T 23**

ввести; намерение ~ в заблуждение **A 85**

ввести; применение знака не может ~ в заблуждение **I 74**

ввести публику в заблуждение **I 71**

ввод в заблуждение **T 22**

вводить применение контрольных клейм и знаков **E 41**

вводить товарный знак на рынок **E 42**

вводная часть описания **B 258**

вводящий в заблуждение **I 72, T 21**

ввоз **E 39**

ввоз; запрещение ~а **E 47**

ввоз предметов **G 74**

ввозная пошлина **E 48**

ввозной патент **E 46**

ввозные изделия **E 40**

вдохновение; изобретательское **E 54**

вдохновение; искра вдохновения **E 33**

вегетативный; материал (для) вегетативного размножения **V 176**

ведение дел **W 7**

ведение процедуры **F 154, V 83**

ведение реестра **F 153**

ведомственная практика **A 154**

ведомственный **B 92**

ведомственный бюллетень **A 146**

взятие; заявление о взятии обратно заявки **R 237**

взять **E 220**

взять обратно **Z 88, 95**

вид **A 5, A 450, G 2**

вид; внешний **A 528**

вид; в письменном ~е Ṡ **67, 68**

вид; все дела должны быть представлены в Патентное ведомство в письменном ~е **S 68**

вид; обозначение ~а изделий **B 394**

вид; различные ~ы промышленных патентов **A 452**

вид растения **A 451**

вид; растительный **A 451**

вид товара **A 454, W 18**

вид; характерный внешний **A 497**

видимо **A 525**

видимое доказательство **B 378**

видовая формула **G 6**

видоизменение естественного продукта **E 396**

вина **S 73**

виновность **S 73**

виновный **S 74**

виновный; признавать себя виновным **S 75**

витрина **A 594, 595**

витрина; экспонаты в витрине **A 595**

витринный экспонат **A 594**

вкладывать **A 259**

включать **E 107**

включать в инструкцию проведение поиска **R 230**

включать в себя **E 209**

включая пошлины **I 15**

включая страну происхождения **E 108**

включить **E 107**

владелец **B 290, E 20, I 24**

владелец; без разрешения владельца **Z 124**

владелец; в ущерб владельцам прав **N 36**

владелец заявки на патент **I 25**

владелец; косвенный **B 291**

владелец лицензии **L 65**

владелец патента **P 79**

владелец разрешения выполнять функции поверенного **E 353**

владелец товарного знака **I 26, Z 13**

владелец торгового дома/фирмы **G 190**

владение **B 287**

владение; личное **B 289, 293**

владение; право владения **B 292**

владение; право личного владения **B 293**

владение; право на **B 292**

владение; совместное **B 288, M 99**

власть **A 718**

власть; высшая **H 114**

власть; дисциплинарная **D 54**

власть; законодательная **L 30**

власть; местный орган (государственной) власти **O 60**

власть; обязательство, предписанное властями **A 494**

власть; орган власти **G 252**

власть; суверенная ~ государства **S 198**

власть; таможенные власти **Z 51**

влечь за собой какое-л. событие **F 95**

влияние на рынок **M 27**

влиять на патентоспособность изобретения **B 220**

вложение **A 225**

вложить **A 259**

вмешательство **B 114, I 70**

вмешаться **E 114**

вмешиваться **E 114**

внедрение; изобретение, готовое к внедрению **E 275**

внесение; принудительное ~ в реестр — «право на лицензию» **Z 134**

внести **E 37**

внести плату **Z 2**

внести поправку **A I**

внесудебная юрисдикция **G 136**

внесудебные расходы **A 656**

внесудебный **A 655**

внесудебный контракт **V 253**

внесудебный порядок **S 266**

внешнее оформление **G 235**

внешние сношения **A 705**

внешний вид **A 528**

внимание; принимая во **H 86**

внимание; принятая во **B 349**

вносить **E 37**

вносить изменение в регистрацию **A 184**

вносить изменения в реестр **A 183**

вносить поправку **A 1**

внутреннее законодательство **G 228, M 41**

внутренний регламент **G 197**

вовлечение общих принципов **H 57**

вовремя **R 158**

военные убытки **K 153**

военный министр **M 86**

возбуждать дело **B 143, E 115, K 62**

возбуждать иск **E 24, K 52, 53, V 144**

возбуждать процесс **K 62**

возбуждение **E 87**

возбуждение процессу **E 89**

возврат неосновательного обогащения **B 176**

возврат пошлин **R 243**

возврат права **H 53**

возврат; срок ~а **R 235**

возвращать ошибочно выплаченную сумму **Z 83**

вовзвращать пошлины **G 34**

возвращение **H 59**

воздержаться **A 80**

воздержаться; от опубликования решено **A 81**

воздерживаться от использования патентоспособного изобретения **U 146**

воззвание **A 503**

возлагать бремя доказывания **A 460, B 376**

возместить ущерб **Z 80**

возмещать вред/убыток **E 402**

возмещение **A 19, E 208, 224, 391, V 107**

возмещение вреда **S 36**

возмещение; право на **V 110**

возмещение; претензия на ~ убытков **E 225, 226**

возмещение; присудить **Z 72**

возмещение; притязание на **V 109**

возмещение расходов **Z 72**

возмещение товарами **W 22**

возмещение убытков **E 224, S 36, V 107**

возмещение; установление размера возмещения **B 153**

возмещение; ходатайство о возмещении **E 406**

возможность; альтернативные возможности реализации **A 563**

возможность возобновления **M 133**

возможность; допускать ~ публикации **A 674**

возможность использования **V 324**

возможность ограничения **A 29**

возможность, предусмотренная в абзаце 1 **E 96**

возможность применения **A 406**

возможность просмотра актов **M 132**

возможность просмотра документов **A 505**

вознаграждать изобретателя **B 152**

вознаграждение **E 208, H 117, V 107**

вознаграждение; градация для дегрессивной разработки лицензионного вознаграждения **S 209**

вознаграждение; дополнительная выплата вознаграждения **V 111**

вознаграждение; за **G 59**

вознаграждение за служебное изобретение **U 155**

вознаграждение; изменять установленный размер вознаграждения **A 2**

вознаграждение; лицензионное **L 64, L 68, S 209**

вознаграждение; общая сумма вознаграждения **G 166**

вознаграждение; определение вознаграждения **U 155**

вознаграждение; определение вознаграждения патентным ведомством **F 74**

вознаграждение; право на **V 110**

вознаграждение предпринимателю **U 154**

вознаграждение предпринимателя **U 155**

вознаграждение; притязание на **V 109**

вознаграждение; разумное **V 108**

вознаграждение; соответствующее **V 108**

вознаграждение; тариф/ставка лицензионного вознаграждения **L 68**

вознаграждение; указания/инструкции по вознаграждению **V 112**

вознаграждение; уплатить ~ за изобретение **R 24**

вознаграждение; установление размера вознаграждения **B 153**

возникать; расходы, возникшие у сторон **E 427**

возобновить **E 382**

возобновление **W 80, 84, E 383**

возобновление; возможность возобновления **M 133**

возобновление; производство по возобновлению **W 81**

возобновление регистрации знака **E 384**

возобновление слушания дела **W 85**

возобновленная заявка **A 299**

возобновлять **E 382**

возражать **B 18, E 160, W 70, 75**

возражение **B 13, 263, E 122, 157, 322, G 63, W 73, 74**

возражение в процедуре установления расходов **E 324**

возражение; делопроизводство по возражению **E 131**

возражение должно быть обосновано **G 290**

возражение; дополнение к возражению **E 125**

возражение; заявление о возражении **E 130**

возражение; заявление против возражения **E 126**

возражение; лицо, подающее **E 121, W 72**

возражение на реплику **G 63**

возражение на решение по вопросам о выдаче патента **B 268**

возражение; отклонять **E 154**

возражение; подавать **E 123**

возражение; подавать ~ на иск **W 71**

возражение; пошлина за подачу возражения **E 128**

возражение; правовое **R 73**

возражение; представление возражения **E 319**

Г

государство; федеративное **B 468**

готовность к выдаче лицензии **L 60**

готовность; отметка о готовности выдать лицензию **L 61**

готовый; изобретение, готовое к внедрению **E 275**

готовый к печати **D 80**

готовый к эксплуатации **B 344**

градация **S 209**

гражданин **S 190**

гражданин страны, входящей в Союз/Конвенцию **V 23**

гражданин страны Союза **A 226, V 23**

гражданская палата **Z 46**

гражданская подсудность **Z 45**

гражданская юрисдикция **Z 45**

гражданский иск **Z 47**

гражданский кодекс **B 472**

гражданский; поражение в гражданских правах **V 171**

Гражданский процессуальный кодекс **Z 48**

гражданский судебный процесс **R 129**

гражданское право **V 171, Z 49**

гражданство **S 191**

грамота **U 194**

грамота; патентная **P 105**

грамота; ратификационная **R 9**

граница; заявка, поданная за границей **A 287**

граница; проживающий за границей **W 116**

графический; специальное графическое написание **S 65**

грубый; расходы/издержки, вызванные грубой небрежностью **V 223**

группа **G 303**

группа; руководитель группы по патентной экспертизе **L 44**

Д

давать **G 245**

давать в тексте описания ссылки **E 38**

давать заключение **G 312**

давать отсрочку **S 283**

давать согласие на использование знака **G 12**

давать точный отчёт о полученных деньгах **T 61**

давление; оказывать недопустимое **D 75**

давность **V 131**

давность; истечение срока давности **V 346**

давность; перерыв срока давности **U 135**

данная организация **B 333**

данные **A 216, D 14**

данные; личные/персональные **P 123**

данные; обработка данных **D 15**

данные; предоставление данных **O 12**

данные; представлять дополнительные **A 217**

данные, содержащиеся в заявке на регистрацию **R 185**

данные, сообщаемые через Международное бюро **V 186**

данный период **Z 27**

даром **G 286**

дата **D 16**

дата; в дату подачи заявки **A 301**

дата выдачи (патента) **E 395, 423**

дата издания **E 394**

дата; определённая **S 239**

дата; определяющая **M 43**

дата подачи **H 108**

дата подачи заявки **G 95, A 281**

дата получения письма **G 95**

дело; спор по патентным делам **P 101**

дело; существо дела **H 45**

дело; торговое **H 21**

дело; управляющий делами **S 23**

дело; фактическое положение дел **T 10**

дело; финансовые дела **F 82**

деловая бумага **G 198**

деловая практика **G 188**

деловая тайна **G 189**

деловой **G 180**

деловой; бланки деловых бумаг **K 40**

деловые бумаги **G 198, K 40, Z 79**

делопроизводитель **S 4**

делопроизводство международного бюро **G 186**

делопроизводство по апелляции **B 216**

делопроизводство по возражению **E 131**

делопроизводство по признанию недействительности **N 92**

демонстрация изделия на выставке **E 25**

денонсация **K 161**

денонсация; подлежащий денонсации **K 155**

денонсация; право на денонсацию **K 163**

денонсация; срок денонсации **K 162**

денонсирование **K 161**

денонсировать **A 676**

денонсировать; соглашение может быть денонсировано **K 156**

денонсируемый **K 155**

день **T 2**

день; законный праздничный **F 61, 62**

день наступления срока исполнения **F 35**

день начала **A 199**

день начала действия основного патента **A 200**

день отсчёта срока приоритета **Z 21**

день; первый последующий рабочий **N 28, E 411**

день подачи **H 108**

день подачи заявки **A 301, T 3**

день; последний ~ срока **F 62**

день поставки **S 239**

день присоединения **W 96**

день; присутственный **W 51**

день; рабочий **W 51**

день уплаты **S 239**

деньги; полученные **T 61**

департамент; архив ~а **D 22**

депозит **H 100, S 9**

депозитарий хранения классификатора изделий и услуг **V 296**

депонирование **N 100**

депонирование в запечатанном конверте **H 106**

депонированный **H 100, S 9**

депонировать **H 98**

депонировать в запечатанном виде **V 231**

деревня **O 62**

дерево; декоративное **Z 40**

деталь **E 165**

дефектный оттиск **F 52**

дефензивная публикация **V 367**

деятельность **T 12**

деятельность в качестве представителя **V 281**

деятельность; изобретательская **E 270**

деятельность; интеллектуальная **G 48**

деятельность; коммерческая **B 435, E 436**

деятельность; консультативная **B 166**

документ; поиск ~ов **D 59**

документ; помещение ~ов **N 101**

документ; предоставление ~ов **U 195**

документ; представить ~ы **H 56**

документ; приём ~ов **A 312**

документ; приоритетный **P 191**

документ; просматривать ~ы **A 115**

документ; просмотр ~ов **A 116, D 102**

документ; процессуальные ~ы **P 214, S 69**

документ; сведения из ~ов **A 588**

документ; система вручения ~ов **Z 121**

документ; собственноручно написанный **E 10**

документ; совокупность заявочных ~ов **G 164**

документ; содержание ~ов **A 117**

документ; требовать оправдательные ~ы **B 146**

документ; удостоверяющие ~ы **A 206**

документалистика; для целей документалистики **D 57**

документально **U 196**

документально подтверждённые права **R 35**

документальное доказательство **B 363**

документальное заключение **D 58, E 389**

документальный **D 56, U 196**

документация **U 143**

документация; для документации **D 57**

документация; печатная **D 90**

документы **A 114**

документы не требуют легализации / дополнительного подтверждения **B 51**

документы о выдаче патента **E 421**

документы, приложенные к ходатайству **S 277**

документы судебного дела **G 134**

долг **S 72**

долг; исполнять свой **A 693**

долг; признание ~а **O 16**

долг службы **A 137**

должник; солидарный **G 169**

должное усердие **S 163**

должностное лицо **A 51, 359, 644, B 203, V 272**

должностный; заместитель должностного лица **V 272**

должностный; исключение/отстранение должностных лицу **A 644**

должностный; назначать должностных лиц **A 359**

должностный; назначение судей и должностных лиц **B 203**

должностный; отвод должностных лиц **A 51**

должность **A 131**

должность; вступить в **A 376**

должность; вступление в **A 143**

должность; государственная административная **D 31, 32**

должность; занимать **A 134, 139**

должность; исполнение должности **A 697**

должность; исполнение судебной должности **R 221**

должность; исполнять **A 692**

должность; назначать на **A 135**

должность повышенного ранга **D 31**

должность; преемник в должности **A 158**

должность среднего ранга **D 32**

должность; судебная **R 220**

дом; владелец торгового ~а **G 190**

доходы; баланс расходов и доходов **K 138**
дублет **D 62**
дубликат **D 60, 62**
дубликат справки о приёме **E 184**
душеприказчик **T 52**

Е

Европейская конвенция о международной классификации изобретений/патентов **E 451**
«Европейская» патентная конвенция **E 456**
«Европейская» патентная организация **E 452**
«европейский» патент **E 453, P 13**
«Европейский» патентный бюллетень **E 455**
«европейское» законодательство о выдаче патента на изобретение **E 457**
«Европейское» патентное ведомство **E 454**
единица **E 70**
единица взноса **B 109**
единица; заменять английские единицы измерения метрическими **E 401**
единица расходов **A 574**
единодушие **E 134**
единодушно **E 133**
единодушный **E 133**
единообразие **E 69**
единообразная судебная практика **R 122**
единообразное применение права **R 57**
единообразный **E 71**
единственная копия **E 167**
единственный **E 30**
единственный заявитель **E 163**

единственный предмет выделенной заявки **E 176**
единство **E 73**
единство изобретения **E 282**
единство; отсутствие единства **U 93**
единый **E 71**
ежегодная пошлина **J 5**
ежегодный взнос **J 1**
естественные науки **N 64**
естественный продукт **E 396**

Ж

жалоба **B 263**
жалоба; кассационная **R 68, 69**
жалоба; неразрешение жалобы **N 97**
жалоба; неразрешение подачи жалобы **N 96**
жалоба; отклонять жалобу **V 320**
жалоба; письменная **B 280**
жалоба; по жалобе суд выносит определение **E 229**
жалоба; подавать жалобу **B 226, 267, E 84, 86, K 53**
жалоба; подача жалобы **E 85**
жалоба; представлять жалобу **B 269**
жалоба против решений отдела по товарным знакам **E 323**
жалоба разрешается **E 228**
жалоба; сенат жалоб **B 281**
жалоба; удовлетворение жалобы **B 270**
жалоба; удовлетворять жалобу **B 265**
желание **A 262**
желательные поправки **V 31**
жеребьёвка **V 169**
житель; коренной ~ страны **I 37**
житель страны **I 36**
журнал **B 423, Z 25**
журнал; дополнительные экземпляры ~а **S 279**

журнал; издавать ~ы **H 60**

журнал; отечественные ~ы **E 67**

журнал; отраслевой технический **F 22**

журнал; официальный периодичес-кий **B 427**

журнал; оформление ~а **A 498**

журнал по делам патентов **B 428**

журнал покупателей **K 159**

З

за **V 279**

заблуждение **I 73**

заблуждение; ввести в **A 8, I 74**

заблуждение; ввести публику в **I 71**

заблуждение; ввод в **T 22**

заблуждение; вводящий в **I 72, T 21, U 136**

заблуждение; намерение ввести в **A 85**

заблуждение; опасность введения публики в **T 23**

заблуждение; способный ввести в **V 310**

заботливость **S 160, 161**

заботливость; требуемая **S 162**

заверенная идентичность **U 8**

заверенная копия **A 76**

заверенный перевод **U 32**

заверить **B 66, 230**

завершение **F 68**

заверять **B 66, 230**

завещание **T 51**

завещание; исполнитель завещания **T 52**

завещание; по завещанию **L 46**

завещатель **E 254**

завещательный **L 46**

зависеть; размер взноса зависит от числа печатных строк **D 92**

зависимость **A 32**

зависимость между предметами двух заявок **Z 110**

зависимый **A 31**

зависимый пункт формулы **U 128**

зависящий; патенты, зависящие друг от друга **P 22**

завод **B 335, 345, F 1, W 46**

завод; организация рабочего снаб-жения ~ов **W 50**

завод; положение работника на ~е **S 229**

заводское изобретение **B 339**

заводской комитет **B 343**

заводской комитет профсоюза **B 343**

заводской совет **B 343**

заглавие **B 393, S 15, T 54**

заграница **A 600**

задание **A 512**

задание; изобретение по заданию **A 516**

задача **A 475**

задача; выполнение предусмотрен-ных задач **E 304**

задача; решение технической зада-чи **L 81**

задача, решённая изобретением **A 478**

задержать **A 484**

задерживать **A 484**

задерживаться; процедура не задер-живается **A 485**

задержка **S 32, V 127**

задержка; оправдывать задержку **S 33**

задержка; продолжительная **V 128**

задержка процедуры **V 88**

задний; помечать задним числом **V 354**

задолженность по пошлине **G 43**

заменять регистрацию **S 226**

заместитель **V 267**

заместитель; временный **V 271**

заместитель должностного лица **V 272**

заместитель поверенного **U 131**

заместитель; постоянный **V 270, 274**

заметка **A 523, V 180**

замечание **E 157**

замечание; делать **V 306**

замечания, касающиеся патентоспособности **E 158**

замечания, необходимые для понимания изобретения **A 524**

замечания; отклонение замечаний **V 323**

замечания; существенные **S 232**

замещение **V 277**

замещение: пригодность к замещению судебной должности **R 222**

замысел; гениальный **E 33**

замысел; изобретательский **E 32**

замысел; общий изобретательский **E 284**

занесение; представлять ходатайство о занесении в протокол **N 103**

занимать должность **A 134, 139**

заниматься **B 41**

заносить заявление **E 335**

занятие **H 31**

запас; сбыт определённого ~а товара **R 14**

запасной знак **V 395**

запасной патент **A 529**

запатентованная часть изобретения **P 75**

запатентованное изделие **P 202, V 283**

запатентованные устройства **S 218**

запатентованный **P 74**

запатентованный; оценивать запатентованную часть **G 173**

запатентованный; продажа запатентованного изделия **V 283**

запатентованный способ **V 74**

запатентовать **P 72**

запечатанный; в запечатанном виде **V 231**

запечатанный конверт **H 106**

запечатать **V 230**

запечатывать **V 230**

запечатывать; вновь ~ секретный образец **E 104**

запись **A 523, N 102, V 181**

запись; обзор записей, внесённых в реестр **U 35**

заплатить **E 358**

заплатить штраф **E 360**

запоздавшее действие **H 29**

заполнить **A 566**

заполнить формуляры **F 115**

заполнять **A 566**

запрашивать **E 413**

запрашивать согласие Администрации **Z 123**

запрашивающее учреждение **E 415**

запрет **V 41**

запрет; подлежать ~у **U 161**

запрет применения не препятствует патентованию **V 329**

запрет; текущий период ~а **V 44**

запретительные меры **V 43**

запретить **A 13, U 160**

запрещается **V 42**

запрещается делать дополнения зависящими от случайности **Z 61**

запрещать **A 13, U 160**

запрещение **U 162, V 41**

запрещение ввоза **E 47**

запрещение использования знака **U 164**

запрещение патентования **P 77**

запрещение; подлежащий запрещению **P 126**

заявка; нерассмотренная **A 285**

заявка; новая **N 70**

заявка; номер заявки **V 210**

заявка о частичном продолжении **T 35**

заявка; обработка заявок **B 19**

заявка; окончание рассмотрения заявки **E 357**

заявка; опубликование заявки **B 125**

заявка; основная **H 34**

заявка; оставлять без движения заявку **F 30**

заявка; остающаяся часть предмета заявки **T 29**

заявка; отечественная **H 104**

заявка; отзыв заявки **Z 84**

заявка; отклонять заявку на выдачу патента **A 50**

заявка; отклонять заявку на патент **Z 92**

заявка; открыто для приёма заявок **E 202**

заявка; первая **E 403**

заявка; первоначальная **S 211**

заявка; первый просмотр заявки **E 409**

заявка; пересмотреть заявку **U 25**

заявка; по данной заявке **A 639**

заявка; подавать заявку **B 387, H 98**

заявка; поданная за границей **A 287**

заявка, поданная раньше **A 284**

заявка; подать заявку **A 172**

заявка; подать заявку в более поздний срок **P 9**

заявка; подать заявку раньше **P 4**

заявка; подача заявки **E 99, H 102, U 185**

заявка, позднее поданная **A 295**

заявка; пока ~ не рассмотрена **S 112**

заявка; положения о ~х **A 268**

заявка получена **E 55**

заявка; последующая **A 290, 294, N 5**

заявка; права, вытекающие из заявки **V 36**

заявка; предварительная ~ на полезный образец **G 24**

заявка; предложение исправить заявку **M 13**

заявка; предмет выделенной заявки **E 176**

заявка; предмет заявки **A 273**

заявка; предмет изобретения, изложенного в заявке **A 305**

заявка; предшествующая **A 284, 289, 344, H 103, V 353**

заявка; преобразование заявки **U 68**

заявка; привести в порядок заявку **O 39**

заявка; пригодный к подаче заявки **H 97**

заявка; признать дату подачи заявки **Z 58**

заявка; приложение к заявке **A 257**

заявка; приложения заявки **A 279**

заявка; просмотр заявки **E 409**

заявка; публикация заявки **B 125**

заявка; разделение заявки **A 474, T 40**

заявка; разделить заявку **A 302**

заявка; рассматриваемая **A 285, 286**

заявка; рассмотрение заявки **A 598, P 235**

заявка; региональная **A 293**

заявка; сборная **M 67**

заявка; секретная **G 77**

заявка; совокупная **M 67**

заявка сохранена **A 500**

заявка; столкновение заявок **I 53**

заявка; старшинство заявок **A 129**

заявка; судьба заявки **S 46**

заявка; существенный элемент заявки **I 30**

И

53*

изобретение; уровень изобретения **E 287, F 127**

изобретение; ускоренное рассмотрение заявок на изобретения **P 59**

изобретение; усовершенствование другого изобретения **V 30**

изобретение; усовершенствование изобретения **A 534**

изобретение; формула изобретения **A 17, 353, B 252, E 307, F 45, P 31, 32**

изобретение; характеризовать **K 43**

изобретение; ценность изобретения **E 294, G 158, S 41**

изобретение, якобы новое **A 221**

изобретения, экспонируемые на выставках **S 42**

изолированный поиск **R 18**

изучение документов **D 102**

иллюстрация **A 6**

иметь место **S 217**

иметь право на законную защиту **A 342**

иметь свободу действий **H 7**

иметь своё местопребывание **N 99**

имеющий законную силу **R 99, 155**

имеющий исполнительное право **F 50**

имеющий кворум **B 245**

имеющий обратную силу **R 241**

имеющий юридическое образование **R 101**

имитация **N 2**

Имперский суд Германии **R 188**

импорт **E 39**

импортирующая страна **E 43**

импортные изделия **E 40**

имущество **V 187**

имущество; арест имущества **A 449, B 233, 235, P 128**

имя **N 46**

имя; от имени изобретателя **N 47**

имя; по имени **N 48**

инвестиция **A 255**

индивидуальный риск **E 174**

индоссо **V 182**

инженер-патентовед **P 78**

инициатива; по инициативе правительства **V 14**

иностранная заявка **A 287, 603**

иностранная правовая охрана **A 605**

иностранные товары **G 101**

иностранный; министр иностранных дел **M 82**

иностранный; на иностранном языке **F 138**

иностранный язык **F 137, 138**

иноязычный **F 138**

инстанция **I 42**

инстанция; апелляционная **B 205, 206, 212**

инстанция; кассационная **R 211**

инстанция, предусмотренная в статье 24 **G 152**

инстанция, проводящая конкурсы по банкротству **K 112**

инстанция; ревизионная **R 211**

инстанция; решение апелляционной инстанции **B 212**

инстанция; суд высшей инстанции **I 43**

инстанция; суд первой инстанции **A 156, I 43**

инстанция; судебная **J 18**

инстанция; судья первой инстанции **A 160**

инстанция; член апелляционной инстанции **B 206**

инструктаж **B 150**

инструктаж заинтересованных лиц **B 151**

инструктаж присяжных **R 65**

инструкции по вознаграждению **V 112**

иск; предъявление ~а **K 58, 60, N 41, V 95**

иск; предъявлять **B 143, E 24, K 52**

иск; пропуск соединения ~ов **K 71**

иск; пункты ~а **K 65**

иск; соединение ~ов **K 63, 69, 70, 71, 72**

иск; срок преъявления ~а **K 60**

иск; стоимость ~а **S 273**

искажать **E 240**

искажать факты **T 15**

исказить **E 240**

искать **N 29**

исключать **A 638**

исключать претензии **E 328**

исключение **A 615, 619, 643, 646**

исключение должностных лиц **A 644**

исключение; за ~м **A 617**

исключение; за ~м флагов **A 618**

исключение публичности **A 647**

исключительная лицензия **E 168**

исключительно **A 641**

исключительное право **A 122**

исключительное право использования изобретения **A 642**

исключительный **A 641**

исключительный случай **A 619, 620, R 46**

исключительный; патент исключительного права **A 645**

исключить **A 638**

исковое заявление **K 57, 68**

ископаемые; добыча ископаемых **G 266**

искра вдохновения **E 33**

искусство **K 164**

искусство; произведение искусства **K 166**

исполнение **A 694, E 356**

исполнение; в цветном исполнении **F 40**

исполнение должности **A 697**

исполнение; комплектное **G 161**

исполнение; комплектное ~ изделия **G 162**

исполнение обязанностей **A 697**

исполнение обязанностей судьи **A 700**

исполнение; пригодный к исполнению **G 244**

исполнение; принудительное **Z 136**

исполнение; способ исполнения изобретения **D 2**

исполнение; срок исполнения **F 33, 34, 35**

исполнение судебной должности **R 221**

исполнение; форма исполнения **A 562**

исполнимый **V 350**

исполнитель завещания **T 52**

исполнитель; судебный **G 157**

исполнительно-распорядительный орган власти **G 252**

исполнительный; имеющий исполнительное право **F 50**

исполнить **A 691, E 302, G 245**

исполняемый **F 32**

исполнять **A 691, E 302, G 245**

исполнять должность **A 692**

исполнять свой долг **A 693**

использование **A 623, 695, B 159, V 316, 326**

использование; акт использования **B 165**

использование; возможность использования **V 324**

использование; давать согласие на ~ знака **G 12**

использование; дальнейшее ~ изобретения **W 38**

использование; запрещение использования знака **U 164**

Л

ландтаг **L 14**

легализация **B 68, L 28**

легализация; консульская **B 69**

легализация; требовать легализации **B 51**

легальный **R 50**

легатарий **V 172**

лекарство **H 50, M 55**

лечение; способ лечения **H 51**

лёгкая неосторожность **F 25**

лжеприсяга **M 61**

ликвидатор **K 111**

линия **L 54**

лист **B 424**

лист сортов растений **S 171, 172**

лист чертежа **Z 17**

литературное воровство **L 56**

лица, имеющие одинаковые / равные права **G 277**

лица приравниваются к гражданам договаривающихся стран **G 280**

лица, уполномоченные **E 365**

лицензиар **L 63**

лицензиат **L 66, 69**

лицензионное вознаграждение **L 64**

лицензионное право **L 67**

лицензионный договор **L 71**

лицензионный; разработка лицензионного вознаграждения **S 209**

лицензионный; тариф лицензионного вознаграждения **L 68**

лицензирование **L 70**

лицензирование патентов **R 178**

лицензия **L 57**

лицензия; администрация лицензий **L 72**

лицензия; аналогия с лицензией **L 59**

лицензия; аннулирование принудительной лицензии **Z 86**

лицензия; владелец лицензии **L 65**

лицензия; выдача лицензии **L 70, V 100**

лицензия; выдача принудительных лицензий **G 249, V 216**

лицензия; готовность к выдаче лицензии **L 60**

лицензия; исключительная **E 168**

лицензия на использование / применение **G 17**

лицензия; надпись «право на лицензию» **L 62**

лицензия; окончательная выдача принудительной лицензии **Z 132**

лицензия; отметка о готовности выдать лицензию **L 61**

лицензия; принудительная **Z 131**

лицензия; процедура/производство выдачи принудительной лицензии **V 79, Z 133**

лицо **P 119**

лицо, ведущее протокол **S 66**

лицо, внесенное в реестр в качестве патентообладателя **E 62**

лицо, выдавшее документ **A 683**

лицо; должностное **A 51, 359, 644, B 203, V 272**

лицо; допрашиванное **V 201**

лицо, желающее признания приоритета **A 344**

лицо; заинтересованное **B 151, 324, 325, 350**

лицо; заместитель должностного лица **V 272**

лицо, занимающееся размножением / разведением растений **V 173**

лицо; идентичность лиц **P 124**

лицо, имеющее право на использование **N 126**

лицо, имеющее право на предъявление претензии **A 352**

M

магазин **V 134**

максимальный срок **H 112**

мандатарий **A 515, B 21**

марка; гербовая **G 37**

маркировать изделие товарным знаком **A 173**

маркировать товары **K 44**

маркировка; незаконная **A 175**

масса; конкурсная **K 109**

математическое обеспечение **S 153**

материал **M 49, 51, S 249**

материал (для) вегетативного размножения **V 176**

материал (для) воспроизводства **V 175**

материал; затребование ~ов от исследователей **V 104**

материал; исходный **A 575**

материал; ознакомление с ~ами дела **E 120**

материал; печатный **A 54**

материал; подготовленные к публикации ~ы **U 144**

материал порочит новизну **M 50**

материал; посадочный **P 137**

материал; правка ~a **R 162**

материал; противопоставленные ~ы **B 33**

материал (для) размножения **V 174**

материал; редакция ~a **R 162**

материал; светокопия печатного ~a **A 54**

материал; семенной **S 1**

материальная причина **U 199**

материальное право **R 33**

материальный **M 52**

материальный; недостаточность материальных средств **M 124**

материальный; согласно материальному праву **M 54**

материальный ущерб для работника **N 35**

материалы выделенной заявки **T 32**

материалы; первичные **B 305**

машинка; написанный на машинке **M 36**

машинописный **M 36**

медикамент **H 50**

медицинский; специальный ~ патент **S 179**

межгосударственная организация **O 48, Z 10**

межгосударственный **Z 149**

межгосударственный договор **S 207**

Международная ассоциация по охране промышленной собственности **I 63**

международная классификация **I 59**

международная классификация изобретений **I 60**

международная конвенция **U 6**

Международная конвенция по охране новых сортов растений **I 68**

международная межгосударственная / межправительственная организация **O 48**

международная организация **Z 151**

международная патентная классификация **I 60**

международная пошлина **T 30**

международная регистрация **E 91, R 182**

международная регистрация товарных знаков **I 61**

международное бюро **A 153, 421, G 186, I 64**

Международное бюро Всемирной организации интеллектуальной собственности **I 65**

Международное бюро по охране промышленной собственности **I 66** международное ведомство **Z 150**

международное право **V 343**

международное соглашение **A 39, K 143**

международное учреждение **Z 150**

международные отношения **I 58**

международный **I 57, Z 149**

международный; директор Международного бюро **A 153**

Международный патентный институт **I 67**

международный реестр **A 715**

межправительственная организация **Z 151**

межправительственное учреждение / ведомство **Z 150**

межправительственный **Z 149**

межправительственный; международная межправительственная организация **O 48**

мера **M 44**

мера; временная **V 99**

мера; законная **M 46**

мера; запретительные меры **V 43**

мера, официальная **A 157**

мера; подготовительные меры **V 15**

мера; принимать меры **M 48**

мера; принимать меры против злоупотребления **E 116**

мера; принимать надлежащие / соответствующие меры **V 12**

мероприятие; временное **V 99**

мероприятие; необходимые дополнительно отдельные мероприятия **E 169**

мероприятие; отсрочка официального мероприятия **H 84**

мероприятие; официальное **M 45**

мероприятие; результат технического мероприятия **W 104**

мероприятие; техническое **M 47, W 104**

мероприятие; эффект технического мероприятия **W 104**

мероприятия, объявленные как распродажа **V 16**

места, которые особенно имеются в виду **P 11**

местность **O 57, 62**

местность; название местности **O 61**

местный орган (государственной) власти **O 60**

местный; по местному обычаю **O 63**

место **O 57, 62**

место; иметь **S 217**

место; наименование места происхождения **U 207**

место; не иметь **U 132**

место; производить осмотр на месте **A 526**

место происхождения **O 58, U 207**

место; уведомление имело **E 311**

место; указание места **O 59**

место хранения классификатора изделий и услуг **V 296**

местожительство **W 118**

местожительство; выбор местожительства **W 1**

местонахождение **S 143**

местонахождение фирмы **G 201**

местопребывание **S 143**

местопребывание; иметь своё **N 99**

метод **M 75**

метод применения **V 318**

метод производства **H 72**

метод работы патентного ведомства **A 439**

метрический **M 76**

метрический; заменять английские единицы измерения метрическими **E 401**

метрополия; вне французской метрополии **M 148**

минимальная пошлина **M 78**

мысль; обобщать изобретательскую **V 4**
мысль; основная ~ изобретения **I 3**
мысль; ход мыслей **G 47**

Н

набросок **E 246**
навык; профессиональный **F 10**
наглядно представлять **D 6**
нагрузка **B 144**
надёжность; юридическая **R 70**
надзор; высший **O 2**
надзор; высший орган ~а **H 113**
надзор; осуществлять **O 3**
надзор; официальный **D 36**
надлежащим образом **V 412**
надпись; передаточная **V 182**
надпись «право на лицензию» **L 62**
название **B 156, 393**
название изобретателя **E 267**
название изобретения **B 397, 398**
название местности **O 61**
название составных частей прибора **B 396**
название; торговое **H 17**
название элементов прибора **B 396**
названия международных организаций **B 399**
названия, потерявшие своё первоначальное значение **B 26**
назвать действительного изобретателя **B 155**
назначать **B 190**
назначать должностных лиц **A 359**
назначать; Комитет назначает совет из своих членов **M 112**
назначать на должность **A 135**
назначать опеку **E 218**
назначать представителем страны **N 50**

назначать срок **B 54**
назначаться; члены патентного ведомства назначаются пожизненно **B 192**
назначение **B 199, 311, E 380, Z 138**
назначение изделий **B 312**
назначение поверенного **B 101, 307**
назначение; пожизненное **E 381**
назначение представителя **B 101**
назначение срока **T 48**
назначение судей и должностных лиц **B 203**
назначение членов Патентного ведомства **B 202**
назначить **B 190**
назначать срок **B 54**
наименование изобретателя **N 68**
наименование места происхождения **U 207**
наименование; пропуск наименования изобретателя **U 147**
наименование; снабжать изделия фирменными наименованиями **F 88**
наименование; фирменное **F 86, H 17**
найти **A 469**
найти применение **A 396**
наказание **S 254, 255**
наказать **A 111**
наказывать **A 111**
накапливать **A 241**
накопить **A 241**
накопление **A 242**
налагать **A 463**
налагать арест **B 236, V 389**
налагать штраф **V 126**
наличие **V 377, W 16**
наличие воспроизведений **N 8**
наличие правового статуса **B 304**
наличие; признак наличия факта **A 411**

недействительный N 85, 112, U 105, 185

недействительный; патент стал недействительным H 91

недействительный; признавать недействительным U 106, 185

недействительный; решение о признании недействительным U 107

недействительный; соглашение будет недействительным U 186

недействительный; становиться недействительным V 92

недействительный; ходатайство окажется недействительным U 184

недобросовестная конкуренция U 137, W 56

недобросовестно B 429

недобросовестное поведение U 116

недобросовестность B 430

недоимка R 204

недоимки по пошлинам R 205

недопустимая жалоба V 320

недопустимое давление D 75

недопустимый U 187

недоставленный U 87

недостатки заявки M 9

недостатки, отмеченные экспертом R 247

недостаток F 53, M 8, N 34

недостаток; возражение против недостатков B 14

недостаток знаний U 113

недостаток; исправимые недостатки B 87

недостаток; исправлять/исправить A 33

недостаток; не отмеченные недостатки U 104

недостаток; преимущества уравновешиваются недостатками A 519

недостаток; существенный ~ процедуры M 12

недостаток; требование устранения формальных недостатков F 113

недостаток; устранение формальных недостатков B 89

недостаток; формальные недостатки B 89, F 112, 113

недостаток; формальные недостатки заявки на патент M 10

недостаток; формальный F 108

недостаток; явные недостатки M 11

недостаточность материальных средств M 124

незаверенный перевод U 33

независимая патентная охрана U 129

независимо U 74

независимый S 121, U 74

независимый изобретатель E 263

независимый патент P 18

незаинтересованная сторона P 10

незаинтересованный U 91

незаконная маркировка товаров A 175

незаконная перепечатка N 14

незаконное заимствование решения W 67

незаконное использование B 164

незаконное обозначение K 49

незаконное присвоение изобретения W 66

незаконные подражания N 11

незаконный A 658, R 154, U 79, W 65

незаконным образом W 65

незамедлительно U 181

неизбежная случайность Z 69

неизбежный U 75

неизменяемый U 70

неимущий U 81

неиспользование N 81, 82

некомпетентность U 189

некомпетентный **U 79**

некомплектный **U 182**

нелегальный **A 658**

нематериальный **I 12**

нематериальный ущерб **I 13**

немедленная выдача разрешения **E 351**

немедленно **F 147, U 181**

необеспеченный **U 81**

необоснованный **U 80**

необходимость; крайняя **N 108**

необходимость правовой охраны / защиты **R 125**

необходимость сохранения изобретения в тайне **G 83**

необходимые мероприятия **E 169**

необходимый **E 295, U 95**

необходимый; с необходимыми изменениями **V 362**

необыкновенный **A 659**

необычный **A 659**

неожиданный эффект **W 100**

неоправданный **U 80, 102**

неосновательное обогащение **B 176, U 103**

неоспоренный **U 90**

неоспоримый **U 77, 89**

неосторожность **F 24**

неосторожность; лёгкая **F 25**

неофициальный **I 40**

неочевидный предмет изобретения **N 93**

неповиновение; обвинён в неповиновении **B 43**

неповиновение суду **U 101**

неподсудный; частный ~ договор **V 253**

непозволительный **U 187**

неполный **U 182**

непоправимый **U 96**

непостоянный член патентного ведомства **H 78**

неправильно названное лицо **U 123**

неправильное обозначение соучастника **K 70**

неправильное объединение изобретателей **F 60**

неправильное толкование **M 95**

неправильность **O 45, U 124**

неправильный **O 44**

неправильный вывод **F 57**

неправомерная ссылка **P 50**

неправомерное соединение исков **K 70, 72**

непреодолимая сила **G 253**

неразборчивая подпись **U 171**

неразглашение; обязанность неразглашения **S 113**

неразрешение **N 95**

неразрешение жалобы **N 97**

неразрешение подачи жалобы **N 96**

неразрешённый **S 110**

нерассмотренная заявка **A 285**

нерассмотренный **S 110**

нерассмотренный патент **P 20**

несоблюдать указания **V 163**

несоблюдение предусмотренных формальностей **N 83**

несоблюдение срока **F 94, V 218, 219**

несовершеннолетний **M 77, U 119**

несовместимый **U 179**

несостоятельность; положение о несостоятельности **K 110**

несправедливая строгость **U 92**

несправедливость **U 122**

несудимость; свидетельство о несудимости **L 48**

несущественный; вопрос является несущественным **B 138**

неточности в решении **U 126**

неточность **U 124**

неточность; явная **U 125**

неуважение к суду **M 92**

O

обёртка **H 119, U 63**
обеспечение доказательств **R 218**
обеспечение; математическое **S 153**
обеспечение; программное **S 153**
обеспечение; социальное **S 202**
обеспечивать **G 246, V 55**
обеспечивать взаимность **G 69**
обеспечивать преимущества **V 422**
обеспечить **G 246, V 55**
обжалование **B 198, R 106**
обжалование; мотивировка обжалования **B 272**
обжалование не допускается **S 223**
обжалование определения о неразрешании жалобы **N 97**
обжалование; отдельное **A 202**
обжалование; подлежать обжалованию **U 149**
обжалование; подлежащий обжалованию **R 209**
обжалование; процедура обжалования **B 283**
обжалование; решение не подлежит обжалованию **A 202, R 210**
обжалование решения суда **B 201**
обжалование; срок обжалования **B 274**
обжаловать **A 203**
обжаловать решение **A 204**
обжаловать; решение может быть обжаловано **S 219**
обжалуемый **A 201, B 209**
обзор записей, внесённых в реестр **U 35**
обиходный язык **S 182**
обладатель **B 290, I 24**
обладатель права **R 93**
областной **R 177**
область **G 7**
область; в области цен **P 176**
область; в области техники **B 174**
область деятельности **A 434**

область; новая ~ применения известного способа **A 405**
область применения **A 403**
область; смежная ~ техники **N 6**
область; территориальная ~ действия **G 99**
область техники **B 173, F 13**
обложение **B 144**
обложение; подлежать обложению пошлиной **B 149, U 150**
обложенный пошлиной **B 148**
обман **T 62**
обман; злонамеренный **A 444**
обман; приобретение прав охраны путём ~а **E 400**
обманчивый **T 21**
обмен; договор об ~е **A 690**
обнаруженные ошибки **F 55**
обнаруживать **A 469**
обнаружить **A 469**
обнаружить изобретателя **A 470**
обобщать изобретательскую мысль **V 4**
обобщать сведения **V 67**
обогащение **B 175**
обогащение; неосновательное **B 176, U 103**
обозначать **B 389**
обозначать изделие товарным знаком **A 173**
обозначение **B 392, 401, K 48**
обозначение вида изделий **B 394**
обозначения не требуется **E 296**
обозначение; незаконное **K 49**
обозначение; носить **B 402**
обозначение; родовое **G 5**
обозначение сорта **S 165**
обозначение соучастника **K 70, 71**
обозначение товаров **B 400**
обозначение; торговое **G 207**
обозначить **B 389**
обозрение; всеобщее **A 609, 611**

основание; юридическое **R 83, 85**
основание; юридическое ~ для аннулирования **R 84**
основания для недействительности и утраты прав **G 292**
основать **A 258, B 76**
основать; решение основано на обстоятельствах **B 243**
основная заявка **H 34**
основная идея изобретения **G 297**
основная классификация **H 37**
основная мысль изобретения **I 3**
основная пошлина **G 295, R 206**
основная сумма **G 294**
основная услуга **H 39**
основной патент **E 280, H 42**
основной признак изобретения **H 38**
основной пункт формулы **O 1**
основной; статья 17 ~ Конвенции **P 145**
основной товар **H 49, Z 66**
основной; уплата ~ пошлины **G 296**
основные права **G 298**
основывать **A 258, B 76**
основывать новое решение **B 212**
основываться на профессиональной практике **B 194**
основываться на факте регистрации **B 78**
основываться; решение основывается **B 217**
основываться; ходатайство основывается **B 8**
особая система определения цен **P 175**
особая цена **S 159**
особенно подлежат запрету **U 161**
особенности **B 295**
особенности процедуры в патентном суде **B 296**
особенность изобретения **E 13**

особое соглашение **A 56**
особое сообщение **S 157**
особые соглашения **A 58**
оспариваемое толкование закона **G 224**
оспариваемый **U 67**
оспариваемый патент **K 64**
оспаривание **A 235**
оспаривание иска **K 59**
оспаривать **A 13, 234, B 318**
оспаривать порочащее действие **E 156**
оспаривать правовую охрану **N 80**
оспоримые решения **B 273**
оспоримый **A 201, S 274**
оспорить **A 13, 234, B 318**
оспорить; документы оспорены **W 77**
оспорить; число классов оспорено **B 321**
оставаться; образцы остаются невостребованными **Z 90**
оставаться; факт остаётся налицо **T 18**
оставить **A 481**
оставить за собой определённые функции **B 58**
оставление **A 476**
оставлять **A 481**
оставлять без движения заявку **F 30**
оставшийся в живых **H 96**
остаток суммы основной пошлины **R 206**
остарожность **S 161**
осторожность; обычная/средняя **S 162**
осуждение **V 286**
осуждённые лица **G 169**
осуждённый **V 285**
осуществимый **A 551**
осуществить **V 331**
осуществление **A 696, E 303, V 332**

отечественный; изделие отечественного производства **L 6**

отечество **I 35**

отзыв **W 68**

отзыв заявки **Z 84**

отзыв; заявление об ~е заявки **R 237**

отзывать **W 69**

отказ **A 379, 476, R 238, V 335, Z 96**

отказ в иске **K 73**

отказ в предоставлении охраны **S 105, 106, 107**

отказ; заявление об ~е **R 239**

отказ не имеет законной силы **W 95**

отказ от права на служебное изобретение **F 133**

отказ от правовой охраны **A 479**

отказ от предоставления охраны **S 105, 106, 107**

отказ от пункта формулы **V 336**

отказ от раскрытия секрета/тайны **E 213**

отказ; полномочие на ~ от прав **V 338**

отказ; право на **R 240**

отказ; решение об ~е **B 225, V 217, Z 94**

отказать **A 49, V 319, Z 91**

отказать в выдаче принудительной лицензии **V 216**

отказать в заслушании судьей **G 89**

отказаться **A 481, V 312, 337, Z 88**

отказаться от рассмотрения основного вопроса **V 313**

отказаться; поверенный может **Z 89**

отказное решение эксперта **U 26**

отказывать **A 49, V 319, Z 91**

отказывать в иске **K 54**

отказываться **A 481, V 312, 337, Z 88**

отказываться от дачи показаний **B 31**

отклонение **A 97, Z 93**

отклонение законопроекта **V 322**

отклонение замечаний **V 323**

отклонение; решение об отклонении **Z 94**

отклонить **A 49, V 312, 319, Z 91**

отклонять **A 49, V 312, 319, Z 91**

отклонять возражение **E 154**

отклонять жалобу **V 320**

отклонять заявку на выдачу патента **A 50**

отклонять заявку на патент **Z 92**

открывать **E 196, 385**

открывать разбирательство **E 386**

открытие **E 197, 214**

открытое судебное разбирательство **V 124**

открыть **E 196, 385**

открыть; открыто для приёма заявок **E 202**

отлагать **H 83, V 244**

отличаться **A 95**

отличающийся тем, что **K 45**

отличие; в ~ от положений **A 100**

отличительная часть **K 41**

отличительная часть патентной формулы **K 42**

отличительность **U 166**

отличительность знака **U 167**

отличительность; знаки не имеют отличительности **E 194**

отличительные знаки межгосударственных организаций **Z 10**

отличительные признаки **E 194**

отличительные свойства/признаки изобретения **K 38**

отличительный **K 46**

отличительный знак **K 36**

отличительный признак знака **M 72**

отличительный; снабжать отличительными знаками **K 40**

отличительный характер знака **U 167**

отличия не затрагивают тождественность / идентичность знаков **A 99**

отличия различительных признаков **A 98**

отличный **A 96**

отложенная экспертиза **P 234**

отложенный **H 81**

отложить **H 83, V 244**

отмена **A 660, E 344, K 18, W 68**

отмена; подлежащий отмене **K 155**

отмена постановления / распоряжения **A 489**

отмена; производство по отмене **Z 87**

отменять **A 486, E 216, W 69, Z 88**

отменять полномочие **A 385**

отметить **B 389**

отметка **V 180**

отметка о готовности выдать лицензию **L 61**

отметки не требуется **E 296**

отмечать **B 389**

отмеченный; не отмеченные недостатки **U 104**

относительно **H 94**

относить к классу **Z 125**

относиться **A 166, B 331**

относящийся к делу **S 12**

относящийся к чему-л. **A 224, E 105**

относящийся конкретно к чему-либо иск **D 44**

отношение **V 115, 137**

отношение; в отношении **H 94**

отношение; договорные отношения **V 262**

отношение; международные отношения **I 58**

отношение; правовые отношения **R 138**

отношение; расторжение трудовых отношений **A 496**

отношение; рыночные отношения **M 34**

отношение; служебные отношения **D 43**

отношение; торговые отношения **V 116**

отношение; трудовые отношения **A 438, D 43**

отождествить **I 4**

отождествление **I 6**

отождествлять **I 4**

отозвать **W 69**

отпечатать **D 76**

отправить **A 482**

отправление **A 82, 477**

отправление правосудия **R 120**

отправление уведомления **A 83**

отправлять **A 482**

отпускная цена **A 23**

отраслевая патентная служба **D 51**

отраслевая периодическая печать **F 18**

отраслевой технический журнал **F 22**

отрасль **B 173, F 5**

отрасль; принятая во внимание ~ техники **B 349**

отрасль промышленности **G 259**

отрасль техники **S 11, 178, Z 141**

отрасль торговли **H 25**

отредактировать **R 164**

отрекаться **A 79**

отречься **A 79**

отрицательное решение **B 225, 227**

отрицательный ответ **A 379**

отрицать **A 62, B 318, V 196**

отрицать использование товарного знака **B 320**

отрицать под присягой **A 79**

отрицаться категорически **A 63**

отрицаться; патентоспособность не может ~ **V 197**

отсроченная экспертиза **P 234**
отсроченный **H 81**
отсроченный платёж **B 329**
отсрочивать **A 667, H 83, V 153, 244**
отсрочивать отправление **A 83**
отсрочить **A 667, H 83, V 153, 244**
отсрочить опубликование **A 668**
отсрочка **A 509, S 282**
отсрочка; давать отсрочку **S 283**
отсрочка на неопределённое время **V 245**
отсрочка официального мероприятия **H 84**
отсрочка уплаты пошлины **S 282**
отсрочка; ходатайствовать об отсрочке **S 284**
отставка **R 238**
отстранен от исполнения обязанностей судьи **A 700**
отстранение **A 643**
отстранение должностных лиц **A 644**
отстранять поверенного **E 212**
отступать; лишение права **U 163**
отступиться от положения **A 10**
отступление **R 238**
отсутствие **A 102, 535**
отсутствие дополнительного характера **Z 111**
отсутствие единства **U 93**
отсутствие одной из сторон **A 536**
отсутствие; при отсутствии противоположного положения **A 96**
отсутствовать; патентоспособное изобретение отсутствует **V 387**
отсчёт срока приоритета **Z 21**
оттиск; дефектный **F 52**
оттиск; первоначальный **O 53**
отчёт **B 177**
отчёт; годовой **J 2, 7**
отчёт о полученных деньгах **T 61**

отчётность; обязанность предоставления отчётности **R 26**
отчётный год **G 191**
отчитываться **B 178**
отчудить **V 18**
отчуждать **V 18**
отчуждать патент **E 193**
отчуждать право **V 19**
отчуждение; вторичное **W 41**
отшлифовывать пункты формулы **A 544**
официальная информация **A 586**
официальная мера/операция **A 157**
официальная публикация **D 83**
официально признанный **A 193**
официальное заключение **A 145**
официальное мероприятие **H 84, M 45**
официальное пробирное клеймо **P 245**
официальное решение **A 145**
официальное сообщение **M 117**
официальное уведомление **N 25, Z 118**
официальные документы **V 305**
официальные знаки и клейма **A 142**
официальные клейма контроля и гарантии **G 251**
официальные публикации **F 54**
официальные учреждения **V 278**
официальный **A 140, B 92, O 31**
официальный бюллетень **A 146, B 425**
Официальный бюллетень европейского патентного ведомства **A 149**
Официальный бюллетень Европейского сообщества **A 147**
Официальный бюллетень Патентного ведомства США **A 150**
Официальный бюллетень по промышленной собственности **A 151**

Официальный бюллетень Французской республики **A 148**

официальный знак контроля и гарантии **P 245**

официальный надзор **D 36**

официальный перевод **U 31**

официальный периодический бюллетень / журнал **B 427**

официальный порядок **B 92**

официальным путём **A 141**

оформить **A 545**

оформить решения **A 546**

оформление **A 533, 547**

оформление; внешнее **G 235**

оформление журнала **A 498**

оформлять **A 545**

охрана **S 76, W 9**

охрана вещества **S 252**

охрана; временная **S 78, 81**

охрана; действие временной охраны **E 137**

охрана; законная **S 79**

охрана; заявление об испрашиваемой охране **S 86**

охрана; заявление об испрашиваемой патентной охране **P 46**

охрана; иностранная правовая **A 605**

охрана; истечение срока охраны **B 38**

охрана; категории патентной охраны **K 22**

охрана; коллидирующие права охраны **S 99**

охрана; комплекс правовой охраны **S 101**

охрана; независимая патентная **U 129**

охрана; необходимость правовой охраны **R 125**

охрана новых сортов растений **S 167, 168**

охрана образцов **M 146**

охрана; общество по охране промышленной собственности **P 65**

охрана; объём испрашиваемой охраны **U 55**

охрана; объём охраны **D 25, S 103**

охрана; ограничивать охрану **S 84**

охрана; определение объёма охраны **S 104**

охрана; определять объём испрашиваемой патентной охраны **F 70**

охрана; оспаривать правовую охрану **N 80**

орана; отказ в предоставлении охраны **S 105, 106**

охрана; отказ от правовой охраны **A 479**

охрана; отказ от предоставления охраны **S 107**

охрана; патентная **P 99**

охрана; первый период охраны **S 96**

охрана; период охраны **S 95**

охрана полезных образцов **G 27**

охрана; положения о патентной охране **P 52**

охрана; пользоваться законной охраной **G 122**

охрана; поставить под охрану **S 83**

охрана; права охраны **W 103**

охрана; право охраны **S 98**

охрана; правовая **R 123, 145**

охрана; правовая ~ экспонатов **A 687**

охрана; предмет охраны **S 92, W 122**

охрана, предоставленная пункту формулы **U 129**

охрана; предоставлять охрану **S 82**

охрана; предполагаемый объём патентной охраны **U 56**

охрана; приобретение прав охраны путём обмана **E 400**

охрана; приобретение права охраны E 438

охрана; притязание на ~у S 85

охрана; продление срока охраны V 156

охрана промышленной собственности M 88, R 124, S 80

охрана промышленных моделей M 131

охрана; расширение объёма охраны A 539

охрана; расширение объёма патентной охраны E 432

охрана; срок действия правовой охраны L 22

охрана; срок правовой охраны патента S 88

охрана; сфера охраны S 103

охрана товарных знаков M 22

охрана; ходатайство о предоставлении правовой охраны S 100

охрана; ходатайствовать о предоставлении охраны S 82

охрана; целесообразная ~ прав W 10

охрана этикеток E 450

охранное право U 17

охранный; защита охранных прав V 249

охранный; нарушать охранное право E 64

охранный; передача охранных прав S 102

охранный; переуступка охранного права U 43

охраноспособность дополнительного пункта формулы S 94

охраноспособность; предпосылки охраноспособности S 108

охраноспособный S 19

охраняемый S 92

охраняемый законом G 211

охранять S 90

охранять; изобретательское достижение не охраняемое законом E 290

охранять; изобретение, охраняемое патентом E 279

охраняться; товарный знак охраняется таким, как он есть G 212

оценивать A 709

оценивать запатентованную часть G 173

оценить A 709

оценка B 353, 384

оценка; основа оценки B 385

оценка; правовая B 355

оценка стоимости/ценности изобретения S 41

очевидно A 527, O 20

очевидность A 528, O 21

очевидность; экспертиза/проверка на O 22

очевидные признаки S 123

очевидные факты T 14

очевидный A 527, O 13, 20

ошибка F 53, I 73

ошибка в факте I 75

ошибка; возражение против языковых ошибок B 15

ошибка по невнимательности F 93

ошибка; по ошибке V 226

ошибка; правовая R 95

ошибка; судебная F 58, J 19

ошибка; фактическая I 75

ошибки в официальных публикациях F 54

ошибки в представленных документах F 55

ошибочная позиция на чертеже Z 11

ошибочно возвращать сумму Z 83

ошибочное решение суда F 59

ощутимая прибыль/выгода N 119

ощутимое отсутствие Z 111

П

палата **K 3, S 124**

палата; гражданская **Z 46**

палата; кассационная ~ Верховного суда **K 19**

палата; компетенция палаты **G 183**

Палата патентных поверенных **P 41**

палата по делам картелей **K 15**

палата; постоянный председатель палаты **V 417**

палата; постоянный член палаты **M 106**

палата; торговая **H 13**

палата; юрисдикция палаты **G 183**

параграф **P 1**

параграф; в соответствии с ~ом 30 **N 1**

параграф закона **U 83**

параллельный пункт формулы **N 65**

Парижская конвенция **P 2**

патент **P 12**

патент; акты касающиеся ~ов **P 113**

патент аннулирован **A 487**

патент; аннулирование ~а **Z 85**

патент; аутентичный текст ~а **F 49**

патент; блокирующий **S 177**

патент; бюро по сбыту ~ов **P 117**

патент; ввозной **E 46**

патент; владелец заявки на **I 25**

патент; владелец ~а **P 79**

патент; возражение против выдачи ~а **E 159**

патент; вопросы о выдаче патента **B 268**

патент; восстановление ~а **W 88**

патент; восстановление ~ов и заявок **W 86**

патент; вспомогательный **H 79**

патент; выдача ~а **A 570, E 421, P 57**

патент; выдача ~а не исключена **E 248**

патент; дата выдачи ~а **E 395, 423**

патент; действие ~а **W 101**

патент; действие ~а прекращается **E 363**

патент; действие ~а распространяется на изделие **E 412**

патент должен быть признан действительным **G 308**

патент; дополнительный **Z 109**

патент; «европейский» **E 453, P 13**

патент; законное действие ~а **W 98, 99**

патент; законный **P 16**

патент; замена ~а **R 196**

патент; запасной **A 529**

патент; заявка на дополнительный **Z 105**

патент; заявка на **P 30**

патент; заявка на ~ должна содержать **E 210**

патент исключительного права **A 645, U 69**

патент; использование ~а **P 45, 116**

патент; косвенное нарушение ~а **P 110**

патент на вещество **S 251**

патент на изделие **S 14**

патент на изобретение **E 291**

патент на растение **P 131**

патент на способ **V 85**

патент на усовершенствование **V 33**

патент нарушает более раннее охранное право **E 64**

патент; нарушать право на **V 162**

патент; нарушение ~а **P 109**

патент; национальный **P 15**

патент; начало срока действия ~а **B 63**

патент не вступает в действие **W 102**

патент; не использованный **V 394**

патент; не используемый **A 529**

патент; не утративший силу **P 19**

патент; независимый **P· 18**
патент; нерассмотренный **P 20**
патент; номинальное использование ~а **N 104**
патент; обход ~а **P 104**
патент; объект ~а **G 73**
патент; описание изобретения к ~у **P 51, 98**
патент; основной **E 280, H 42**
патент; оспариваемый **K 64**
патент; отчуждать **E 193**
патент; покупатель ~а **K 24**
патент; положение касается всех ~ов **A 397**
патент; положения о ~ах **P 52**
патент; получать ~ы **E 342**
патент; получение ~а **E 434**
патент; потеря прав на **V 91**
патент; права вытекающие из ~а **R 37**
патент; право на **R 36**
патент; предварительный **P 23**
патент; предмет ~а **G 73**
патент; приобретатель ~а **K 24**
патент; приобретение ~а **E 434**
патент; промышленный **P 14**
патент; процедура выдачи ~а **E 424, P 58**
патент; различные виды промышленных ~ов **A 452**
патент; реализация ~ов **P 116**
патент; региональный **P 17**
патент; решение о выдаче ~а **E 422**
патент; секретный **G 86**
патент; семейство ~ов **P 63**
патент; «сильный» **P 16**
патент; совокупность ~ов на одно и то же изобретение **P 63**
патент; сообщественный **G 115**
патент; специальный медицинский **S 179**
патент; список ~ов **R 178**

патент; спор о нарушении ~а **P 112**
патент; спорное дело о ~е **P 102**
патент; срок действия ~а **L 23, D 18, P 54, S 88**
патент; срок правовой охраны ~а **S 88**
патент стал недействительным **H 91**
патент; унитарные ~ы **E 72**
патент; управление ~ами **P 114**
патент, утративший силу **P 21, W 86, 87**
патент; экономический **W 109**
патент, являющийся предметом разбирательства **P 221**
патентная грамота **P 105**
патентная классификация **P 85**
патентная классификация; международная **I 60**
патентная охрана **P 99**
патентная охрана; независимая **U 129**
патентная пошлина **J 5**
патентная формула; отличительная часть патентной формулы **K 42**
патентная чистота **P 94**
патентное ведомство **P 25**
патентное ведомство ведёт реестр **R 233**
патентное ведомство; вспомогательный / непостоянный член патентного ведомства **H 78**
патентное ведомство; выступать в патентном ведомстве **P 159**
патентное ведомство; заявка может быть подана в **A 172**
патентное ведомство; метод работы патентного ведомства **A 439**
патентное ведомство; назначение членов Патентного ведомства **B 202**
патентное ведомство; организация патентного ведомства **E 102**

патентообладатель; процесс против патентообладателя **K 55**

патентоспособное изобретение отсутствует **V 387**

патентоспособность **P 62**

патентоспособность; влиять на ~ изобретения **B 220**

патентоспособность; замечания, касающиеся патентоспособности **E 158**

патентоспособность не может отрицаться **V 197**

патентоспособность; определение патентоспособности **B 354**

патентоспособность; порочить **B 33**

патентоспособность; портить **B 34**

патентоспособный **P 61**

патенты, выданные на одно и то же изобретение **R 190**

патенты, зависящие друг от друга **P 22**

первенство **P 178**

первичные материалы остаются без изменения **B 305**

первоначальная заявка **S 211**

первоначальная классификация **E 408**

первоначальное состояние **S 213**

первоначальный **U 203**

первоначальный; восстановление в первоначальное положение **W 82**

первоначальный и первый изобретатель **E 265**

первоначальный оттиск **O 53**

первый знак каждой серии **S 129**

первый последующий рабочий / присутственный день **N 28**

первый просмотр заявки **E 409**

перевод **U 30**

перевод; заверенный **U 32**

перевод; незаверенный **U 33**

перевод; официальный **U 31**

перевод; точный **U 34**

переговоры **V 121**

переговоры; вести **V 119**

перед **B 359**

передавать **A 90**

передавать право без ограничения **U 40**

передаточная надпись **V 182**

передать **A 90**

передать; заявитель передал своё право на патент **U 38**

передать; полномочие может быть передано на основе распоряжения **U 39**

передать правовой спор в другой суд **V 314**

передача **A 92, U 14, 19, 41**

передача; действительность передачи **A 194**

передача документов из рук в руки **W 39**

передача определённого количества товара **H 93**

передача охранных прав **S 102**

передача потребителю **A 22**

передача права/прав **R 135**

передача права пользования знаком **U 20**

передача с ограничениями **U 42**

передача товарного знака **U 66**

передающий права **A 91**

передоверять полномочие **E 367**

перекрестный допрос **K 152**

перемена адреса **A 107**

перенесение **U 11**

перенесение изделий из одного класса в другой **U 13**

перепечатка; незаконная **N 14**

переписка **S 71**

перепродавец; устанавливать перепродавцу твёрдые цены **P 166**

перепродажа **W 41**

перерабатывать **U 1**
переработать **U 1**
переработать классификацию **U 2**
перерасход **M 58**
перерыв в работе суда **G 141**
перерыв срока давности **U 135**
пересматривать **N 22**
пересмотр **U 27**
пересмотр; периодический **R 208**
пересмотреть **N 22**
пересмотреть заявку **U 25**
пересмотреть конвенцию **R 207**
пересмотреть отказное решение эксперта **U 26**
переставлять пункты формулы **A 189**
пересылать экземпляр уведомления **U 23**
пересылка **U 24**
переуступать право без ограничения **U 40**
переуступка **A 92, U 41**
переуступка охранного права **U 43**
переход **U 15**
переход права **A 198, H 53, R 134**
переходить к государству **V 93**
переходить к наследникам **U 17**
переходные положения **U 16**
переходный закон **P 92, U 22, V 352**
перечень **L 55, V 334**
перечень; добавление нового товара в **E 433**
перечень источников **Q 8**
перечень классов **G 305**
перечень; сокращать ~ товаров **E 110**
перечень товаров **W 23, 24**
перечисление **A 520**
перечисление преимуществ **A 522**
перечисление технических признаков изобретения **A 521**
период **Z 19**

период; в **Z 24**
период использования **V 49**
период; на данный **Z 27**
период одного года **J 6**
период охраны **S 95**
период; первый ~ охраны **S 96**
период; текущий ~ запрета **V 44**
периодический бюллетень **Z 25**
периодический; отраслевая периодическая печать **F 18**
периодический пересмотр **R 208**
периоды, не превышаюищие пяти лет **U 29**
персонал ведомства **A 159**
персональные данные **P 123**
перспектива получения патента **A 673**
печатание **D 74**
печатание; плата за **D 81**
печатание; пригодный для печатания **D 78**
печатать **D 76**
печатная документация **D 90**
печатная публикация **D 84, 88, E 200**
печатная строка **D 91**
печатное издание **D 82**
печатный **D 87**
печатный материал **A 54, V 251**
печатный экземпляр **D 77**
печать **D 74, S 134, 234**
печать ведомства **A 161**
печать; готовый к печати **D 80**
печать; нотариальная **N 106**
печать; отраслевая периодическая **F 18**
печать; служебная **A 161**
печать учреждения **A 161**
пионерское изобретение **B 1**
письменная апелляция **B 214**
письменная жалоба **B 280**
письменная информация/справка **A 590**

подавать; право ~ заявку **N 84**

подарок; полученный **V 93·**

податель **H 99**

податель апелляции **B 213**

подать документы в определённый срок **F 144**

подать заявку в патентное ведомство **A 172**

подать заявление **A 367**

подать; чертежа, поданные просроченными **V 232**

подача **H 101**

подача в запечатанном конверте **H 106**

подача; в день/дату подачи заявки **A 301**

подача; дата подачи **H 108**

подача; дата подачи заявки **A 281, G 95**

подача; день подачи **H 108**

подача жалобы **E 85, N 96**

подача заявки **E 99, H 102, U 185**

подача заявки в данной стране **T 3**

подача; национальная ~ заявки **H 104**

подача; отдел подачи **E 52**

подача; первая **E 403**

подача; по подачи заявки **A 303**

подача; последующая **H 105**

подача; пригодный к подаче заявки **H 97**

подача; срок подачи возражения **E 127, W 78**

подача требования об аннулировании **A 186**

подвергать **U 173**

подвергаться аресту **B 237**

подвергаться преследованию **A 671**

подвергнуть **U 173**

подвергнуть ограничениям или сокращениям **B 253**

подвергнуть публичной проверке **A 611**

подвой **S 210**

подготовительные меры **V 15**

подготовительный акт **S 70**

подготовленные к публикации материалы **U 144**

подгруппа **U 141**

поддержание порядка заседаний суда **S 149**

поддержка стороне в процессе **U 172**

подкласс **G 303, U 142**

подкласс; перечень ~ов **G 305**

подлежать запрету **U 161**

подлежать обжалованию **U 149**

подлежать обложению пошлиной **B 149, U 150**

подлежать отдельному обжалованию **A 202**

подлежащий аресту/запрещению **P 126**

подлежащий денонсации/отмене **K 155**

подлежащий обжалованию **R 209**

подлежащий оплате пошлиной **G 40**

подлинник **O 50, 52**

подлинники описаний **O 51**

подлинное произведение **O 56**

подмандатная территория **M 7**

подобный; в подобном случае **F 29**

подозревать **M 147**

подоходный налог **E 426**

подписать **U 177**

подписать Соглашение **O 24**

подпись **U 170, 178**

подпись; неразборчивая **U 171**

подпись; собственноручная **E 11, O 55**

подпись; совместная **M 127**

подпрограмма **U 156**

подражание **N 2**

подражание; незаконное **N 11**

подражание; рабское **N 3**

подробно излагать **D 7**

подробности выполнения Соглашения **E 166**

подробность; входить в подробности **E 56**

подробный **A 552**

подстрочное примечание **F 157**

подсудность **G 135, 151, K 98**

подсудность; вопрос подсудности **K 99**

подсудность; гражданская **Z 45**

подтвердить **B 352, E 316**

подтверждать **B 352, E 316**

подтверждать аргументы документами **E 317**

подтверждать предъявление иска **N 41**

подтверждение; дополнительное **B 51**

подтверждение под присягой **B 30**

подтверждение получения **B 302**

подтверждение регламента **B 303**

подтверждение уплаты **Z 6**

подтверждённое право **R 34**

подход; одинаковый **B 83**

подходящий дополнительный срок **N 18**

подчёркивать технические признаки **M 74**

подчинённая программа **U 156**

подчинённый высшему органу **S 225**

подчинённый пункт формулы **U 128, 129, 130**

подчиняться **U 176**

подчиняться решению арбитража **U 121**

пожизненно **L 26**

пожизненное назначение **E 381**

позднее поданная заявка **A 295**

поздний; датировать более поздним числом **N 13**

позиция **S 230**

позиция; ошибочная ~ на чертеже **Z 11**

поиск **E 374, N 16, 33, R 16**

поиск документов **D 59**

поиск; изолированный **R 18**

поиск источников **Q 6**

поиск; прекращать **R 17**

поиск; проведение ~а **D 96**

поиск; производить **N 29**

поиск публикаций **E 375**

поиск; сообщение о ~е **R 21**

поиск; ходатайство о ~е **R 20**

поиск; эксперт, проводящий **R 22**

поисковая деятельность **E 378**

поисковый отдел **R 19**

показание **A 625, Z 35**

показание; дать **Z 39**

показание; дача показаний под присягой **B 31**

показание под присягой **A 628, E 7, Z 36**

показание свидетелей **Z 35**

показание эксперта **A 626**

покойник **V 221**

покрывать **B 319, D 19**

покрывать расходы/затраты **K 129**

покрыть **B 319, D 19**

покрыть расходы **L 18, 19**

покупатель **A 60, K 23, 157, V 48**

покупатель; журнал покупателей **K 159**

покупатель; обслуживание покупателей **K 158**

покупатель патента **K 24**

покупательница **K 23**

покупка; преимущественное право покупки **V 379**

покупная цена **K 27**

покушение **V 242**

полезность **N 122**

полезность; свидетельство о полезности **G 29, N 123, U 68**

полезный **N 121**

полезный образец **G 18**

полезный образец; дело по полезным образцам **G 26**

полезный образец; заявка на **G 20**

полезный образец; отдел полезных образцов **G 19, 28**

полезный образец; охрана полезных образцов **G 27**

полезный образец; предварительная заявка на **G 24**

полезный образец; регистрация в качестве полезного образца **G 22**

полезный образец; регистрация полезного образца **G 21**

полезный образец; реестр полезных образцов **G 25**

полно **V 349**

полномочие **E 366, G 121, P 207, V 348**

полномочие; отменять **A 385**

полномочие; передать **U 39**

полномочие; передоверять **E 367**

полномочие; специальное ~ на отказ от прав **V 338**

полномочие; судебное **B 57**

полномочие; юридическое **R 61**

полномочный представитель **B 356**

полный **V 349**

положение **B 310, V 98, 406**

положение; заключительное **S 57**

положение касается всех патентов **A 397**

положение; монопольное **M 136**

положение; нарушение положения **Z 128**

положение не имеет силы **G 96**

Положение о заявках на патенты **B 315**

положение о несостоятельности **K 110**

положение о патентных поверенных **P 42**

положение о суде **G 148**

положение о товарных знаках **Z 15**

Положение об открытиях, изобретениях и рационализаторских предложениях **P 68**

положение; отступиться от положения **A 10**

положение; первоначальное **W 82**

положение; правовое **R 103, 128, 150**

положение; предпочтительное **V 428**

положение, предусмотренное законом **G 225**

положение; принятие положений **A 335**

положение; противоположное **A 96**

положение работника на заводе/предприятии **S 229**

положение; рыночное **M 31**

положение; с учётом специальных положений **W 11**

положение; фактическое ~ дел **E 301, T 10**

положение; факультативное **K 4**

положение; экономическое **W 108**

положения абзаца (2) **R 173**

положения; более широкие **V 408**

положения; вышеуказанные **B 314**

положения должны быть применены соответствующим образом **A 393**

положения закона **A 11**

положения о заявках **A 268**

положения о патентах и патентной охране **P 52**

положения о поддержании порядка заседаний суда **S 149**

постановление; оглашение обоснования постановления **V 160**

постановление; отмена постановления **A 489**

постановление суда **G 138**

постановление федерального правительства **A 324**

постановлять **V 204**

постоянно; на ~ запретить **P 159**

постоянный заместитель **V 270, 274**

постоянный председатель палаты / сената **V 417**

постоянный член палаты **M 106**

пострадавший **G 175**

построение **G 284**

постскриптум **N 27**

поступать умышленно **V 400**

поступившие дела **R 191**

поступление; дата поступления **E 53**

поступление; излишек поступлений **E 92**

поступления **E 90**

поступления за международную регистрацию **E 91**

потерпевший **G 175, V 165**

потеря **E 26**

потеря прав **R 143, V 90**

потеря прав на патент **V 91**

потеря прав на приоритет **V 170**

потеря права **E 27**

потомок **A 40**

потребитель **A 60, V 46**

потребитель; оптовый **G 288**

потребитель; передача потребителю **A 22**

потребление **V 45**

потребление; поворот цикла потребления **W 43**

потребление; предмет широкого потребления **G 16**

потребление; товары широкого потребления **B 23**

потребность **B 22**

потребовать **A 471, E 35, 298, F 97**

потребовать возмещение ущерба **Z 80**

потребовать другие доказательства **N 40**

потребовать передачи права **U 44**

похитить **E 241**

похищать **E 241**

походатайствовать **E 80**

почта; министр почты и связи **M 85**

почтовая квитанция **E 183**

почтовое вручение **P 146**

почтовый ящик **A 36**

пошлина **G 31, Z 50**

пошлина; быть обложенным пошлиной **B 148**

пошлина; в случае неуплаты пошлин **U 134**

пошлина; ввозная **E 48**

пошлина; взимать пошлину **G 33**

пошлина; возврат пошлин **R 243**

пошлина; выдавать при условии уплаты пошлины **G 35**

пошлина; годовая / годичная / ежегодная **J 5**

пошлина; добавочная **E 308**

пошлина; дополнительная **Z 107, 112, 113**

пошлина за ... год **P 81**
пошлина за класс **K 76**

пошлина за подачу возражения **E 128**

пошлина за продление **V 157**

пошлина за публикацию **B 130**

пошлина; задолженность по пошлине **G 43**

пошлина; заявочная **A 270**

пошлина; минимальная **M 78**

пошлина; национальная **N 54**

пошлина; недоимки по ~м **R 205**

правительство; постановление федерального правительства **A 324**

правительство; федеральное **B 464**

правка материала **R 162**

право **A 327, B 55, R 27**

право; авторское **U 191**

право бедности **A 447**

право; более раннее **R 31**

право; вещное **R 30**

право; владелец прав **N 36**

право владения **B 292**

право; возврат права **H 53**

право; все права зарезервированы **R 41**

право; документально подтверждённые права **R 35**

право залога **P 127**

право; защита охранных прав **V 249**

право; защита права **R 145**

право; злоупотребление ~м **R 105**

право; издательское **V 150**

право; иметь одинаковые/равные права **G 277**

право; иметь ~ на использование **N 126**

право; инструктаж о правах **B 151**

право; исключительное **A 122**

право; исключительное ~ использования изобретения **A 642**

право; исполнительное **F 50**

право; использование права **A 698**

право; картельное **K 13**

право; коллидирующие права охраны **S 99**

право; конкурентное **W 61**

право; корпорация публичного права **K 125**

право; лицензионное **L 67**

право личного владения **B 293**

право; лишение права **A 14**

право; материальное **M 54, R 33**

право; международное **V 343**

право на владение **B 292**

право на вознаграждение / возмещение **V 110**

право на воспроизведение **R 202**

право на денонсацию **K 163**

право на законную защиту **A 342**

право на иск **K 67**

право на использование **N 127**

право на неуплату пошлин **A 446**

право на образец **V 94**

право на отказ **R 240**

право на патент **R 36**

право на получение патента **Z 117**

право на представительство **V 280**

право на предъявление иска **K 67**

право на предъявление претензии **A 352**

право на служебное изобретение **A 429, F 133**

право на участие в предприятиях **A 363**

право; надпись «~ на лицензию» **L 62**

право; нарушать **B 35**

право; нарушать ~ на патент **V 162**

право; нарушение патентного права **P 111, U 148**

право; нарушение прав патентообладателя **E 66**

право; нарушение права **B 36, R 71, 72**

право; нарушитель прав **P 108**

право; наука о праве **R 157**

право; обладание патентным ~м **P 50**

право; обладатель права **R 93**

право; обратная сила ограничения права **R 242**

право; общее **R 32**

право; оговорка о сохранении права **R 148**

право; ограничение права **R 67**

предприниматель; вознаграждение предпринимателя / предпранимателю **U 154, 155**

предпринимать попытки **V 243**

предприятие **B 336, 345, G 178, N 98, U 152**

предприятие, господствующее на рынке **M 28**

предприятие; законные интересы предприятия **B 140**

предприятие; изобретение предприятия **B 339**

предприятие; коллективный договор предприятия **B 346**

предприятие; коммерческое **E 436**

предприятие; объединение предприятий **V 69, Z 100**

предприятие; производящее **E 443**

предприятие; промышленное **G 256, I 19**

предприятие; служащий предприятия **A 232**

предприятие; торговое **G 184, H 18, E 436**

предприятие, устанавливающее цены **P 166**

предприятие; центр предприятия **H 40**

председатель **V 416**

председатель; голос председателя **A 636**

председатель палаты **V 417**

председатель сената **S 126, V 417**

председатель Совета министров **M 90**

председательствовать **V 415**

представитель **V 266**

представитель; деятельность в качестве представителя **V 281**

представитель; доверенность представителя **V 282**

представитель; законный **V 269**

представитель; назначать представителем страны **N 50**

представитель; назначение представителя **B 101**

представитель обвинения **A 249**

представитель; полномочный **B 356**

представитель; совместный **V 268**

представитель стороны **V 273**

представитель; уполномоченный **W 2**

представитель; юридический **R 146**

представительство **V 276**

представительство в суде **P 224**

представительство перед официальными учреждениями **V 278**

представительство; право на **V 280**

представительство; профессиональное **B 197**

представить **A 170, B 365, D 5, V 265, 426**

представить возражение **S 220**

представить доверенность **N 24**

представить документы **H 56**

представление возражения **E 319**

представление доказательств **B 373**

представление оправдательных документов **B 94**

представление свидетеля **V 372**

представление ходатайства **S 228**

представлять **A 170, B 365, D 5, V 265, 426**

представлять возражение **W 75**

представлять доказательство **L 50**

представлять; должно быть представлено **V 386**

представлять дополнительно **A 217**

представлять дополнительные данные **A 217**

представлять иск **V 144**

представлять; наглядно **D 6**

представлять новые факты **T 17**

представлять свидетелей **Z 33**

представлять свидетельство **L 48**

представлять собой имитацию / подражание **D 10**

представлять ходатайство **N 103**

предубеждение **E 58**

предупредить **M 1, V 306**

предупреждать **M 1, V 306**

предупреждение **M 2, V 307, 308**

предупреждение судьи **R 65**

предусмотренные требования **A 208**

предусмотренный законом **G 230**

предусмотреть срок **F 142**

предшествующая заявка **A 284, 289, H 103, V 353**

предшествующая процедура **V 75**

предшествующая публикация **V 425**

предшествующая регистрация **E 141, R 183, S 212**

предшествующее право **R 28**

предшествующий **A 127, V 378**

предъявить **B 93**

предъявить доказательство **B 365**

предъявление доказательств **B 368**

предъявление иска **K 58, V 95**

предъявление претензии **A 352**

предъявление; срок предъявления иска **K 60**

предъявлять **B 93**

предъявлять доказательство **B 365**

предъявлять иск **B 143, E 24, K 52**

предыдущий **V 378**

предыдущий процесс **R 131**

преемник **N 15**

преемник в должности **A 158**

прежнее состояние **S 213**

президент государства **S 204**

президент Патентного ведомства **P 152**

президент Патентного суда **P 153**

президиум Патентного ведомства **P 154**

президиум Патентного суда **P 155**

презумпция действительности **V 190**

презумпция; законная **V 189**

преимущества; зарубежное государство предоставляет **E 97**

преимущества Конвенции **V 106**

преимущества уравновешиваются недостатками **A 519**

преимущественное право покупки **V 379**

преимущественное право приоритета **P 192**

преимущество **B 360, V 105**

преимущество изобретения **E 293**

преимущество; обеспечивать преимущества **V 422**

преимущество; перечисление преимуществ **A 522**

преимущество; предоставлять преимущества **V 421**

преклюзивный срок **P 151**

прекратить **A 68**

прекращается действие патента **E 363**

прекращать **A 68**

прекращать дальнейшее использование **U 145**

прекращать процедуру **A 71, E 132**

прекращать процесс **E 132**

прекращать экспертизу/поиск **R 17**

прекращение; дата прекращения **E 321**

прекращение действия **A 660**

прекращение; требовать прекращения **U 148**

премьер-министр **M 90**

преобразование заявки **U 68**

препятствие **H 88, V 127**

препятствие; длящееся **V 128**

препятствие; исчезновение препятствия **W 35**

препятствие к регистрации **E 146**

препятствовать осуществлению права **H 87**

препятствовать патентованию **V 329**

препятствовать регистрации знака **E 205**

пресекательный срок **P 151**

пресечение ложных обозначений **Z 137**

пресечение ложных указаний о происхождении **U 136**

пресечение недобросовестной конкуренции **U 137**

преследование **V 95**

преследование; подвергаться преследованию **A 671**

преследование; уголовное **S 263**

преступник **T 11**

преступно **S 74**

преступный **S 74**

претендовать **A 341, B 11**

претензия **A 339, B 12**

претензия; встречная **G 64**

претензия на возмещение убытков **E 225, 226**

претензия; осуществлять претензию **A 343**

претензия; удовлетворять претензию **B 53**

префектура **P 148**

прецедент **P 160**

прецедент; судебный **P 149**

прецедентное решение **G 301**

преюдициальное судебное решение **P 149**

преюдициальный приговор **P 149**

прибавка **G 287, Z 63**

прибавка; система прибавок **Z 67**

прибавление **A 238**

прибыль **A 530, E 361, N 117**

прибыль может поступать **N 118**

прибыль; ощутимая **N 119**

приведение оснований **G 291**

привести **A 212, 218**

привести в порядок заявку / заявочные материалы **O 39**

привести факты **A 219**

привилегия **P 197**

привлекать экспертов **Z 130**

приводить **A 212, 218**

приводить доказательства **B 366, 367**

приводить к присяге **V 59**

приводить последовательно **A 187**

приводить пункты формулы **A 188**

привычка **H 63**

приглашение **A 503, E 82**

приговор **G 150, R 127, S 184, U 209**

приговор; вынесен обвинительный **S 257**

приговор; выносить **R 214, U 213**

приговор; обвинительный **V 286**

приговор; обоснование / мотивировка ~а **U 214**

приговор; объявление ~а **V 147**

приговор; окончательный **E 191**

приговор; преюдициальный **P 149**

пригодность **B 436**

пригодность к замещению судебной должности **R 222**

пригодность товаров к применению **B 437**

пригодный **G 49**

пригодный для печатания **D 78**

пригодный к исполнению / предоставлению **G 244**

пригодный к подаче заявки **H 97**

пригодный к регистрации **G 22**

придача **G 287**

придумать первым и реализовать последним **A 540**

приём **A 309**

приём; открыто для ~а заявок **E 202**

принятая во внимание отрасль техники **B 348**

принятие **A 309, 334, V 2**

принятие закона **V 3**

принятие описания **A 311**

принятие положений **A 335**

принятие решения **A 536, B 247**

принятый в торговле **H 22**

приобретатель **E 435**

приобретатель патента **K 24**

приобретать право на участие в предприятиях **A 363**

приобретение выгод **A 335**

приобретение патента **E 434**

приобретение прав охраны **E 400**

приобретение права охраны **E 438**

приобретённые права **W 115**

приоритет **P 178**

приоритет; дата ~а **P 189**

приоритет; дата самого прежнего ~а **P 190**

приоритет; заявление о ~е **P 184**

приоритет; конвенционный **U 112**

приоритет; потеря прав на **V 170**

приоритет; право ~а **P 182, 187**

приоритет; преимущественное право ~а **P 192**

приоритет; претендовать на **A 345**

приоритет; притязание на право ~а **I 14**

приоритет; притязание на **P 180, 181**

приоритет; спор о ~е **P 188**

приоритет; срок ~а **P 185, Z 21**

приоритет; установление ~а **P 184**

приоритетный документ **P 191**

приоритетный интервал **P 186**

приостанавливать **A 666**

приостанавливающее действие **W 97**

приостановить производство / процедуру **A 669**

приостановить разбирательство **A 670**

приостановление **A 672**

приостановление процесса **V 168**

приписка **N 27**

приравниваться **G 280**

природа; в противоречие основным законам природы **N 60**

природа; закон природы **N 59**

природа; силы природы **N 61**

природа; явление природы **N 57**

природное вещество **N 63**

природный; продукт природного происхождения **N 58**

присваивать **E 241**

присваивать изобретение **E 242**

присваивать право **V 159**

присвоение **A 264**

присвоение; незаконное ~ изобретения **W 66**

присвоить **E 241**

присоединение **A 334, B 113**

присоединение; акт о присоединении **B 116**

присоединение; день/дата присоединения **W 96**

присоединение; заявление о присоединении **B 115**

присоединить **A 233**

присоединиться; другие страны могут **O 23**

присоединять **A 233**

присоединяться к одной из сторон **B 111**

приспособление **A 326, V 397**

пристрастность **B 40**

пристрастпость; опасение пристрастности **B 298**

приступать к допросу свидетелей **Z 37**

присудить свидетелю возмещение расходов **Z 72**

производство по аннулированию **Z 87**

производство по возобновлению **W 81**

производство по возражению **W 79**

производство по выдаче принудительной лицензии **V 79**

производство по отмене **Z 87**

производство по совпадениям **I 56**

производство; приостановить **A 669**

производство; способ производства **F 3, H 72, 74**

производство; стоимость производства **H 73**

производящее предприятие **E 443**

произойти **S 217**

происходить **S 217**

происхождение **H 65, U 202**

происхождение изделия **H 66**

происхождение; место происхождения **O 58**

происхождение; наименование места происхождения **U 207**

происхождение; продукт природного происхождения **N 58**

происхождение; страна происхождения **E 108, H 52, U 208**

происхождение; указание происхождения **H 67**

прокуратура **S 193**

прокурор **S 192**

прокурор; генеральный **G 120**

промедление **G 51**

промежуток **Z 153**

промежуток; в промежутке **Z 24, 154**

промежуток времени **Z 23**

промежуточное рассмотрение **A 35**

промежуточный продукт **W 40, Z 148**

промысловое свидетельство **G 257**

промысловый **G 263**

промысловым образом **G 263**

промышленная модель **M 130**

промышленная применимость **V 325**

промышленная собственность **E 19**

промышленная страна **I 22**

промышленник **G 258**

промышленное изделие **I 21**

промышленное использование **V 327**

промышленное обслуживание **L 39**

промышленное предприятие **G 256, I 19**

промышленность **G 254, I 18**

промышленность и торговля **G 255**

промышленность; министр промышленности **M 83**

промышленность; отрасль промышленности **G 259**

промышленность; применимый в промышленности **G 261**

промышленные интересы **B 141**

промышленные услуги **L 39**

промышленный **G 260, 263, I 23**

промышленный образец **G 208, 209**

промышленный; охрана промышленной собственности **M 88, P 65, R 124, S 80**

промышленный патент **P 14**

промышленный; право промышленной собственности **A 502, G 126**

промышленный район **I 20**

промышленный товар/продукт **I 21**

промышленным образом **G 263**

пропорционально участию / взносам **M 39**

пропорция **V 114**

пропуск наименования изобретателя **U 147**

пропуск обозначения соучастника **K 71**

процедура выдачи принудительной лицензии **Z 133**

процедура; замедление/задержка процедуры **V 88**

процедура; заявлять правду в процедуре **W 6**

процедура идёт обычным порядком **G 268**

процедура кассации **K 20**

процедура наложения штрафа **B 478**

процедура не задерживается **A 485**

процедура обжалования **B 283**

процедура; общий результат процедуры **G 160**

процедура; ограничительная **B 254**

процедура; односторонняя **V 72**

процедура; особенности процедуры в патентном суде **B 296**

процедура по аннулированию **L 77**

процедура по возражению **W 79**

процедура по выдаче принудительной лицензии **V 79**

процедура по лишению прав или аннулированию патента **V 76**

процедура по патентным делам **V 77**

процедура по проведению экспертизы **P 90**

процедура по установлению суммы расходов **K 135**

процедура; правила процедуры **V 89**

процедура правовых действий **R 110**

процедура; предшествующая **V 75**

процедура; прекращать процедуру **A 71, E 132**

процедура; приостановить процедуру **A 669**

процедура; продвижение в процедуре **F 122**

процедура; секретная **G 87**

процедура; соблюдать положения о процедуре **V 81**

процедура; способствующий процедуре **V 82**

процедура срочности **D 69**

процедура; стадия процедуры **V 80**

процедура; судебная **G 155, R 152**

процедура; суть прохождения процедуры **G 1**

процедура; существенный недостаток процедуры **M 12**

процедура установления расходов **E 324**

процедура; ход процедуры **V 373**

процедура; юридическая **R 136**

процедура; язык процедуры **A 162**

процедурная ситуация **V 87**

процесс **P 212, S 265**

процесс; аналогичный **A 165**

процесс; вести ~ **P 213**

процесс; возбуждать **K 62**

процесс; возбуждение ~а **E 89**

процесс выращивания **Z 57**

процесс; гражданский судебный **R 129**

процесс доказывания **B 369**

процесс использования **A 623**

процесс; ответчик, проигравший **V 285**

процесс по патентному делу **P 86**

процесс проводящийся по праву бедности **A 447**

процесс; предмет ~а **P 216, S 268**

процесс; предыдущий **R 131**

процесс; прекращать **E 132**

процесс; приостановление ~а **V 168**

процесс против патентообладателя **K 55**

процесс разведения **Z 57**

процесс; рассматриваемый **R 130**

пункт; поворотный ~ цикла потребления **W 43**

пункт формулы **A 339**

пункт формулы; главный **H 35, O 1**

пункт формулы; дополнительный / зависимый / подчинённый **U 128**

пункт формулы, касающийся нового вещества **S 250**

пункт формулы; основной **O 1**

пункт формулы, относящийся к устройству **V 398**

пункт формулы; параллельный **N 65**

пункт формулы; первый **H 35**

пункт формулы; согласно пунктам 1 и 2 формулы **A 347**

пункт формулы; согласно пункту 5 формулы **A 349**

пункты иска **K 65**

пункты формулы; выделить **A 629**

пункты формулы выше установленного числа **O 5**

пункты формулы; дорабатывать / отшлифовывать **A 544**

пункты формулы от 1 до 4 **A 348**

пункты формулы; переставлять **A 189**

пункты формулы; подчинённые **U 130**

пункты формулы; последовательность пунктов формулы **A 462, R 192**

пункты формулы; предыдущие **A 350, U 130**

пункты формулы; приводить **A 188**

пункты формулы; располагать ~ изобретения **A 318**

пункты формулы; рассматривать ~ отдельно **P 226**

пуск в оборот **V 50**

пуск товаров в торговый оборот **V 52**

пускать в продажу **F 64**

пускать товары в оборот **V 140**

путаница **V 309**

путь; дипломатическим путём **D 47**

путь; официальным путём **A 141**

путь решения **L 83**

Р

работа **A 426, D 30**

работа конференции **Z 98**

работа; перерыв в работе суда **G 141**

работа; цель работы **A 440, 441**

работник **A 428**

работник; заявление сделанное ~у **E 338**

работник; консульский **K 117**

работник; круг обязанностей ~а **A 480**

работник; материальный ущерб для ~а **N 35**

работник; организация ~ов **S 181**

работник; положение ~а на заводе/предприятии **S 229**

работодатель **A 427**

работодатель; общие расходы работодателя **G 108**

работодатель; организация работодателей **S 181**

рабочее время **G 203**

рабочий день **W 51**

рабочий инструмент **A 435**

рабское подражание **N 3**

равенство голосов **S 245**

равенство; знак равенства **G 278**

равенство; принцип режима равенства **B 84**

равноценный; считается равноценным факту **G 279**

разбирательство **V 120**

разбирательство должно быть приостановлено **A 670**

разбирательство; допускать адвокатов к судебному разбирательству **P 225**

разбирательство; открывать **E 386**

разбирательство; открытое судебное **V 124**

разбирательство; патент, являющийся предметом разбирательства **P 221**

разбирательство по рассмотрению доказательств **B 383**

разбирательство; присутствие в судебном разбирательстве **T 36**

разбирательство; присутствовать на разбирательстве **Z 70**

разбирательство; судебное **G 154**

разбирательство; устное **V 122, 123**

разбор **G 154**

разведение **Z 56**

разведение; процесс разведения **Z 57**

разведение растений **P 135**

разведение; цель разведения **V 178**

развивать **E 243**

развивающиеся страны **E 245**

развитие **A 531, E 244**

развить **E 243**

разглашение изобретения **A 461**

разглашение; злонамеренное ~ изобретения **B 126**

разглашение нарушает интересы **O 30**

раздел **T 54**

разделение **T 39**

разделение заявки **T 40**

разделение; заявление о разделении **A 635**

разделение; призвать к разделению заявки **A 474**

разделить **T 33, 60**

разделить заявку **A 302**

разделять **T 60**

различаться **A 95**

различение **U 166** ·

различные виды промышленных патентов **A 452**

различные поступления за международную регистрацию **E 91**

размер взноса **D 92**

размер; изменять установленный ~ вознаграждения **A 2**

размер; установление ~а возмещения/вознаграждения **B 153**

размер; уточнять ~ ущерба **P 161**

размножение **V 287**

размножение; материал (для) вегетативного размножения **V 176**

размножение; материал (для) размножения **V 174**

размножение; обычная система размножения **V 177**

размножение; цель размножения **V 178**

разница между уплаченной пошлиной и полной суммой пошлины **U 168**

разновидность **G 2**

разногласие **M 62**

разрешать спор во внесудебном порядке **S 266**

разрешаться; некоторые жалобы разрешаются непосредственно Парижским апелляционным судом **E 228**

разрешение **E 350, 356, G 117, 247**

разрешение адвокату выступать перед судом **Z 78**

разрешение; без разрешения владельца **Z 124**

разрешение; владелец разрешения выполнять функции поверенного **E 353**

ратификационная грамота **R 9**

ратификация **R 11**

ратифицировать **R 10**

рационализаторское предложение **N 72, V 34**

рационализация; общество по рационализации **R 12**

реализация; альтернативные возможности реализации **A 563**

реализация изобретения **A 556**

реализация патентов **P 116**

реализовать последним **A 540**

реальный **E 1**

ревизионная инстанция **R 211**

региональная заявка **A 293**

региональный патент **P 17**

регистрационная пошлина **E 145**

регистрационный номер **A 118**

регистрация **E 140, R 180**

регистрация; более ранняя **E 141**

регистрация; возобновление регистрации знака **E 384**

регистрация; возражение против регистрации знака **W 76**

регистрация; заменять регистрацию **S 226**

регистрация; заявка на регистрацию **R 184**

регистрация знака **E 205**

регистрация; международная **R 182**

регистрация; международная ~ товарных знаков **I 61**

регистрация может быть продлена **G 296**

регистрация; недействительность регистрации **U 109**

регистрация; номер национальной регистрации **R 187**

регистрация; номер регистрации **R 186**

регистрация; окончательная **E 189**

регистрация; окончательная форма предшествующей регистрации **S 212**

регистрация передачи товарного знака **U 66**

регистрация полезного образца **G 21**

регистрация; предшествующая **E 141, R 183**

регистрация; препятствие к регистрации **E 146**

регистрация; пригодный к регистрации **G 22**

регистрация; различные поступления за международную регистрацию **E 91**

регистрация; сообщать о регистрации **A 421**

регистрация; ускоренная ~ товарного знака **E 142**

регистрация; ходатайство о регистрации **E 143**

регистрировать **E 139, R 179**

регистрируемый **E 144**

регламент **S 31**

регламент; внутренний **G 197**

регламент по выполнению **A 564**

регламент по уплате пошлин **G 41**

регламент; подтверждение ~а **B 303**

Регламент; пункт 2 ~а **V 409**

регламентарный **O 40**

регламентирование **R 172**

регламентирование скидок **R 3**

регламентированное сообщение о служебном изобретении **O 41**

регулирование; новое правовое **N 79**

регулировать; правила, регулирующие конкуренцию **W 62**

регулируемая цена **P 163**

редактирование **R 160**

редактировать **R 164**

решение; апелляция решения суда **B 201**

решение арбитража **S 49**

решение большинства **M 57**

решение; вступившее в силу ~ суда **U 210**

решение вступит в силу **W 94**

решение; выносить **B 226, E 233, 326, 327, R 214, U 213**

решение; выносить отрицательное **B 227**

решение; издание решения **F 345**

решение; исправление решения **B 270**

решение картельного характера **K 12**

решение; корректировка решения **B 182**

решение может быть обжаловано **S 219**

решение; мотивировка решения **E 235, U 214**

решение не подлежит обжалованию **R 210**

решение не подлежит отдельному обжалованию **A 202**

решение; незаконное заимствование решения **W 67**

решение; неточности в решении **U 126**

решение; неясности в описательной части решения **U 114**

решение о выдаче **E 422**

решение о наложении штрафа **B 477**

решение о признании недействительным **U 107**

решение о публикации **B 129**

решение об издержках **K 132**

решение об исправлении **B 187**

решение об ограничении **A 323**

решение об отказе **B 225, V 217, Z 94**

решение об отклонении **Z 94**

решение об установлении суммы расходов **K 134**

решение; обжалование решения суда **B 201**

решение; обжаловать **A 204**

решение; обоснование решения **U 214**

решение; обосновывать **B 77**

решение обязательно для суда **B 421**

решение; объявление решения **V 147**

решение; оглашение обоснования решения **V 160**

решение; окончательное **E 186, 188, 232, U 78, 210**

решение; окончательное ~ суда **E 191**

решение; оправдательное **F 134**

решение основано на обстоятельствах, которые ... **B 243**

решение основывается **B 217**

решение отдела по товарным знакам **E 323**

решение; отрицательное **B 225**

решение; официальное **A 145**

решение; ошибочное ~ суда **F 59**

решение; пересмотреть отказное ~ эксперта **U 26**

решение; по иску суд выносит **E 230**

решение по вопросам о выдаче патента **B 268**

решение по существу дела **H 46**

решение; подчиняться решению арбитража **U 121**

решение; получатель решения **B 228**

решение; последующее **A 620**

решение; прецедентное **G 301**

решение; преюдициальное судебное **P 149**

решение; принимать **B 240, 244, E 227, 234, V 125**

решение; принцип решения **L 82**

решение; принципиальное **G 301**

С

слушание свидетелей **V 195**

слушание; срок слушания в суде **G 153**

слушание; считать ~ дела целесообразным **E 249**

слушать **V 118**

слушать дело **T 19, 47**

смежная область техники **N 6**

смена эксперта **P 230**

смешение **V 309**

смысл **S 135**

смысл; в ~е абзаца (2) **S 136**

смысл слова **B 25**

снабжать **V 224**

снабжать бланки деловых бумаг отличительными знаками **K 40**

снабжать изделия фирменными наименованиями **F 88**

снабжать товарным знаком **V 225**

снабжение; источник снабжения **B 414**

снабженческий; общая снабженческая организация **B 223**

снижение сбыта **A 66**

снижение цен **P 173**

снимать **Z 95**

сноска **A 308, F 157**

сношения; внешние **A 705**

снятие **E 344**

снять **Z 95**

соавтор изобретения **M 102**

собирать **V 65**

соблюдать **B 44**

соблюдать положения о процедуре **V 81**

соблюдать предписание **B 47**

соблюдать указания **V 410**

соблюдение **E 303**

соблюдение; при соблюдении предписываемых условий **E 305**

соблюсти **B 44**

собрание **Z 99**

собрать **V 65**

собственная выгода **E 15**

собственник **E 20**

собственное усмотрение **E 373**

собственноручная доставка **Z 119**

собственноручная подпись **E 11, O 55**

собственноручно написанный документ **E 10**

собственноручный **E 9**

собственность **E 17, I 27**

собственность; интеллектуальная **E 18, I 11**

собственность; общая **G 114, M 99**

собственность; охрана промышленной собственности **M 88, R 124, S 80**

собственность; права промышленной собственности **A 502, G 126**

собственность; притязание на **I 28**

собственность; промышленная **E 19**

собственность; совместная **M 99**

событие; влечь за собой какое-л. **F 95**

совершать **B 61**

совершать правонарушение **R 141**

совершение **V 345**

совершеннолетний **M 3**

совершитель **T 11**

совершить **B 61**

совет **R 4, 6**

совет; административный **V 302**

совет в узком составе **R 7**

совет; Государственный **S 205**

совет; заводской **B 343**

совет; Комитет назначает **M 112**

совет; обращаться за ~ом **K 119**

совет; следовать ~у **B 45**

совет; узкий ~ членов Комитета директоров национальных ведомств **R 8**

сочетание **K** 90

сочетание; в качестве сочетания **K** 93

сочетание; действительное **E** 2

сочетание; формула на **K** 91

сочетание цветов **F** 39

сочетание; элемент сочетания **K** 92

сочетание; эффект сочетания **K** 94

сочетательный эффект **K** 94

сочетать **V** 65

союз **U** 111, **V** 20, 60

Союз по охране новых сортов растений **V** 22

Союз по охране промышленной собственности **V** 21

Союз; страна ~а **V** 25

Союз; страна-участница ~а **V** 25

Союз; страны-участницы ~а **S** 156

специалист **F** 16, **S** 18

специалист в данной области **F** 12

специалист; знания/умение среднего ~а **K** 113

специалист; средний **D** 100

специальная система определения цен **P** 175

специальная скидка **S** 158

специально указано **E** 428

специальное ведомство **A** 133

специальное графическое написание **S** 65

специальное полномочие **V** 338

специальное соглашение **S** 155

специальное сообщение **S** 157

специальное техническое выражение **F** 7

специальность **F** 5

специальность; патентоведческая **P** 60

специальные знания **E** 256, **F** 14

специальные соглашения **A** 57

специальный медицинский патент **S** 179

специальный список/лист сортов растений **S** 172

специальный термин **F** 7

список **V** 334

список источников **Q** 8

список патентов **R** 178

список; присланные списки **M** 115

список публикаций **D** 86

список сортов растений **S** 171

список; специальный ~ сортов растений **S** 172

список товаров **W** 23

спор **R** 129, **S** 265

спор; конкурентный **W** 63

спор о нарушении патента **P** 112

спор о приоритете **P** 188

спор по патентным делам **P** 101

спор по товарным знакам **W** 34

спор; правовой **B** 111, **V** 314

спор; предмет ~а **K** 50

спор; разрешать ~ во внесудебном порядке **S** 266

спор; рассматриваемый **R** 130

спор; суд по трудовым ~ам **A** 436

спорное дело о патенте **P** 102

спорный **S** 270, 274

спорный; в спорном случае **S** 267

способ **V** 71

способ выполнения **A** 559

способ действия **W** 106

способ; запатентованный **V** 74

способ изготовления **H** 74

способ лечения **H** 51

способ; оптимальный ~ исполнения изобретения **D** 2

способ платежа **Z** 8

способ применения **V** 318

способ производства **F** 3, **H** 72, 74

способ; промышленным ~ом **V** 51

способ решения **L** 83

способ уплаты **Z** 8

способ-аналог **A** 165

T

торговый знак **H 24**
торговый оборот **G 205, H 23, V 52**
торговый реестр **H 19**
торговый суд **H 11**
точка зрения **S 216, 230**
точка; торговая **V 134**
точное выполнение обязанностей **A 702**
точный **G 240**
точный отчёт о полученных деньгах **T 61**
точный перевод **U 34**
транзит **D 94, T 58**
транзитная торговля **T 57**
транзитное движение **T 58**
транспортный; эксплуатация транспортных средств **B 337**
требование **A 207, 472, F 98**
требование; встречное **G 64**
требование; конкурсное **K 108**
требование об аннулировании **A 186**
требование; платёжное **Z 3**
требование; предусмотренные требования **A 208**
требование; соответственно формальным требованиям **F 109**
требование; удовлетворять законным требованиям **A 209**
требование; удовлетворять официальным требованиям **A 473**
требование устранения формальных недостатков **F 113**
требование; уступающий **A 91**
требования; предписанные / установленные **F 111**
требования, предъявляемые к заявке **E 299**
требования; формальные **F 107, 109**
требовать **A 471, E 35, 298, F 97**
требовать выдачи разрешения **E 351**

требовать; документы не требуют легализации/подтверждения **B 51**
требовать личной явки сторон **E 393**
требовать оправдательные документы **B 146**
требовать прекращения судебным путём **U 148**
требовать уплаты пошлины **E 36**
требоваться; выдача разрешения требуется настоятельно **G 9**
требоваться; обозначения/отметки не требуется **E 296**
требуемая заботливость **S 162**
третейский суд **S 47**
третейский судья **S 48, U 120**
третье лицо **D 70**
третье лицо; право третьих лиц **R 38**
третье лицо; сообщать изобретение третьим лицам **M 114**
третье лицо, участвующее в деле на основании своего заинтересованности **I 69**
третья сторона **D 70, P 7**
труд **W 47**
труд; затрата ~а **A 432**
труд; орудие ~а **A 435, 437**
труд; федеральный министр ~а **B 457**
трудовые отношения **A 438, 496, D 43**

У

убедительность доводов **D 99**
убедить **U 49**
убеждать **U 49**
убеждать эксперта в правильности утверждений **U 50**
убеждение; судейское **U 51**
убеждение судьи **U 51**
убытки; военные **K 153**

указание, вводящее в заблуждение **U 136**

указание вопросов **B 395**

указание даты **D 17**

указание даты прекращения **E 321**

указание изобретателя **N 68**

указание источника **F 156**

указание источников **Q 5**

указание; категорические указания **A 542**

указание; ложные указания **U 136**

указание места **O 59**

указание на выдачу **H 109**

указание нарушенной правовой нормы **R 115**

указание; не соблюдать указания **V 163**

указание о выдаче патента **E 429**

указание оснований **G 291**

«указание, относящееся к человеческому разуму» **W 36**

указание происхождения **H 67**

указание со стороны изобретателя **F 78**

указание; соблюдать указания **V 410**

указание; технпические указания **L 35**

указания по вознаграждению **V 112**

указанное ведомство **B 317**

указанный **A 223**

указанный изобретатель **E 261**

указанный; изобретатель, ~ заявителем **E 262**

указатель; годовой **J 8**

указатель источников **Q 7**

указатель ключевых слов **S 241**

указатель; предметный **S 241**

указать **A 218, 420**

указать; должно быть специально указано **E 428**

указать; как выше указано **A 220**

указать на публикацию **H 110**

указать номер заявки **V 210**

указывать **A 218, 420**

уклонение **A 97**

украшательский **V 339**

украшение; образец украшения **Z 42**

улучшение **V 29**

умение среднего специалиста **K 113**

уменьшать **E 368**

уменьшение **E 369**

уменьшение пошлин **E 370**

уменьшить **E 368**

умышленно **V 399**

умышленно; действовать **V 400**

умышленно; поступать **V 400**

умышленный **V 399**

универсальное действие технического учения **A 124**

универсальность **A 123**

универсальный правопреемник / наследник **G 168**

унитарные патенты **E 72**

унитарный **E 71**

унификация **V 64**

уничтожать **A 486, V 199**

уничтожить образцы **V 200**

упаковка **V 206**

уплата **Z 1**

уплата в рассрочку **T 42**

уплата; день уплаты **S 239**

уплата; освобождение от уплаты **B 52**

уплата основной пошлины **G 296**

уплата; отсрочка уплаты пошлины **S 282**

уплата; подтверждение уплаты **Z 6**

уплата; последующая **N 42**

уплата; последующая ~ пошлин **N 43**

уплата пошлин **G 44**

уплата; при условии уплаты пошлины **G 35**

услуга; основная **H 39**

услуга; предоставление услуг **L 42**

услуги; промышленные **L 39**

усмотрение; по справедливому усмотрению **E 372**

усмотрение; право свободного усмотрения **F 56**

усмотрение; собственное **E 373**

усмотрение; справедливое **E 371**

усовершенствование **A 531, V 29, 289**

усовершенствование другого изобретения **V 30**

усовершенствование законодательства **F 119**

усовершенствование изобретения **A 534**

усовершенствование; патент на **V 33**

усовершенствовать **V 288**

устав **S 31**

устав объединения **S 224**

устанавливать **A 167, F 69**

устанавливать дату **F 71**

устанавливать правила выполнения Соглашения **E 347**

установившаяся правовая практика **G 57**

установившиеся торговые обычаи **V 142**

установить **A 167, F 69**

установить; поскольку отличного не установлено **A 96**

установка; целевая **Z 140**

установление **E 388, F 76**

установление изобретателя **F 77**

установление истины/правды **E 376**

установление недействительности **E 337**

установление приоритета **P 184**

установление; процедура по установлению суммы расходов **K 135**

установление размера возмещения / вознаграждения **B 153**

установление; рекомендация об установлении соответствующих цен **E 185**

установление срока **F 146**

установление суммы расходов **K 133, 134**

установление твёрдых (розничных) цен **P 167**

установление фактов **F 79**

установление цен **P 170**

установленные формальности/требования **F 111**

установленный; в ~ срок **F 143**

устарелая редакция закона **V 6**

устареть **V 5**

устная информация/справка **A 589**

устное разбирательство **V 122, 123**

устный **M 140**

устранение формальных недостатков **B 89, F 113**

устранить **B 284**

устранять **B 284**

устроение **E 356**

устройство **A 254, E 101, V 397**

устройство; запатентованные устройства **S 218**

уступающий требование **A 91**

уступка **U 14**

утвердить **B 119, 135, 301**

утверждать **B 119, 135, 301**

утверждение **B 86**

утверждение; обоснование утверждения **R 47**

утверждение; опровергать **E 217**

утверждение; правильность утверждения **R 226, U 50**

утверждение судом **N 32**

утверждения сторон **V 369**

утеря права **E 27**

уточнять размер ущерба **P 161**

Ф

X

Ц

Ч

часть; отличительная **K 41**

часть; отличительная ~ патснтпой формулы **K 42**

часть предмета заявки **T 29**

часть; расположение конструктивных/составных частей **A 322**

часть; составная **B 299**

часть; существенная составная ~ знака **B 300**

часть; уплатить только ~ международной пошлины **T 30**

часы; служебные **G 203**

черновик **E 246**

чертёж **Z 16**

чертёж; лист чертежа **Ц 17**

чертёж; ошибочная позиция на чертеже **Ц 11**

чертежи других лиц **W 67**

чертежи, поданные просроченными **V 232**

чертежи, служащие основой публикации **B 127**

чертёжная доска **Z 17**

честные обичаи **A 358**

честные обычаи страны в торговых делах **R 165**

четвёртая страница описания **S 120**

число; датировать более поздним ~м **N 13**

число; календарное **D 16**

число классов оспорено **B 321**

число; определённое ~ экземпляров публикации **A 409**

число; помечать задним ~м **V 354**

число, предусмотренное законом **G 231**

чистовик **R 195**

чистовой экземпляр **R 195**

чистота; патентная **P 94**

чистота языка **S 183**

чистый годовой доход **R 194**

член **M 104**

член апелляционного суда **S 127**

член; вспомогательный/непостоянный ~ патентного ведомства **H 78**

член объединения **G 216**

член Патентного ведомства **M 108**

член Патентного суда **M 109**

член; постоянный ~ палаты **M 106**

член сената, назначенный постоянным заместителем **V 274**

член совета **R 5**

член-специалист; технический **M 107**

члены патентного ведомства **B 192**

член-юрист **M 105**

чрезвычайные правовые средства **R 107**

чрезвычайный судья **R 219**

Ш

Швейцарская Конфедерация **S 115**

шеф **D 39**

школа; профессиональная **F 19**

штаб-квартира ВОИСа **S 144**

штамм **S 210**

штамп **S 234**

штемпель **S 234**

штраф **B 475, O 43, S 256**

штраф; заплатить **E 360**

штраф; налагать **V 126**

штраф; под угрозой ~а **B 46, S 253, 258**

штраф; полагающийся потерпевшему **B 476**

штраф; присуждённый ~ исключает прочие претензии **E 328**

штраф; решение о наложении ~а **B 477**

Ю

Я

Teil III

Instanzenwege verschiedener Länder

Instanzenweg in der Bundesrepublik Deutschland

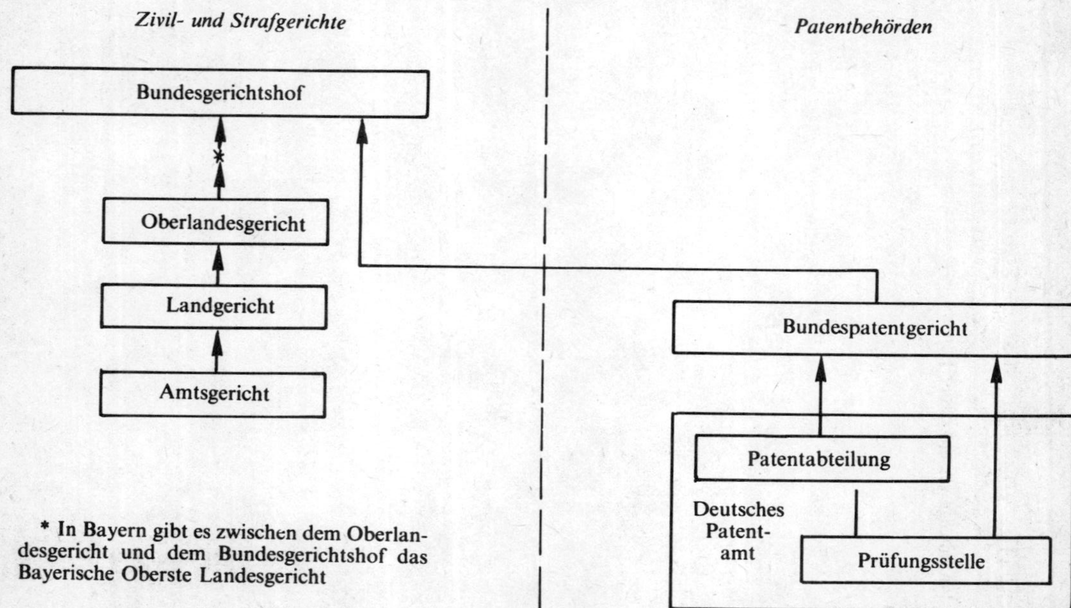

Instanzenweg in der Deutschen Demokratischen Republik

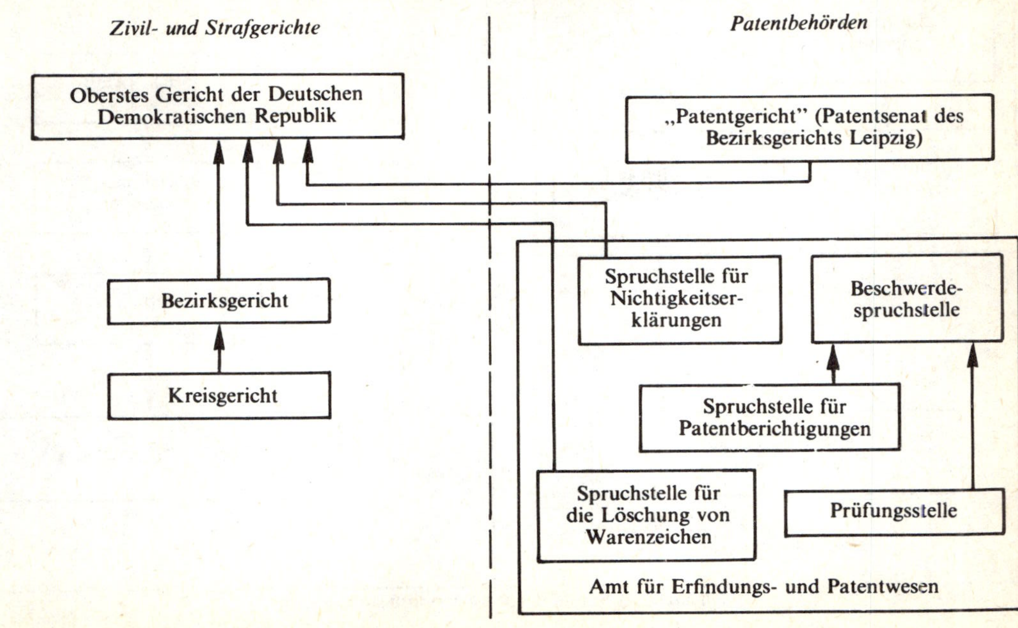

Instanzenweg in der Bundesrepublik Österreich

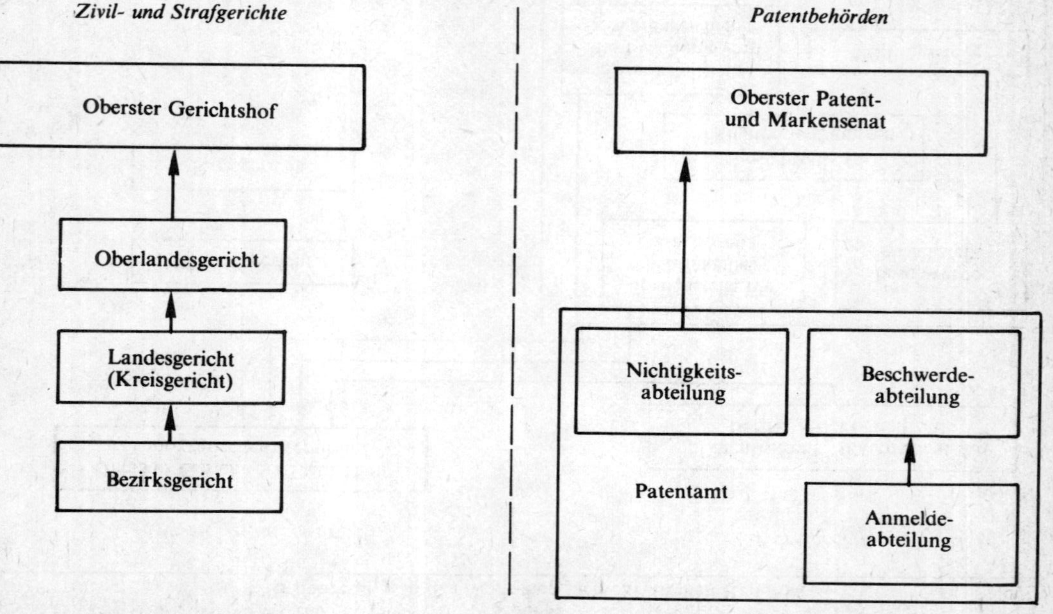

Competent authorities of Great Britain

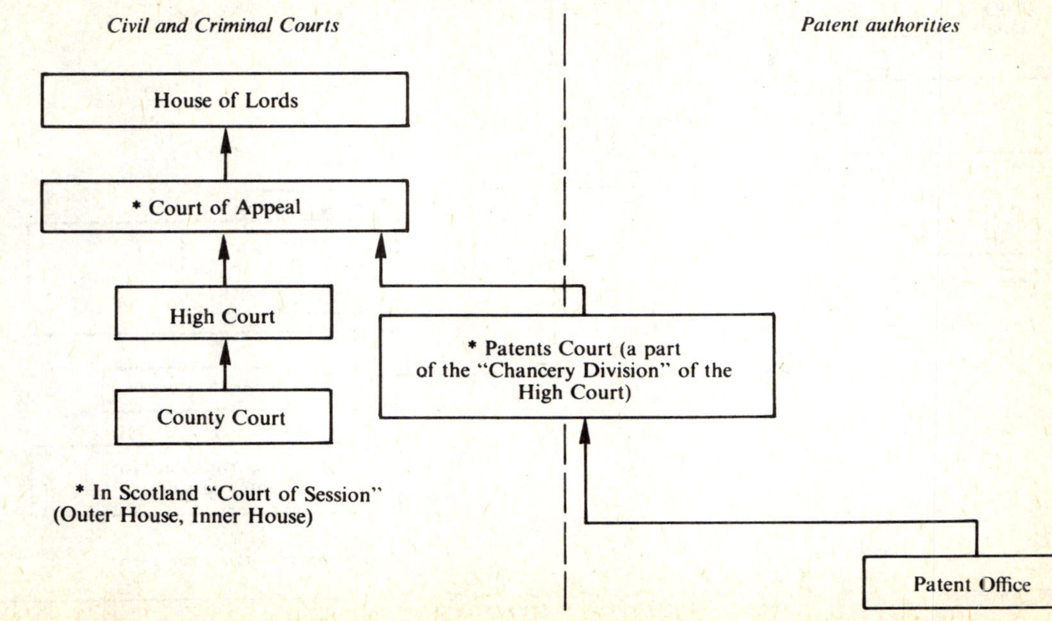

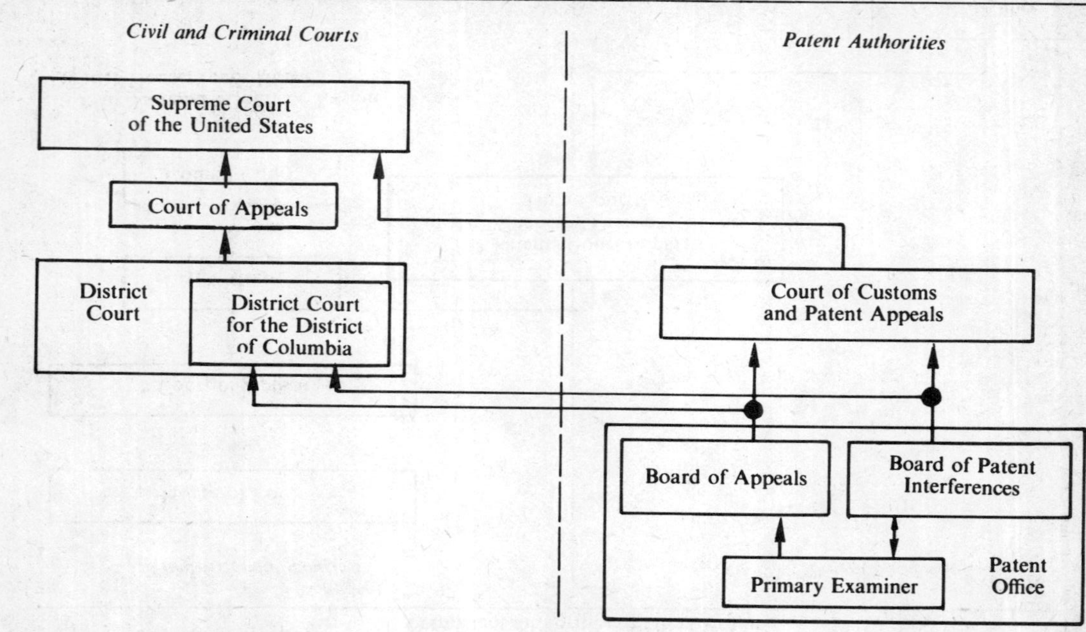

Competent authorities of the United States of America
Civil and Criminal Courts
Patent Authorities
Supreme Court of the United States
Court of Appeals
District Court
District Court for the District of Columbia
Court of Customs and Patent Appeals
Board of Appeals
Board of Patent Interferences
Primary Examiner
Patent Office

Autorités compétentes de la République Française

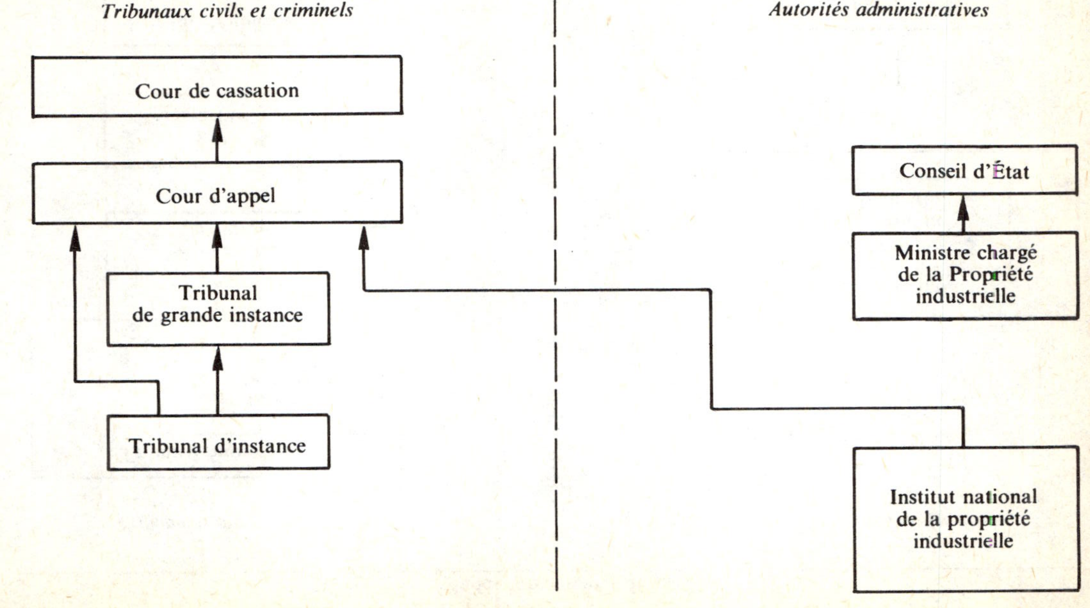

Autoridades competentes de España

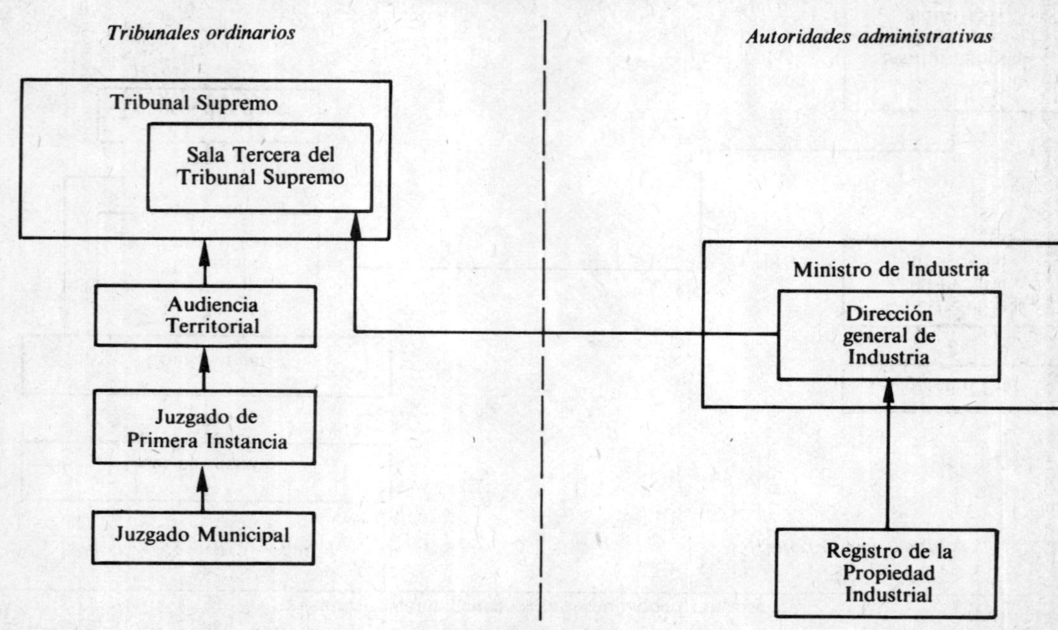

Инстанции процедуры в СССР

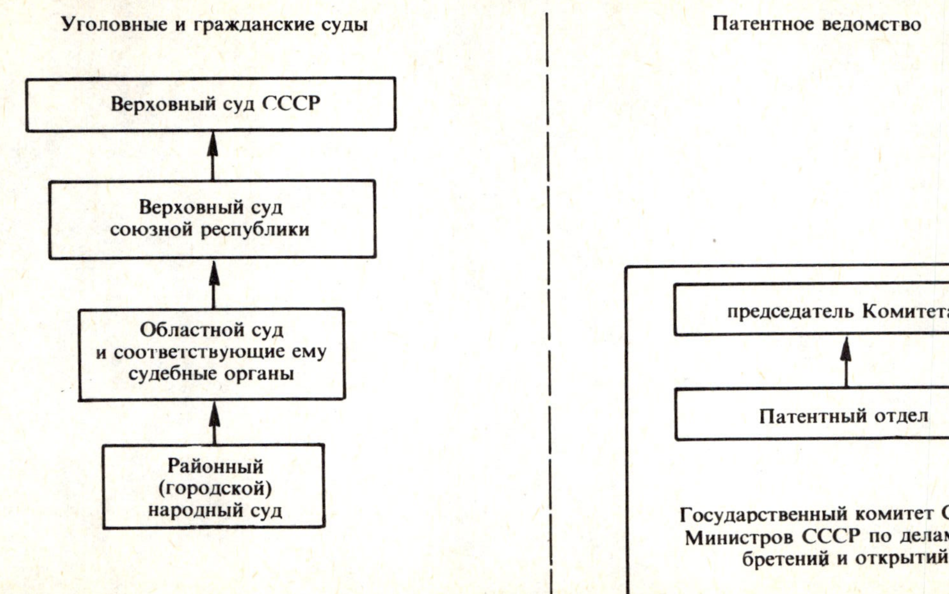